月刊誌

毎月20日発売
本体954円

予約購読のおすすめ

本誌の性格上、配本書店が限られます。**郵送料弊社負担**にて確実にお手元へ届くお得な予約購読をご利用下さい。

年間　11000円
　　　　（本誌12冊）

半年　　5500円
　　　　（本誌6冊）

予約購読料は**税込み価格**です。

なお、SGCライブラリのご注文については、予約購読者の方には、商品到着後のお支払いにて承ります。

お申し込みはとじ込みの振替用紙をご利用下さい！

サイエンス社

数理科学特集一覧

63 年/7～19 年/12 省略
2020 年/1 量子異常の拡がり
/2 ネットワークから見る世界
/3 理論と計算の物理学
/4 結び目的思考法のすすめ
/5 微分方程式の《解》とは何か
/6 冷却原子で探る量子物理の
　　最前線
/7 AI 時代の数理
/8 ラマヌジャン
/9 統計的思考法のすすめ
/10 現代数学の捉え方［代数編］
/11 情報幾何学の探究
/12 トポロジー的思考法のすすめ
2021 年/1 時空概念と物理学の発展
/2 保型形式を考える
/3 カイラリティとは何か
/4 非ユークリッド幾何学の数理
/5 力学から現代物理へ
/6 現代数学の眺め
/7 スピンと物理
/8 《計算》とは何か
/9 数理モデリングと生命科学
/10 線形代数の考え方
/11 統計物理が拓く
　　数理科学の世界
/12 離散数学に親しむ

2022 年/1 普遍的概念から拡がる
　　物理の世界
/2 テンソルネットワークの進展
/3 ポテンシャルを探る
/4 マヨラナ粒子をめぐって
/5 微積分と線形代数
/6 集合・位相の考え方
/7 宇宙の謎と魅力
/8 複素解析の探究
/9 数学はいかにして解決するか
/10 電磁気学と現代物理
/11 作用素・演算子と数理科学
/12 量子多体系の物理と数理
2023 年/1 理論物理に立ちはだかる
　　「符号問題」
/2 極値問題を考える
/3 統計物理の視点で捉える
　　確率論
/4 微積分から始まる解析学の
　　厳密性
/5 数理で読み解く物理学の世界
/6 トポロジカルデータ解析の
　　拡がり
/7 代数方程式から入る代数学の
　　世界
/8 微分形式で書く・考える
/9 情報と数理科学

/10 素粒子物理と物性物理
/11 身近な幾何学の世界
/12 身近な現象の量子論
2024 年/1 重力と量子力学
/2 曲線と曲面を考える
/3 《グレブナー基底》のすすめ
/4 データサイエンスと数理モデル
/5 トポロジカル物質の
　　物理と数理
/6 様々な視点で捉えなおす
　　〈時間〉の概念
/7 数理に現れる双対性
/8 不動点の世界
/9 位相的 K 理論をめぐって
/10 生成 AI のしくみと数理
/11 拡がりゆく圏論
/12 使う数学，使える数学

「数理科学」のバックナンバーは下記の書店・生協の自然科学書売場で特別販売しております

紀伊國屋書店本店(新　　宿)
くまざわ書店八王子店
書泉グランデ(神　　田)
三 省 堂 本 店(神　　田)
ジュンク堂池袋本店
丸善丸の内本店(東京駅前)
丸　善　日　本　橋　店
MARUZEN多摩センター店
丸善ラゾーナ川崎店
ジュンク堂吉祥寺店
ブックファースト新宿店
ジュンク堂立川高島屋店
ブックファースト青葉台店(横　　浜)
有隣堂伊勢佐木町本店(横　　浜)
有 隣 堂 西 口(横　　浜)
有 隣 堂 ア ト レ 川 崎 店
有 隣 堂 厚 木 店
くまざわ書店橋本店
ジュンク堂盛岡店
丸　善　津　田　沼　店
ジュンク堂新潟店
ジュンク堂大阪本店
紀伊國屋書店梅田店(大　　阪)

MARUZEN ＆ ジュンク堂梅田店
ジュンク堂三宮店
ジュンク堂三宮駅前店
喜久屋書店倉敷店
MARUZEN　広　島　店
紀伊國屋書店福岡本店
ジュンク堂福岡店
丸　善　博　多　店
ジュンク堂鹿児島店
紀伊國屋書店新潟店
紀伊國屋書店札幌店
MARUZEN ＆ ジュンク堂札幌店
ジュンク堂秋田店
ジュンク堂郡山店
鹿島ブックセンター(いわき)

──大学生協・売店──
東 京 大 学 本郷・駒場
東京工業大学 大岡山・長津田
東京理科大学 新宿
早 稲 田 大 学 理工学部
慶応義塾大学 矢上台
福 井 大 学
筑 波 大 学 大学会館書籍部
埼 玉 大 学
名古屋工業大学・愛知教育大学
大阪大学・神戸大学 ランス
京 都 大 学・九州工業大学
東 北 大 学 理薬・工学
室蘭工業大学
徳 島 大 学 常三島
愛 媛 大 学 城北
山 形 大 学 小白川
島 根 大 学
北 海 道 大 学 クラーク店
熊 本 大 学
名 古 屋 大 学
広 島 大 学 (北 1 店)
九 州 大 学 (理系)

SGC ライブラリ-195

測度距離空間の幾何学
への招待

高次元および無限次元空間へのアプローチ

塩谷 隆 著

サイエンス社

SGCライブラリ

表示価格はすべて
税抜きです

(The Library for Senior & Graduate Courses)

近年，特に大学理工系の大学院の充実はめざましいものがあります．しかしながら学部上級課程並びに大学院課程の学術的テキスト・参考書はきわめて少ないのが現状であります．本ライブラリはこれらの状況を踏まえ，広く研究者をも対象とし，**数理科学諸分野および諸分野の相互に関連する領域**から，現代的テーマやトピックスを順次とりあげ，時代の要請に応える魅力的なライブラリを構築してゆこうとするものです．装丁の色調は，

数学・応用数理・統計系（黄緑），**物理学系**（黄色），**情報科学系**（桃色），

脳科学・生命科学系（橙色），**数理工学系**（紫），**経済学等社会科学系**（水色）と大別し，漸次各分野の今日的主要テーマの網羅・集成をはかってまいります．

※ SGC1～132 省略（品切含）

133	新講 量子電磁力学		
	立花明知著	本体 2176 円	
134	量子力学の探究		
	仲滋文著	本体 2176 円	
135	数物系に向けたフーリエ解析とヒルベルト空間論		
	廣川真男著	本体 2204 円	
136	例題形式で探求する代数学のエッセンス		
	小林正典著	本体 2130 円	
139	ブラックホールの数理		
	石橋明浩著	本体 2315 円	
140	格子場の理論入門		
	大川正典・石川健一共著	本体 2407 円	
141	複雑系科学への招待		
	坂口英継・本庄春雄共著	本体 2176 円	
143	ゲージヒッグス統合理論		
	細谷裕著	本体 2315 円	
145	重点解説 岩澤理論		
	福田隆著	本体 2315 円	
146	相対性理論講義		
	米谷民明著	本体 2315 円	
147	極小曲面論入門		
	川上裕・藤森祥一共著	本体 2250 円	
148	結晶基底と幾何結晶		
	中島俊樹著	本体 2204 円	
151	物理系のための 複素幾何入門		
	秦泉寺雅夫著	本体 2454 円	
152	粗幾何学入門		
	深谷友宏著	本体 2320 円	
154	新版 情報幾何学の新展開		
	甘利俊一著	本体 2600 円	
155	圏と表現論		
	浅芝秀人著	本体 2600 円	
156	数理流体力学への招待		
	米田剛著	本体 2100 円	
158	M 理論と行列模型		
	森山翔文著	本体 2300 円	
159	例題形式で探求する複素解析と幾何構造の対話		
	志賀啓成著	本体 2100 円	
160	時系列解析入門 [第 2 版]		
	宮野尚哉・後藤田浩共著	本体 2200 円	
163	例題形式で探求する集合・位相		
	丹下基生著	本体 2300 円	
165	弦理論と可積分性		
	佐藤勇二著	本体 2500 円	
166	ニュートリノの物理学		
	林青司著	本体 2400 円	

167	統計力学から理解する超伝導理論 [第 2 版]		
	北孝文著	本体 2650 円	
170	一般相対論を超える重力理論と宇宙論		
	向山信治著	本体 2200 円	
171	気体液体相転移の古典論と量子論		
	國府俊一郎著	本体 2200 円	
172	曲面上のグラフ理論		
	中本敦浩・小関健太共著	本体 2400 円	
174	調和解析への招待		
	澤野嘉宏著	本体 2200 円	
175	演習形式で学ぶ特殊相対性理論		
	前田恵一・田辺誠共著	本体 2200 円	
176	確率論と関数論		
	厚地淳著	本体 2300 円	
178	空間グラフのトポロジー		
	新國亮著	本体 2300 円	
179	量子多体系の対称性とトポロジー		
	渡辺悠樹著	本体 2300 円	
180	リーマン積分からルベーグ積分へ		
	小川卓克著	本体 2300 円	
181	重点解説 微分方程式とモジュライ空間		
	廣惠一希著	本体 2300 円	
183	行列解析から学ぶ量子情報の数理		
	日合文雄著	本体 2600 円	
184	物性物理とトポロジー		
	窪田陽介著	本体 2500 円	
185	深層学習と統計神経力学		
	甘利俊一著	本体 2200 円	
186	電磁気学探求ノート		
	和田純夫著	本体 2650 円	
187	線形代数を基礎とする 応用数理入門		
	佐藤一宏著	本体 2800 円	
188	重力理論解析への招待		
	泉圭介著	本体 2200 円	
189	サイバーグーウィッテン方程式		
	笹平裕史著	本体 2100 円	
190	スペクトルグラフ理論		
	吉田悠一著	本体 2200 円	
191	量子多体物理と人工ニューラルネットワーク		
	野村悠祐・吉岡信行共著	本体 2100 円	
192	組合せ最適化への招待		
	垣村尚徳著	本体 2400 円	
193	物性物理のための 場の理論・グリーン関数[第 2 版]		
	小形正男著	本体 2700 円	
194	演習形式で学ぶ一般相対性理論		
	前田恵一・田辺誠共著	本体 2600 円	
195	測度距離空間の幾何学への招待		
	塩谷隆著	本体 2800 円	

まえがき

本書では，グロモフによる測度距離空間の収束理論を中心に，測度距離空間の幾何学を基礎から最先端に近いところまでを解説した．本書を読むにあたって必要な知識としては，位相空間論，測度論，リーマン幾何だが，リーマン幾何については基本的な事柄のみを知っていれば読めるようになっている．読者としては学部 4 年生から測度距離空間の専門家までを想定している．

測度距離空間の研究の一つの大きな動機として，リーマン多様体の収束・崩壊理論が挙げられる．リーマン多様体を調べるために，その列の収束および極限空間を研究するという方法が 1980 年代にグロモフによって提唱され，それに沿った研究によりリーマン幾何学は大きく発展してきた．リーマン多様体の列の極限空間はもはや多様体にはならず，距離空間または測度距離空間となる（考える収束の位相によりどちらかになる）．つまり，距離構造または測度距離構造のみにより収束の位相が定義されるのである．このような研究の自然な流れとして，距離空間と測度距離空間が現在盛んに研究されている．一方で，「測度の集中現象」という高次元空間特有の現象がレビ [34] により発見され，ビタリ・ミルマンを中心にその研究が推し進められてきた．測度の集中現象とは，1-リップシッツ関数が定数に近いという現象で，ミルマンによるドボレツキィの定理の証明への応用により脚光を浴び，現在においても確率論，統計学，バナッハ空間の幾何学，データサイエンスなど，幅広い分野で研究されている．グロモフ $[21, 3\frac{1}{2}$ 章$]$ は測度の集中現象のアイディアをもとに測度距離空間の幾何学的な収束理論を展開した．これは従来の（測度付き）グロモフ–ハウスドルフ収束とは異なって，次元が無限大へ発散するような空間列を調べるのに非常に有効であり，無限次元空間の研究への幾何学的なアプローチを与える．本書では，このグロモフの理論およびその後の発展 [19, 50, 61, 62, 68, 69] について詳しく解説した．

以下に各章の内容を簡単に紹介する．

第 1 章で距離と測度について説明したあと，第 2 章で距離空間の幾何学を解説する．主な内容はグロモフ–ハウスドルフ距離にまつわる事柄だが，2.5 節の距離行列集合は 5 章でのみ用いられ，2.7 節の内部距離空間と測地距離空間は 9 章でのみ用いられるので，最初はこれらを飛ばして読んで必要になったら戻るということも可能である．

第 3 章では測度の集中現象について解説する．筆者の知る限り，測度の集中現象について日本語で書かれた初めての入門的な解説である．球面上の 1-リップシッツ関数の分布について論じたあと，リップシッツ順序，オブザーバブル直径などの基礎概念を紹介する．正リッチ曲率をもつリーマン多様体のオブザーバブル直径，ラプラシアンのスペクトルとの関係，l^1 積空間のオブザーバブル直径について解説する．

第 4 章では，2 つの測度距離空間の間の最も基本的な距離であるボックス距離について解説する．ボックス距離に関する収束は，測度付きグロモフ–ハウスドルフ収束とほぼ同じような概念である．

第5章では，2つの測度距離空間の間のオブザーバブル距離について解説する．これは本書で中心的な役割を担う概念である．メジャーメントとオブザーバブル距離の関係について説明する．オブザーバブル距離に関する測度距離空間の列の収束を集中と呼ぶ．

　第6章ではピラミッドについて解説する．ピラミッド全体の空間が測度距離空間全体の空間のコンパクト化であることを証明する．また，オブザーバブル距離に関する完備化との関係を述べ，積空間の集中について調べる．さらに次元が無限大へ発散するとき，球面が無限次元ガウス空間へ収束することを証明する．

　第7章では，セパレーション距離とオブザーバブル距離のある弱い意味での連続性を主張する極限公式を証明する．応用として，まず l^p 積空間のオブザーバブル直径の評価を与える．次に N-レビ族を調べるが，これはラプラシアンのスペクトルと関係していて，8.4節で応用される．さらに，ある種の測度距離空間の列に対して，物理学における消散現象と相転移現象に似た現象が見られるが，これについて詳しく解説する．

　第8章では，曲率次元条件の安定性定理を証明し，それを非負曲率をもつリーマン多様体のラプラシアンの固有値の挙動を調べるのに応用する．曲率次元条件とはリッチ曲率の下限条件を測度距離空間へ一般化した概念であり，最適輸送理論を用いて定義される．この章では最適輸送理論の簡単な入門的解説も行う．

　グロモフの理論の原書 $[21, 3\frac{1}{2}$ 章$]$ では多くの証明が省略されていて，読みにくいものであった．その後，筆者により $[21, 3\frac{1}{2}$ 章$]$ の一部分と [19] の内容を解説したやや専門家向けの本 [68] が出版されたが，これが本書の元となっている．本書と [68] の違いを以下に述べる．まず本書では全体的に基本的なところを丁寧に解説してある．特に第1章と第2章は大幅に加筆した．第3章では，3.5節の集中関数，3.8節の l^1 積空間は新たに加えた．第4章と第5章では，ボックス距離とオブザーバブル距離の定義を中島 [50] による定義に書き直して，すべての証明をそれに合わせて書き直した（この作業にかなりの時間を要した）．それにより [68] に比べると証明がところどころ短く明快になっている．さらに，リップシッツ順序がボックス収束で保たれることの中島 [48,51] のアイディアによる証明を書いた．第6章では，tail に関する部分は他で必要ないので削った．ピラミッドの間の距離 ρ の定義はメジャーメントを用いたものに替えて証明を短くした．漸近的集中については結果のみ紹介し証明は省略した．スペクトル集中は紙面の関係上割愛した．第7章は [68] には全くなかった内容である．オブザーバブル直径の極限公式については，恥ずかしながら原論文 [61] の証明が間違っていたので，横田滋亮 [77] による証明を書いた．[68] では N-レビ族についてはあまり書いていなかったが，本書では詳しく書いて8.4節に応用した．これにより全体的に証明が明快になった．7.6節の相転移性質は新たに設けられた部分である．8.2節では，最適輸送理論について詳しく説明を加えた．また，8.3節の安定性定理の証明において，細かい議論の不備を修正した．

　最後に，江崎翔太氏，小澤龍ノ介氏，数川大輔氏，北別府悠氏，桑江一洋氏，鄒暁城氏，高木大希氏，高津飛鳥氏，中島啓貴氏，深野凌氏，本多正平氏，三石史人氏，宮本俊明氏，横田滋亮氏，横田巧氏には未完成の原稿を読んでいただき，多くのご助言をいただいた．また「数理科学」編集部の大溝良平氏にはいろいろとご苦労をおかけした．ここに皆様に感謝いたします．

2024年8月

塩谷　隆

目　次

第 1 章　距離と測度　　　　　　　　　　　　　　　　　　　　　1

　1.1　距離 1

　1.2　測度 5

　1.3　測度の収束 13

　1.4　カイファン距離と測度収束 21

　1.5　ノート 23

第 2 章　距離幾何学　　　　　　　　　　　　　　　　　　　　　24

　2.1　ネット，被覆数，キャパシティ 24

　2.2　ハウスドルフ距離 26

　2.3　グロモフ–ハウスドルフ距離 28

　2.4　グロモフのプレコンパクト性定理 33

　2.5　距離行列集合 36

　2.6　弱ハウスドルフ収束 38

　2.7　内部距離空間と測地距離空間 41

　2.8　ノート 45

第 3 章　測度の集中現象　　　　　　　　　　　　　　　　　　　47

　3.1　球面の観測 47

　3.2　mm 同型とリップシッツ順序 54

　3.3　オブザーバブル直径 57

　3.4　セパレーション距離 65

　3.5　集中関数 69

　3.6　オブザーバブル直径の比較定理 71

　3.7　ラプラシアンのスペクトルとセパレーション距離 75

　3.8　l^1 積空間のオブザーバブル直径 78

　3.9　ノート 82

第 4 章　ボックス距離　　　　　　　　　　　　　　　　　　　　84

　4.1　ボックス距離の定義と基本的性質 84

　4.2　合併補題 89

　4.3　有限 mm 空間による近似 92

　4.4　リップシッツ順序とボックス収束 101

4.5	有限次元近似	102
4.6	無限積空間へ収束，その1	108
4.7	パラメーターを用いたボックス距離の特徴付け	112
4.8	ノート	114

第5章 オブザーバブル距離とメジャーメント   115

5.1	オブザーバブル距離の定義と基本的性質	115
5.2	メジャーメントとオブザーバブル距離の非退化性	118
5.3	メジャーメントの収束	122
5.4	(N, R)-メジャーメント	134
5.5	ノート	140

第6章 ピラミッド   141

6.1	ピラミッドの弱収束	141
6.2	ピラミッドの空間の距離構造	146
6.3	漸近的集中	152
6.4	無限積空間への収束，その2	153
6.5	球面とガウス空間	157
6.6	ノート	159

第7章 極限公式とその応用   160

7.1	セパレーション距離の極限公式	160
7.2	オブザーバブル直径の極限公式	163
7.3	l^p 積空間のオブザーバブル直径	167
7.4	N-レビ族	173
7.5	消散現象	178
7.6	相転移性質	183
7.7	ノート	188

第8章 曲率と集中   189

8.1	集中に対するファイブレーション定理	189
8.2	ワッサーシュタイン距離と曲率次元条件	196
8.3	曲率次元条件の安定性	206
8.4	リッチ曲率とラプラシアンの固有値	216
8.5	ノート	218

参考文献   220
索 引   225

第 1 章
距離と測度

　この章では，距離と測度についての基本的な事項を述べる．多くの定理，命題の証明は略してあるが，標準的な教科書に載っていない事柄については詳しく説明する．

1.1 距離

　距離空間や位相空間については既知とするが，それほど標準的でないいくつかの事柄について述べておく．

定義 1.1（拡張擬距離） X を集合とする．関数 $d : X \times X \to [0, +\infty]$ が**拡張擬距離（関数）**（extended pseudo-distance function, extended pseudo-metric）であるとは，任意の $x, y, z \in X$ に対して，以下の (i), (ii), (iii) が成り立つことで定義する．

　(i) $d(x, x) = 0$.

　(ii)（対称性）$d(x, y) = d(y, x)$.

　(iii)（三角不等式）$d(x, z) \leq d(x, y) + d(y, z)$.

拡張擬距離 d が (i), (ii), (iii) に加えて以下の (i′) をみたすとき**拡張距離（関数）**（extended distance function, extended metric）と呼ぶ．

　(i′)（非退化性）$d(x, y) = 0 \implies x = y$.

また，拡張（擬）距離が有限値をとるとき**（擬）距離**という．X 上の（拡張）（擬）距離 d に対して，組 (X, d) を**（拡張）（擬）距離空間**と呼ぶ．しばしば X を（拡張）（擬）距離空間と呼ぶが，そのとき付随する（拡張）（擬）距離関数を d_X で表す．

　集合 X 上の（拡張）擬距離 d に対して，$d(x, y) = 0$ という関係は X 上の同値関係である．この同値関係に関する X の商集合を $X/(d = 0)$ と書く．同値類 $[x], [y] \in X/(d = 0)$ の間の距離を

$$\hat{d}([x], [y]) := d(x, y)$$

と定めると，これは代表元 $x, y \in X$ の取り方によらずに定まり，$\hat{d}$ は (拡張) 距離となる．これを**同値関係 $d = 0$ に関する商距離** (quotient metric) といい，(拡張) 距離空間 $(X/(d=0), \hat{d})$ を $d = 0$ に関する X の**商距離空間** (quotient metric space) という．

X を拡張擬距離空間とするとき，通常の方法で X に位相が導入される．すなわち，開距離球体全体の族 $\{U_r(x) \mid x \in X, \ r > 0\}$ を開基とするような位相がただ一つ定まる．ここで，

$$U_r(x) := \{y \in X \mid d_X(x, y) < r\}$$

と定義する．

2 つの拡張距離空間 X, Y の間の写像 $f : X \to Y$ が**等長的** (isometric) または**等長写像** (isometric map) であるとは，

$$d_Y(f(x), f(x')) = d_X(x, x') \quad (x, x' \in X)$$

をみたすときをいう．等長写像は単射である．全射等長写像を**等長同型写像** (isometry) と呼ぶ．X から X 自身への等長同型写像を**等長変換**と呼ぶ．2 つの拡張距離空間 X, Y に対して，等長同型写像 $f : X \to Y$ が存在するとき，X は Y に**等長同型** (isometric) であるという．等長同型関係は同値関係である．

X を拡張距離空間とする．X の任意の**コーシー列** (Cauchy sequence) ($\lim_{m,n \to \infty} d_X(x_m, x_n) = 0$ をみたすような X の点列 $\{x_n\}_{n=1}^{\infty}$) が収束するとき，X (または d_X) は**完備** (complete) であるという．

以下に X の完備化を構成しよう．X のコーシー列全体の集合を $\mathcal{C}$ とおく．2 つのコーシー列 $\{x_n\}, \{y_n\} \in \mathcal{C}$ に対して，m, n が十分大きければ $d_X(x_m, x_n) + d_X(y_m, y_n)$ は有限となるので，三角不等式から $d_X(x_m, y_m)$ と $d_X(x_n, y_n)$ のどちらか一方が有限ならば他方も有限であり，

$$|d_X(x_m, y_m) - d_X(x_n, y_n)| \le d_X(x_m, x_n) + d_X(y_m, y_n) \to 0 \quad (m, n \to \infty)$$

が成り立つ．従って $\{d_X(x_n, y_n)\}$ はコーシー列であり，実数直線の完備性からこれは収束する．

$$d_{\mathcal{C}}(\{x_n\}, \{y_n\}) := \lim_{n \to \infty} d_X(x_n, y_n)$$

と定めると，$d_{\mathcal{C}}$ は $\mathcal{C}$ 上の拡張擬距離であることが簡単に分かる．拡張擬距離空間 $(\mathcal{C}, d_{\mathcal{C}})$ の $d_{\mathcal{C}} = 0$ に関する商距離空間を $(\bar{X}, d_{\bar{X}})$ と書き，これを X の**完備化** (completion) と呼ぶ．与えられた 1 点 $x \in X$ に対して $x_n := x$ とおくとき (動かない) 点列 $\{x_n\}$ が代表する同値類を $\iota(x)$ と定めることで，写像 $\iota : X \to \bar{X}$ が定義される．このとき以下が成り立つ．

2 第 1 章 距離と測度

命題 1.2　(1) ι は等長的埋め込み写像である.

(2) $\iota(X)$ は $\bar{X}$ で稠密である.

(3) $\bar{X}$ は完備である.

証明　(1) を示す. 任意の $x, y \in X$ に対して, $x_n := x$, $y_n := y$ とおくと

$$d_{\bar{X}}(\iota(x), \iota(y)) = d_{\mathcal{C}}(\{x_n\}, \{y_n\}) = d_X(x, y)$$

となるので, ι は等長的である. 埋め込み写像であることは等長性から従う.

(2) を示す. 任意の点 $\bar{x} \in \bar{X}$ に対して, その代表元を $\{x_n\} \in \mathcal{C}$ とすると,

$$\lim_{m \to \infty} d_{\bar{X}}(\iota(x_m), \bar{x}) = \lim_{m \to \infty} \lim_{n \to \infty} d_X(x_m, x_n) = 0.$$

よって $\iota(X)$ は $\bar{X}$ で稠密である.

(3) を示す. $\{\bar{x}_n\}_{n=1}^{\infty}$ を $\bar{X}$ のコーシー列とする. (2) より, 各 n に対してある $y_n \in X$ が存在して $d_{\bar{X}}(\bar{x}_n, \iota(y_n)) < 1/n$ をみたす. 以下より $\{y_n\}$ はコーシー列である.

$$\begin{aligned}
d_X(y_m, y_n) &= d_{\bar{X}}(\iota(y_m), \iota(y_n)) \\
&\leq d_{\bar{X}}(\iota(y_m), \bar{x}_m) + d_{\bar{X}}(\bar{x}_m, \bar{x}_n) + d_{\bar{X}}(\bar{x}_n, \iota(y_n)) \\
&\to 0 \quad (m, n \to \infty).
\end{aligned}$$

コーシー列 $\{y_n\}$ を代表元とする元 $\bar{y} \in \bar{X}$ に対して

$$d_{\bar{X}}(\bar{x}_n, \bar{y}) \leq d_{\bar{X}}(\bar{x}_n, \iota(y_n)) + d_{\bar{X}}(\iota(y_n), \bar{y}) \to 0 \quad (n \to \infty).$$

つまり, $\{\bar{x}_n\}$ は $\bar{y}$ へ収束するので, $\bar{X}$ は完備である. 命題の証明終わり.　□

X, Y を距離空間とする.

定義 1.3（歪み）　部分集合 $S \subset X \times Y$ の歪み（distortion）を

$$\mathrm{dis}(S) := \begin{cases} \sup\{|d_X(x, x') - d_Y(y, y')| \mid (x, y), (x', y') \in S\} & (S \neq \emptyset), \\ 0 & (S = \emptyset) \end{cases}$$

で定義する.

定義 1.4（(C, δ)-リップシッツ写像）　実数 $C > 0$, $\delta \geq 0$ に対して, 写像 $f : X \to Y$ が (C, δ)-リップシッツ（(C, δ)-Lipschitz）であるとは, 任意の 2 点 $x_1, x_2 \in X$ に対して

$$d_Y(f(x_1), f(x_2)) \leq C\, d_X(x_1, x_2) + \delta$$

をみたすことで定義する.

定義 1.5（$\tilde{f}_{C,S}$）　部分集合 $\tilde{X} \subset X$ 上で定義された関数 $f : \tilde{X} \to \mathbb{R}$ と集合

$S \subset X \times Y$ と実数 $C > 0$ に対して関数 $\tilde{f}_{C,S} : Y \to \bar{\mathbb{R}} = \mathbb{R} \cup \{-\infty, +\infty\}$ を

$$\tilde{f}_{C,S}(y) := \inf_{(x',y') \in S \cap (\tilde{X} \times Y)} (f(x') + C\, d_Y(y, y')) \quad (y \in Y)$$

で定義する.

このとき以下が成り立つ.

補題 1.6 $f : \tilde{X} \to \mathbb{R}$ を部分集合 $\tilde{X} \subset X$ 上で定義された (C, δ)-リプシッツ関数 $(C > 0, \delta \geq 0)$ とし,集合 $S \subset X \times Y$ は $\tilde{S} := S \cap (\tilde{X} \times Y)$ が空でないとする.

(1) 任意の $(x, y) \in \tilde{S}$ に対して

$$0 \leq f(x) - \tilde{f}_{C,S}(y) \leq C \operatorname{dis}(S) + \delta.$$

(2) $\operatorname{dis}(S) < +\infty$ のとき,$\tilde{f}_{C,S}$ は Y 上で有限値をとり,C-リプシッツ連続,つまり任意の 2 点 $y_1, y_2 \in Y$ に対して

$$|\tilde{f}_{C,S}(y_1) - \tilde{f}_{C,S}(y_2)| \leq C\, d_X(y_1, y_2)$$

が成り立つ.

証明 (1) を示す.$(x, y) \in \tilde{S}$ とする.$\tilde{f}_{C,S}(y)$ の定義において $(x', y') := (x, y)$ ととれば $0 \leq f(x) - \tilde{f}_{C,S}(y)$ が得られる.

任意の $(x', y') \in \tilde{S}$ に対して,

$$f(x') + C\, d_Y(y, y') \geq f(x) - C\, d_X(x, x') + C\, d_Y(y, y') - \delta$$
$$\geq f(x) - C \operatorname{dis}(S) - \delta.$$

$(x', y') \in \tilde{S}$ を動かして左辺の下限をとれば $\tilde{f}_{C,S}(y) \geq f(x) - C \operatorname{dis}(S) - \delta$ が成り立つ.(1) が示された.

(2) を示す.$\tilde{S} \neq \emptyset$ より,Y 上で $\tilde{f}_{C,S} < +\infty$ であることに注意する.任意の $y_1, y_2 \in Y$ に対して,$\tilde{f}_{C,S}(y_1) > -\infty$ のとき

$$\tilde{f}_{C,S}(y_1) - \tilde{f}_{C,S}(y_2)$$
$$= \inf_{(x',y') \in \tilde{S}} (f(x') + C\, d_Y(y_1, y')) - \inf_{(x',y') \in \tilde{S}} (f(x') + C\, d_Y(y_2, y'))$$
$$\leq \sup_{(x',y') \in \tilde{S}} (f(x') + C\, d_Y(y_1, y') - f(x') - C\, d_Y(y_2, y'))$$
$$\leq C\, d_Y(y_1, y_2).$$

特に $\tilde{f}_{C,S}(y_2) > -\infty$ が成り立つ.(1) より $\tilde{f}_{C,S}(y_1) > -\infty$ であるような $y_1 \in Y$ が存在するので,$\tilde{f}_{C,S}$ は Y 上で有限値をとる.さらに,上の評価式は y_1 と y_2 を交換しても成り立つので,$|\tilde{f}_{C,S}(y_1) - \tilde{f}_{C,S}(y_2)| \leq C\, d_Y(y_1, y_2)$ が

成り立つ．(2) が示された．証明終わり． □

X を距離空間とする．空でない部分集合 $A \subset X$ 上で定義された C-リップシッツ関数 $f : A \to \mathbb{R}$ に対して，$S_A := \{ (x,x) \mid x \in A \}$ とおくとき，関数 $\tilde{f} := \tilde{f}_{C, S_A} : X \to \mathbb{R}$ を f の**マクシェーン-ホイットニー拡張** (McShane–Whitney extension) と呼ぶ．f は $(C, 0)$-リップシッツかつ $\mathrm{dis}(S_A) = 0$ なので補題 1.6 より以下が成り立つ．

系 1.7 $\tilde{f}|_A = f$ であり，$\tilde{f}$ は C-リップシッツ連続である．

演習問題 1.8 (1) X, Y を擬距離空間とし，$\hat{X} := X/(d_X = 0)$, $\hat{Y} := Y/(d_Y = 0)$ をそれらの商距離空間，$\pi_X : X \to \hat{X}$, $\pi_Y : Y \to \hat{Y}$ を商写像とする．このとき，任意の C-リップシッツ写像 $f : X \to Y$ (すなわち，$d_Y(f(x), f(x')) \le C\, d_X(x, x')$ $(x, x' \in X)$ をみたすような写像) に対して，ある C-リップシッツ写像 $\hat{f} : \hat{X} \to \hat{Y}$ が存在して，

$$\pi_Y \circ f = \hat{f} \circ \pi_X$$

をみたすことを示せ．

(2) X を距離空間，Y を完備距離空間，$A \subset X$ を稠密な部分集合，$f : A \to Y$ を C-リップシッツ写像とする．このとき，f は X から Y への C-リップシッツ写像に拡張される (つまり，ある C-リップシッツ写像 $\bar{f} : X \to Y$ が存在して $\bar{f}|_A = f$ をみたす) ことを示せ．

(3) X, Y を完備距離空間，$A \subset X$, $B \subset Y$ をそれぞれ稠密な部分集合，$f : A \to B$ を等長的な全単射とする．このとき，f は X から Y への等長同型写像に拡張されることを示せ．

(4) 距離空間 X に対して命題 1.2 をみたすような距離空間 $\bar{X}$ は等長同型なものを除いて一意であることを示せ (ヒント：(3) を用いる)．

1.2 測度

この節では本書で必要となる測度論の定義や命題を述べる．多くの命題は証明を略してあるので，詳しくは [4, 5, 31] などを参照されたい．

定義 1.9 (σ-加法族) X を集合とし，$\mathcal{A}$ を X の部分集合からなる族とする．$\mathcal{A}$ が σ-**加法族** (または σ-**集合代数**，**完全加法族**) (σ-algebra, completely additive class) であるとは，以下の 3 つの条件をみたすことで定義する．

(i) $\emptyset \in \mathcal{A}$.

(ii) $A \in \mathcal{A}$ ならば $X \setminus A \in \mathcal{A}$.

(iii) $A_n \in \mathcal{A}$ $(n = 1, 2, \dots)$ ならば $\bigcup_{n=1}^{\infty} A_n \in \mathcal{A}$.

1.2 測度 **5**

定義 1.10（測度） X を集合とし，$\mathcal{A}$ をその上の σ-加法族とする．関数 $\mu : \mathcal{A} \to [0, +\infty]$ が X 上の**測度**（measure）であるとは，以下の 2 つの条件をみたすことで定義する．

(i) $\mu(\emptyset) = 0$.

(ii) 集合の列 $A_n \in \mathcal{A}$ $(n = 1, 2, \dots)$ が $A_m \cap A_n = \emptyset$ $(m \neq n)$ をみたすとき，

$$\mu\left(\bigcup_{n=1}^{\infty} A_n\right) = \sum_{n=1}^{\infty} \mu(A_n).$$

$\mu(X) < +\infty$ をみたすような X 上の測度 μ を**有限測度**（finite measure）といい，$\mu(X) = 1$ をみたすような X 上の測度 μ を**確率測度**（probability measure）という．ある集合列 $\{A_n\}_{n=1}^{\infty} \subset \mathcal{A}$ が存在して $\mu(A_n) < +\infty$ かつ $\bigcup_{n=1}^{\infty} A_n = X$ をみたすとき，測度 μ は σ-**有限**（σ-finite）であるという．明らかに，確率測度は有限測度であり，有限測度は σ-有限である．

X とその上の測度 $\mu : \mathcal{A} \to [0, +\infty]$ の組 (X, μ) を**測度空間**（measure space）と呼ぶ．$\mathcal{A}$ を測度空間 (X, μ) に**付随する** σ-**加法族**といい，$\mathcal{A}$ の元を（μ-）**可測集合**（measurable set）という．

定義 1.11（ボレル集合，ボレル集合族） X を位相空間とする．X のすべての開集合を含むような最小の σ-加法族を**ボレル集合族**（Borel σ-algebra）と呼ぶ．X のボレル集合族の元を**ボレル集合**（Borel set）と呼ぶ．

開集合や閉集合の和，共通部分，差をとった集合はすべてボレル集合である．

定義 1.12（ボレル測度） 位相空間 X のボレル集合族の上に定義された測度を**ボレル測度**（Borel measure）という．

例 1.13 (1) 整数 $n \geq 1$ に対して $\mathbb{R}^n$ 上の n 次元ルベーグ測度 $\mathcal{L}^n$ を考える．$\mathbb{R}^n$ のルベーグ可測集合の族は σ-加法族で，$\mathcal{L}^n$ は σ-有限測度であることが知られている．$\mathbb{R}^n$ のボレル集合はルベーグ可測なので，$\mathcal{L}^n$ をボレル集合族へ制限すればボレル測度が定まる．この意味で $\mathcal{L}^n$ をボレル測度と見なすことができる．

(2) 集合 X に対して，点 $x \in X$ における**ディラック測度**（Dirac measure）δ_x を，任意の部分集合 $A \subset X$ に対して

$$\delta_x(A) := \begin{cases} 1 & (x \in A), \\ 0 & (x \in X \setminus A) \end{cases}$$

により定義する．このとき，X 上の任意の σ-加法族 $\mathcal{A}$ に対して $\delta_x : \mathcal{A} \to [0, +\infty]$ は X 上の確率測度となる．

(3) 特に X を位相空間とするとき，任意の点 $x \in X$ におけるディラック測

度 δ_x は X 上のボレル確率測度として定義される.

定理 1.14 X_i $(i = 1, 2, \ldots, N \leq \infty)$ を高々可算個の第 2 可算公理をみたす位相空間とし,μ_i を X_i 上の有限ボレル測度で,$\prod_{i=1}^{N} \mu_i(X_i) < +\infty$ をみたすものとする.このとき以下が成り立つ.

(1) 直積空間 $\prod_{i=1}^{N} X_i$ の部分集合からなる族

$$\left\{ \prod_{i=1}^{N} B_i \,\middle|\, B_i \subset X_i : \text{ボレル集合} \right\}$$

を含む最小の σ-加法族は直積位相に関するボレル集合族に一致する.

(2) 任意のボレル集合 $B_i \subset X_i$ $(i = 1, 2, \ldots, N)$ に対して

$$\mu\left(\prod_{i=1}^{N} B_i \right) = \prod_{i=1}^{N} \mu_i(B_i)$$

をみたすような直積位相空間 $\prod_{i=1}^{N} X_i$ 上のボレル測度 μ がただ一つ存在する.

定義 1.15（直積測度） 定理 1.14 の測度 μ を μ_i $(i = 1, 2, \ldots, N)$ の**直積測度**（product measure）といい,記号で $\bigotimes_{i=1}^{N} \mu_i$,また $N < +\infty$ のときは $\mu_1 \otimes \mu_2 \otimes \cdots \otimes \mu_N$ などと表す.同じ空間の同じボレル測度 ν の N 個の直積測度を $\nu^{\otimes N}$ で表す.

注意 1.16 第 2 可算公理をみたす位相空間 X 上のボレル測度 μ に対して,無限直積空間 X^{∞} 上の無限直積測度 $\mu^{\otimes \infty}$ は μ が確率測度の場合のみ意味をもつ.実際,$\mu(X) > 1$ のときは,定理 1.14 の仮定がみたされず $\mu^{\otimes \infty}$ は定義されない.$\mu(X) < 1$ のときは $\mu^{\otimes \infty}$ は零測度になってしまう.

区間 $[0, 1]$ の直積空間 $[0, 1]^n$ 上のルベーグ測度はボレル確率測度と見なせて,$\mathcal{L}^n = (\mathcal{L}^1)^{\otimes n}$ が成り立つ.無限直積測度の例として,無限直積空間 $[0, 1]^{\infty}$ 上に $(\mathcal{L}^1)^{\otimes \infty}$ が定義される.

定義 1.17（測度のサポート） μ を位相空間 X 上のボレル測度とする.点 $x \in X$ のどんな開近傍の μ による測度も正となるような点 x 全体の集合を μ の**サポート**（support）と呼び,$\mathrm{supp}(\mu)$ で表す.

測度のサポートは閉集合であり,X が可分距離空間のときサポートの補集合の測度は 0 である.

定義 1.18（内正則測度,外正則測度） μ を位相空間 X 上のボレル測度とする.μ が**内正則**（inner regular）または**緊密**（tight）であるとは,任意のボレル集合 $A \subset X$ と任意の実数 $\varepsilon > 0$ に対して,A に含まれるあるコンパクト集合 K が存在して $\mu(A) \leq \mu(K) + \varepsilon$ をみたすことをいう.μ が**外正則**（outer

1.2 測度 **7**

regular）であるとは，任意のボレル集合 $A \subset X$ と任意の実数 $\varepsilon > 0$ に対して，A を含むある開集合 U が存在して $\mu(A) \geq \mu(U) - \varepsilon$ をみたすことをいう.

定理 1.19 完備可分距離空間上の任意の有限ボレル測度は内正則かつ外正則である.

定義 1.20（可測写像，ボレル可測写像） (X, μ) を測度空間，Y を位相空間とするとき，写像 $f : X \to Y$ が（μ-）**可測**（measurable）であるとは，任意のボレル集合 $A \subset Y$ に対して，その逆像 $f^{-1}(A)$ が (X, μ) に付随する σ-加法族に含まれるときをいう.

2つの位相空間 X, Y の間の写像 $f : X \to Y$ が**ボレル可測**（Borel measurable）であるとは，任意のボレル集合 $A \subset Y$ に対して，その逆像 $f^{-1}(A)$ が X のボレル集合であるときをいう.

連続写像はボレル可測である.

補題 1.21 (X, μ) を測度空間，Y を第 2 可算公理をみたす位相空間，$f, g : X \to Y$ を μ-可測写像とする．このとき，$(f, g)(x) := (f(x), g(x))$ $(x \in X)$ により定義される写像 $(f, g) : X \to Y \times Y$ は μ-可測である.

この補題を用いると，可測関数の和や積がまた可測関数になることが分かる.

積分の定義について簡単に説明しておく．(X, μ) を測度空間とする.

$f : X \to \mathbb{R}$ を非負の μ-可測関数とする．f は下から非負の μ-可測**単関数**（simple function；有限個の値をとる関数）で近似される．つまり，ある非負の μ-可測な単関数の列 $\{f_n : X \to \mathbb{R}\}_{n=1}^{\infty}$ が存在して，

$$f_1 \leq f_2 \leq \cdots \leq f_n \leq \cdots, \qquad \lim_{n \to \infty} f_n(x) = f(x) \quad (x \in X)$$

をみたす．このとき，f の μ に関する**積分**（integral）を

$$\int_X f \, d\mu := \lim_{n \to \infty} \sum_{a \in f_n(X)} a \, \mu(f_n^{-1}(a)) \quad (\leq +\infty)$$

により定義する．これは単関数列 $\{f_n\}$ の取り方によらないことが知られている.

実数 a, b に対して

$$a \vee b := \max\{a, b\}, \quad a \wedge b := \min\{a, b\}$$

とおく．非負とは限らない μ-可測関数 $f : X \to \mathbb{R}$ に対して，

$$f_+(x) := f(x) \vee 0, \quad f_-(x) := -(f(x) \wedge 0) \quad (x \in X)$$

とおき，$\int_X f_+ \, d\mu$ と $\int_X f_- \, d\mu$ の少なくとも一方が有限値のとき，f の μ に関する**積分**を

$$\int_X f \, d\mu := \int_X f_+ \, d\mu - \int_X f_- \, d\mu$$

で定義する. 積分が存在して有限のとき, f は μ に関して**可積分** (integrable) または μ-**可積分** (μ-integrable) であるという.

集合 $A \subset X$ の**特性関数** (characteristic function) $I_A : X \to \mathbb{R}$ を

$$I_A(y) := \begin{cases} 1 & (y \in A), \\ 0 & (y \in X \setminus A) \end{cases}$$

により定義する. μ-可測集合 $A \subset X$ に対して,

$$\int_A f \, d\mu := \int_X f \cdot I_A \, d\mu$$

と定義する.

定理 1.22(フビニの定理(**Fubini's theorem**)) X, Y を第 2 可算公理をみたす位相空間とし, μ, ν をそれぞれ X, Y 上の有限ボレル測度とする. このとき, 任意の $\mu \otimes \nu$-可積分関数 $f : X \times Y \to \mathbb{R}$ に対して, 以下が成り立つ.

(1) 関数 $Y \ni y \mapsto f(x, y)$ は μ-a.e. $x \in X$ に対して ν-可積分であり, 関数

$$F(x) := \int_X f(x, y) \, d\mu(y) \quad (x \in X)$$

は μ-可積分である.

(2) 関数 $X \ni x \mapsto f(x, y)$ は ν-a.e. $y \in Y$ に対して μ-可積分であり, 関数

$$G(y) := \int_X f(x, y) \, d\mu(x) \quad (y \in Y)$$

は ν-可積分である.

(3) 次が成り立つ.

$$\int_{X \times Y} f \, d(\mu \otimes \nu) = \int_X F \, d\mu = \int_Y G \, d\nu.$$

定義 1.23(絶対連続性) μ, ν を位相空間 X 上のボレル測度とする. μ が ν に**絶対連続** (absolutely continuous) であるとは, $\nu(A) = 0$ をみたすボレル集合 $A \subset X$ は $\mu(A) = 0$ をみたすときをいう.

定理 1.24(ラドン‐ニコディムの定理(**Radon–Nikodym theorem**)) X を位相空間, μ, ν を X 上の σ-有限ボレル測度とする. もし μ が ν に絶対連続ならば, あるボレル可測関数 $f : X \to [0, +\infty)$ が存在して, 任意のボレル集合 $A \subset X$ に対して

$$\mu(A) = \int_A f \, d\nu$$

が成り立つ. さらに, このような f は ν-零集合を除いて一意に定まる. つ

1.2 測度 **9**

まり，上をみたす別の関数 g があったとするとき，$f = g$ ν-a.e.（すなわち $\nu(\{\, x \in X \mid f(x) \neq g(x) \,\}) = 0$）が成り立つ．

定義 1.25（ラドン–ニコディム微分） 定理 1.24 の関数 f を μ の ν に関するラドン–ニコディム微分（Radon–Nikodym derivative）または**密度関数**（density function）と呼び，

$$\frac{d\mu}{d\nu}$$

で表す．

定義 1.26（押し出し測度） $p : X \to Y$ を測度空間 (X, μ) から位相空間 Y への可測写像とする．Y 上のボレル測度 $p_* \mu$ を，任意のボレル集合 $A \subset Y$ に対して

$$p_* \mu(A) := \mu(p^{-1}(A))$$

により定義し，これを μ の p による**押し出し測度**（push-forward measure）と呼ぶ．

定理 1.27（変数変換公式） $p : X \to Y$ を測度空間 (X, μ) から位相空間 Y への可測写像とする．このとき，任意のボレル可測関数 $f : Y \to \mathbb{R}$ に対して，f が $p_* \mu$ に関して可積分であることと，$f \circ p$ が μ に関して可積分であることは同値であり，そのとき，

$$\int_Y f \, d(p_* \mu) = \int_X f \circ p \, d\mu$$

が成り立つ．

定理 1.28（測度分解定理（**disintegration theorem**）） X, Y を完備可分距離空間，$p : X \to Y$ をボレル可測写像とする．このとき，X 上の任意の有限ボレル測度 μ に対して，X 上のあるボレル確率測度の族 $\{\mu_y\}_{y \in Y}$ が存在して以下をみたす．

(1) 任意のボレル集合 $A \subset X$ に対して，関数 $Y \ni y \mapsto \mu_y(A)$ はボレル可測である．

(2) $\mu_y(X \setminus p^{-1}(y)) = 0$ $p_* \mu$-a.e. $y \in Y$ が成り立つ．

(3) 任意のボレル可測関数 $f : X \to [0, +\infty)$ に対して，

$$\int_X f(x) \, d\mu(x) = \int_Y \int_{p^{-1}(y)} f(x) \, d\mu_y(x) d(p_* \mu)(y).$$

さらに，$\{\mu_y\}_{y \in Y}$ は $p_* \mu$-a.e. でただ一つである．すなわち，上の条件をみたす別の測度の族 $\{\nu_y\}_{y \in Y}$ があったとすると，$\mu_y = \nu_y$ $p_* \mu$-a.e. $y \in Y$ が成り立つ．

定義 1.29（測度分解） 定理 1.28 の測度の族 $\{\mu_y\}_{y \in Y}$ を測度 μ の写像 $p : X \to Y$ に関する**測度分解**または**積分分解**（disintegration）と呼ぶ.

定義 1.30（メディアンとレビ平均） μ を集合 X 上の確率測度とし, $f : X \to \mathbb{R}$ を可測関数とする. 実数 m が f の**メディアン**（median）または**中央値**であることを

$$\mu(f \geq m) \geq \frac{1}{2}, \quad \mu(f \leq m) \geq \frac{1}{2}$$

をみたすことで定義する. ただし, $\mu(P)$ は条件式 P をみたすような点全体の集合の μ に関する測度を表す. f のメディアン全体の集合は有界閉区間であることが簡単に分かる. a_f を f のメディアンの最小値とし, b_f を f のメディアンの最大値とするとき, 測度 μ に関する f の**レビ平均**（Lévy mean）を

$$m_f := \mathrm{lm}(f; \mu) := \frac{a_f + b_f}{2}$$

により定義する.

定義 1.31（π-系, λ-系） P, L をそれぞれ集合 X の部分集合の族とする. P が **π-系**（π-system）であるとは, $A, B \in P$ ならば $A \cap B \in P$ であるときをいう. L が **λ-系**（λ-system）であることを以下の 3 条件により定義する.

(i) $X \in L$.

(ii) $A, B \in L$, $A \subset B$ ならば $B \setminus A \in L$.

(iii) $A_n \in L$ $(n = 1, 2, \dots)$, $A_m \cap A_n = \emptyset$ $(m \neq n)$ ならば $\bigcup_{n=1}^{\infty} A_n \in L$.

明らかに, σ-加法族は π-系かつ λ-系である.

定理 1.32（ディンキンの π-λ 定理（Dynkin's π-λ theorem）） P を集合 X 上の π-系とし, L を X 上の λ-系とする. このとき, もし $P \subset L$ ならば, P を含む最小の σ-加法族は L に含まれる.

系 1.33 μ, ν を位相空間 X 上のボレル確率測度とする. P を X のボレル集合からなる π-系で, 以下の 2 つの条件をみたすとする.

(i) P を含む最小の σ-加法族はボレル集合族である.

(ii) $A \in P$ ならば $\mu(A) = \nu(A)$ である.

このとき, $\mu = \nu$ が成り立つ.

証明 $\mu(A) = \nu(A)$ をみたすようなボレル集合 $A \subset X$ 全体の族を L とする. $P \subset L$ が成り立ち, かつ L は λ-系となることが簡単にチェックできる. ディンキンの π-λ 定理と条件 (i) より, L はボレル集合族と一致する. 従って $\mu = \nu$ が成り立つ. 証明終わり. □

演習問題 1.34 (1) 実数直線の任意の区間はボレル集合であることを示せ.

1.2 測度 **11**

(2) 第2可算公理をみたす位相空間上のボレル測度のサポートの補集合の測度は0であることを示せ（ヒント：高々可算個の測度0の開集合によりサポートの補集合を被覆できることを示す）.

(3) 第2可算公理をみたす位相空間 X 上の有限ボレル測度 μ とボレル集合 $A \subset X$ に対して，もし $\mu(A) = \mu(X)$ ならば $A \cap \mathrm{supp}(\mu)$ は $\mathrm{supp}(\mu)$ で稠密であることを示せ.

(4) μ を位相空間 X 上のボレル測度，$f : X \to \mathbb{R}$ を連続関数とする．もし $f = 0$ μ-a.e. ならば $\mathrm{supp}(\mu)$ 上で $f = 0$ となることを示せ.

(5) X を位相空間とするとき，任意の点 $a \in X$ と任意のボレル可測関数 $f : X \to \mathbb{R}$ に対して

$$\int_X f \, d\delta_a = f(a)$$

が成り立つことを示せ（ヒント：最初に f が特性関数，次に単関数のときに示して，非負のボレル関数に対して，単関数で近似して示す）.

(6) 定義 1.26 の仮定の下で，押し出し測度 $p_* \mu$ が測度になることを示せ.

(7) X, Y を位相空間とし，$p : X \to Y$ をボレル可測写像とするとき，任意の点 $a \in X$ に対して

$$p_* \delta_a = \delta_{p(a)}$$

が成り立つことを示せ.

(8) $\mathbb{R}$ 上のボレル確率測度 μ の**累積分布関数** (cumulative distribution function) $F_\mu(x) := \mu((-\infty, x])$ $(x \in \mathbb{R})$ は右連続であることを示せ．また，F_μ が左連続にならないような μ の例を挙げよ.

(9) μ, ν を $\mathbb{R}$ 上のボレル確率測度とする．もし $\mathbb{R}$ 上で $F_\mu = F_\nu$ ならば $\mu = \nu$ が成り立つことを以下に従って示せ.

    (a) $\{(-\infty, x] \mid x \in \mathbb{R}\}$ は π-系であり，これを含む最小の σ-加法族は $\mathbb{R}$ のボレル集合族であることを示せ.

    (b) 目的の命題を系 1.33 を用いて示せ.

(10) 定理 1.27（変数変換公式）を示せ（ヒント：最初に f が特性関数のとき，次に単関数のときに示して...）.

(11) X, Y を完備可分距離空間，μ, ν をそれぞれ X, Y 上の有限ボレル測度とする．点 $x \in X$ に対して，写像 $\varphi_x : Y \to X \times Y$ を $\varphi_x(y) := (x, y)$ $(y \in Y)$ と定めるとき，射影 $p_1 : X \times Y \to X$ に関する直積測度 $\mu \otimes \nu$ の測度分解 $\{(\mu \otimes \nu)_x\}_{x \in X}$ は

$$(\mu \otimes \nu)_x = (\varphi_x)_* \nu \quad \nu\text{-a.e. } x \in X$$

をみたすことを示せ（ヒント：$\{(\varphi_x)_* \nu\}_{x \in X}$ が測度分解定理 1.28 の (1)–(3) をみたすことを確かめればよい）.

1.3 測度の収束

この節では，測度の弱収束と漠収束，および測度の間のプロホロフ距離と全変動距離について解説する．

この節を通して (X, d_X) を距離空間とする．

定義 1.35（測度の弱収束と漠収束） μ, μ_n $(n = 1, 2, \dots)$ を X 上の有限ボレル測度とする．$n \to \infty$ のとき μ_n が μ へ**弱収束**する（converge weakly），記号で $\mu_n \to \mu$ weakly とは，任意の有界連続関数 $f : X \to \mathbb{R}$ に対して

$$\lim_{n\to\infty} \int_X f \, d\mu_n = \int_X f \, d\mu \tag{1.1}$$

が成り立つことで定義する．$n \to \infty$ のとき μ_n が μ へ**漠収束**する（converge vaguely），記号で $\mu_n \to \mu$ vaguely とは，(1.1) がサポートがコンパクトな任意の連続関数 $f : X \to \mathbb{R}$ に対して成り立つことで定義する．

弱収束列は漠収束列であるが，逆は必ずしも成り立たない．例えば，ディラック測度の列 δ_n $(n = 1, 2, \dots)$ は $\mathbb{R}$ 上で零測度へ漠収束するが，弱収束はしない．

任意の弱収束する測度の列 $\mu_n \to \mu$ $(n = 1, 2, \dots)$ に対して，全測度 $\mu_n(X)$ は $\mu(X)$ へ収束する．

集合 $A \subset X$ と実数 $\varepsilon > 0$ に対して，

$$I_{A,\varepsilon}(x) := \left(1 - \frac{d(x, A)}{\varepsilon}\right) \vee 0 \quad (x \in X)$$

と定義する．$I_{A,\varepsilon}$ は X 上のリップシッツ連続な関数であり，

$$I_A \le I_{A,\varepsilon} \le I_{U_\varepsilon(A)}$$

をみたす．ここで，

$$U_\varepsilon(A) := \begin{cases} \{\, x \in X \mid d_X(x, A) < \varepsilon \,\} & (A \ne \emptyset), \\ \emptyset & (A = \emptyset), \end{cases}$$

$$d_X(x, A) := \inf_{a \in A} d_X(x, a)$$

と定める．この関数 $I_{A,\varepsilon}$ を用いて以下を証明する．

補題 1.36 μ, ν を X 上の有限ボレル測度とする．任意の有界非負連続関数 $f : X \to \mathbb{R}$ に対して

$$\int_X f \, d\mu = \int_X f \, d\nu$$

が成り立つならば，$\mu = \nu$ である．

証明 任意の閉集合 $F \subset X$ と $n = 1, 2, \ldots$ に対して

$$\mu(F) = \int_X I_F \, d\mu \le \int_X I_{F,1/n} \, d\mu = \int_X I_{F,1/n} \, d\nu$$

$$\le \int_X I_{U_{1/n}(F)} \, d\nu = \nu(U_{1/n}(F)) \overset{n \to \infty}{\longrightarrow} \nu(F)$$

より $\mu(F) \le \nu(F)$. 同様に反対の不等式も得られるので, $\mu(F) = \nu(F)$ が成り立つ. 特に $\mu(X) = \nu(X)$ となる. μ, ν の一方が零測度であるときはもう片方も零測度となる. 両方とも零測度でないとき, $a := \mu(X) = \nu(X)$ とおくと, X の閉集合全体の族は π-系なので $(1/a)\mu$, $(1/a)\nu$ に対して系 1.33 を適用すると $\mu = \nu$ が得られる. 証明終わり. $\qquad\square$

補題 1.37 μ_n $(n = 1, 2, \ldots)$ と μ を X 上の有限ボレル測度とする.

(1) $n \to \infty$ のとき μ_n が μ へ弱収束するならば, 任意のボレル集合 $A \subset X$ に対して,

$$\mu(A^\circ) \le \liminf_{n \to \infty} \mu_n(A) \le \limsup_{n \to \infty} \mu_n(A) \le \mu(\bar{A}) \tag{1.2}$$

が成り立つ. ただし, A°, $\bar{A}$ はそれぞれ A の内部と閉包である.

(2) X が局所コンパクトかつ $n \to \infty$ のとき μ_n が μ へ漠収束するならば, 任意の相対コンパクトなボレル集合 $A \subset X$ に対して, (1.2) が成り立つ.

証明 (1) を示す. μ_n が μ へ弱収束すると仮定し, $A \subset X$ をボレル集合とする. 任意の $\varepsilon > 0$ に対して,

$$\mu_n(A) \le \int_X I_{A,\varepsilon} \, d\mu_n \overset{n \to \infty}{\longrightarrow} \int_X I_{A,\varepsilon} \, d\mu \le \mu(U_\varepsilon(A)) \overset{\varepsilon \to 0+}{\longrightarrow} \mu(\bar{A}) \tag{1.3}$$

より $\limsup_{n \to \infty} \mu_n(A) \le \mu(\bar{A})$ が従う. $X \setminus A$ に対してこの式を適用すると, $\mu(A^\circ) \le \liminf_{n \to \infty} \mu_n(A)$ も得られる.

(2) を示す. X が局所コンパクトかつ μ_n が μ へ漠収束すると仮定し, $A \subset X$ を相対コンパクトなボレル集合とする. $\bar{A}$ のコンパクト性と X の局所コンパクト性から, $\bar{A}$ は有限個の相対コンパクトな開集合で覆われるので, $\bar{A}$ は相対コンパクトな近傍をもつ. よって, ある小さな $\varepsilon_0 > 0$ が存在して $U_{\varepsilon_0}(A)$ は相対コンパクトである. $0 < \varepsilon \le \varepsilon_0$ なる任意の ε に対して, $I_{A,\varepsilon}$ のサポートはコンパクトなので (1.3) が成り立ち, $\limsup_{n \to \infty} \mu_n(A) \le \mu(\bar{A})$ が従う. また, $1 - I_{X \setminus A, \varepsilon}$ のサポートもコンパクトなので,

$$\mu_n(A) \ge \int_X (1 - I_{X \setminus A, \varepsilon}) \, d\mu_n \overset{n \to \infty}{\longrightarrow} \int_X (1 - I_{X \setminus A, \varepsilon}) \, d\mu$$

$$\ge \mu(X \setminus U_\varepsilon(X \setminus A)) \overset{\varepsilon \to 0+}{\longrightarrow} \mu(X \setminus \overline{X \setminus A}) = \mu(A^\circ).$$

よって $\mu(A^\circ) \le \liminf_{n \to \infty} \mu_n(A)$ も成り立つ. 証明終わり. $\qquad\square$

補題 1.38（ポートマントー定理（portmanteau theorem））

μ, μ_n $(n = 1, 2, \dots)$ を X 上のボレル確率測度とする. このとき, 以下の (1)〜(3) は互いに同値である.

(1) $n \to \infty$ のとき μ_n は μ へ弱収束する.

(2) 任意の閉集合 $F \subset X$ に対して,

$$\limsup_{n \to \infty} \mu_n(F) \leq \mu(F).$$

(3) 任意の開集合 $O \subset X$ に対して,

$$\liminf_{n \to \infty} \mu_n(O) \geq \mu(O).$$

補題 1.38 の (1) $\Longrightarrow$ (2), (3) は補題 1.37 から従う. 他の証明は略す.

定義 1.39（プロホロフ距離） X 上の 2 つのボレル確率測度 μ, ν の間の**プロホロフ距離**（Prokhorov distance）$d_{\mathrm{P}}(\mu, \nu)$ を以下をみたすような実数 $\varepsilon > 0$ の下限により定義する. 任意のボレル集合 $A \subset X$ に対して,

$$\mu(U_\varepsilon(A)) \geq \nu(A) - \varepsilon. \tag{1.4}$$

μ, ν が確率測度であることに注意すると, $d_{\mathrm{P}}(\mu, \nu) \leq 1$ が常に成り立つことが分かる.

命題 1.40 プロホロフ距離 d_{P} は X 上のボレル確率測度の間の距離を定める.

証明 μ, ν, ω を X 上のボレル確率測度とする.

$d_{\mathrm{P}}(\mu, \mu) = 0$ は明らか.

対称性：$d_{\mathrm{P}}(\mu, \nu) = d_{\mathrm{P}}(\nu, \mu)$ を示す. $d_{\mathrm{P}}(\mu, \nu) < \varepsilon$ をみたすような任意の実数 ε をとる. すると, (1.4) が任意のボレル集合 $A \subset X$ に対して成り立つ. 一般に $U_\varepsilon(X \setminus U_\varepsilon(A)) \subset X \setminus A$ なので, $X \setminus U_\varepsilon(A)$ に対する (1.4) から

$$\mu(X \setminus A) \geq \mu(U_\varepsilon(X \setminus U_\varepsilon(A))) \geq \nu(X \setminus U_\varepsilon(A)) - \varepsilon$$

が得られ, これより

$$\nu(U_\varepsilon(A)) \geq \mu(A) - \varepsilon \tag{1.5}$$

が任意のボレル集合 $A \subset X$ に対して成り立つ. ゆえに $d_{\mathrm{P}}(\nu, \mu) \leq \varepsilon$ が得られる. ε の任意性より $d_{\mathrm{P}}(\mu, \nu) \geq d_{\mathrm{P}}(\nu, \mu)$. これは μ と ν を交換しても成り立つので, $d_{\mathrm{P}}(\mu, \nu) = d_{\mathrm{P}}(\nu, \mu)$ が成り立つ.

非退化性：$d_{\mathrm{P}}(\mu, \nu) = 0$ のとき $\mu = \nu$ を示す. $d_{\mathrm{P}}(\mu, \nu) = 0$ とすると, 任意の閉集合 $F \subset X$ と任意の $\varepsilon > 0$ に対して $\mu(U_\varepsilon(F)) \geq \nu(F) - \varepsilon$ が成り立つ. $\bigcap_{\varepsilon > 0} U_\varepsilon(F) = \bar{F} = F$ より $\lim_{\varepsilon \to 0+} \mu(U_\varepsilon(F)) = \mu(F)$ となるので, $\mu(F) \geq \nu(F)$ が成り立つ. 同様に $d_{\mathrm{P}}(\nu, \mu) = 0$ から $\mu(F) \leq \nu(F)$ が得られ,

$\mu(F) = \nu(F)$ が成り立つ．X の閉集合全体からなる族は π-系なので，系 1.33 を適用すると $\mu = \nu$ が得られる．

三角不等式：$d_{\mathrm{P}}(\mu,\omega) \leq d_{\mathrm{P}}(\mu,\nu) + d_{\mathrm{P}}(\nu,\omega)$ を示す．$d_{\mathrm{P}}(\mu,\nu) < \varepsilon$, $d_{\mathrm{P}}(\nu,\omega) < \delta$ をみたすような実数 ε, δ を任意にとる．任意のボレル集合 $A, A' \subset X$ に対して，$\mu(U_\varepsilon(A')) \geq \nu(A') - \varepsilon$ かつ $\nu(U_\delta(A)) \geq \omega(A) - \delta$ が成り立つ．$A' := U_\delta(A)$ を代入すると，$U_{\varepsilon+\delta}(A) \supset U_\varepsilon(U_\delta(A))$ より，

$$\mu(U_{\varepsilon+\delta}(A)) \geq \mu(U_\varepsilon(U_\delta(A))) \geq \nu(U_\delta(A)) - \varepsilon \geq \omega(A) - (\varepsilon + \delta).$$

従って $d_{\mathrm{P}}(\mu,\omega) \leq \varepsilon + \delta$．これより三角不等式が成り立つ．証明終わり．　　□

補題 1.41　X 上の任意のボレル確率測度 μ, ν に対して，

$$d_{\mathrm{P}}(\mu,\nu) = \inf\{\, \varepsilon \geq 0 \mid \text{任意のボレル集合 } A \subset X \text{ に対して}$$
$$\mu(B_\varepsilon(A)) \geq \nu(A) - \varepsilon \,\}$$

が成り立つ．ただし，

$$B_\varepsilon(A) := \begin{cases} \{\, x \in X \mid d_X(x, A) \leq \varepsilon \,\} & (A \neq \emptyset), \\ \emptyset & (A = \emptyset) \end{cases}$$

と定義する．

証明　$U_\varepsilon(A) \subset B_\varepsilon(A)$ より，補題の右辺は $d_{\mathrm{P}}(\mu,\nu)$ 以下である．

もし $\mu(B_\varepsilon(A)) \geq \nu(A) - \varepsilon$ ならば，$\varepsilon' > \varepsilon$ なる任意の ε' に対して $\mu(U_{\varepsilon'}(A)) \geq \nu(A) - \varepsilon'$ が成り立つ．よって，右辺は $d_{\mathrm{P}}(\mu,\nu)$ 以上である．証明終わり．　　□

補題 1.42　(1) X が可分ならば，X 上の任意のボレル確率測度 μ, μ_n $(n = 1, 2, \ldots)$ に対して，

$$\mu_n \to \mu \text{ weakly} \iff d_{\mathrm{P}}(\mu_n, \mu) \to 0$$

が成り立つ．すなわち，X が可分ならばプロホロフ距離 d_{P} は弱収束の距離付けである．

(2) X が可分ならば，ボレル確率測度全体の集合は d_{P} に関して可分である．X が可分かつ完備ならば，ボレル確率測度全体の集合は d_{P} に関して可分かつ完備である．

(3) X がコンパクトならば，$\sup_n \mu_n(X) < +\infty$ をみたすような X 上のボレル測度の列 μ_n $(n = 1, 2, \ldots)$ は弱収束する部分列をもつ．特にこのとき，ボレル確率測度全体の集合は d_{P} に関してコンパクトである．

(4) X が**固有距離空間**（proper；つまり有界閉集合がコンパクト）であるとき，$\sup_n \mu_n(X) < +\infty$ をみたすような X 上のボレル測度の列 μ_n

16　第 1 章　距離と測度

$(n = 1, 2, \dots)$ は漠収束する部分列をもつ.

(5) X が固有であるとき, X 上のボレル測度の列 μ_n $(n = 1, 2, \dots)$ がボレル測度 μ へ漠収束して, $\lim_{n\to\infty} \mu_n(X) = \mu(X) < +\infty$ をみたすならば, μ_n は μ へ弱収束する.

証明 (1)〜(3) の証明については, [4] の §5, §6 を参照のこと.

(4) を示す. μ_n $(n = 1, 2, \dots)$ を固有距離空間 X 上のボレル測度の列で $\sup_n \mu_n(X) < +\infty$ をみたすとする. X の 1 点コンパクト化を $\hat{X}$ とおくと, これは距離化可能であることが知られている（例えば [31] の (5.3) を見よ）. $\iota : X \to \hat{X}$ を自然な包含写像とする. (3) を用いると, $\{\iota_* \mu_n\}$ は弱収束する部分列 $\{\iota_* \mu_{n_i}\}$ をもつ. このとき, $\{\mu_{n_i}\}$ は漠収束することが分かる.

(5) を示す. 固有距離空間 X 上のボレル測度の列 μ_n $(n = 1, 2, \dots)$ がボレル測度 μ へ漠収束して, $\lim_{n\to\infty} \mu_n(X) = \mu(X) < +\infty$ をみたすとする.

もし $\mu(X) = 0$ ならば μ は零測度であり μ_n は零測度へ弱収束する.

$\mu(X) > 0$ と仮定する. $\tilde{\mu}_n := \mu_n(X)^{-1} \mu_n$ は $\tilde{\mu} := \mu(X)^{-1} \mu$ へ漠収束する. $\tilde{\mu}_n$ が $\tilde{\mu}$ へ弱収束することを示せばよい. 1 点 $x_0 \in X$ をとり固定する. 任意の実数 $\varepsilon > 0$ に対して, ある $R > 0$ が存在して $\tilde{\mu}(X \setminus U_R(x_0)) < \varepsilon$ が成り立つ. 補題 1.37(2) より $\tilde{\mu}(U_R(x_0)) \le \liminf_{i\to\infty} \tilde{\mu}_n(U_R(x_0))$ だから, n を十分大きくとれば, $\tilde{\mu}_n(X \setminus U_R(x_0)) < \varepsilon$ となる. 以下 n は十分大きいとする. 任意の有界連続関数 $f : X \to \mathbb{R}$ に対して, $f I_{U_R(x_0),\varepsilon}$ はコンパクトサポートをもつ X 上の連続関数なので, $\tilde{\mu}_n \to \tilde{\mu}$ vaguely より

$$\left| \int_X f I_{U_R(x_0),\varepsilon} \, d\tilde{\mu}_n - \int_X f I_{U_R(x_0),\varepsilon} \, d\tilde{\mu} \right| < \varepsilon$$

が成り立つ. また, $|f - f I_{U_R(x_0),\varepsilon}| \le \sup |f|$ より,

$$\left| \int_X f \, d\tilde{\mu} - \int_X f I_{U_R(x_0),\varepsilon} \, d\tilde{\mu} \right| \le \tilde{\mu}(X \setminus U_R(x_0)) \sup |f| \le \varepsilon \sup |f|,$$

$$\left| \int_X f \, d\tilde{\mu}_n - \int_X f I_{U_R(x_0),\varepsilon} \, d\tilde{\mu}_n \right| \le \varepsilon \sup |f|.$$

従って

$$\left| \int_X f \, d\tilde{\mu}_n - \int_X f \, d\tilde{\mu} \right| \le (2 \sup |f| + 1)\varepsilon$$

が成り立つ. ε の任意性から

$$\lim_{n\to\infty} \int_X f \, d\tilde{\mu}_n = \int_X f \, d\tilde{\mu}$$

が得られ, $\tilde{\mu}_n$ は $\tilde{\mu}$ へ弱収束する. 証明終わり. $\qquad\square$

定義 1.43（緊密性） X を位相空間, $\mathcal{M}$ を X 上のボレル確率測度からなる集合とする. $\mathcal{M}$ が**緊密**（tight）であるとは, 任意の実数 $\varepsilon > 0$ に対してあるコンパクト集合 $K_\varepsilon \subset X$ が存在して, 任意の $\mu \in \mathcal{M}$ に対して $\mu(X \setminus K_\varepsilon) < \varepsilon$

1.3 測度の収束 **17**

が成り立つときをいう.

定理 1.44（プロホロフの定理（**Prokhorov's theorem**）） $\mathcal{M}$ を完備可分距離空間 X 上のボレル確率測度からなる集合とする.このとき,(1) と (2) は互いに同値である.

(1) $\mathcal{M}$ は緊密である.

(2) $\mathcal{M}$ は d_{P} に関して相対コンパクトである.

定義 1.45（全変動距離） 位相空間 X 上のボレル確率測度 μ, ν の間の**全変動距離**（total variation distance）を

$$d_{\mathrm{TV}}(\mu, \nu) := \sup_{A \subset X: \text{ボレル}} |\mu(A) - \nu(A)|$$

により定義する.

命題 1.46 X を位相空間,ω を X 上の σ-有限ボレル測度,μ, ν を X 上のボレル確率測度で共に ω に絶対連続とする.このとき,

$$d_{\mathrm{TV}}(\mu, \nu) = \frac{1}{2} \int_X \left| \frac{d\mu}{d\omega} - \frac{d\nu}{d\omega} \right| \, d\omega$$

が成り立つ.

証明 まず,$B := \{ x \in X \mid \frac{d\mu}{d\omega}(x) > \frac{d\nu}{d\omega}(x) \}$ とおくとき,

$$\int_B \left(\frac{d\mu}{d\omega} - \frac{d\nu}{d\omega} \right) d\omega = \sup_{A \subset X: \text{ボレル}} (\mu(A) - \nu(A)) \tag{1.6}$$

が成り立つことを示そう.

実際,左辺は $\mu(B) - \nu(B)$ に等しいので「$\le$」が成り立つ.「$\ge$」を示そう.任意のボレル集合 $A \subset X$ に対して,B の定義より

$$\int_{A \cap B} \left(\frac{d\mu}{d\omega} - \frac{d\nu}{d\omega} \right) d\omega \le \int_B \left(\frac{d\mu}{d\omega} - \frac{d\nu}{d\omega} \right) d\omega,$$

$$\int_{A \setminus B} \left(\frac{d\mu}{d\omega} - \frac{d\nu}{d\omega} \right) d\omega \le 0.$$

辺々を足すと

$$\mu(A) - \nu(A) = \int_A \left(\frac{d\mu}{d\omega} - \frac{d\nu}{d\omega} \right) d\omega \le \int_B \left(\frac{d\mu}{d\omega} - \frac{d\nu}{d\omega} \right) d\omega.$$

よって (1.6) が示された.この議論から特に $\mu(A) - \nu(A)$ は $A = B$ で最大値をとることが分かる.

同様に

$$\int_{X \setminus B} \left(\frac{d\nu}{d\omega} - \frac{d\mu}{d\omega} \right) d\omega = \sup_{A \subset X: \text{ボレル}} (\nu(A) - \mu(A)) \tag{1.7}$$

が得られ,$\nu(A) - \mu(A)$ は $A = X \setminus B$ で最大値をとる.

$\nu(A) - \mu(A) = \mu(X \setminus A) - \nu(X \setminus A)$ より

$$\sup_{A \subset X: \text{ボレル}} (\mu(A) - \nu(A)) = \sup_{A \subset X: \text{ボレル}} (\nu(A) - \mu(A))$$

$$= \sup_{A \subset X: \text{ボレル}} |\mu(A) - \nu(A)| = d_{\text{TV}}(\mu, \nu). \tag{1.8}$$

式 (1.6), (1.7) の辺々を足して 2 で割ると (1.8) より命題が得られる. $\qquad\square$

命題 1.46 から以下が従う.

系 1.47 X を高々可算な離散位相空間とし, μ と ν を X 上の確率測度とするとき

$$d_{\text{TV}}(\mu, \nu) = \frac{1}{2} \sum_{x \in X} |\mu(\{x\}) - \nu(\{x\})|.$$

命題 1.48 距離空間上の任意のボレル確率測度 μ, ν に対して,

$$d_{\text{P}}(\mu, \nu) \leq d_{\text{TV}}(\mu, \nu).$$

証明 $\varepsilon := d_{\text{TV}}(\mu, \nu)$ とおくと, 任意のボレル集合 $A \subset X$ に対して, 全変動距離 d_{TV} の定義から

$$\mu(B_\varepsilon(A)) \geq \nu(B_\varepsilon(A)) - \varepsilon \geq \nu(A) - \varepsilon.$$

ゆえに $d_{\text{P}}(\nu, \mu) \leq \varepsilon$. 証明終わり. $\qquad\square$

注意 1.49 距離空間 X 上の任意の 2 点 x, y に対して,

$$d_{\text{P}}(\delta_x, \delta_y) = d_X(x, y) \wedge 1, \tag{1.9}$$

$$d_{\text{TV}}(\delta_x, \delta_y) = \begin{cases} 1 & (x \neq y), \\ 0 & (x = y) \end{cases} \tag{1.10}$$

が成り立つので, ボレル確率測度全体の集合に d_{TV} が導く位相は d_{P} が導く位相より真に強い.

定義 1.50 (輸送計画) X, Y を位相空間とし, μ を X 上の有限ボレル測度, ν を Y 上の有限ボレル測度, $p_1: X \times Y \to X$, $p_2: X \times Y \to Y$ をそれぞれ射影とする. 直積空間 $X \times Y$ 上のボレル測度 π が μ と ν の間の**輸送計画** (transport plan) または**カップリング** (coupling) であるとは,

$$(p_1)_* \pi = \mu, \quad (p_2)_* \pi = \nu,$$

つまり, 任意のボレル集合 $A \subset X, B \subset Y$ に対して

$$\pi(A \times Y) = \mu(A), \quad \pi(X \times B) = \nu(B)$$

が成り立つときをいう. μ と ν の間の輸送計画全体の集合を $\Pi(\mu, \nu)$ で表す.

1.3 測度の収束 **19**

π が μ と ν の間の輸送計画ならば,$\pi(X \times Y) = \mu(X) = \nu(Y)$ が成り立つ.輸送計画の最も簡単な例として,直積測度の定数倍 $(1/a)(\mu \otimes \nu)$ が挙げられる.ここで,$a := \mu(X) = \mu(Y)$ である.特に $\mu(X) = \mu(Y)$ のとき $\Pi(\mu, \nu)$ は空ではない.

μ と ν の間の輸送計画の直感的な意味を説明しよう.X 上に砂山があったとし,それを測度 μ で表す.μ を場所 Y へ移動し,その移した先の砂山を測度 ν で表す.輸送計画は砂山 μ のどこの砂を砂山 ν のどこの部分へ移動するかを表現している.ボレル集合 $A \subset X$,$B \subset Y$ に対して,μ の A の部分にある砂を ν の B の部分へ輸送する総量が $\pi(A \times B)$ である.π によって,輸送方法が完全に記述されるというわけである.

補題 1.51 X, Y を完備可分距離空間,μ を X 上のボレル確率測度,ν を Y 上のボレル確率測度とするとき,$\Pi(\mu, \nu)$ はプロホロフ距離に関してコンパクトである.

証明 まず $\Pi(\mu, \nu)$ が相対コンパクトであることを示す.任意の実数 $\varepsilon > 0$ をとる.μ, ν の内正則性より,あるコンパクト集合 $K_1 \subset X$,$K_2 \subset Y$ が存在して,$\mu(K_1), \nu(K_2) \geq 1 - \varepsilon$,が成り立つ.任意の $\pi \in \Pi(\mu, \nu)$ をとる.$K_1 \times K_2$ はコンパクトであり,

$$\pi(K_1 \times K_2) = \pi((K_1 \times Y) \cap (X \times K_2))$$
$$\geq \pi(K_1 \times Y) + \pi(X \times K_2) - 1 \geq 1 - 2\varepsilon$$

なので $\Pi(\mu, \nu)$ は緊密である.プロホロフの定理 1.44 より $\Pi(\mu, \nu)$ は相対コンパクトである.

後は $\Pi(\mu, \nu)$ が閉集合であることを示せばよい.任意の弱収束列 $\{\pi_n\} \subset \Pi(\mu, \nu)$ をとり,その弱収束極限を π とする.任意の有界非負連続関数 $f : X \to \mathbb{R}$ に対して

$$\int_X f \, d(p_1)_* \pi = \int_{X \times Y} f \circ p_1 \, d\pi = \lim_{n \to \infty} \int_{X \times Y} f \circ p_1 \, d\pi_n$$
$$= \lim_{n \to \infty} \int_X f \, d(p_1)_* \pi_n = \int_X f \, d\mu$$

だから補題 1.36 より $(p_1)_* \pi = \mu$ が成り立つ.同様に $(p_2)_* \pi = \nu$ も得られ,$\pi \in \Pi(\mu, \nu)$ が成り立つ.従って $\Pi(\mu, \nu)$ は閉集合である.証明終わり. $\square$

定義 1.52(部分輸送計画) μ, ν を距離空間 X 上のボレル確率測度とし,π を $X \times X$ 上のボレル測度とする.このとき,π が μ と ν の間の**部分輸送計画** (subtransport plan) であるとは,X 上のある 2 つのボレル測度 μ', ν' が存在して $\mu' \leq \mu$,$\nu' \leq \nu$ かつ π が μ' と ν' の間の輸送計画であるときをいう.$\varepsilon > 0$ を実数とする.μ と ν の間の部分輸送計画 π が ε-**部分輸送計画**であると

20 第 1 章 距離と測度

は，任意の $(x, y) \in \text{supp}(\pi)$ に対して $d_X(x, y) \leq \varepsilon$ をみたすことで定義する．部分輸送計画 π の**欠損量**（deficiency）$\text{def}(\pi)$ を

$$\text{def}(\pi) := 1 - \pi(X \times X)$$

により定義する．

定理 1.53（ストラッセンの定理（**Strassen's theorem**）） X を完備可分な距離空間とする．X 上の任意のボレル確率測度 μ, ν に対して，

$$d_{\mathrm{P}}(\mu, \nu) = \inf\{\, \varepsilon > 0 \mid \mu \text{ と } \nu \text{ の間の } \varepsilon\text{-部分輸送計画 } \pi \text{ が存在して}$$
$$\text{def}(\pi) \leq \varepsilon \text{ をみたす} \,\}$$

が成り立つ．

演習問題 1.54　(1) 距離空間 X 上の点 $x_n, x \in X$ $(n = 1, 2, \ldots)$ に対して，$n \to \infty$ のとき

$$x_n \to x \iff \delta_{x_n} \to \delta_x \text{ weakly}$$

が成り立つことを示せ．

(2) 全変動距離が距離の公理をみたすことを示せ．

(3) (1.9) と (1.10) を示せ．

(4) X, Y を位相空間とする．X 上の任意のボレル確率測度 μ と任意の点 $y \in Y$ に対して，$\Pi(\mu, \delta_y) = \{\mu \otimes \delta_y\}$ が成り立つことを示せ．

1.4　カイファン距離と測度収束

ここでは，測度空間から距離空間への 2 つの写像の間のカイファン距離，およびそのような写像の列の測度収束について説明する．

定義 1.55（カイファン距離，測度収束）　(X, μ) を測度空間とし，Y を可分距離空間とする．2 つの μ-可測写像 $f, g : X \to Y$ に対して，それらの間の**カイファン距離**（Ky Fan distance）$d_{\mathrm{KF}}(f, g) = d_{\mathrm{KF}}^\mu(f, g)$ を

$$\mu(\{\, x \in X \mid d_Y(f(x), g(x)) > \varepsilon \,\}) \leq \varepsilon \tag{1.11}$$

をみたすような実数 $\varepsilon \geq 0$ の下限により定義する．このような実数 ε が存在しないときは，$d_{\mathrm{KF}}^\mu(f, g) := +\infty$ と定義する．ここで，(1.11) の左辺の集合の可測性は補題 1.21 から保証される．また，$f, f_n : X \to Y$ $(n = 1, 2, \ldots)$ を μ-可測写像とするとき，f_n が f へ**測度収束**（converge in measure）するとは，

$$\lim_{n \to \infty} d_{\mathrm{KF}}^\mu(f_n, f) = 0$$

が成り立つときをいう.

μ が確率測度のときは, 常に $d_{\mathrm{KF}}^{\mu}(f,g) \leq 1$ が成り立つ. μ が確率測度のとき, 測度収束を**確率収束** (convergence in probability) と呼ぶこともある.

注意 1.56 関数 $\varepsilon \mapsto \mu(\{\, x \in X \mid d_Y(f(x), g(x)) > \varepsilon \,\})$ は右連続なので, (1.11) をみたす $\varepsilon \geq 0$ の最小値が存在する. よって, 実数 ε に対して, $d_{\mathrm{KF}}(f,g) \leq \varepsilon$ と (1.11) は同値である.

補題 1.57 (X, μ) を測度空間とし, Y を可分距離空間とする. このとき, d_{KF}^{μ} は X から Y への μ-可測写像全体の集合上の拡張擬距離であり, $d_{\mathrm{KF}}^{\mu}(f,g) = 0$ が成り立つことの必要十分条件は $f = g$ μ-a.e. が成り立つことである.

証明 $f, g, h : X \to Y$ を μ-可測写像とする.

$d_{\mathrm{KF}}(f,g) = 0$ と $f = g$ μ-a.e. の同値性は注意 1.56 から従う.

対称性:$d_{\mathrm{KF}}(g,f) = d_{\mathrm{KF}}(f,g)$ は定義から明らか.

三角不等式:$d_{\mathrm{KF}}(f,h) \leq d_{\mathrm{KF}}(f,g) + d_{\mathrm{KF}}(g,h)$ を示す. $\varepsilon := d_{\mathrm{KF}}(f,g)$, $\delta := d_{\mathrm{KF}}(g,h)$ とおくと, 注意 1.56 より,

$$\mu(\{\, x \in X \mid d_Y(f(x), g(x)) > \varepsilon \,\}) \leq \varepsilon,$$
$$\mu(\{\, x \in X \mid d_Y(g(x), h(x)) > \delta \,\}) \leq \delta$$

が成り立ち, d_Y の三角不等式より,

$$\mu(\{\, x \in X \mid d_Y(f(x), h(x)) > \varepsilon + \delta \,\})$$
$$\leq \mu(\{\, x \in X \mid d_Y(f(x), g(x)) + d_Y(g(x), h(x)) > \varepsilon + \delta \,\}) \qquad (1.12)$$

が成り立つ. 1 点 $x \in X$ に対して, もし $d_Y(f(x), g(x)) + d_Y(g(x), h(x)) > \varepsilon + \delta$ が成り立つならば, $d_Y(f(x), g(x)) > \varepsilon$ または $d_Y(g(x), h(x)) > \delta$ が成り立つので,

$$\text{「(1.12) の右辺」} \leq \mu(\{\, x \in X \mid d_Y(f(x), g(x)) > \varepsilon \,\})$$
$$+ \mu(\{\, x \in X \mid d_Y(g(x), h(x)) > \delta \,\})$$
$$\leq \varepsilon + \delta.$$

よって $d_{\mathrm{KF}}(f,h) \leq \varepsilon + \delta$ が成り立つ. 以上により補題が示された. $\qquad \square$

補題 1.58 X を位相空間, μ を X 上のボレル確率測度, Y を可分距離空間とする. このとき, 任意のボレル可測写像 $f, g : X \to Y$ に対して,

$$d_{\mathrm{P}}(f_*\mu, g_*\mu) \leq d_{\mathrm{KF}}^{\mu}(f,g).$$

証明 $\varepsilon := d_{\mathrm{KF}}^{\mu}(f,g)$ とおく. ボレル集合 $A \subset Y$ を任意にとる. このとき, $f_*\mu(B_\varepsilon(A)) \geq g_*\mu(A) - \varepsilon$ を示せば十分である.

$$X_0 := \{\, x \in X \mid d_Y(f(x), g(x)) \leq \varepsilon \,\}$$

とおくと, $\mu(X \setminus X_0) \leq \varepsilon$ が成り立つ.

今, 包含関係

$$g^{-1}(A) \cap X_0 \subset f^{-1}(B_\varepsilon(A)) \tag{1.13}$$

が成り立つことを示そう. 実際, 任意の点 $x \in g^{-1}(A) \cap X_0$ をとると, $g(x) \in A$ および $x \in X_0$ が成り立つ. これから $f(x) \in B_\varepsilon(A)$ が得られ, $x \in f^{-1}(B_\varepsilon(A))$ が成り立つ. 従って (1.13) が得られた.

$\mu(g^{-1}(A) \setminus X_0) \leq \mu(X \setminus X_0) \leq \varepsilon$ なので, (1.13) を用いると

$$g_*\mu(A) = \mu(g^{-1}(A)) = \mu(g^{-1}(A) \cap X_0) + \mu(g^{-1}(A) \setminus X_0)$$
$$\leq \mu(f^{-1}(B_\varepsilon(A))) + \varepsilon = f_*\mu(B_\varepsilon(A)) + \varepsilon.$$

よって, 補題が示された. $\square$

以下の補題の証明は読者に任せる.

補題 1.59 X を位相空間, μ を X 上のボレル確率測度, Y を距離空間とする. このとき, 任意のボレル可測写像 $f: X \to Y$ と任意の点 $y \in Y$ に対して,

$$d_{\mathrm{P}}(f_*\mu, \delta_y) = d_{\mathrm{KF}}^\mu(f, y).$$

演習問題 1.60 (1) 補題 1.59 を示せ.

(2) 補題 1.58 において等号が成り立たない例を構成せよ.

(3) X を距離空間, μ を X 上のボレル確率測度, $f_n : X \to \mathbb{R}$ $(n = 1, 2, \dots)$ を 1-リプシッツ関数の列で, 定数 a へ測度収束すると仮定する.

    (a) f_n の任意のメディアン m_n に対して, $n \to \infty$ のとき m_n は a へ収束することを示せ.

    (b) ある定数 $C \geq 0$ が存在して $|f_n(x)| \leq C$ $(n = 1, 2, \dots, x \in X)$ のとき, $n \to \infty$ において f_n の平均値 $\int_X f_n \, d\mu$ は a へ収束することを示せ.

    (c) 各 n に対して積分 $\int_X f_n \, d\mu$ は有限値として定まるが, $n \to \infty$ のとき a へ収束しないような例を構成せよ.

1.5 ノート

距離空間と測度の概念はそれぞれフレッシェ (Fréchet) とルベーグ (Lebesgue) により導入され, その後多くの数学者たちの研究によって発展し現在の形になった. カイファン距離は数学者カイ・ファン (Ky Fan) に因むが, 最初に定義したのはベリー (Berry) である.

第 2 章

距離幾何学

この章では距離空間の幾何学の基本的な事項を解説する．特にハウスドルフ距離とグロモフ–ハウスドルフ距離に関することを中心に解説する．

2.1 ネット，被覆数，キャパシティ

ここでは，距離空間を有限集合で近似するために有用な概念を説明する．X を距離空間とする．

定義 2.1（ネット, ε-**被覆数**, ε-**キャパシティ**） X の離散部分集合を X のネット（net）という．$\varepsilon > 0$ を実数とする．X のネット $\mathcal{N}$ が $B_\varepsilon(\mathcal{N}) = X$ をみたすとき ε-ネットと呼ぶ．X のネット $\mathcal{N}$ が，任意の異なる 2 点 $x, y \in \mathcal{N}$ に対して $d_X(x, y) > \varepsilon$ をみたすとき，$\mathcal{N}$ は ε-**離散ネット**（ε-discrete net）であるという．X の ε-**被覆数**（ε-covering number）$\mathrm{Cov}_\varepsilon(X)$ と ε-**キャパシティ**（ε-capacity）$\mathrm{Cap}_\varepsilon(X)$ をそれぞれ以下で定義する．

$$\mathrm{Cov}_\varepsilon(X) := \inf\{\, \#\mathcal{N} \mid \mathcal{N} \subset X : \varepsilon\text{-ネット} \,\},$$

$$\mathrm{Cap}_\varepsilon(X) := \sup\{\, \#\mathcal{N} \mid \mathcal{N} \subset X : \varepsilon\text{-離散ネット} \,\}.$$

ただし，$\#\mathcal{N}$ は $\mathcal{N}$ の元の個数とする（無限大になることもあり得る）．

$\mathrm{Cov}_\varepsilon(X)$ と $\mathrm{Cap}_\varepsilon(X)$ は無限大になることもあり得る．例えば，X がユークリッド空間の部分集合のとき，X が有界であること，$\mathrm{Cov}_\varepsilon(X)$ が有限であること，$\mathrm{Cap}_\varepsilon(X)$ が有限であることは，すべて互いに同値である．任意の $\varepsilon > 0$ に対して $\mathrm{Cov}_\varepsilon(X)$ が有限となるような距離空間 X は**全有界**（totally bounded）または**プレコンパクト**（precompact）であるという．X がコンパクトであることと，X がプレコンパクトかつ完備であることが必要十分であることは，位相空間論でよく知られた事実である．

補題 2.2 任意の実数 $\varepsilon > 0$ に対して

$$\mathrm{Cap}_{2\varepsilon}(X) \leq \mathrm{Cov}_\varepsilon(X) \leq \mathrm{Cap}_\varepsilon(X).$$

証明 包含関係について極大な X の ε-離散ネットは ε-ネットであるから，$\mathrm{Cov}_\varepsilon(X) \leq \mathrm{Cap}_\varepsilon(X)$ が成り立つ.

もう一つの不等式を示そう．$\mathcal{N}$ を X の 2ε-離散ネットとし，$\mathcal{N}'$ を X の ε-ネットとする．半径が ε で $\mathcal{N}'$ の 1 点を中心とする閉距離球体 B に対して，三角不等式より B の任意の 2 点間の距離は 2ε 以下であるから，B は $\mathcal{N}$ の点を高々一つしか含まない．従って $\#\mathcal{N} \leq \#\mathcal{N}'$ が成り立つ．ゆえに $\mathrm{Cap}_{2\varepsilon}(X) \leq \mathrm{Cov}_\varepsilon(X)$ を得る．証明終わり． $\square$

定義 2.3 (ε-近点写像，最近点写像) $A \subset X$ を集合，$\varepsilon \geq 0$ を実数とする．写像 $\pi : X \to A$ が A への ε-近点写像 (ε-near point map) であることを，任意の $x \in X$ に対して

$$d_X(x, \pi(x)) \leq d_X(x, A) + \varepsilon$$

が成り立つことで定義する．0-近点写像を**最近点写像** (nearest point map) と呼ぶ.

補題 2.4 任意の有限ネット $\mathcal{N} \subset X$ に対して，ボレル可測な $\mathcal{N}$ への最近点写像が存在する.

証明 $\{a_i\}_{i=1}^N := \mathcal{N}$ とおく．与えられた 1 点 $x \in X$ に対して，x から $\mathcal{N}$ の最も近い点の集合を $\{a_{i_j}\}_{j=1}^k$ $(k \leq N)$ として，

$$i(x) := \min_{j=1}^k i_j, \quad \pi(x) := a_{i(x)}$$

と定義すると，$\pi : X \to \mathcal{N}$ は最近点写像である．以下，π がボレル可測であることを示そう．実際，任意の $a_i \in \mathcal{N}$ に対して

$$\pi^{-1}(a_i) = \{\, x \in X \mid \text{任意の } j < i \text{ に対して } d_X(x, a_i) < d_X(x, a_j),$$
$$\text{任意の } j > i \text{ に対して } d_X(x, a_i) \leq d_X(x, a_j) \,\}$$

と表され，これは X のボレル集合となるので，π はボレル可測である．証明終わり． $\square$

補題 2.5 X を可分距離空間とする．任意の集合 $A \subset X$ と任意の $\varepsilon > 0$ に対して，ボレル可測な A への ε-近点写像 $\pi : X \to A$ が存在して，もし A が X のボレル集合ならば $\pi|_A = \mathrm{id}_A$ をみたす.

証明 X の可分性から，高々可算かつ稠密な部分集合 $\{x_i\}_{i=1}^\infty \subset X$ が存在する．各 x_i に対してある点 $a_i \in A$ が存在して $d_X(x_i, a_i) \leq d_X(x_i, A) + \varepsilon/3$ を

2.1 ネット，被覆数，キャパシティ **25**

みたす. $i \geq 1$ に対して

$$B_1 := B_{\varepsilon/3}(x_1), \quad B_{i+1} := B_{\varepsilon/3}(x_{i+1}) \setminus \bigcup_{j=1}^{i} B_{\varepsilon/3}(x_j)$$

とおくと，B_i $(i = 1, 2, \ldots)$ は互いに交わらず，$\{B_i\}_{i=1}^{\infty}$ は X の被覆である．B_i が空でないような i に対して，$\pi(x) := a_i$ $(x \in B_i)$ と定めると，$\pi : X \to A$ は ε-近点写像である．さらに任意の集合 $A' \subset A$ の逆像 $\pi^{-1}(A')$ は $\pi^{-1}(A') = \bigcup_{i : a_i \in A'} B_i$ と書けるので，ボレル集合である．よって π はボレル可測である．

もし A がボレル集合ならば，写像 $\pi' : X \to A$ を

$$\pi'(x) := \begin{cases} \pi(x) & (x \in X \setminus A), \\ x & (x \in A) \end{cases}$$

と定義すれば，これはボレル可測な ε-近点写像であり，$\pi'|_A = \mathrm{id}_A$ をみたす．証明終わり． □

2.2 ハウスドルフ距離

ハウスドルフ距離は距離空間の 2 つの部分集合の間の距離である．

定義 2.6（ハウスドルフ距離）　Z を擬距離空間とし，$X, Y \subset Z$ を空でない部分集合とする．X と Y の間の**ハウスドルフ距離**（Hausdorff distance）$d_{\mathrm{H}}(X, Y)$ を

$$X \subset B_{\varepsilon}(Y), \quad Y \subset B_{\varepsilon}(X)$$

をみたすような $\varepsilon \geq 0$ の下限と定義する．Z 上の擬距離関数 ρ に対して定義されるハウスドルフ距離を $(\rho)_{\mathrm{H}}(X, Y)$ と書くこともある．

上記の定義において $\varepsilon \geq 0$ を $\varepsilon > 0$ と替え，B_{ε} を U_{ε} と替えてもハウスドルフ距離の値は変わらない．X または Y が非有界のときには，$d_{\mathrm{H}}(X, Y)$ は無限大になり得る．

補題 2.7　Z を擬距離空間とするとき，空でない部分集合 $X, Y, W \subset Z$ に対して以下が成り立つ．

(1) $d_{\mathrm{H}}(X, Y) = 0 \iff \bar{X} = \bar{Y}$.

　　ここで，$\bar{A}$ は A の閉包を表す．

(2) d_{H} は三角不等式：

$$d_{\mathrm{H}}(X, W) \leq d_{\mathrm{H}}(X, Y) + d_{\mathrm{H}}(Y, W)$$

をみたす．

証明 (1) の証明は簡単なので読者へ任せる.

(2) について, Z 上の三角不等式より $B_\delta(B_\varepsilon(X)) \subset B_{\varepsilon+\delta}(X)$ が成り立つので, これから従う. 証明終わり. □

拡張擬距離空間 (X, d_X) の**直径** (diameter) を

$$\mathrm{diam}(X) := \sup_{x,y \in X} d_X(x, y) \quad (\le +\infty)$$

により定義する. 距離空間が**有界** (bounded) であるとは, その直径が有限であることと定義する.

Z の空でない閉部分集合全体の族を $\mathcal{F}^*(Z)$ とおくとき, 補題 2.7 から以下が得られる.

命題 2.8 擬距離空間 Z に対してハウスドルフ距離 d_H は Z の空でない部分集合全体の上の拡張擬距離関数であり, $\mathcal{F}^*(Z)$ 上に制限すると拡張距離関数になる. また, Z が有界のときは, $\mathcal{F}^*(Z)$ 上に制限すると距離関数になる.

補題 2.9 (1) Z が完備距離空間ならば $(\mathcal{F}^*(Z), d_\mathrm{H})$ は完備拡張距離空間である.

(2) Z がプレコンパクトな距離空間ならば $(\mathcal{F}^*(Z), d_\mathrm{H})$ もプレコンパクトな距離空間である.

証明 (1) を示す. $(\mathcal{F}^*(Z), d_\mathrm{H})$ のコーシー列 $\{X_n\}$ を任意にとる. $\liminf_{n \to \infty} d_Z(x, X_n) = 0$ をみたすような点 $x \in Z$ 全体の集合を X とおく. $\{X_n\}$ が X へ収束することを示せばよい. 任意の $\varepsilon > 0$ をとり固定する. ある番号 N が存在して, $m, n \ge N$ ならば $d_\mathrm{H}(X_m, X_n) < \varepsilon$ が成り立つ. $n \ge N$ のとき $d_\mathrm{H}(X_n, X) < 2\varepsilon$ が成り立つことを示せばよい. 以下, 任意の $n \ge N$ をとり固定する.

$X \subset U_{2\varepsilon}(X_n)$ を示す. 任意の点 $x \in X$ をとる. X の定義より, ある $m \ge N$ が存在して $d_\mathrm{H}(x, X_m) < \varepsilon$ をみたす. $d_\mathrm{H}(X_m, X_n) < \varepsilon$ より $X_m \subset U_\varepsilon(X_n)$ だから, $x \in U_\varepsilon(X_m) \subset U_{2\varepsilon}(X_n)$. よって $X \subset U_{2\varepsilon}(X_n)$ が成り立つ.

$X_n \subset U_{2\varepsilon}(X)$ を示す. $n_1 := n$ とおき, $n_2, n_3, \ldots$ を帰納的に以下のように定義する. $k \ge 2$ に対して n_{k-1} が定義されたとき n_k を $n_k \ge n_{k-1} + 1$ かつ $p, q \ge n_k$ のとき $d_\mathrm{H}(X_p, X_q) < 2^{-k}\varepsilon$ をみたすものとする. 任意の点 $x \in X_n$ をとり, $x_1 := x$ とおく. 点列 $x_k \in X_{n_k}$ $(k = 1, 2, \ldots)$ を帰納的に以下のように定義する. $x_k \in X_{n_k}$ が定義されたとき, $d_\mathrm{H}(X_{n_k}, X_{n_{k+1}}) < 2^{-k}\varepsilon$ だから, ある $x_{k+1} \in X_{n_{k+1}}$ が存在して $d_Z(x_k, x_{k+1}) < 2^{-k}\varepsilon$ をみたす. 任意の $k \le l$ に対して $d_Z(x_k, x_l) \le \sum_{i=k}^{l-1} d_Z(x_i, x_{i+1}) < \sum_{i=k}^{l-1} 2^{-i}\varepsilon$ なので, $\{x_k\}$ はコーシー列となり, Z の完備性からある点 $y \in Z$ に収束する. $x_k \in X_{n_k}$ より $y \in X$ となり,

2.2 ハウスドルフ距離 **27**

$$d_Z(x,y) = \lim_{k \to \infty} d_Z(x, x_k) \le \sum_{k=1}^{\infty} d_Z(x_k, x_{k+1}) < 2\varepsilon$$

だから $x \in U_{2\varepsilon}(X)$. 従って $X_n \subset U_{2\varepsilon}(X)$ が得られた.

以上により $d_{\mathrm{H}}(X_n, X) < 2\varepsilon$ が成り立つので (1) が示された.

(2) を示す. Z がプレコンパクトと仮定すると, 任意の $\varepsilon > 0$ に対してある有限 ε-ネット $\mathcal{N} \subset Z$ が存在する. $\mathcal{N}$ の空でない部分集合全体の集合 $\mathcal{F}^*(\mathcal{N})$ が d_{H} に関して $\mathcal{F}^*(Z)$ の ε-ネットであることを示せばよい. 任意の $X \in \mathcal{F}^*(Z)$ に対して $\hat{X} := B_\varepsilon(X) \cap \mathcal{N}$ は $\mathcal{F}^*(\mathcal{N})$ の元であり $d_{\mathrm{H}}(\hat{X}, X) \le \varepsilon$ をみたす. ゆえに $\mathcal{F}^*(Z) = B_\varepsilon(\mathcal{F}^*(\mathcal{N}))$ だから (2) が示された. 証明終わり. $\qquad \square$

補題 2.9 から以下が従う.

定理 2.10(ブラシュケの定理(**Blaschke's theorem**)) Z がコンパクト距離空間ならば $(\mathcal{F}^*(Z), d_{\mathrm{H}})$ もコンパクト距離空間である.

演習問題 2.11 (1) 距離空間 X と 1 点 $x \in X$ に対して $B_{\varepsilon + \delta}(x) = B_\delta(B_\varepsilon(x))$ が成り立たない反例を挙げよ.

(2) Z を擬距離空間とするとき, 空でないコンパクト集合 $X, Y \subset Z$ と実数 $r \ge 0$ に対して以下の (a), (b) は同値であることを示せ.

(a) $d_{\mathrm{H}}(X, Y) \le r$ が成り立つ.

(b) 任意の $x \in X$ に対してある $y \in Y$ が存在して $d_Z(x, y) \le r$ をみたす. さらに, 任意の $y \in Y$ に対してある $x \in X$ が存在して $d_Z(x, y) \le r$ をみたす.

(3) n 次元ユークリッド空間 $\mathbb{R}^n$ において, 格子点全体の集合 $\mathbb{Z}^n$ と $\mathbb{R}^n$ の間のハウスドルフ距離 $d_{\mathrm{H}}(\mathbb{Z}^n, \mathbb{R}^n)$ を求めよ.

2.3 グロモフ–ハウスドルフ距離

以下において距離空間はすべて空でないとする. グロモフ–ハウスドルフ距離は 2 つの距離空間の間の距離である.

定義 2.12(グロモフ–ハウスドルフ距離) X, Y を距離空間とする. X と Y をある距離空間 Z へ等長的に埋め込む. $\iota_X : X \hookrightarrow Z$, $\iota_Y : Y \hookrightarrow Z$ を等長的埋め込み写像とする. Z, ι_X, ι_Y をすべて動かしたときのハウスドルフ距離 $(d_Z)_{\mathrm{H}}(\iota_X(X), \iota_Y(Y))$ の下限を X と Y の間の**グロモフ–ハウスドルフ距離**(Gromov–Hausdorff distance)といい, $d_{\mathrm{GH}}(X, Y)$ で表す. ただし, $(d_Z)_{\mathrm{H}}$ は d_Z に関するハウスドルフ距離である. d_{GH} に関する収束・極限を**グロモフ–ハウスドルフ収束・極限**(Gromov–Hausdorff convergence/limit)という.

もし X と Y が有界ならば, $d_{\mathrm{GH}}(X, Y)$ は有限である.

定義 2.13（距離のカップリング） X, Y を距離空間とするとき，非交和 $X \sqcup Y$ 上の擬距離 ρ で $\rho|_{X \times X} = d_X$ かつ $\rho|_{Y \times Y} = d_Y$ をみたすものを d_X と d_Y の **カップリング**（coupling）と呼ぶ.

次の補題は d_{GH} の三角不等式を示すのに用いられる.

補題 2.14 任意の距離空間 X, Y に対して

$$d_{\mathrm{GH}}(X, Y) = \inf\{ (d_{XY})_{\mathrm{H}}(X, Y) \mid d_{XY} : d_X \text{ と } d_Y \text{ のカップリング} \}.$$

証明 「$\geq$」を示す. Z を距離空間で，$\iota_X : X \hookrightarrow Z$, $\iota_Y : Y \hookrightarrow Z$ を等長的埋め込み写像とする. d_X と d_Y のカップリング d_{XY} を $d_{XY}(x, y) := d_Z(\iota_X(x), \iota_Y(y))$ $(x \in X, y \in Y)$ により定義すると，$(d_{XY})_{\mathrm{H}}(X, Y) = (d_Z)_{\mathrm{H}}(X, Y)$ が成り立つので，「$\geq$」が示された.

「$\leq$」を示す. d_{XY} を d_X と d_Y のカップリングとする. $d_{XY} = 0$ に関する非交和 $X \sqcup Y$ の商距離空間を Z とする. X, Y から Z への商写像をそれぞれ ι_X, ι_Y とするとこれらは埋め込み写像であり，$(d_{XY})_{\mathrm{H}}(X, Y) = (d_Z)_{\mathrm{H}}(\iota_X(X), \iota_Y(Y))$ が成り立つ. よって「$\leq$」が示された. 証明終わり. $\square$

補題 2.15 グロモフ–ハウスドルフ距離は距離空間の間の拡張擬距離である.

証明 X, Y, Z を距離空間とする. $d_{\mathrm{GH}}(X, X) = 0$ および対称性 $d_{\mathrm{GH}}(X, Y) = d_{\mathrm{GH}}(Y, X)$ は明らか.

三角不等式

$$d_{\mathrm{GH}}(X, Z) \leq d_{\mathrm{GH}}(X, Y) + d_{\mathrm{GH}}(Y, Z)$$

を示そう. $d_{\mathrm{GH}}(X, Y), d_{\mathrm{GH}}(Y, Z) < +\infty$ と仮定してよい. $\varepsilon > d_{\mathrm{GH}}(X, Y)$ と $\delta > d_{\mathrm{GH}}(Y, Z)$ をみたすような実数 ε, δ を任意にとる. 補題 2.14 より，d_X, d_Y のカップリング d_{XY} と d_Y, d_Z のカップリング d_{YZ} が存在して，$(d_{XY})_{\mathrm{H}}(X, Y) < \varepsilon$ かつ $(d_{YZ})_{\mathrm{H}}(Y, Z) < \delta$ をみたす. $x \in X, z \in Z$ に対して

$$d_{XZ}(x, z) = d_{XZ}(z, x) := \inf_{y \in Z}(d_{XY}(x, y) + d_{YZ}(y, z)),$$

$$d_{XZ}|_{X \times X} := d_X, \quad d_{XZ}|_{Z \times Z} := d_Z$$

とおけば d_{XZ} は d_X, d_Z のカップリングとなる（詳細は読者へ任せる）. $d_{\mathrm{GH}}(X, Z) \leq \varepsilon + \delta$ を示せれば ε と δ の任意性より補題が証明される. そのためには，補題 2.14 より，$(d_{XZ})_{\mathrm{H}}(X, Z) \leq \varepsilon + \delta$ を示せばよい.

d_{XZ} に関して $X \subset U_{\varepsilon + \delta}(Z)$ を示す. 任意の $x \in X$ に対して，$(d_{XY})_{\mathrm{H}}(X, Y) < \varepsilon$ より，ある $y \in Y$ が存在して $d_{XY}(x, y) < \varepsilon$ をみたす. $(d_{YZ})_{\mathrm{H}}(Y, Z) < \delta$ より，ある $z \in Z$ が存在して $d_{YZ}(y, z) < \delta$ をみたす.

2.3　グロモフ–ハウスドルフ距離　**29**

よって, d_{XZ} の定義より $d_{XZ}(x,z) < \varepsilon + \delta$ が成り立つ. 従って $X \subset U_{\varepsilon+\delta}(Z)$ が成り立つ.

同様に $Z \subset U_{\varepsilon+\delta}(X)$ が得られるから, $(d_{XZ})_{\mathrm{H}}(X,Z) \leq \varepsilon + \delta$ が示された. 証明終わり.　　　　　　　　　　　　　　　　　　　　　　　　　　　　□

定義 2.16（対応）　距離空間 X, Y に対して集合 $S \subset X \times Y$ が X と Y の**対応**（correspondence）であるとは, $p_1(S) = X$ かつ $p_2(S) = Y$ をみたすときをいう. ただし, $p_1 : X \times Y \to X$, $p_2 : X \times Y \to Y$ は射影である.

命題 2.17　任意の距離空間 X, Y に対して

$$d_{\mathrm{GH}}(X,Y) = \frac{1}{2} \inf_S \mathrm{dis}(S).$$

ただし, S は X と Y の対応全体を動くとする.

証明　「$\geq$」を示す. $d_{\mathrm{GH}}(X,Y) < +\infty$ と仮定して, 任意の $\varepsilon > d_{\mathrm{GH}}(X,Y)$ をとる. 補題 2.14 より, d_X, d_Y のあるカップリング d_{XY} が存在して $(d_{XY})_{\mathrm{H}}(X,Y) < \varepsilon$ をみたす.

$$S := \{\, (x,y) \in X \times Y \mid d_{XY}(x,y) < \varepsilon \,\}$$

とおくと, $(d_{XY})_{\mathrm{H}}(X,Y) < \varepsilon$ より S は X と Y の対応である. 任意の $(x,y),(x',y') \in S$ に対して, 三角不等式より

$$|d_X(x,x') - d_Y(y,y')| \leq d_{XY}(x,y) + d_{XY}(x',y') < 2\varepsilon.$$

ゆえに $\mathrm{dis}(S) < 2\varepsilon$ が成り立つ. ε の任意性より「$\geq$」が従う.

「$\leq$」を示す. S を X と Y の対応とし, $\varepsilon := \mathrm{dis}(S)/2 < +\infty$ とする. $x \in X, y \in Y$ に対して

$$d_{XY}(x,y) = d_{XY}(y,x) := \inf_{(x',y') \in S} (d_X(x,x') + d_Y(y,y') + \varepsilon),$$

$$d_{XY}|_{X \times X} := d_X, \quad d_{XY}|_{Y \times Y} := d_Y$$

と定義すると, d_{XY} は d_X, d_Y のカップリングとなる（この証明は三角不等式のみ面倒だが読者へ任せる）. d_{XY} に対して $X \subset B_\varepsilon(Y)$ かつ $Y \subset B_\varepsilon(X)$ が容易に分かるので, $(d_{XY})_{\mathrm{H}}(X,Y) \leq \varepsilon$ が成り立つ. 証明終わり.　　　□

定義 2.18（ε-等長（同型）写像）　距離空間 X, Y に対して, 写像 $f : X \to Y$ の**歪み**（distortion）を

$$\mathrm{dis}(f) := \sup\{ |d_X(x,x') - d_Y(f(x),f(x'))| \mid x,x' \in X \} \ \ (\leq +\infty)$$

と定義する. 実数 $\varepsilon \geq 0$ に対して写像 $f : X \to Y$ が **ε-等長写像**（ε-isometric map）であるとは, $\mathrm{dis}(f) \leq \varepsilon$ をみたすことをいう. $f : X \to Y$ が ε-等長同

型写像（ε-isometry）であるとは，$\mathrm{dis}(f) \leq \varepsilon$ かつ $B_\varepsilon(f(X)) = Y$ をみたすこ
とをいう．

写像 $f : X \to Y$ に対して $S_f := \{ (x, f(x)) \mid x \in X \}$ とおけば，
$\mathrm{dis}(f) = \mathrm{dis}(S_f)$ が成り立つ．

補題 2.19 距離空間 X, Y と実数 $\varepsilon > 0$ に対して以下が成り立つ．

(1) もし $d_{\mathrm{GH}}(X, Y) < \varepsilon$ ならば 2ε-等長同型写像 $f : X \to Y$ が存在する．

(2) もし ε-等長同型写像 $f : X \to Y$ が存在するならば $d_{\mathrm{GH}}(X, Y) \leq 3\varepsilon/2$
が成り立つ．

証明 (1) を示す．$d_{\mathrm{GH}}(X, Y) < \varepsilon$ と仮定すると，命題 2.17 よりある対応 S
が存在して $\mathrm{dis}(S) < 2\varepsilon$ をみたす．任意の $x \in X$ に対して $(x, y) \in S$ となる
$y \in Y$ が存在する．$f(x) := y$ と定めることで写像 $f : X \to Y$ を定義する．
すると $\mathrm{dis}(f) \leq \mathrm{dis}(S) < 2\varepsilon$ が成り立つ．$B_{2\varepsilon}(f(X)) = Y$ を確かめよう．任
意の $y \in Y$ に対してある $x \in X$ が存在して $(x, y) \in S$ が成り立つ．S の歪み
の定義より

$$d_Y(y, f(X)) \leq d_Y(y, f(x)) = |d_X(x, x) - d_Y(y, f(x))| \leq \mathrm{dis}(S) < 2\varepsilon.$$

ゆえに $B_{2\varepsilon}(f(X)) = Y$ が成り立つ．(1) が示された．

(2) を示す．$f : X \to Y$ を ε-等長同型とする．$\varepsilon' > \varepsilon$ を任意にとり

$$S := \{ (x, y) \in X \times Y \mid d_Y(y, f(x)) \leq \varepsilon' \}$$

とおくと，条件 $B_\varepsilon(f(X)) = Y$ より S は対応である．任意の $(x, y), (x', y') \in S$
に対して

$$\begin{aligned}
|d_X(x, x') - d_Y(y, y')| &\leq |d_X(x, x') - d_Y(f(x), f(x'))| \\
&\quad + d_Y(y, f(x)) + d_Y(y', f(x')) \\
&\leq \mathrm{dis}(f) + 2\varepsilon' \leq \varepsilon + 2\varepsilon'.
\end{aligned}$$

ゆえに $\mathrm{dis}(S) \leq \varepsilon + 2\varepsilon'$ だから ε' の任意性より $\mathrm{dis}(S) \leq 3\varepsilon$ が成り立つ．命
題 2.17 より $d_{\mathrm{GH}}(X, Y) \leq 3\varepsilon/2$. 証明終わり． $\square$

補題 2.20 X をコンパクト距離空間とするとき，（全射と仮定しない）任意の
等長写像 $f : X \to X$ は等長同型写像（つまり全射）である．

証明 全射でない等長写像 $f : X \to X$ があったとする．1 点 $x_1 \in X \setminus f(X)$
をとり，点列 $\{x_n\}_{n=1}^{\infty}$ を帰納的に $x_{n+1} := f(x_n)$ $(n = 1, 2, \dots)$ と定める．
$f(X)$ はコンパクトなので，$r := d_X(x_1, f(X)) > 0$ となる．任意の $n \geq 2$ に
対して $x_n \in f(X)$ より $d_X(x_1, x_n) \geq r$ が成り立つ．f は等長写像なので任意
の $m < n$ に対して $d_X(x_m, x_n) \geq r$ が得られるが，これは X がプレコンパク

トであることに反する. 証明終わり. □

補題 2.21 コンパクト距離空間 X, Y に対して, $d_{\mathrm{GH}}(X,Y) = 0$ であることと X と Y が等長同型であることは同値である.

証明 X と Y が等長同型ならば $d_{\mathrm{GH}}(X,Y) = 0$ は明らか.

$d_{\mathrm{GH}}(X,Y) = 0$ を仮定する. 補題 2.19 より $(1/n)$-等長同型写像 $f_n : X \to Y$ $(n = 1, 2, \dots)$ が存在する. $\{x_j\}_{j=1}^{\infty}$ を X の稠密な可算集合とする. Y のコンパクト性より Y の任意の点列は収束する部分列をもつが, 対角線論法により $\{f_n(x_j)\}$ は j によらない共通の部分列をもつ. これをより詳しく説明すると, $\{f_n(x_1)\}$ は収束部分列 $\{f_{n(1,i)}(x_1)\}_i$ をもち, $\{f_{n(1,i)}(x_2)\}_i$ はまた収束部分列 $\{f_{n(2,i)}(x_2)\}_i$ をもつ. これを繰り返すことにより, 部分列の列

$$\{f_n\} \supset \{f_{n(1,i)}\}_i \supset \{f_{n(2,i)}\}_i \supset \cdots$$

が得られ, 各 j に対して $\{f_{n(j,i)}(x_j)\}_i$ は収束する. $\{f_{n(i,i)}(x_j)\}_{i \geq j}$ は $\{f_{n(j,i)}(x_j)\}_i$ の部分列なので, $\{f_{n(i,i)}(x_j)\}_i$ は収束する. $f(x_j) := \lim_{i \to \infty} f_{n(i,i)}(x_j)$ と定める. 任意の $j, k = 1, 2, \dots$ に対して

$$|d_Y(f_n(x_j), f_n(x_k)) - d_X(x_j, x_k)| \leq \mathrm{dis}(f_n) \to 0 \quad (n \to \infty)$$

より $d_Y(f(x_j), f(x_k)) = d_X(x_j, x_k)$ が成り立つ. $\{x_j\}_{j=1}^{\infty} \subset X$ は稠密なので f は X 上に等長写像として拡張される.

同様に等長写像 $g : Y \to X$ が得られ, 合成 $g \circ f : X \to X$ も等長写像となる. 補題 2.20 より $g \circ f$ は等長同型写像となり, g も等長同型写像となる. 証明終わり. □

補題 2.15 と補題 2.21 より以下が従う.

定理 2.22 グロモフ–ハウスドルフ距離はコンパクト距離空間の等長同型類全体の集合上の距離となる.

定義 2.23 (グロモフ–ハウスドルフ空間) (空でない) コンパクト距離空間の等長同型類全体の集合を $\mathcal{H}$ とおくとき, 距離空間 $(\mathcal{H}, d_{\mathrm{GH}})$ を**グロモフ–ハウスドルフ空間** (Gromov–Hausdorff space) と呼ぶ.

注意 2.24 ZFC 公理系の下で距離空間全体のクラスは集合にはならないので, グロモフ–ハウスドルフ空間は集合にならないのではないかという疑念が生じるが, これは以下のように解決される. 一般に, 第 2 可算公理をみたすハウスドルフ空間の濃度は高々連続体濃度である. (実際, $\{O_n\}_{n=1}^{\infty}$ をそのような空間 X の可算開基とするとき, $f(x) := \{\, n \mid x \in O_n \,\}$ $(x \in X)$ により定義される写像 $f : X \to 2^{\mathbb{N}}$ は単射である.) よって, 任意の可分距離空間 X は実数直線 $\mathbb{R}$ のある部分集合 S とその上の ($\mathbb{R}$ の位相とは関係ない) ある距離

32 第 2 章 距離幾何学

関数 d の組 (S, d) に等長同型である. そのような組 (S, d) 全体は集合なので, 可分距離空間の同型類全体は集合で表現される. グロモフ–ハウスドルフ空間はこれの部分集合である.

演習問題 2.25 (1) 距離空間 X, Y の対応 S が $\mathrm{dis}(S) = 0$ をみたすならば, ある等長同型写像 $f : X \to Y$ が存在して $S = \{(x, f(x)) \mid x \in X\}$ をみたすことを示せ.

(2) 1 点からなる距離空間を $*$ と書くとき, 任意の距離空間 X に対して以下が成り立つことを示せ.

$$d_{\mathrm{GH}}(X, *) = \frac{\mathrm{diam}(X)}{2}.$$

2.4 グロモフのプレコンパクト性定理

この節では, 与えられたコンパクト距離空間の族が, ある条件の下で, グロモフ–ハウスドルフ距離に関してプレコンパクトになることを示す. これは距離幾何学とリーマン幾何学において, 基本的かつ非常に重要である.

補題 2.26 X, Y を距離空間, $\varepsilon, \delta > 0$ を実数とする. このとき, もし $d_{\mathrm{GH}}(X, Y) < \delta$ ならば

$$\mathrm{Cov}_{\varepsilon + 4\delta}(Y) \leq \mathrm{Cov}_\varepsilon(X).$$

証明 $d_{\mathrm{GH}}(X, Y) < \delta$ と仮定する. $\mathrm{Cov}_\varepsilon(X) < \infty$ と仮定してよい. 補題 2.19(1) より, 2δ-等長同型写像 $f : X \to Y$ が存在する. ある ε-ネット $\mathcal{N} \subset X$ が存在して $\#\mathcal{N} = \mathrm{Cov}_\varepsilon(X)$ をみたす. $\mathrm{dis}(f) \leq 2\delta$ より $f(\mathcal{N})$ は $f(X)$ の $(\varepsilon + 2\delta)$-ネットであり, $B_{2\delta}(f(X)) = Y$ より $f(\mathcal{N})$ は Y の $(\varepsilon + 4\delta)$-ネットとなる. ゆえに

$$\mathrm{Cov}_{\varepsilon + 4\delta}(Y) \leq \#f(\mathcal{N}) \leq \#\mathcal{N} = \mathrm{Cov}_\varepsilon(X).$$

補題が示された. $\qquad\qquad\square$

命題 2.27 グロモフ–ハウスドルフ空間は完備である.

証明 $\{X_n\}$ を d_{GH} に関するコンパクト距離空間のコーシー列とする. これが収束部分列をもつことを示せばよい. 部分列をとることにより, $d_{\mathrm{GH}}(X_n, X_{n+1}) < 2^{-n}$ $(n = 1, 2, \dots)$ と仮定してよい. d_{X_n} と $d_{X_{n+1}}$ のカップリング ρ_n が存在して $(\rho_n)_{\mathrm{H}}(X_n, X_{n+1}) < 2^{-n}$ をみたす. $x \in X_n$, $y \in X_{n+k}$ $(k, n \geq 1)$ に対して $x_n := x$, $x_{n+k} := y$ とおき

$$\rho(x, y) = \rho(y, x) := \inf \left\{ \sum_{i=0}^{k-1} \rho_{n+i}(x_{n+i}, x_{n+i+1}) \right.$$

2.4 グロモフのプレコンパクト性定理 **33**

$$x_{n+i} \in X_{n+i} \ (i = 1, 2, \ldots, k-1) \Big\},$$

$$\rho|_{X_n \times X_n} := d_{X_n}$$

とおくことで非交和 $\bigsqcup_{n=1}^{\infty} X_n$ 上に擬距離 ρ を得る（擬距離であることの証明は略す）．商距離空間 $(\bigsqcup_{n=1}^{\infty} X_n)/(\rho = 0)$ の完備化を $\tilde{X}$ とおく．X_n は $\tilde{X}$ に等長的に埋め込まれているので，その埋め込みの像を $\tilde{X}_n$ とおく．$(d_{\tilde{X}})_{\mathrm{H}}(\tilde{X}_n, \tilde{X}_{n+1}) = (\rho)_{\mathrm{H}}(X_n, X_{n+1}) < 2^{-n}$ をみたすので，$\{\tilde{X}_n\}$ は $(d_{\tilde{X}})_{\mathrm{H}}$ に関するコーシー列である．補題 2.9(1) より $\{\tilde{X}_n\}$ はある閉部分集合 $X_{\infty} \subset \tilde{X}$ へハウスドルフ収束する．よって $\{X_n\}$ は X_{∞} へグロモフ–ハウスドルフ収束する．後は X_{∞} がコンパクトであることを示せばよい．$\tilde{X}$ の完備性から X_{∞} は完備である．任意の $\varepsilon > 0$ をとる．十分大きな n に対して $d_{\mathrm{GH}}(X_n, X_{\infty}) < \varepsilon/8$ なので，補題 2.26 と X_n のコンパクト性より $\mathrm{Cov}_{\varepsilon}(X_{\infty}) \leq \mathrm{Cov}_{\varepsilon/2}(X_n) < +\infty$ となるから，X_{∞} はプレコンパクトである．証明終わり． $\square$

整数 $N \geq 1$ に対して $\mathbb{R}^N$ 上の l^{∞} ノルム $\|\cdot\|_{\infty}$ を

$$\|x\|_{\infty} := \max_{i=1}^{N} |x_i| \quad (x = (x_1, x_2, \ldots, x_N) \in \mathbb{R}^N)$$

と定義する．

実数 $D \geq 0$ と整数 $N \geq 1$ に対して

$$\mathcal{F}(N, D) := \{\, X \mid X \text{ は距離空間の等長同型類で}$$
$$\#X \leq N, \ \mathrm{diam}(X) \leq D \text{ をみたす} \,\}$$

とおくとき，以下が成り立つ．

補題 2.28 任意の実数 $D \geq 0$ と整数 $N \geq 1$ に対して，$(\mathcal{F}(N, D), d_{\mathrm{GH}})$ はコンパクトである．

証明 区間 $J \subset [0, +\infty)$ と整数 $N \geq 1$ に対して

$$R_N^J := \{\, (r_{ij})_{i,j=1,\ldots,N;\, i<j} \in \mathbb{R}^{N(N-1)/2} \mid \text{任意の } i < j < k \text{ に対して}$$
$$r_{ij} \in J, \ r_{ik} \leq r_{ij} + r_{jk}, \ r_{ij} \leq r_{ik} + r_{jk}, \ r_{jk} \leq r_{ij} + r_{ik} \,\}$$

とおく．ただし，$\mathbb{R}^0 := \{0\}$ とおく．任意の $r = (r_{ij}) \in R_N^J$ に対して N 点集合 $\{x_1, x_2, \ldots, x_N\}$ 上の擬距離を

$$d_{\Phi(r)}(x_i, x_j) := r_{ij}$$

と定め，商距離空間 $\Phi(r) := \{x_1, x_2, \ldots, x_N\}/(d_{\Phi(r)} = 0)$ を考える．ただし，$r_{ii} := 0$ とおき，$i > j$ のとき $r_{ij} := r_{ji}$ とおく．写像 $\Phi : R_N^{[0,D]} \to \mathcal{F}(N, D)$

は全射である．以下を示す．

主張 2.29 写像 $\Phi : R_N^{[0,D]} \to \mathcal{F}(N,D)$ は l^∞ 距離と d_{GH} に関して $(1/2)$-リップシッツ連続である．

証明 任意の $r, r' \in R_N^{[0,D]}$ に対して $S := \{\,(x_i, x_i) \mid i = 1, 2, \ldots, N\,\}$ とおくと，これは $\Phi(r)$ と $\Phi(r')$ の対応であり $\mathrm{dis}(S) \leq \|r - r'\|_\infty$ をみたすので，命題 2.17 より

$$d_{\mathrm{GH}}(\Phi(r), \Phi(r')) \leq \frac{1}{2}\|r - r'\|_\infty$$

が成り立つ．主張の証明終わり． $\square$

$R_N^{[0,D]}$ のコンパクト性とこの主張から $\mathcal{F}(N,D)$ はコンパクトである．補題が示された． $\square$

定義 2.30（一様全有界） グロモフ–ハウスドルフ空間の集合 $\mathcal{C} \subset \mathcal{H}$ が**一様全有界**（uniformly totally bounded）であることを以下の (i), (ii) をみたすことで定義する．

(i) $\sup_{X \in \mathcal{C}} \mathrm{diam}(X) < +\infty$.

(ii) 任意の $\varepsilon > 0$ に対して

$$\sup_{X \in \mathcal{C}} \mathrm{Cov}_\varepsilon(X) < +\infty.$$

補題 2.2 より (ii) において $\mathrm{Cov}_\varepsilon(X)$ を $\mathrm{Cap}_\varepsilon(X)$ に替えても同値である．

定理 2.31（グロモフのプレコンパクト性定理（Gromov's precompactness theorem）） グロモフ–ハウスドルフ空間の部分集合 $\mathcal{C}$ に対して，以下の条件 (1) と (2) は互いに同値である．

(1) $\mathcal{C}$ は d_{GH} に関してプレコンパクトである．

(2) $\mathcal{C}$ は一様全有界である．

証明 「(1) $\implies$ (2)」を示す．(1) を仮定する．まず一様全有界の定義の条件 (i) を確かめる．グロモフ–ハウスドルフ空間の完備性より，$\mathcal{C}$ の閉包 $\bar{\mathcal{C}}$ はコンパクトである．直径 $\mathrm{diam} : \bar{\mathcal{C}} \to [0, +\infty)$ は連続（演習問題 2.25(2)）なので，有界となり条件 (i) を得る．

次に条件 (ii) を確かめる．任意の $\varepsilon > 0$ をとる．(1) より d_{GH} に関するある有限 $(\varepsilon/16)$-ネット $\mathcal{N} \subset \mathcal{C}$ が存在する．$\mathcal{N}$ の元はコンパクト距離空間なので，任意の $X \in \mathcal{N}$ に対してある有限 $(\varepsilon/2)$-ネット $\mathcal{N}_X \subset X$ が存在する．$N := \max_{X \in \mathcal{N}} \#\mathcal{N}_X$ とおくと，任意の $X \in \mathcal{N}$ に対して $\mathrm{Cov}_{\varepsilon/2}(X) \leq N$ が成り立つ．任意の $Y \in \mathcal{C}$ に対してある $X \in \mathcal{N}$ が存在して $d_{\mathrm{GH}}(X, Y) \leq \varepsilon/16 < \varepsilon/8 =: \delta$ が成り立つ．よって補題 2.26 より $\mathrm{Cov}_\varepsilon(Y) = \mathrm{Cov}_{\varepsilon/2 + 4\delta}(Y) \leq \mathrm{Cov}_{\varepsilon/2}(X) \leq N$ となるので条件 (ii) が得られ

た. 以上により (2) が示された.

「(2) $\Longrightarrow$ (1)」を示す. $D := \sup_{X \in \mathcal{C}} \mathrm{diam}(X)$ とおく. 任意に $\varepsilon > 0$ をとる. (2) より, ある $N(\varepsilon) \geq 1$ が存在して任意の $X \in \mathcal{C}$ に対して $\mathrm{Cov}_\varepsilon(X) \leq N(\varepsilon)$ が成り立つので, ある ε-ネット $\mathcal{N} \subset X$ が存在して $\#\mathcal{N} \leq N(\varepsilon)$ をみたす. $d_{\mathrm{GH}}(X, \mathcal{N}) \leq \varepsilon$ かつ $\mathcal{N} \in \mathcal{F}(N(\varepsilon), D)$ なので, $\mathcal{C} \subset B_\varepsilon(\mathcal{F}(N(\varepsilon), D))$ が成り立つ. $\mathcal{F}(N(\varepsilon), D)$ は d_{GH} に関してコンパクト (補題 2.28) だから, ある有限ネット $\mathcal{N}_{\mathcal{F}} \subset \mathcal{F}(N(\varepsilon), D)$ が存在して $\mathcal{F}(N(\varepsilon), D) \subset B_\varepsilon(\mathcal{N}_{\mathcal{F}})$ をみたす. 従って, 三角不等式から $\mathcal{C} \subset B_{2\varepsilon}(\mathcal{N}_{\mathcal{F}})$ を得る. 証明終わり. $\qquad \square$

2.5 距離行列集合

この節では距離行列集合とグロモフ–ハウスドルフ距離の関係について考察する. この節の内容は 5 章で用いられる.

定義 2.32（距離行列集合） 距離空間 X と整数 $N \geq 1$ に対して, X の N 次**距離行列集合** (distance matrix set of order N) を X の N 点間の距離を成分にもつ対称行列全体の集合

$$K_N(X) := \{ (d_X(x_i, x_j))_{ij} \mid x_i \in X \ (i = 1, 2, \ldots, N) \}$$

として定義する.

明らかに距離行列集合は等長同型に関する不変量である.

距離空間 X の N 個の直積空間からの写像 $\kappa_N : X^N \to K_N(X)$ を

$$\kappa_N(x_1, x_2, \ldots, x_N) := (d_X(x_i, x_j))_{ij} \quad ((x_1, x_2, \ldots, x_N) \in X^N)$$

と定義すると, これは全射連続写像である. よって, もし X がコンパクトならば $K_N(X)$ もコンパクトになる.

補題 2.33 X, Y をコンパクト距離空間とする. もし任意の整数 $N \geq 1$ に対して $K_N(X) = K_N(Y)$ が成り立つならば, X と Y は互いに等長同型である.

証明 任意の $N \geq 1$ に対して $K_N(X) = K_N(Y)$ が成り立つと仮定する. 任意の $\varepsilon > 0$ をとり固定する. 任意の ε-離散ネット $\{x_i\}_{i=1}^N \subset X$ に対して, $(d_X(x_i, x_j))_{ij} \in K_N(X) = K_N(Y)$ より, あるネット $\{y_i\}_{i=1}^N \subset Y$ が存在して $d_X(x_i, x_j) = d_Y(y_i, y_j)$ $(i, j = 1, 2, \ldots, N)$ をみたす. $\{y_i\}_{i=1}^N$ も ε-離散であるから, $\mathrm{Cap}_\varepsilon(X) \leq \mathrm{Cap}_\varepsilon(Y)$ が成り立つ. X と Y を交換して逆側の不等式も得られ, $\mathrm{Cap}_\varepsilon(X) = \mathrm{Cap}_\varepsilon(Y)$ が成り立つ. よって, ε-離散ネット $\mathcal{N} := \{x_i\}_{i=1}^N \subset X$ が極大, つまり $N = \mathrm{Cap}_\varepsilon(X)$ をみたすと仮定すると, 対応する ε-離散ネット $\{y_i\}_{i=1}^N \subset Y$ も極大である. 特に $\mathcal{N} = \{x_i\}_{i=1}^N$ と

36 第 2 章 距離幾何学

$\{y_i\}_{i=1}^N$ は共に ε-ネットである．最近点写像 $\pi : X \to \mathcal{N}$ は $\operatorname{dis}(\pi) \le 2\varepsilon$ をみた
すので，写像 $f : \mathcal{N} \to Y$ を $f(x_i) := y_i$ $(i = 1, 2, \ldots, N)$ で定めると合成写像
$f \circ \pi : X \to Y$ は $\operatorname{dis}(f \circ \pi) \le 2\varepsilon$ をみたす．さらに $f \circ \pi(X) = f(\mathcal{N}) = \{y_i\}_{i=1}^N$
は ε-ネットなので，$f \circ \pi$ は 2ε-等長同型写像である．従って補題 2.19 より
$d_{\mathrm{GH}}(X, Y) < 3\varepsilon$ が成り立つ．ε の任意性より $d_{\mathrm{GH}}(X, Y) = 0$ となり，X と
Y は等長同型である．補題が示された． $\qquad\qquad\square$

補題 2.34 任意のコンパクト距離空間 X, Y と整数 $N \ge 1$ に対して

$$(\|\cdot\|_\infty)_{\mathrm{H}}(K_N(X), K_N(Y)) \le 2\, d_{\mathrm{GH}}(X, Y).$$

ここで，$(\|\cdot\|_\infty)_{\mathrm{H}}$ は行列の l^∞ ノルムに関するハウスドルフ距離である．

証明 $d_{\mathrm{GH}}(X, Y) < \varepsilon$ なる実数 ε を任意にとり固定する．補題 2.19(1) より
2ε-等長同型写像 $f : X \to Y$ が存在する．任意に行列 $A = (d_X(x_i, x_j))_{ij} \in$
$K_N(X)$ $(\{x_i\}_{i=1}^N \subset X)$ をとる．$y_i := f(x_i)$ とおくと，$\operatorname{dis}(f) \le 2\varepsilon$ より

$$| d_X(x_i, x_j) - d_Y(y_i, y_j) | \le 2\varepsilon \quad (i, j = 1, 2, \ldots, N).$$

ゆえに $B := (d_Y(y_i, y_j))_{ij}$ とおくと，$B \in K_N(Y)$ かつ $\|A - B\|_\infty \le 2\varepsilon$
が成り立つ．よって $K_N(X) \subset B_{2\varepsilon}(K_N(Y))$ を得る．X と Y を交換して
$K_N(Y) \subset B_{2\varepsilon}(K_N(X))$ も得られるので，$(\|\cdot\|_\infty)_{\mathrm{H}}(K_N(X), K_N(Y)) \le 2\varepsilon$
が成り立つ．ε の任意性より補題が得られる． $\qquad\qquad\square$

補題 2.35 X_n $(n = 1, 2, \ldots)$ と Y をコンパクト距離空間とする．もし任意
の整数 $N \ge 1$ に対して

$$\lim_{n \to \infty} (\|\cdot\|_\infty)_{\mathrm{H}}(K_N(X_n), K_N(Y)) = 0$$

が成り立つならば，X_n は Y へグロモフ–ハウスドルフ収束する．

証明 まず最初に $\{X_n\}$ が d_{GH} に関してプレコンパクトであることを示す．
$\delta_n := (\|\cdot\|_\infty)_{\mathrm{H}}(K_N(X_n), K_N(Y))$ とおく．$K_N(X_n) \subset B_{\delta_n}(K_N(Y))$ より，
任意のネット $\{x_i\}_{i=1}^N \subset X_n$ に対して，あるネット $\{y_i\}_{i=1}^N \subset Y$ が存在して

$$| d_{X_n}(x_i, x_j) - d_Y(y_i, y_j) | \le \delta_n \quad (i, j = 1, 2, \ldots, N) \qquad (2.1)$$

をみたす．任意の $\varepsilon > 0$ をとる．$\delta_n < \varepsilon/2$ をみたすような任意の n に対して，
もし $\{x_i\}_{i=1}^N$ が ε-離散ならば，(2.1) より $\{y_i\}_{i=1}^N$ は $(\varepsilon/2)$-離散であるから，

$$\limsup_{n \to \infty} \operatorname{Cap}_\varepsilon(X_n) \le \operatorname{Cap}_{\varepsilon/2}(Y) < \infty$$

が成り立つ．また (2.1) より $\sup_{n=1,2,\ldots} \operatorname{diam}(X_n) < +\infty$ も分かるので，
$\{X_n\}$ は一様全有界である．定理 2.31 より $\{X_n\}$ は d_{GH} に関してプレコンパ
クトである．

$\{X_n\}$ が Y へグロモフ–ハウスドルフ収束することを背理法で示す．そうでないと仮定すると，$\{X_n\}$ のプレコンパクト性より，ある収束部分列 $\{X_{n(i)}\}$ が存在してその極限 Y' は Y に等長同型ではない．補題 2.34 より，任意の $N \geq 1$ に対して $i \to \infty$ のとき $K_N(X_{n(i)})$ は $K_N(Y')$ へハウスドルフ収束するから，仮定より $K_N(Y) = K_N(Y')$ が成り立つ．補題 2.33 より Y と Y' は等長同型となり矛盾である．補題が示された． $\square$

2.6　弱ハウスドルフ収束

ここでは，ハウスドルフ収束より弱い概念である弱ハウスドルフ収束を導入する．これは後々有用となる．

Z を距離空間とする．

定義 2.36（弱ハウスドルフ収束）　$\{X_n\}_{n=1}^{\infty}$ を Z の集合の列とし，$Y \subset Z$ を集合とする．ここで，X_n や Y は空であってもよい．$n \to \infty$ のとき X_n が Y へ**弱ハウスドルフ収束**する（weak Hausdorff converge），または**パンルベ–クラトフスキ収束**する（Painlevé–Kuratowski converge）とは，以下の 2 条件をみたすことで定義する．

(i) 任意の点 $z \in Y$ に対して

$$\lim_{n \to \infty} d_Z(z, X_n) = 0.$$

(ii) 任意の点 $z \in Z \setminus Y$ に対して

$$\liminf_{n \to \infty} d_Z(z, X_n) > 0.$$

ただし，$d_Z(y, \emptyset) = +\infty$ とする．

命題 2.37　弱ハウスドルフ極限は閉集合である．

証明　$n \to \infty$ のとき X_n が Y へ弱ハウスドルフ収束したと仮定する．Y が閉集合でないと仮定すると，ある点 $z \in \bar{Y} \setminus Y$ が存在する．定義 2.36(ii) より，ある $\delta > 0$ と番号 n_0 が存在して，$n \geq n_0$ ならば $d_Z(z, X_n) \geq \delta$ が成り立つ．つまり，$n \geq n_0$ ならば $U_\delta(z)$ は X_n と交わらない．他方，$U_\delta(z)$ と Y は交わるので，点 $z' \in U_\delta(z) \cap Y$ をとると，定義 2.36(i) より，$\lim_{n \to \infty} d_Z(z', X_n) = 0$．ゆえに，$n$ が大きいとき $U_\delta(z)$ と X_n は交わるので矛盾．命題が示された． $\square$

以下の証明は読者へ任せる．

命題 2.38　空でない閉集合 $X_n, Y \subset Z$ $(n = 1, 2, \ldots)$ に対して，以下の 2 条件を考える．

(1) $n \to \infty$ のとき X_n は Y へハウスドルフ収束する．

(2) $n \to \infty$ のとき X_n は Y へ弱ハウスドルフ収束する.

このとき, (1) ならば (2) が成り立つ. さらに Z がコンパクトのとき, (2) ならば (1) が成り立つ.

以下の命題は非常に有用である.

命題 2.39(弱ハウスドルフ収束の点列コンパクト性) 距離空間 Z が可分のとき, Z の任意の部分集合の列 $\{X_n\}_{n=1}^{\infty}$ は弱ハウスドルフ収束するような部分列をもつ.

証明 まず次を示す.

主張 2.40 $\{X_n\}$ のある部分列 $\{X_{n_i}\}_{i=1}^{\infty}$ が存在して, 任意の $z \in Z$ に対して極限

$$\lim_{i \to \infty} d_Z(z, X_{n_i}) \in [0, +\infty]$$

が存在する.

証明 Z の可分性より, 稠密な可算部分集合 $\{z_j\}_{j=1}^{\infty} \subset Z$ が存在する. $\{X_n\}$ のある部分列 $\{X_{n_i^1}\}_{i=1}^{\infty}$ が存在して, 極限 $\lim_{i \to \infty} d_Z(z_1, X_{n_i^1}) \in [0, +\infty]$ が存在する. さらに $\{X_{n_i^1}\}$ のある部分列 $\{X_{n_i^2}\}$ が存在して, 極限 $\lim_{i \to \infty} d_Z(z_2, X_{n_i^2}) \in [0, +\infty]$ が存在する. これを繰り返すことにより, すべての $j = 1, 2, 3, \ldots$ に対して極限 $\lim_{i \to \infty} d_Z(z_j, X_{n_i^j}) \in [0, +\infty]$ が存在する. 対角線論法により, $\{X_n\}$ のある部分列 $\{X_{n_i}\}$ が得られて, すべての $j = 1, 2, \ldots$ に対して極限 $\lim_{i \to \infty} d_Z(z_j, X_{n_i}) \in [0, +\infty]$ が存在する.

もしある番号 j_0 に対して $\lim_{i \to \infty} d_Z(z_{j_0}, X_{n_i}) = +\infty$ が成り立つならば, 三角不等式より $\lim_{i \to \infty} d_Z(z, X_{n_i}) = +\infty$ が任意の $z \in Z$ に対して成り立つ. 特にこのとき主張が成り立つ.

任意の j に対して極限 $r_j := \lim_{i \to \infty} d_Z(z_j, X_{n_i})$ が有限であると仮定する. $z \in Z$ を任意の点とする. $\{z_j\}_{j=1}^{\infty}$ は Z で稠密なので, 任意の k に対してある j_k が存在して $d_Z(z, z_{j_k}) < 1/k$ をみたす. 三角不等式より

$$|\, d_Z(z, X_{n_i}) - d_Z(z_{j_k}, X_{n_i}) \,| \le d_Z(z, z_{j_k}) < \frac{1}{k}$$

なので

$$r_{j_k} - \frac{1}{k} \le \liminf_{i \to \infty} d_Z(z, X_{n_i}) \le \limsup_{i \to \infty} d_Z(z, X_{n_i}) \le r_{j_k} + \frac{1}{k}.$$

よって極限 $\lim_{i \to \infty} d_Z(z, X_{n_i})$ が存在する. 主張が示された. □

$\lim_{i \to \infty} d_Z(z, X_{n_i}) = 0$ をみたすような点 $z \in Z$ 全体の集合を Y とすると, X_{n_i} が Y へ弱ハウスドルフ収束することが容易に分かる. 命題の証明終わり. □

2.6 弱ハウスドルフ収束 **39**

定義 2.41（弱ハウスドルフ上（下）極限） 距離空間 Z の空でない集合 $X_n \subset Z$ $(n = 1, 2, \dots)$ に対して，収束列 $x_n \in X_n$ の極限全体の集合を $\underline{X}_\infty$ とおき，$\{X_n\}$ の**弱ハウスドルフ下極限**（weak Hausdorff lower limit）と呼ぶ．$x_n \in X_n$ の収束部分列の極限全体の集合を $\overline{X}_\infty$ とおき，$\{X_n\}$ の**弱ハウスドルフ上極限**（weak Hausdorff upper limit）と呼ぶ．

一般に，$\underline{X}_\infty \subset \overline{X}_\infty$ が成り立つ．

命題 2.42 距離空間 Z の空でない集合 $X_n, Y \subset Z$ $(n = 1, 2, \dots)$ に対して，次の (1), (2) は互いに同値である．

(1) $n \to \infty$ のとき X_n は Y へ弱ハウスドルフ収束する．

(2) $Y = \underline{X}_\infty = \overline{X}_\infty$.

証明 「(1) $\Longrightarrow$ (2)」を示す．(1) を仮定する．(2) を示すためには，$\overline{X}_\infty \subset Y \subset \underline{X}_\infty$ を示せば十分である．

まず最初に $Y \subset \underline{X}_\infty$ を示そう．任意の点 $y \in Y$ をとる．定義 2.36(i) より，$\lim_{n\to\infty} d_Z(y, X_n) = 0$ が成り立つから，y へ収束するようなある点列 $x_n \in X_n$ が存在するので，y は $\underline{X}_\infty$ の元である．よって $Y \subset \underline{X}_\infty$ が成り立つ．

次に $\overline{X}_\infty \subset Y$ を示す．任意の点 $x \in \overline{X}_\infty$ をとる．定義より，ある部分列 $\{n_i\} \subset \{n\}$ と x へ収束するような点列 $x_i \in X_{n_i}$ $(i = 1, 2, \dots)$ が存在する．もし x が Y の元でないとすると，定義 2.36(ii) より $\liminf_{n\to\infty} d_Z(x, X_n) > 0$ が成り立つが，これは $X_{n_i} \ni x_i \to x$ $(i \to \infty)$ に矛盾する．よって，x は Y の元であり，$\overline{X}_\infty \subset Y$ が成り立つ．(2) が示された．

「(2) $\Longrightarrow$ (1)」を示す．(2) を仮定する．まず定義 2.36(i) を確かめる．任意の点 $y \in Y$ をとる．$y \in \underline{X}_\infty$ より，y へ収束する点列 $x_n \in X_n$ が存在する．従って

$$\limsup_{n\to\infty} d_Z(y, X_n) \le \lim_{n\to\infty} d_Z(y, x_n) = 0.$$

次に定義 2.36(ii) を確かめる．$\liminf_{n\to\infty} d_Z(z, X_n) = 0$ をみたすような任意の点 $z \in Z$ が Y の元であることを示せばよい．z の仮定より，ある部分列 $\{X_{n_i}\}$ が存在して，$\lim_{i\to\infty} d_Z(z, X_{n_i}) = 0$ をみたすから，z へ収束するようなある点列 $x_i \in X_{n_i}$ $(i = 1, 2, \dots)$ が存在する．よって，z は $\overline{X}_\infty = Y$ の元である．証明終わり． $\square$

補題 2.43 X を完備可分距離空間，$n = 1, 2, \dots$ に対して $S, S_n \subset X$ をボレル集合，μ, μ_n を X 上のボレル確率測度とする．このとき，もし $n \to \infty$ のとき μ_n が μ へ弱収束して S_n が S へ弱ハウスドルフ収束するならば，

$$\mu(S) \ge \limsup_{n\to\infty} \mu_n(S_n)$$

40 第 2 章 距離幾何学

が成り立つ.

証明 $\{\mu_n\}$ は弱収束列なのでプロホロフの定理 1.44 より $\{\mu_n\}$ は緊密となる. ゆえに, 任意の整数 $m \geq 1$ に対してあるコンパクト集合 $K_m \subset X$ が存在して, $\mu_n(K_m) \geq 1 - 1/m$ かつ $\mu(K_m) \geq 1 - 1/m$ をみたす. 任意の $\varepsilon > 0$ に対して, n が十分大きいとき $S_n \cap K_m \subset U_\varepsilon(S \cap K_m)$ かつ $d_{\mathrm{P}}(\mu_n, \mu) < \varepsilon$ が成り立つので,

$$\mu(U_{2\varepsilon}(S \cap K_m)) \geq \mu_n(U_\varepsilon(S \cap K_m)) - \varepsilon$$
$$\geq \mu_n(S_n \cap K_m) - \varepsilon \geq \mu_n(S_n) - \frac{1}{m} - \varepsilon.$$

$n \to \infty$ とした後に $\varepsilon \to 0+$ として, S が閉集合（命題 2.37）であることに注意すると,

$$\mu(S) \geq \mu(S \cap K_m) \geq \limsup_{n \to \infty} \mu_n(S_n) - \frac{1}{m}.$$

これから補題が従う. □

演習問題 2.44 命題 2.38 を示せ.

2.7 内部距離空間と測地距離空間

X を距離空間とする.

定義 2.45（曲線の弧長） $a \leq b$ を実数とし, $\gamma : [a, b] \to X$ を連続曲線とする（$\mathbb{R}$ の区間からの写像を曲線と呼ぶ）. 区間 $[a, b]$ の**分割**（partition）とは, $[a, b]$ の有限部分集合で a と b を含むものを指す. $a < b$ のとき, 分割 $\sigma = \{s_i\}_{i=0}^n$ に対して, $a = s_0 < s_1 < \cdots < s_n = b$ とするとき,

$$|\sigma| := \max_{i=0}^{n-1}(s_{i+1} - s_i), \quad V_\sigma(\gamma) := \sum_{i=0}^{n-1} d_X(\gamma(s_i), \gamma(s_{i+1}))$$

とおく. $a = b$ のときは $\sigma = \{a\}$ となるが, このときは $|\sigma| := 0, V_\sigma(\gamma) := 0$ とおく. γ の**弧長**（arclength）または**長さ**（length）を

$$L(\gamma) := \sup_\sigma V_\sigma(\gamma) \quad (\leq +\infty)$$

により定義する. ただし, σ は $[a, b]$ の分割全体を動くとする.

X がユークリッド空間のときに上の定義を考えると, 曲線を折線で近似して長さを測っていることに相当する.

定義より明らかに $d_X(\gamma(a), \gamma(b)) \leq L(\gamma)$ が成り立つ. また, σ, τ を共に区間 $[a, b]$ の分割で, τ が σ の細分（つまり $\sigma \subset \tau$）とするとき, 三角不等式よ

り $V_\sigma(\gamma) \leq V_\tau(\gamma)$ が成り立つ.

実数 $a \leq b \leq c$ と連続曲線 $\gamma : [a,c] \to X$ に対して, σ を $[a,b]$ の分割とし, τ を $[b,c]$ の分割とするとき, $\sigma \cup \tau$ は $[a,c]$ の分割となり,

$$V_{\sigma \cup \tau}(\gamma) = V_\sigma(\gamma|_{[a,b]}) + V_\tau(\gamma|_{[b,c]})$$

が成り立つ. これを用いて以下の補題が証明できる. 詳細は読者へ任せる.

補題 2.46 $a \leq b \leq c$ を実数とし, $\gamma : [a,c] \to X$ を連続曲線とするとき

$$L(\gamma) = L(\gamma|_{[a,b]}) + L(\gamma|_{[b,c]}).$$

以下の補題の証明は読者へ任せる.

補題 2.47 連続曲線 $\gamma : [a,b] \to X$ に対してその弧長 $L(\gamma)$ は γ のパラメーターの変換で不変である. つまり, $\varphi : [a',b'] \to [a,b]$ を同相写像とするとき, $L(\gamma \circ \varphi) = L(\gamma)$ が成り立つ.

長さ有限の連続曲線はパラメーターを変換すると弧長パラメーターにとることができる. つまり, 長さ有限の任意の連続曲線 $\gamma : [a,b] \to X$ に対して, ある長さ有限の連続曲線 $\tilde{\gamma} : [0, L(\gamma)] \to X$ と単調非減少な連続関数 $\varphi : [a,b] \to [0, L(\gamma)]$ が存在して, $\varphi(a) = 0$, $\varphi(b) = L(\gamma)$, $L(\tilde{\gamma}|_{[0,s]}) = s$ $(s \in [0, L(\gamma)])$, $\tilde{\gamma} \circ \varphi = \gamma$ をみたす. これの証明は少し長くなるので省略する.

定義 2.48（内部距離空間） X が**内部距離空間** (intrinsic metric space[*1]) であるとは, 任意の 2 点 $x, y \in X$ に対して

$$d_X(x,y) = \inf_\gamma L(\gamma)$$

が成り立つときをいう. ただし, γ は x と y を結ぶ連続曲線全体を動くとする. すなわち, $\gamma : [a,b] \to X$ とするとき, $\gamma(a) = x$, $\gamma(b) = y$ である.

定義 2.49（最短測地線） 連続曲線 $\gamma : [a,b] \to X$ が**最短測地線** (minimal geodesic)[*2] であるとは,

$$(b-a)\,d_X(\gamma(s),\gamma(t)) = |s-t|\,d_X(\gamma(a),\gamma(b)) \quad (s,t \in [a,b])$$

をみたすときをいう.

最短測地線 $\gamma : [a,b] \to X$ の長さは

$$L(\gamma) = d_X(\gamma(a),\gamma(b)) \tag{2.2}$$

[*1] length space という人もいるが, 正確には length space はより一般の概念である.

[*2] 単に測地線 (geodesic) という人もいるが, 微分幾何では測地線は局所最短線を指す.

であることが定義から簡単に分かる．よって，最短測地線は端点を結ぶ連続曲線の内で長さが最短な曲線である．逆に (2.2) をみたす連続曲線 $\gamma : [a, b] \to X$ に対して，γ のパラメーターを変換すれば最短測地線になる．

定義 2.50（測地距離空間）　X が**測地（距離）空間**（geodesic (metric) space）であるとは，任意の 2 点 $x, y \in X$ を結ぶ最短測地線 γ が存在して，$L(\gamma) = d_X(x, y)$ をみたすときをいう．

この定義で「最短測地線」を「連続曲線」としても同値な条件である．

例 2.51（完備内部距離空間であって，測地空間でない例）　異なる 2 点 p, q を長さ $1 + 1/n$ の曲線 γ_n $(n = 1, 2, \dots)$ で結んで得られる空間を X とする．すなわち，X は γ_n の像の和集合であり，$m \neq n$ のとき γ_m と γ_n は端点 p, q でのみ交わる．X の 2 点間の距離をそれらを X 内で結ぶ曲線の長さの下限で定義する．このとき，X は完備内部距離空間である．しかしながら，p と q を結ぶ最短測地線は存在しないので，X は測地距離空間ではない．

定義 2.52（ε-中点）　$\varepsilon \geq 0$ を実数とする．$x, y, z \in X$ に対して，z が x と y の **ε-中点**（ε-midpoint）であるとは，

$$d_X(x, z) \vee d_X(z, y) \leq \frac{1}{2} d_X(x, y) + \varepsilon$$

をみたすときをいう．0-中点を単に**中点**（midpoint）と呼ぶ．

X が測地距離空間のとき，X の任意の 2 点を結ぶ最短測地線の上にそれらの中点が存在する．X が内部距離空間のとき，任意の $\varepsilon > 0$ に対して X の任意の 2 点の ε-中点が存在する．実際，2 点を結ぶ最短に近い曲線が存在するので，その上に ε-中点をとることができる．完備距離空間に対しては，以下のようにこれらの逆が成り立つ．

補題 2.53　X を完備距離空間とするとき，以下が成り立つ．

(1) 任意の 2 点 $x, y \in X$ と任意の実数 $\varepsilon > 0$ に対して，x と y の ε-中点が存在するとき，X は内部距離空間である．

(2) X の任意の 2 点の間の中点が存在するとき，X は測地空間である．

証明　(1) を示す．

$$D := \{\, k\, 2^{-n} \,|\, n = 0, 1, 2, \dots,\ k = 0, 1, 2, \dots, 2^n \,\}$$

とおく．任意の $\varepsilon > 0$ と 2 点 $x, y \in X$ に対して写像 $\gamma : D \to X$ を以下に定義しよう．$\gamma(k\, 2^{-n})$ $(n = 0, 1, 2, \dots,\ k = 0, 1, 2, \dots, 2^n)$ を以下のように n に関して帰納的に定める．$n = 0$ のとき $\gamma(0) := x$, $\gamma(1) := y$ と定める．ある $n \geq 0$ と任意の $k = 0, 1, 2, \dots, 2^n$ に対して $\gamma(k\, 2^{-n})$ が定義されたとき，奇数

2.7　内部距離空間と測地距離空間　**43**

k' に対して，$\gamma(k'2^{-(n+1)})$ を $\gamma((k'-1)2^{-(n+1)})$ と $\gamma((k'+1)2^{-(n+1)})$ の ε'-中点と定義する（$k'\pm1$ は 2 で割り切れることに注意せよ）．ここで，

$$\varepsilon' := \frac{1}{2}\left(e^{2^{-n-1}\varepsilon} - 1\right) d_X(\gamma((k'-1)2^{-(n+1)}), \gamma((k'+1)2^{-(n+1)}))$$

と定める（$\varepsilon'=0$ のときは，$\gamma(k'2^{-(n+1)}) = \gamma((k'-1)2^{-(n+1)}) = \gamma((k'+1)2^{-(n+1)})$ である）．以上により写像 $\gamma: D \to X$ が定義された．

$\gamma: D \to X$ がリップシッツ連続であることを示す．ε'-中点の定義より，

$$d_X(\gamma((k'-1)2^{-(n+1)}), \gamma(k'2^{-(n+1)}))$$
$$\vee\, d_X(\gamma(k'2^{-(n+1)}), \gamma((k'+1)2^{-(n+1)}))$$
$$\leq \frac{1}{2}e^{2^{-n-1}\varepsilon} d_X(\gamma((k'-1)2^{-(n+1)}), \gamma((k'+1)2^{-(n+1)})).$$

これを繰り返し用いれば，$\sum_{k=0}^{n} 2^{-k-1} \leq 1$ より，$k = 0, 1, \ldots, 2^n - 1$ に対して

$$d_X(\gamma(k2^{-n}), \gamma((k+1)2^{-n})) \leq 2^{-n}e^{\varepsilon} d_X(x, y).$$

三角不等式より，$k, k' = 0, 1, \ldots, 2^n$（$k \leq k'$）に対して

$$d_X(\gamma(k2^{-n}), \gamma(k'2^{-n})) \leq (k'-k)2^{-n}e^{\varepsilon} d_X(x, y).$$

つまり，$C_\varepsilon := e^{\varepsilon} d_X(x, y)$ とおけば，γ は C_ε-リップシッツ連続である．D は $[0,1]$ で稠密なので，γ は $[0,1]$ 上への C_ε-リップシッツ連続な写像に拡張される．C_ε-リップシッツ連続性と弧長の定義より，

$$d_X(x, y) \leq L(\gamma) \leq C_\varepsilon = e^{\varepsilon} d_X(x, y)$$

となるから，ε の任意性より，

$$\inf_\gamma L(\gamma) = d_X(x, y).$$

よって X は内部距離空間である．(1) が示された．

(2) を示す．$\varepsilon = 0$ に対して (1) の議論から，任意の 2 点 $x, y \in X$ に対して $\gamma(0) = x$，$\gamma(1) = y$ をみたすような $d_X(x, y)$-リップシッツ連続な曲線 $\gamma: [0,1] \to X$ が存在する．任意の $0 \leq s \leq t \leq 1$ に対して，

$$d_X(x, \gamma(s)) \leq s\, d_X(x, y),$$
$$d_X(\gamma(s), \gamma(t)) \leq (t-s)\, d_X(x, y),$$
$$d_X(\gamma(t), y) \leq (1-t)\, d_X(x, y)$$

であるから，三角不等式より

$$d_X(x, y) \leq d_X(x, \gamma(s)) + d_X(\gamma(s), \gamma(t)) + d_X(\gamma(t), y) \leq d_X(x, y)$$

となるので, $d_X(\gamma(s), \gamma(t)) = (t-s)\, d_X(x,y)$ が成り立ち, γ は最短測地線である. よって X は測地距離空間である. 証明終わり. $\qquad\square$

命題 2.54 コンパクトな内部距離空間は測地距離空間である.

証明 X をコンパクトな内部距離空間とする. 任意の 2 点 $x, y \in X$ に対して, それらの $(1/n)$-中点 $z_n \in X$ $(n = 1, 2, \dots)$ が存在する. コンパクト性より $\{z_n\}$ の収束部分列が存在し, その極限は x と y の中点である. 補題 2.53 より, X は測地距離空間である. 証明終わり. $\qquad\square$

命題 2.55 コンパクト測地距離空間の列 $\{X_n\}_{n=1}^{\infty}$ がコンパクト距離空間 Y へグロモフ–ハウスドルフ収束するとき, Y は測地距離空間である.

証明 仮定より, $n = 1, 2, \dots$ に対してある距離空間 Z_n が存在して X_n と Y は Z_n へ等長的に埋め込まれ, それらの像のハウスドルフ距離が $n \to \infty$ のとき 0 へ収束する. X_n と Y は共に Z_n の部分集合と見なしてよい. 任意の 2 点 $x, y \in Y$ に対して, $d_{\mathrm{H}}(X_n, Y) \to 0$ より, ある $x_n, y_n \in X_n$ が存在して $d_{Z_n}(x, x_n), d_{Z_n}(y, y_n) \to 0$ となる. x_n と y_n の中点 z_n に対して, ある $z_n' \in Y$ が存在して $d_{Z_n}(z_n, z_n') \to 0$ をみたす. 三角不等式を用いると, ある $\varepsilon_n \to 0$ に対して z_n' は x と y の ε_n-中点となることが分かる. よって, 補題 2.53(1) より, Y は内部距離空間である. さらに命題 2.54 より Y は測地距離空間である. 証明終わり. $\qquad\square$

演習問題 2.56 (1) 補題 2.46 と補題 2.47 を示せ.

(2) X を距離空間とする. 2 点 $x, y \in X$ に対して, x と y が長さ有限の連続曲線で結べるとき

$$\hat{d}_X(x, y) := \inf_{\gamma} L(\gamma)$$

と定義し, そうでないとき $\hat{d}_X(x, y) := +\infty$ と定義する. ただし, γ は x と y を結ぶ連続曲線全体を動くとする. このとき, $\hat{d}_X$ は拡張距離となることを示せ.

(3) $X = S^1(1)$ (半径 1 の円周) に対して, d_X を $\mathbb{R}^2$ のユークリッド距離の制限とするとき, (2) で定義した $\hat{d}_X$ は角度と一致することを示せ.

2.8 ノート

グロモフ–ハウスドルフ距離・収束は最初に 1975 年にデビット・エドワード (David Edwards) により定義された. その後, グロモフ [20, 21] が再発見して, 多項式増大度をもつ離散群が仮想べき零群であることを示すのに応用した. またグロモフ–ハウスドルフ距離・収束はリーマン多様体の研究の新たな

方法を与え，いくつかの予想の解決を導き大きく発展した．特にペレルマン
（Perelman）によるポアンカレ予想およびサーストンの幾何化予想の証明の中
でアレキサンドロフ幾何と共に本質的に用いられた．2.1〜2.4 節と 2.7 節の内
容は [7, 21] を参考にした．2.5〜2.6 節は [21, 68] による．

第 3 章
測度の集中現象

この章では，高次元球面の測度の集中現象について考察し，測度の集中現象にまつわるいくつかの重要な不変量を導入する．また，正リッチ曲率をもつリーマン多様体と l^1 積空間のオブザーバブル直径を調べる．

3.1 球面の観測

この節では，次元の高い球面上の 1-リップシッツ連続関数の分布について調べる．

整数 $n \geq 1$ と実数 $r > 0$ に対して，$S^n(r)$ を $n+1$ 次元ユークリッド空間 $\mathbb{R}^{n+1}$ の原点を中心とする半径 r の球面とし，σ^n を $S^n(r)$ 上のリーマン体積測度 vol を $\sigma^n(S^n(r)) = 1$ となるよう正規化した測度とする．すなわち，$\sigma^n := \mathrm{vol}(S^n(r))^{-1} \mathrm{vol}$ と定義する．$S^n(r)$ 上の 2 点間の距離は測地的距離と定める．k を $1 \leq k \leq n$ なる整数とする．$\mathbb{R}^k$ を部分空間 $\mathbb{R}^k \times \{(0,0,\ldots,0)\} \subset \mathbb{R}^{n+1}$ と同一視することで，$\mathbb{R}^{n+1}$ から $\mathbb{R}^k$ への直交射影を考え，それを $S^n(\sqrt{n})$ へ制限した写像を $\pi_{n,k} : S^n(\sqrt{n}) \to \mathbb{R}^k$ とする．$\pi_{n,k} : S^n(\sqrt{n}) \to \mathbb{R}^k$ は 1-リップシッツ連続である．

整数 $k \geq 1$ に対して $\mathbb{R}^k$ 上の k 次元標準ガウス測度（k-dimensional Standard Gaussian measure）γ^k を

$$\gamma^k(A) := \int_A \frac{1}{(2\pi)^{k/2}} e^{-\frac{1}{2}\|x\|_2^2} \, d\mathcal{L}^k(x) \quad (A \subset \mathbb{R}^k : \text{ボレル集合})$$

により定義する．これはボレル確率測度である．ここで，$\|\cdot\|_2$ はユークリッドノルムとし，$\mathcal{L}^k$ は $\mathbb{R}^k$ 上の k 次元ルベーグ測度とする．$\gamma^k = (\gamma^1)^{\otimes k}$ が成り立つ．

命題 3.1（マックスウェル–ボルツマン分布則（**Maxwell–Boltzmann distribution law**）） 任意の整数 $k \geq 1$ に対して次の (1), (2) が成り立つ．

$$(1) \qquad \lim_{n \to \infty} \frac{d(\pi_{n,k})_* \sigma^n}{d\mathcal{L}^k} = \frac{d\gamma^k}{d\mathcal{L}^k} \quad \text{a.e.}.$$

$$(2) \qquad (\pi_{n,k})_* \sigma^n \to \gamma^k \text{ weakly} \quad (n \to \infty).$$

証明 (1) を示す. 以下の**余面積公式** (coarea formula) を用いる.

M, N をリーマン多様体で次元が $\dim M \geq \dim N$ をみたすとし, $f : M \to N$ を C^∞ 写像とする. このとき, 任意のボレル可測関数 $\varphi : M \to [0, \infty)$ に対して,

$$\int_M \varphi \, d\mathrm{vol}_M = \int_N \int_{f^{-1}(y)} \frac{\varphi}{|\det(df_x|_{(\mathrm{Ker}\, df_x)^\perp})|} \, d\mathrm{vol}_{f^{-1}(y)}(x) \, d\mathrm{vol}_N(y)$$

が成り立つ. ここで, $\det(df_x|_{(\mathrm{Ker}\, df_x)^\perp})$ は f の $x \in M$ における微分写像 df_x の核の直交補空間 $(\mathrm{Ker}\, df_x)^\perp$ への制限写像の行列式である.

$A \subset \mathbb{R}^k$ を任意のボレル集合とする. $\pi_{n,k} : S^n(\sqrt{n}) \to \mathbb{R}^k$ へ余面積公式を適用すると,

$$\begin{aligned}
(\pi_{n,k})_* \sigma^n(A) &= \frac{1}{\mathrm{vol}(S^n(\sqrt{n}))} \int_{S^n(\sqrt{n})} I_{\pi_{n,k}^{-1}(A)} \, d\mathrm{vol}_M \\
&= \frac{1}{\mathrm{vol}(S^n(\sqrt{n}))} \int_A \int_{\pi_{n,k}^{-1}(y)} \frac{1}{\Delta_{n,k}(x)} \, d\mathrm{vol}_{\pi_{n,k}^{-1}(y)}(x) \, d\mathcal{L}^k(y).
\end{aligned}$$

ただし, $\Delta_{n,k}(x) := \det(d(\pi_{n,k})_x|_{(\mathrm{Ker}\, d(\pi_{n,k})_x)^\perp})$ とおく. $\pi_{n,k}^{-1}(y)$ は $S^{n-k}((n - \|y\|_2^2)^{1/2})$ へ等長同型であり, 球面の対称性から $\Delta_{n,k}(x)$ ($x \in \pi_{n,k}^{-1}(y)$) は x によらず y のみに依存するので, これを $\Delta_{n,k}(y)$ と書くことにすると,

$$(\pi_{n,k})_* \sigma^n(A) = \frac{1}{\mathrm{vol}(S^n(\sqrt{n}))} \int_A \frac{\mathrm{vol}(S^{n-k}((n - \|y\|_2^2)^{1/2}))}{\Delta_{n,k}(y)} \, d\mathcal{L}^k(y).$$

従って, a.e. $y \in \mathbb{R}^k$ に対して

$$\frac{d(\pi_{n,k})_* \sigma^n}{d\mathcal{L}^k}(y) = \frac{\mathrm{vol}(S^{n-k}((n - \|y\|_2^2)^{1/2}))}{\Delta_{n,k}(y) \, \mathrm{vol}(S^n(\sqrt{n}))}. \tag{3.1}$$

$n \to \infty$ において $S^n(\sqrt{n})$ の半径 $\sqrt{n}$ が無限大へ飛ぶことより, $\Delta_{n,k}(y)$ は 1 へ収束する. よって, a.e. $y \in \mathbb{R}^k$ に対して

$$\begin{aligned}
&\lim_{n \to \infty} \frac{d(\pi_{n,k})_* \sigma^n}{d\mathcal{L}^k}(y) = \lim_{n \to \infty} \frac{\mathrm{vol}(S^{n-k}((n - \|y\|_2^2)^{1/2}))}{\mathrm{vol}(S^n(\sqrt{n}))} \\
&= \lim_{n \to \infty} \frac{(n - \|y\|_2^2)^{(n-k)/2}}{\int_{\{\|y\|_2 \leq \sqrt{n}\}} (n - \|y\|_2^2)^{(n-k)/2} \, d\mathcal{L}^k(y)} = \frac{e^{-\frac{1}{2}\|y\|_2^2}}{\int_{\mathbb{R}^k} e^{-\frac{1}{2}\|y\|_2^2} \, d\mathcal{L}^k(y)} \\
&= \frac{1}{(2\pi)^{k/2}} e^{-\frac{1}{2}\|y\|_2^2} = \frac{d\gamma^k}{d\mathcal{L}^k}(y).
\end{aligned}$$

(2) を示す. コンパクトサポートをもつ連続関数 $f : \mathbb{R}^k \to \mathbb{R}$ を任意にとる. n が十分大きいとき, (3.1) は $\mathrm{supp}(f)$ 上で有界なので, ルベーグの優収束定理より,

48 第 3 章 測度の集中現象

$$\lim_{n \to \infty} \int_{\mathbb{R}^k} f \, d(\pi_{n,k})_* \sigma^n = \lim_{n \to \infty} \int_{\mathbb{R}^k} f \, \frac{d(\pi_{n,k})_* \sigma^n}{d\mathcal{L}^k} \, d\mathcal{L}^k$$

$$= \int_{\mathbb{R}^k} f \, \frac{d\gamma^k}{d\mathcal{L}^k} \, d\mathcal{L}^k = \int_{\mathbb{R}^k} f \, d\gamma^k.$$

よって $(\pi_{n,k})_* \sigma^n$ は γ^k へ漠収束するが，補題 1.42(5) より弱収束する．命題が示された． □

この節の目的は以下の定理を示すことである．

定理 3.2（レビの正規分布則（**normal law à la Lévy**）） $f_n : S^n(\sqrt{n}) \to \mathbb{R}$ $(n = 1, 2, \dots)$ を 1-リプシッツ関数の列とする．部分列 $\{f_{n_i}\}$ に対して，$i \to \infty$ のとき押し出し測度 $(f_{n_i})_* \sigma^{n_i}$ が $\mathbb{R}$ 上のボレル測度 σ_∞ へ漠収束すると仮定する．このとき，σ_∞ が零測度でないならば，ある 1-リプシッツ関数 $\alpha : \mathbb{R} \to \mathbb{R}$ が存在して，

$$\alpha_* \gamma^1 = \sigma_\infty$$

をみたす．特に σ_∞ は確率測度である．

補題 1.42(4) より，$(f_{n_i})_* \sigma^{n_i}$ が $\mathbb{R}$ 上のあるボレル測度 σ_∞ へ漠収束するような部分列 $\{f_{n_i}\}$ は常に存在する．

後に導入される記号（定義 3.13）を用いると，定理 3.2 の結論は

$$(\mathbb{R}, |\cdot|, \sigma_\infty) \prec (\mathbb{R}, |\cdot|, \gamma^1).$$

と記述される．

定理 3.2 を示すために以下が必要となるが，その証明は略す．

定理 3.3（レビの等周不等式（**Lévy's isoperimetric inequality**））
任意の閉集合 $\Omega \subset S^n(1)$ に対して，$\sigma^n(B_\Omega) = \sigma^n(\Omega)$ をみたすような $S^n(1)$ の距離球体 B_Ω をとると，任意の実数 $r > 0$ に対して

$$\sigma^n(U_r(\Omega)) \geq \sigma^n(U_r(B_\Omega))$$

が成り立つ．

以下，定理 3.2 を示すために，定理の仮定をみたすような列 $\{f_n\}$ と部分列 $\{f_{n_i}\}$ をとる．$\bar{\mathbb{R}} := \mathbb{R} \cup \{-\infty, +\infty\}$ を $\mathbb{R}$ の自然なコンパクト化とする．$\{f_{n_i}\}$ をさらに部分列に置き換えることにより，$\{(f_{n_i})_* \sigma^{n_i}\}$ は $\bar{\mathbb{R}}$ 上のボレル確率測度 $\bar{\sigma}_\infty$ へ弱収束すると仮定する（補題 1.42(3) を見よ）．このとき，$\bar{\sigma}_\infty|_{\mathbb{R}} = \sigma_\infty$ が成り立つ．

補題 3.4 2 つの実数 x, x' を任意にとり固定する．もし $\gamma^1((-\infty, x]) = \bar{\sigma}_\infty([-\infty, x'])$ かつ $\sigma_\infty(\{x'\}) = 0$ ならば，任意の実数 $\varepsilon_1, \varepsilon_2 \geq 0$ に対して

3.1 球面の観測 **49**

$$\sigma_\infty([\,x' - \varepsilon_1, x' + \varepsilon_2\,]) \geq \gamma^1([\,x - \varepsilon_1, x + \varepsilon_2\,])$$

が成り立つ. 特に, もし $\bar{\sigma}_\infty \neq \delta_{\pm\infty}$ ならば, $\bar{\sigma}_\infty(\{-\infty, +\infty\}) = 0$ かつ σ_∞ は $\mathbb{R}$ 上の確率測度である.

証明 $\gamma^1((-\infty, x]) = \bar{\sigma}_\infty([-\infty, x'])$ かつ $\sigma_\infty(\{x'\}) = 0$ と仮定し, $\Omega_+ := \{f_{n_i} \geq x'\}$, $\Omega_- := \{f_{n_i} \leq x'\}$ とおく ($\{$ 式 $\}$ は式をみたすような点全体の集合を表す). $\Omega_+ \cup \Omega_- = S^{n_i}(\sqrt{n_i})$ が成り立つ. 以下が成り立つ.

$$U_{\varepsilon_1}(\Omega_+) \cap U_{\varepsilon_2}(\Omega_-) \subset \{x' - \varepsilon_1 < f_{n_i} < x' + \varepsilon_2\}. \tag{3.2}$$

実際, 任意の点 $\xi \in U_{\varepsilon_1}(\Omega_+)$ に対して, ある点 $\xi' \in \Omega_+$ が存在して, ξ と ξ' の間の測地距離は ε_1 より小さい. f_{n_i} が 1-リップシッツであることより, $f_{n_i}(\xi) > f_{n_i}(\xi') - \varepsilon_1 \geq x' - \varepsilon_1$ が得られる. 従って $U_{\varepsilon_1}(\Omega_+) \subset \{x' - \varepsilon_1 < f_{n_i}\}$ が成り立つ. 同様に $U_{\varepsilon_2}(\Omega_-) \subset \{f_{n_i} < x' + \varepsilon_2\}$ も成り立つ. これらを合わせると (3.2) が得られる.

(3.2) と $U_{\varepsilon_1}(\Omega_+) \cup U_{\varepsilon_2}(\Omega_-) = S^{n_i}(\sqrt{n_i})$ より

$$(f_{n_i})_* \sigma^{n_i}([\,x' - \varepsilon_1, x' + \varepsilon_2\,])$$
$$= \sigma^{n_i}(x' - \varepsilon_1 \leq f_{n_i} \leq x' + \varepsilon_2) \geq \sigma^{n_i}(U_{\varepsilon_1}(\Omega_+) \cap U_{\varepsilon_2}(\Omega_-))$$
$$= \sigma^{n_i}(U_{\varepsilon_1}(\Omega_+)) + \sigma^{n_i}(U_{\varepsilon_2}(\Omega_-)) - 1.$$

また, レビの等周不等式 (定理 3.3) より

$$\sigma^{n_i}(U_{\varepsilon_1}(\Omega_+)) \geq \sigma^{n_i}(U_{\varepsilon_1}(B_{\Omega_+})), \qquad \sigma^{n_i}(U_{\varepsilon_2}(\Omega_-)) \geq \sigma^{n_i}(U_{\varepsilon_2}(B_{\Omega_-})).$$

ゆえに

$$(f_{n_i})_* \sigma^{n_i}([\,x' - \varepsilon_1, x' + \varepsilon_2\,]) \geq \sigma^{n_i}(U_{\varepsilon_1}(B_{\Omega_+})) + \sigma^{n_i}(U_{\varepsilon_2}(B_{\Omega_-})) - 1. \tag{3.3}$$

$\sigma_\infty(\{x'\}) = 0$ より, $i \to \infty$ のとき $\sigma^{n_i}(\Omega_+) = (f_{n_i})_* \sigma^{n_i}([\,x', +\infty)\,)$ は $\bar{\sigma}_\infty((\,x', +\infty\,])$ へ収束する. 今, $\bar{\sigma}_\infty((\,x', +\infty\,]) = \gamma^1([\,x, +\infty)\,) \neq 0, 1$ より, 十分大きな i に対して $\sigma^{n_i}(\Omega_+) \neq 0, 1$ であることに注意しておく. 以下, i は十分大としておく. $\sigma^{n_i}(\Omega_+) = (\pi_{n_i, 1})_* \sigma^{n_i}([\,a_i, +\infty)\,)$ をみたすような実数 a_i が一意的に定まる. 部分列をとって, a_i が $a \in \bar{\mathbb{R}}$ へ収束したとすると, マックスウェル–ボルツマン分布則 (命題 3.1) より

$$\lim_{i \to \infty} (\pi_{n_i, 1})_* \sigma^{n_i}([\,a_i, +\infty)\,) = \gamma^1([\,a, +\infty)\,)$$

が成り立つ. 一方, $\sigma^{n_i}(\Omega_+) = (f_{n_i})_* \sigma^{n_i}([\,x', +\infty)\,)$ は $\bar{\sigma}_\infty((\,x', +\infty\,]) = \gamma^1([\,x, +\infty)\,)$ へ収束するので, $\gamma^1([\,a, +\infty)\,) = \gamma^1([\,x, +\infty)\,)$ となり, $a = x$ が得られる. 従って, a_i は x へ収束する (背理法を用いれば, 部分列をとらず

に収束することが分かる).

$\sigma^{n_i}(U_{\varepsilon_1}(B_{\Omega_+})) = (\pi_{n_i,1})_* \sigma^{n_i}([\,b_i, +\infty\,))$ をみたすような実数 b_i が一意的に定まる. 球面 $S^{n_i}(\sqrt{n_i})$ の半径は無限大へ発散するので, i が大きいとき測地的距離とユークリッド距離の比は(局所的に)1 に近くなるので, b_i は $a_i - \varepsilon_1$ に近くなる. よって, b_i は $x - \varepsilon_1$ へ収束する. 従って,

$$\lim_{i \to \infty} \sigma^{n_i}(U_{\varepsilon_1}(B_{\Omega_+})) = \gamma^1([\,x - \varepsilon_1, +\infty\,))$$

が成り立つ. 同様の議論により

$$\lim_{i \to \infty} \sigma^{n_i}(U_{\varepsilon_2}(B_{\Omega_-})) = \gamma^1((\,-\infty, x + \varepsilon_2\,])$$

も得られる. これらと (3.3) より,

$$\begin{aligned}
\sigma_\infty([\,x' - \varepsilon_1, x' + \varepsilon_2\,]) &\geq \liminf_{i \to \infty}(f_{n_i})_* \sigma^{n_i}([\,x' - \varepsilon_1, x' + \varepsilon_2\,]) \\
&\geq \gamma^1([\,x - \varepsilon_1, +\infty\,)) + \gamma^1((\,-\infty, x + \varepsilon_2\,]) - 1 \\
&= \gamma^1([\,x - \varepsilon_1, x + \varepsilon_2\,]).
\end{aligned}$$

補題の最初の主張が示された.

残りの部分を示す. $\bar{\sigma}_\infty \neq \delta_{\pm\infty}$ と仮定する. $\sigma_\infty(\mathbb{R}) = 1$ を示せばよい. $\sigma_\infty(\mathbb{R}) < 1$ と仮定すると, σ_∞ のアトムでない点 $x' \in \mathbb{R}$(つまり, $\sigma_\infty(\{x'\}) = 0$ をみたす点)が存在して, $0 < \bar{\sigma}_\infty([\,-\infty, x'\,)) < 1$ をみたす(一般に, 有限測度のアトムは高々可算個である). $\gamma^1((\,-\infty, x\,]) = \bar{\sigma}_\infty([\,-\infty, x'\,])$ をみたすような実数 x が存在する. 補題の最初の主張から, 任意の実数 $\varepsilon_1, \varepsilon_2 \geq 0$ に対して $\sigma_\infty([\,x' - \varepsilon_1, x' + \varepsilon_2\,]) \geq \gamma^1([\,x - \varepsilon_1, x + \varepsilon_2\,])$ が得られる. $\varepsilon_1, \varepsilon_2 \to +\infty$ による極限をとると, $\sigma_\infty(\mathbb{R}) = 1$ が得られる. 補題が示された. □

補題 3.5 σ_∞ のサポート $\mathrm{supp}(\sigma_\infty)$ は閉区間である.

証明 サポートの定義から $\mathrm{supp}(\sigma_\infty)$ は閉集合である. $\mathrm{supp}(\sigma_\infty)$ が連結であることを示せばよい. $\mathrm{supp}(\sigma_\infty)$ が非連結であったと仮定する. すると, ある実数 x' と $\varepsilon > 0$ が存在して, $\sigma_\infty((\,-\infty, x' - \varepsilon\,)) > 0$, $\sigma_\infty([\,x' - \varepsilon, x' + \varepsilon\,]) = 0$, $\sigma_\infty((\,x' + \varepsilon, +\infty\,)) > 0$ が成り立つ. $\gamma^1((\,-\infty, x\,]) = \sigma_\infty((\,-\infty, x'\,])$ をみたす実数 x が存在する. 補題 3.4 より $\sigma_\infty([\,x' - \varepsilon, x' + \varepsilon\,]) \geq \gamma^1([\,x - \varepsilon, x + \varepsilon\,]) > 0$ が成り立つが, これは矛盾である. 補題が示された. □

定理 3.2 の証明 関数 $y \mapsto \sigma_\infty((\,-\infty, y\,])$ が単調増加かつ右連続であることより, 任意の実数 x に対して, $\gamma^1((\,-\infty, x\,]) \leq \sigma_\infty((\,-\infty, x'\,])$ をみたすような最小の実数 x' が存在する. $\alpha(x) := x'$ とおくことで, 単調非減少関数 $\alpha : \mathbb{R} \to \mathbb{R}$ が得られる. $(\mathrm{supp}(\sigma_\infty))^\circ \subset \alpha(\mathbb{R}) \subset \mathrm{supp}(\sigma_\infty)$ が成り立つことが容易に確かめられる.

まず最初に, α が連続であることを示そう. $x_1 < x_2$ なる任意の 2 つの実

3.1 球面の観測 **51**

数 x_1, x_2 をとる. $\gamma^1((-\infty, x_1]) \leq \sigma_\infty((-\infty, \alpha(x_1)])$ かつ $\gamma^1((-\infty, x_2]) \geq \sigma_\infty((-\infty, \alpha(x_2)))$ なので,

$$\gamma^1([x_1, x_2]) \geq \sigma_\infty((\alpha(x_1), \alpha(x_2))) \tag{3.4}$$

が成り立つ. ゆえに, 任意の実数 a に対して, $x_1 \to a-0, x_2 \to a+0$ のとき $\sigma_\infty(\alpha(x_1), \alpha(x_2)) \to 0$ であり, これと補題 3.5 から $\alpha(x_2) - \alpha(x_1) \to 0$ が得られる. よって α は $\mathbb{R}$ 上で連続である.

次に α が 1-リップシッツ連続であることを示す. 実数 x と $\varepsilon > 0$ を任意にとり固定する. $\Delta\alpha := \alpha(x+\varepsilon) - \alpha(x)$ とおくとき, $\Delta\alpha \leq \varepsilon$ を示せばよい.

主張 3.6 もし $\sigma_\infty(\{\alpha(x)\}) = 0$ ならば $\Delta\alpha \leq \varepsilon$ が成り立つ.

証明 $\Delta\alpha = 0$ のときはよいので, $\Delta\alpha > 0$ と仮定する. $\sigma_\infty(\{\alpha(x)\}) = 0$ より, $\gamma^1((-\infty, x]) = \sigma_\infty((-\infty, \alpha(x)])$ が成り立つ. ゆえに補題 3.4 より, 任意の $\delta \geq 0$ に対して

$$\sigma_\infty([\alpha(x), \alpha(x)+\delta]) \geq \gamma^1([x, x+\delta]). \tag{3.5}$$

(3.4) と (3.5) より

$$\begin{aligned}
\gamma^1([x, x+\varepsilon]) &\geq \sigma_\infty((\alpha(x), \alpha(x+\varepsilon))) = \sigma_\infty([\alpha(x), \alpha(x)+\Delta\alpha)) \\
&= \lim_{\delta \to \Delta\alpha-0} \sigma_\infty([\alpha(x), \alpha(x)+\delta]) \\
&\geq \lim_{\delta \to \Delta\alpha-0} \gamma^1([x, x+\delta]) = \gamma^1([x, x+\Delta\alpha]).
\end{aligned}$$

従って $\Delta\alpha \leq \varepsilon$ が成り立つ. 主張が示された. $\square$

次に, $\sigma_\infty(\{\alpha(x)\}) > 0$ のとき $\Delta\alpha \leq \varepsilon$ が成り立つことを示す. $\Delta\alpha > 0$ と仮定してよい. $x_+ := \sup \alpha^{-1}(\alpha(x))$ とおく. $\alpha(x_+) = \alpha(x) < \alpha(x+\varepsilon)$ および α の単調性より $x_+ < x+\varepsilon$ が成り立つ. σ_∞ のアトムの集合が高々可算であることより, ある実数列 $\varepsilon_i \to 0+$ が存在して $\sigma_\infty(\{\alpha(x_+ + \varepsilon_i)\}) = 0$ をみたす. 主張 3.6 を用いて,

$$\alpha(x_+ + \varepsilon_i + \varepsilon) - \alpha(x_+ + \varepsilon_i) \leq \varepsilon$$

が得られる. さらに, $\alpha(x+\varepsilon) \leq \alpha(x_+ + \varepsilon_i + \varepsilon)$ かつ $\alpha(x_+ + \varepsilon_i) \to \alpha(x_+) = \alpha(x)$ $(i \to \infty)$ なので,

$$\alpha(x+\varepsilon) - \alpha(x) \leq \varepsilon$$

となり, α が 1-リップシッツであることが示された.

最後に $\alpha_* \gamma^1 = \sigma_\infty$ を示す. 任意の実数 $x' \in \alpha(\mathbb{R})$ をとり固定する. $x := \sup \alpha^{-1}(x')$ $(\leq +\infty)$ とおく. $x < +\infty$ のとき $\alpha(x) = x'$ が成り立つ. x は $\gamma^1((-\infty, x]) \leq \sigma_\infty((-\infty, x'])$ をみたす最大の数なので,

52 第 3 章 測度の集中現象

$\gamma^1((-\infty, x]) = \sigma_\infty((-\infty, x'])$ が成り立つ. ここで, $\gamma^1((-\infty, +\infty]) = 1$ である. α の単調性より $\alpha^{-1}((-\infty, x']) = (-\infty, x]$ となるので,

$$\alpha_* \gamma^1((-\infty, x']) = \gamma^1(\alpha^{-1}((-\infty, x'])) = \gamma^1((-\infty, x]) = \sigma_\infty((-\infty, x']).$$

系 1.33 (演習問題 1.34(4)) を用いると $\alpha_* \gamma^1 = \sigma_\infty$ が得られる. 定理が示された. □

系 3.7 (レビの補題 (Lévy's lemma)) $f_n : S^n(1) \to \mathbb{R}$ $(n = 1, 2, \dots)$ を 1-リプシッツ関数の列として, $\int_{S^n(1)} f_n \, d\sigma^n = 0$ と仮定する. このとき,

$$(f_n)_* \sigma^n \to \delta_0 \text{ weakly } (n \to \infty)$$

が成り立つ. さらに, $\lim_{n \to 0} d_{\mathrm{KF}}^{\sigma^n}(f_n, 0) = 0$ が成り立つ.

証明 後半の「さらに...」の部分は前半と補題 1.59 から従う.

前半を背理法により示す. 仮定のような関数列 $\{f_n\}$ とその部分列 $\{f_{n_i}\}$ で

$$\liminf_{i \to \infty} d_{\mathrm{P}}((f_{n_i})_* \sigma^{n_i}, \delta_0) > 0 \tag{3.6}$$

をみたすものが存在したとする. 写像 $\iota_n : S^n(\sqrt{n}) \to S^n(1)$ を $\iota_n(x) := \frac{1}{\sqrt{n}} x$ $(x \in S^n(\sqrt{n}) \subset \mathbb{R}^{n+1})$ と定義する. 写像 $\tilde{f}_n := \sqrt{n} f_n \circ \iota_n : S^n(\sqrt{n}) \to \mathbb{R}$ は 1-リプシッツである. m_n を f_n のメディアンとすると, $\sqrt{n} \, m_n$ は $\tilde{f}_n$ のメディアンである. $\mathbb{R}$ 上の測度 $\tilde{\sigma}^{n_i} := (\tilde{f}_{n_i} - \sqrt{n_i} \, m_{n_i})_* \sigma^{n_i}$ を $\bar{\mathbb{R}}$ 上の測度として見ると (すなわち, 恒等関数で押し出す), 補題 1.42(3) より $\{\tilde{\sigma}^{n_i}\}$ のある部分列が $\bar{\mathbb{R}}$ 上の測度へ弱収束する. $\{\tilde{\sigma}^{n_i}\}$ をそのような測度の列に取り替えておく. $\tilde{f}_{n_i} - \sqrt{n_i} \, m_{n_i}$ は 0 をメディアンにもつので, $\tilde{\sigma}^{n_i}((-\infty, 0]), \tilde{\sigma}^{n_i}([0, +\infty)) \geq 1/2$ が成り立つ. これと補題 3.4 より, $\tilde{\sigma}^{n_i}$ の極限は $\mathbb{R}$ 上のボレル確率測度である. 実数を $1/\sqrt{n_i}$ 倍する写像を $\lambda_{1/\sqrt{n_i}}$ とおくと,

$$(f_{n_i} - m_{n_i})_* \sigma^{n_i} = \left(\frac{1}{\sqrt{n_i}} (\tilde{f}_{n_i} - \sqrt{n_i} \, m_{n_i}) \right)_* \sigma^{n_i} = (\lambda_{1/\sqrt{n_i}})_* \tilde{\sigma}^{n_i}$$

が成り立つが, これは $i \to \infty$ のとき δ_0 へ弱収束する. $S^n(1)$ の 2 点間の測地距離は高々 π であり, $\int_{S^n(1)} f_n d\sigma^n = 0$ なので, $-\pi \leq f_n \leq \pi$ が成り立つ. さらに, $i \to \infty$ のとき $f_{n_i} - m_{n_i}$ が零関数へ測度収束するので, m_{n_i} は 0 へ収束する (そうでないとすると, 0 でない $[-\pi, \pi]$ の 1 点に収束する部分列がとれるが, すると $\int_{S^n(1)} f_n d\sigma^n = 0$ に矛盾する). 従って, $(f_{n_i})_* \sigma^{n_i}$ は δ_0 へ弱収束するが, これは (3.6) に矛盾. 系が示された. □

演習問題 3.8 (1) $0 < r < \pi/2$ を固定するとき, $S^n(1)$ の半径 r の距離球体の σ^n に関する測度は $n \to \infty$ のとき 0 へ収束することを示せ.

(2) $\mathbb{R}^n$ の原点を中心とする半径 $\sqrt{n}$ の球体を $B^n(\sqrt{n})$ とし, $\beta^n :=$

3.1 球面の観測 **53**

$\mathcal{L}^n(B^n(\sqrt{n}))^{-1}\mathcal{L}^n|_{B^n(\sqrt{n})}$ とおく. $k \leq n$ に対して自然な射影 $p_{n,k}:$ $B^n(\sqrt{n}) \to \mathbb{R}^k$ を考えるとき, $n \to \infty$ において $(p_{n,k})_*\beta^n$ が γ^k へ弱収束することを示せ.

3.2　mm 同型とリップシッツ順序

この節では, 測度距離空間 (mm 空間と呼ぶ) の間の自然な同型関係と順序関係を定義し, それらの基本的な性質を示す.

定義 3.9（**mm 空間**）　(X, d_X) を完備可分な距離空間とし, μ_X をその上のボレル確率測度とする. 3 つ組 (X, d_X, μ_X) を **mm 空間** (mm-space) と呼ぶ. また, d_X が拡張距離のとき, (X, d_X, μ_X) を**拡張 mm 空間** (extended mm-space) という. しばしば, X を（拡張）mm 空間と呼ぶが, そのときの距離関数を d_X, ボレル確率測度を μ_X とそれぞれ書くことにする.

例 3.10　　(1)（グラフ）V を集合とし, $E \subset V \times V$ とするとき, 組 $G := (V, E)$ を**グラフ** (graph) という. V の元を**頂点** (vertex), E の元を**辺** (edge) と呼ぶ. V の有限列 $v_0, v_1, \ldots, v_n$ で $(v_i, v_{i+1}) \in E$ $(i = 0, 1, \ldots, n-1)$ をみたすものを v_0 と v_n を結ぶ**道** (path) といい, その**長さ** (length) を n と定義する. 以下, グラフ $G = (V, E)$ は**連結** (connected)（つまり, 任意の 2 頂点は道で結ばれる）かつ**有限** (finite)（V が有限集合）と仮定する. 与えられた 2 頂点 $u, v \in V$ に対して, u と v を結ぶ道の長さの最小値を $d_G(u, v)$ とおくと, これは V 上の距離となるが, これを**グラフ距離** (graph metric) という. V 上に確率測度 μ_G を

$$\mu_G(A) := \frac{\#A}{\#V} \quad (A \subset V)$$

で定義し, これを**正規化された数え上げ測度** (normalized counting measure) と呼ぶ. ここで, $\#A$ は A の元の個数を表す. このとき, (V, d_G, μ_G) は mm 空間である.

(2)（ハミングキューブ）整数 $n \geq 1$ に対して,

$$E_n := \{((i_1, \ldots, i_n), (j_1, \ldots, j_n)) \in \{0,1\}^n \times \{0,1\}^n \mid$$
$$i_k \neq j_k をみたす k はちょうど 1 つである \}$$

とおくとき, グラフ $H^n := (\{0,1\}^n, E_n)$ を**ハミングキューブ** (Hamming cube) といい, そのグラフ距離を**ハミング距離** (Hamming metric) という. ハミング距離 $d_{H^n}((i_1, \ldots, i_n), (j_1, \ldots, j_n))$ は $i_k \neq j_k$ なる k の個数に一致する. 正規化された数え上げ測度 μ_{H^n} に対して, $(\{0,1\}^n, d_{H^n}, \mu_{H^n})$ は mm 空間である.

(3) （リーマン多様体）本書では多様体は（空または空でない）境界をもつものとする．体積が有限の完備かつ連結なリーマン多様体 X に対して，そのリーマン距離関数 d_X と正規化された体積測度 $\mu_X := \mathrm{vol}(X)^{-1} \mathrm{vol}$ を考えると，3つ組 (X, d_X, μ_X) は mm 空間となる．

　X が連結でないときは，異なる連結成分の間のリーマン距離は無限大と定義すれば，(X, d_X, μ_X) は拡張 mm 空間となる．

(4) （重み付きリーマン多様体）完備かつ連結なリーマン多様体 X とその上の関数 $w : X \to \mathbb{R}$ で $\int_X e^{-w}\, d\mathrm{vol} = 1$ をみたすものを考える．このとき，$(X, d_X, e^{-w}\mathrm{vol})$ は mm 空間となる．これを**重み付きリーマン多様体**（weighted Riemannian manifold）という．

(5) （標準ガウス空間）重み付きリーマン多様体の典型例として n **次元標準ガウス空間**（n-dimensional standard Gaussian space）

$$\Gamma^n := (\mathbb{R}^n, \|\cdot\|_2, \gamma^n)$$

がある．ここで，$\|\cdot\|_2$ はユークリッドノルムだが，ユークリッド距離をも表すとする．γ^n は n 次元標準ガウス測度である．

　直径が有限の完備リーマン多様体はコンパクトであるが，一般に直径が有限の mm 空間はコンパクトとは限らない．例えば，互いに異なる可算無限個の点からなる空間 $X = \{x_i\}_{i=1}^\infty$ の上の距離を

$$d_X(x_i, x_j) := \begin{cases} 0 & (i = j), \\ 1 & (i \neq j) \end{cases}$$

と定め，ボレル確率測度を $\mu_X := \sum_{i=1}^\infty 2^{-i}\delta_{x_i}$ と定めると，X は（完備可分）mm 空間であり，直径は有限だが，コンパクトではない．

定義 3.11（**mm 同型**）　2つの mm 空間 X と Y が **mm 同型**（mm-isomorphic）であるとは，$f_*\mu_X = \mu_Y$ をみたすような等長同型写像 $f : \mathrm{supp}(\mu_X) \to \mathrm{supp}(\mu_Y)$ が存在するときをいう．このような等長同型写像 f を **mm 同型写像**（mm-isomorphism）と呼ぶ．

　mm 同型という関係は同値関係である．mm 空間の mm 同型類全体の集合を $\mathcal{X}$ とおく．

　mm 空間 X に対して，X は mm 空間 $(\mathrm{supp}(\mu_X), d_X, \mu_X)$ と同型であることに注意しておく．特に断らない限り，mm 空間 X は

$$X = \mathrm{supp}(\mu_X)$$

をみたすと仮定する．

注意 3.12　mm 空間全体の集合 $\mathcal{X}$ が集合になるか？という疑念が生じる．注

3.2　mm 同型とリップシッツ順序　**55**

意 2.24 において，可分距離空間の等長同型類を $\mathbb{R}$ の部分集合 S とその上の距離 d の組 (S, d) により表現できることを説明したが，S 上に（d に関する）ボレル確率測度 μ を考えると，3 つ組 (S, d, μ) 全体の集合が mm 空間全体の集合 $\mathcal{X}$ を表現する．これにより $\mathcal{X}$ を集合と見なす．

定義 3.13（リップシッツ順序）　X, Y を mm 空間とする．Y が X を（リップシッツ）**支配する**（(Lipschitz) dominate），記号で $X \prec Y$ とは，$f_* \mu_Y = \mu_X$ をみたすような 1-リップシッツ写像 $f : Y \to X$ が存在するときをいう．関係 $\prec$ を**リップシッツ順序**（Lipschitz order）と呼び，写像 f を**支配写像**（domination map）と呼ぶ．

命題 3.14　リップシッツ順序 $\prec$ は $\mathcal{X}$ 上の半順序関係である．すなわち任意の mm 空間 X, Y, Z に対して以下の (1)〜(3) が成り立つ．
  (1)（反射律）$X \prec X$.
  (2)（推移律）$X \prec Y$ かつ $Y \prec Z$ ならば $X \prec Z$ が成り立つ．
  (3)（反対称律）$X \prec Y$ かつ $Y \prec X$ ならば X と Y は mm 同型である．

　ここで，(1) と (2) は明らかである．(3) を示すために少し準備が必要となる．
　$\varphi : [0, +\infty) \to [0, +\infty)$ を有界かつ連続な狭義単調増加関数とする．mm 空間 X に対して

$$\mathrm{Avr}_\varphi(X) := \int_{X \times X} \varphi(d_X(x, x'))\, d(\mu_X \otimes \mu_X)(x, x').$$

と定義する．

補題 3.15　X, Y を mm 空間とするとき，以下が成り立つ．
  (1) もし $X \prec Y$ ならば $\mathrm{Avr}_\varphi(X) \leq \mathrm{Avr}_\varphi(Y)$ が成り立つ．
  (2) もし $X \prec Y$ かつ $\mathrm{Avr}_\varphi(X) = \mathrm{Avr}_\varphi(Y)$ ならば，X と Y は mm 同型である．

証明　(1) を示す．$X \prec Y$ と仮定すると，$f_* \mu_Y = \mu_X$ をみたすような 1-リップシッツ写像 $f : Y \to X$ が存在する．このとき以下が成り立つ．

$$\begin{aligned}
\mathrm{Avr}_\varphi(X) &= \int_{X \times X} \varphi(d_X(x, x'))\, d(f_* \mu_Y \otimes f_* \mu_Y)(x, x') \\
&= \int_{Y \times Y} \varphi(d_X(f(y), f(y')))\, d(\mu_Y \otimes \mu_Y)(y, y') \\
&\leq \int_{Y \times Y} \varphi(d_Y(y, y'))\, d(\mu_Y \otimes \mu_Y)(y, y') \\
&= \mathrm{Avr}_\varphi(Y).
\end{aligned}$$

　(2) を示す．$X \prec Y$ かつ $\mathrm{Avr}_\varphi(X) = \mathrm{Avr}_\varphi(Y)$ を仮定すると，(1) の式で等号が成り立つので，

$$\varphi(d_X(f(y), f(y'))) = \varphi(d_Y(y, y'))$$

が $\mu_Y \otimes \mu_Y$-a.e. $(y, y') \in Y \times Y$ で成り立つ．これと f の連続性から $f: Y \to X$ が等長写像であることが分かる．$f_*\mu_Y = \mu_X$ より $f(Y)$ は $X = \mathrm{supp}(\mu_X)$ において稠密となるので，Y の完備性から $f(Y) = X$ が得られる．従って，f は X から Y への mm 同型写像である．補題が示された．□

命題 3.14 の証明　(3) を示せばよい．$X \prec Y$ かつ $Y \prec X$ と仮定する．補題 3.15(1) より $\mathrm{Avr}_\varphi(X) = \mathrm{Avr}_\varphi(Y)$ が成り立つ．よって補題 3.15(2) から X と Y は mm 同型である．命題が示された．□

例 3.16　整数 $n \geq 1$ に対して，標準ガウス空間の自然な射影 $\Gamma^{n+1} \to \Gamma^n$ は支配写像であり，$\Gamma^n \prec \Gamma^{n+1}$ が成り立つ．

演習問題 3.17　$N \geq 1$ を整数，X をコンパクト mm 空間とする．このとき，X の連結成分の個数が N 以上であることと，X がちょうど N 個の点からなるある mm 空間を支配することは同値であることを示せ（ヒント：連結成分の個数が N 以上のとき，連結性の定義を用いて，開かつ閉の集合たちに分割する．連結成分は開集合とは限らないことに注意する）．

3.3　オブザーバブル直径

オブザーバブル直径は最も基本的な mm 空間の不変量である．

定義 3.18（部分直径）　mm 空間 X と実数 $\kappa \geq 0$ に対して，X の κ-**部分直径**（partial diameter）$\mathrm{diam}(X; 1-\kappa) = \mathrm{diam}(\mu_X; 1-\kappa)$ を $\mu_X(A) \geq 1-\kappa$ をみたすボレル集合 $A \subset X$ の直径 $\mathrm{diam}(A)$ の下限により定義する．ただし，空集合の直径は $\mathrm{diam}(\emptyset) := 0$ と定める．

定義 3.19（オブザーバブル直径）　X を mm 空間，Y を距離空間とする．実数 $\kappa \geq 0$ に対して，

$$\mathrm{ObsDiam}_Y(X; -\kappa) := \sup\{\, \mathrm{diam}(f_*\mu_X; 1-\kappa) \mid$$
$$f: X \to Y \ : \ \text{1-リップシッツ} \,\},$$

$$\mathrm{ObsDiam}_Y(X) := \inf_{0 \leq \kappa \leq 1} \mathrm{ObsDiam}_Y(X; -\kappa) \vee \kappa$$

と定義する．$\mathrm{ObsDiam}_Y(X; -\kappa)$ を**スクリーン Y の κ-オブザーバブル直径**（κ-observable diameter with screen Y），$\mathrm{ObsDiam}_Y(X)$ を**スクリーン Y のオブザーバブル直径**（observable diameter with screen Y）と呼ぶ．$Y = \mathbb{R}$ のときが最も重要であり，

$$\mathrm{ObsDiam}(X; -\kappa) := \mathrm{ObsDiam}_\mathbb{R}(X; -\kappa),$$

$$\mathrm{ObsDiam}(X) := \mathrm{ObsDiam}_{\mathbb{R}}(X)$$

とおき，これらを単に（κ-）**オブザーバブル直径**と呼ぶ．

部分直径とオブザーバブル直径は共に mm 同型に関する不変量である．mm 空間 X に対して，μ_X の内正則性より，$\kappa > 0$ のとき κ-部分直径 $\mathrm{diam}(X; 1-\kappa)$ は有限である．$\mathrm{diam}(X; 1-\kappa)$ および $\mathrm{ObsDiam}_Y(X; -\kappa)$ は共に κ に関して単調非増加である．$\kappa \geq 1$ のとき，$\mathrm{ObsDiam}_Y(X; -\kappa) = \mathrm{diam}(X; 1-\kappa) = 0$ が成り立つ．また，$\kappa = 0$ のときは，$\mathrm{ObsDiam}(X; -\kappa) = \mathrm{diam}(X; 1-\kappa) = \mathrm{diam}(X)$ が成り立つ．κ-オブザーバブル直径は主に $0 < \kappa < 1$ のときに考える．さらに $\mathrm{ObsDiam}_Y(X) \leq 1$ が常に成り立つ．

注意 3.20 今まで $X = \mathrm{supp}(\mu_X)$ を仮定していて，そのときに限って $\mathrm{ObsDiam}_Y(X; -\kappa)$ を定義したが，$X \neq \mathrm{supp}(\mu_X)$ のときを考えてみよう．このとき $\hat{X} := (\mathrm{supp}(\mu_X), d_X, \mu_X)$ とおくと，一般には

$$\mathrm{ObsDiam}_Y(\hat{X}; -\kappa) \neq \mathrm{ObsDiam}_Y(X; -\kappa)$$

となってしまう．

例えば，$X := (\mathbb{R}, |\cdot|, (\delta_0 + \delta_1)/2)$，$Y := (\{0,1\}, |\cdot|)$ とおくと，$\hat{X} = (\{0,1\}, |\cdot|, (\delta_0 + \delta_1)/2)$ である．X の連結性から 1-リップシッツ写像 $f: X \to Y$ の像は連結なので $\mathrm{ObsDiam}_Y(X; -\kappa) = 0$ が成り立つ．他方で 1-リップシッツ写像 $f: \hat{X} \to Y$ として恒等写像をとることができるから，$\kappa < 1/2$ のとき $\mathrm{ObsDiam}_Y(\hat{X}; -\kappa) = 1$ であることが分かる．

しかし，$Y = \mathbb{R}$ のときは $\mathrm{ObsDiam}(\hat{X}; -\kappa) = \mathrm{ObsDiam}(X; -\kappa)$ が常に成り立つ．なぜなら，マクシェーン–ホイットニー拡張（系 1.7）により任意の 1-リップシッツ関数 $f: \hat{X} \to \mathbb{R}$ は 1-リップシッツ連続性を保ったまま X 上へ拡張可能だからである．

一般の Y に対しては $X \neq \mathrm{supp}(\mu_X)$ のとき $\mathrm{ObsDiam}_Y(X; -\kappa)$ は mm 同型に関する不変量にはならないので，以下の定義を採用する．

定義 3.21 $X \neq \mathrm{supp}(\mu_X)$ のとき

$$\mathrm{ObsDiam}_Y(X; -\kappa) := \mathrm{ObsDiam}_Y(\hat{X}; -\kappa)$$

と定義する．

これにより（κ-）オブザーバブル直径は mm 同型に関する不変量となる．

実は本書では一般のスクリーン Y を考えることはあまりないので，それほど気にする必要はない．

定義 3.22（レビ族） mm 空間の列 $\{X_n\}_{n=1,2,\dots}$ が**レビ族**（Lévy family）で

あることを

$$\lim_{n\to\infty} \mathrm{ObsDiam}(X_n) = 0$$

が成り立つことで定義する.

この条件は, 任意の $0 < \kappa < 1$ に対して

$$\lim_{n\to\infty} \mathrm{ObsDiam}(X_n; -\kappa) = 0$$

が成り立つことと同値である.

補題 3.23 $\{f_\lambda\}_{\lambda \in \Lambda}$ を区間 $I \subset \mathbb{R}$ 上で定義された単調非増加かつ右連続な関数の族とするとき, 関数 $f(x) := \sup_{\lambda \in \Lambda} f_\lambda(x)$ $(x \in I)$ も単調非増加かつ右連続である.

証明 f が単調非増加となることの証明は略す.

右連続性は以下のように示せる.

$$\begin{aligned}
f(x) = \sup_{\lambda \in \Lambda} f_\lambda(x) &= \sup_{\lambda \in \Lambda} \lim_{\varepsilon \to 0+} f_\lambda(x + \varepsilon) \\
&\leq \lim_{\varepsilon \to 0+} \sup_{\lambda \in \Lambda} f_\lambda(x + \varepsilon) = \lim_{\varepsilon \to 0+} f(x + \varepsilon) \leq f(x).
\end{aligned}$$

証明終わり. $\square$

命題 3.24 X を mm 空間とするとき, 以下が成り立つ.

(1) 部分直径 $\mathrm{diam}(X; 1 - \kappa)$ は κ に関して右連続である.

(2) オブザーバブル直径 $\mathrm{ObsDiam}(X; -\kappa)$ は κ に関して右連続である.

証明 (1) を示す. $\{\varepsilon_n\}_{n=1}^{\infty}$ を 0 へ収束するような単調減少な正の実数列とする. すると, $\mathrm{diam}(X; 1 - (\kappa + \varepsilon_n))$ は n に関して単調非減少であり, $\mathrm{diam}(X; 1 - \kappa)$ 以下である.

$$\alpha := \lim_{n\to\infty} \mathrm{diam}(\mu_X; 1 - (\kappa + \varepsilon_n))$$

とおくと, $\alpha \leq \mathrm{diam}(\mu_X; 1 - \kappa)$ が成り立つので,

$$\mathrm{diam}(X; 1 - \kappa) \leq \alpha$$

を示せばよい. ボレル集合の列 $A_n \subset X$ $(n = 1, 2, \ldots)$ が存在して $\mu_X(A_n) \geq 1 - (\kappa + \varepsilon_n)$ $(n = 1, 2, \ldots)$ かつ

$$\lim_{n\to\infty} \mathrm{diam}(A_n) = \alpha$$

をみたす. 命題 2.39 より $\{A_n\}$ は弱ハウスドルフ収束するような部分列をもつので, $\{A_n\}$ をそのような部分列に取り替える. $\{A_n\}$ の弱ハウスドルフ極限を A とする. 補題 2.43 より $\mu_X(A) \geq 1 - \kappa$ が成り立つ. 任意の 2 点 $x, y \in A$

に対して，ある $x_n, y_n \in A_n$ が存在して $\lim_{n\to\infty} x_n = x$, $\lim_{n\to\infty} y_n = y$ をみたすので，

$$d_X(x, y) = \lim_{n\to\infty} d_X(x_n, y_n) \leq \lim_{n\to\infty} \mathrm{diam}(A_n) = \alpha.$$

従って $\mathrm{diam}(X; 1-\kappa) \leq \mathrm{diam}(A) \leq \alpha$. (1) が示された.

(2) は (1) と補題 3.23 より従う. 命題の証明終わり. □

$\mathrm{diam}(\mu_X; 1-\kappa)$ および $\mathrm{ObsDiam}(X; -\kappa)$ は κ に関して左連続とは限らない. 例えば，有限 mm 空間 X に対しては左連続にならない.

補題 3.25 μ, ν を距離空間 X 上のボレル確率測度とし，$\varepsilon > 0$ を実数とする.

(1) $d_{\mathrm{P}}(\mu, \nu) < \varepsilon$ のとき，任意の $\kappa \geq 0$ に対して

$$\mathrm{diam}(\mu; 1-(\kappa+\varepsilon)) \leq \mathrm{diam}(\nu; 1-\kappa) + 2\varepsilon$$

が成り立つ. 特に，ある点 $x \in X$ に対して $d_{\mathrm{P}}(\mu, \delta_x) < \varepsilon$ のとき

$$\mathrm{diam}(\mu; 1-\varepsilon) \leq 2\varepsilon$$

が成り立つ.

(2) $\mathrm{diam}(\mu; 1-\varepsilon) < \varepsilon$ のとき，ある点 $x \in X$ が存在して

$$d_{\mathrm{P}}(\mu, \delta_x) \leq \varepsilon$$

をみたす.

証明 (1) を示す. $\nu(A) \geq 1 - \kappa$ みたす任意のボレル集合 $A \subset X$ をとる. $d_{\mathrm{P}}(\mu, \nu) < \varepsilon$ より，$\mu(U_\varepsilon(A)) \geq \nu(A) - \varepsilon \geq 1 - \kappa - \varepsilon$ であり，$\mathrm{diam}(U_\varepsilon(A)) \leq \mathrm{diam}(A) + 2\varepsilon$ だから，$\mathrm{diam}(\mu; 1-(\kappa+\varepsilon)) \leq \mathrm{diam}(A) + 2\varepsilon$. A を動かして右辺の下限をとれば (1) の前半が従う. 後半の「特に...」の部分は前半から従う.

(2) を示す. $\mathrm{diam}(\mu; 1-\varepsilon) < \varepsilon$ とすると，あるボレル集合 $A \subset X$ が存在して $\mu(A) \geq 1 - \varepsilon$ かつ $\mathrm{diam}(A) < \varepsilon$ をみたす. A は空でないとしてよい. 1 点 $x \in A$ をとり，任意のボレル集合 $B \subset X$ をとる. B が x を含まなければ $\delta_x(B) = 0$ より明らかに $\mu(U_\varepsilon(B)) \geq \delta_x(B) - \varepsilon$ が成り立つ. B が x を含むとき $A \subset U_\varepsilon(B)$ より $\mu(U_\varepsilon(B)) \geq \mu(A) \geq 1 - \varepsilon = \delta_x(B) - \varepsilon$. よって $d_{\mathrm{P}}(\mu, \delta_x) \leq \varepsilon$ となる. 証明終わり. □

κ-部分直径の κ に関する単調性と右連続性に注意すれば，補題 3.25(1) から以下が従う.

系 3.26 μ, μ_n $(n = 1, 2, \dots)$ を可分距離空間 X 上のボレル確率測度とする. $n \to \infty$ のとき μ_n が μ へ弱収束するならば，次の (1), (2) が成り立つ.

(1) 任意の $\kappa \geq 0$ に対して

$$\mathrm{diam}(\mu; 1 - \kappa) \leq \liminf_{n \to \infty} \mathrm{diam}(\mu_n; 1 - \kappa).$$

(2) 任意の $\kappa > 0$ に対して

$$\limsup_{n \to \infty} \mathrm{diam}(\mu_n; 1 - \kappa) \leq \lim_{\varepsilon \to +0} \mathrm{diam}(\mu; 1 - (\kappa - \varepsilon)).$$

レビ族の言い換えとして以下がある.

補題 3.27 mm 空間の列 $\{X_n\}_{n=1,2,\ldots}$ に対して以下の (1), (2) は同値である.

(1) $\{X_n\}_{n=1}^{\infty}$ はレビ族である.

(2) 任意の 1-リップシッツ関数列 $f_n : X_n \to \mathbb{R}$ $(n = 1, 2, \ldots)$ に対してある実数列 c_n が存在して

$$\lim_{n \to \infty} d_{\mathrm{KF}}(f_n, c_n) = 0$$

が成り立つ.

証明 概略のみ述べる. $\{X_n\}_{n=1}^{\infty}$ がレビ族であるということは,任意に 1-リップシッツ関数 $f : X_n \to \mathbb{R}$ をとったとき,任意の $\kappa > 0$ に対して n が大きいとき $\mathrm{diam}(f_* \mu_{X_n}; 1 - \kappa)$ が 0 に近いことを意味するが,補題 3.25(2) よりこれは $f_* \mu_{X_n}$ がディラック測度に近いことを意味している. さらに補題 1.59 より,これは f がカイファン距離に関して定数関数に近いことを意味するので,(2) と同値である. 詳しい証明は読者に任せる. $\square$

補題 3.27 とレビの補題(系 3.7)から以下が得られる.

定理 3.28 $\{S^n(1)\}_{n=1}^{\infty}$ はレビ族である.

注意 3.29 $0 < \kappa < 1$ に対して,$n \to \infty$ のとき $\mathrm{ObsDiam}(S^n(1); -\kappa)$ は 0 に収束するが,$\mathrm{diam}(S^n(1); 1 - \kappa)$ は 0 に収束しない(演習問題 3.8(1) から分かる).

注意 3.30 レビ族 $\{X_n\}$ に対して,補題 3.27 の実数列 c_n は f_n のメディアンにとることができる. ここで,$n \to \infty$ のとき f_n のメディアンからなる区間の幅は 0 へ収束する. 単位球面 $S^n(1)$ のように X_n の直径が上に有界のときは,$n \to \infty$ のとき f_n のメディアンと f_n の平均値の差が 0 へ収束する(演習問題 1.60(3) を参照). しかし,X_n の直径が非有界のときはこれは必ずしも正しくない. 例えば,$\mathbb{R}$ 上の測度の列

$$\mu_n := \left(1 - \frac{1}{n}\right)\delta_0 + \left(\frac{1}{n}\right)\delta_n \quad (n = 1, 2, \ldots)$$

に対して,$\{(\mathbb{R}, |\cdot|, \mu_n)\}$ はレビ族であるが,恒等写像 $f_n(x) := x$ $(x \in \mathbb{R})$ の μ_n-平均値は 1 であり,一方で $n \geq 3$ のとき 0 が f_n のただ一つのメディアン

3.3 オブザーバブル直径 **61**

である.

命題 3.31 mm 空間 X, Y と実数 $\kappa \geq 0$ に対して以下が成り立つ.

(1) X が Y に支配されるとき,

$$\mathrm{diam}(X; 1 - \kappa) \leq \mathrm{diam}(Y; 1 - \kappa)$$

が成り立つ.

(2) 次が成り立つ.

$$\mathrm{ObsDiam}(X; -\kappa) \leq \mathrm{diam}(X; 1 - \kappa).$$

特に, $\kappa > 0$ のとき $\mathrm{ObsDiam}(X; -\kappa)$ は有限である.

(3) X が Y に支配されるとき,

$$\mathrm{ObsDiam}(X; -\kappa) \leq \mathrm{ObsDiam}(Y; -\kappa).$$

が成り立つ.

証明 (1) を示す. $X \prec Y$ より, $F_*\mu_Y = \mu_X$ をみたすような 1-リップシッツ写像 $F : Y \to X$ が存在する. $A \subset Y$ を $\mu_Y(A) \geq 1 - \kappa$ をみたすような任意のボレル集合とする. $\overline{F(A)}$ を $F(A)$ の閉包とすると, $\mu_X(\overline{F(A)}) = \mu_Y(F^{-1}(\overline{F(A)})) \geq \mu_Y(A) \geq 1 - \kappa$ が成り立ち, さらに F の 1-リップシッツ連続性から $\mathrm{diam}(\overline{F(A)}) \leq \mathrm{diam}(A)$ が成り立つ. 従って $\mathrm{diam}(X; 1 - \kappa) \leq \mathrm{diam}(A)$ となる. A を動かして右辺の下限をとれば (1) が得られる.

(2) を示す. $f : X \to \mathbb{R}$ を任意の 1-リップシッツ関数とする. $(\mathbb{R}, |\cdot|, f_*\mu_X)$ は X に支配されるので, (1) を用いると $\mathrm{diam}(f_*\mu_X; 1 - \kappa) \leq \mathrm{diam}(X; 1 - \kappa)$ が得られる. f を動かして左辺の上限をとれば (2) の不等式が得られる. $\kappa > 0$ のとき μ_X の内正則性より $\mathrm{diam}(X; 1 - \kappa)$ は有限だったから, $\mathrm{ObsDiam}(X; -\kappa)$ も有限となる.

(3) を示す. $X \prec Y$ より, $F_*\mu_Y = \mu_X$ をみたすような 1-リップシッツ写像 $F : Y \to X$ が存在する. 任意の 1-リップシッツ関数 $f : X \to \mathbb{R}$ に対して, $f_*\mu_X = f_*F_*\mu_Y = (f \circ F)_*\mu_Y$ が成り立つ. $f \circ F : Y \to \mathbb{R}$ もまた 1-リップシッツ関数となるので,

$$\mathrm{diam}(f_*\mu_X; 1 - \kappa) = \mathrm{diam}((f \circ F)_*\mu_Y; 1 - \kappa) \leq \mathrm{ObsDiam}(Y; -\kappa).$$

f を動かして左辺の上限をとれば (3) が得られる. 命題の証明終わり. □

注意 3.32 命題 3.31(1) の証明で $F(A)$ は一般にボレル集合とはならないため $\mu_X(F(A))$ は定義されないことに注意する. ボレル集合の連続写像による像は**解析集合** (analytic set) と呼ばれ, ボレル確率測度の完備化については可

測であることが知られているので，完備化をとった測度について $F(A)$ の閉包をとらずに同様の議論から証明することもできる.

命題 3.33 X を mm 空間とするとき，任意の実数 $t > 0$, $\kappa \geq 0$ に対して

$$\operatorname{ObsDiam}(tX; -\kappa) = t \operatorname{ObsDiam}(X; -\kappa)$$

が成り立つ．ただし，$tX := (X, td_X, \mu_X)$ とおく.

証明 以下のように示される.

$$\operatorname{ObsDiam}(tX; -\kappa)$$
$$= \sup\{\, \operatorname{diam}(f_*\mu_X; 1 - \kappa) \mid f : tX \to \mathbb{R} \text{ 1-リップシッツ} \,\}$$
$$= \sup\{\, \operatorname{diam}(f_*\mu_X; 1 - \kappa) \mid t^{-1}f : X \to \mathbb{R} \text{ 1-リップシッツ} \,\}$$
$$= \sup\{\, \operatorname{diam}((tg)_*\mu_X; 1 - \kappa) \mid g : X \to \mathbb{R} \text{ 1-リップシッツ} \,\}$$
$$= t \operatorname{ObsDiam}(X; -\kappa).$$

証明終わり. $\qquad\square$

補題 3.34 X を mm 空間とするとき，任意の実数 $\kappa \geq 0$ と整数 $N \geq 1$ に対して，

$$\operatorname{ObsDiam}_{(\mathbb{R}^N, \|\cdot\|_\infty)}(X; -N\kappa) \leq \operatorname{ObsDiam}(X; -\kappa).$$

証明 $\operatorname{ObsDiam}(X; -\kappa) < \varepsilon$ をみたすような任意の ε をとる．任意の 1-リップシッツ写像 $F : X \to (\mathbb{R}^N, \|\cdot\|_\infty)$ をとり，$(f_1, f_2, \ldots, f_N) := F$ とおく．各 f_i は 1-リップシッツ関数なので $\operatorname{diam}((f_i)_*\mu_X; 1 - \kappa) < \varepsilon$ が成り立つ．よって，ボレル集合 $A_i \subset \mathbb{R}$ が存在して $(f_i)_*\mu_X(A_i) \geq 1 - \kappa$ かつ $\operatorname{diam}(A_i) < \varepsilon$ をみたす．$A := A_1 \times A_2 \times \cdots \times A_N$ とおくと，

$$F_*\mu_X(A) = \mu_X(F^{-1}(A)) = \mu_X(f_1^{-1}(A_1) \cap \cdots \cap f_N^{-1}(A_N)) \geq 1 - N\kappa.$$

である．$\operatorname{diam}(A) < \varepsilon$ なので $\operatorname{diam}(F_*\mu_X; 1 - N\kappa) < \varepsilon$ が得られる．証明終わり. $\qquad\square$

定理 3.35 任意の $0 < \kappa < 1$ に対して以下が成り立つ.

(1) $\displaystyle\lim_{n \to \infty} \operatorname{ObsDiam}(S^n(\sqrt{n}); -\kappa) = \operatorname{diam}(\gamma^1; 1 - \kappa) = -2F_{\gamma^1}^{-1}\left(\frac{\kappa}{2}\right).$

(2) $\operatorname{ObsDiam}(S^n(1); -\kappa) \sim \dfrac{1}{\sqrt{n}}.$

ここで，$F_{\gamma^1}(r) := \gamma^1((-\infty, r])$ は γ^1 の累積分布関数である．また，非負の実数列 $\{a_n\}_{n=1}^\infty$, $\{b_n\}_{n=1}^\infty$ に対して，$a_n \sim b_n$ とは $\limsup_{n \to \infty} a_n/b_n < +\infty$ かつ $\limsup_{n \to \infty} b_n/a_n < +\infty$ が成り立つことと定義する.

証明 (1) を示す. $\pi_{n,1}$ は 1-リプシッツ連続なので,マックスウェル–ボルツマン分布則(命題 3.1)と系 3.26 より

$$\liminf_{n\to\infty} \operatorname{ObsDiam}(S^n(\sqrt{n}); -\kappa) \geq \liminf_{n\to\infty} \operatorname{diam}((\pi_{n,1})_*\mu_{\sigma^n}; 1-\kappa)$$
$$\geq \operatorname{diam}(\gamma^1; 1-\kappa). \tag{3.7}$$

反対側の不等式を示す.ある 1-リプシッツ関数の列 $f_n : S^n(\sqrt{n}) \to \mathbb{R}$ $(n = 1, 2, \dots)$ が存在して,

$$\lim_{n\to\infty} |\operatorname{ObsDiam}(S^n(\sqrt{n}); -\kappa) - \operatorname{diam}((f_n)_*\sigma^n; 1-\kappa)| = 0$$

をみたす.また,ある部分列 $\{n(k)\} \subset \{n\}$ が存在して,

$$\limsup_{n\to\infty} \operatorname{ObsDiam}(S^n(\sqrt{n}); -\kappa) = \limsup_{n\to\infty} \operatorname{diam}((f_n)_*\sigma^n; 1-\kappa)$$
$$= \lim_{k\to\infty} \operatorname{diam}((f_{n(k)})_*\sigma^{n(k)}; 1-\kappa)$$

をみたす.必要なら $f_{n(k)}$ の値を定数だけずらして部分列に取り替えることにより,$k \to \infty$ のとき $(f_{n(k)})_*\sigma^{n(k)}$ は $\mathbb{R}$ 上のある確率測度 α へ収束するとしてよい.レビの正規分布則(定理 3.2)より,$(\mathbb{R}, |\cdot|, \alpha)$ は $(\mathbb{R}, |\cdot|, \gamma^1)$ に支配されるので,系 3.26 と命題 3.31(1) より

$$\lim_{k\to\infty} \operatorname{diam}((f_{n(k)})_*\sigma^{n(k)}; 1-\kappa) \leq \lim_{\varepsilon\to 0+} \operatorname{diam}(\alpha; 1-(\kappa-\varepsilon))$$
$$\leq \lim_{\varepsilon\to 0+} \operatorname{diam}(\gamma^1; 1-(\kappa-\varepsilon)) = \operatorname{diam}(\gamma^1; 1-\kappa).$$

従って

$$\limsup_{n\to\infty} \operatorname{ObsDiam}(S^n(\sqrt{n}); -\kappa) \leq \operatorname{diam}(\gamma^1; 1-\kappa).$$

これと (3.7) より (1) の最初の等号が従う.

もう一つの等号は,γ^1 の密度関数が偶関数で $(-\infty, 0]$ で単調増加,$[0, +\infty)$ で単調減少であることから分かる.詳細は読者に任せる.

(2) を示す.命題 3.33 より

$$\operatorname{ObsDiam}(S^n(1); -\kappa) = \frac{1}{\sqrt{n}} \operatorname{ObsDiam}(S^n(\sqrt{n}); -\kappa)$$

が得られるが,これと (1) より (2) が従う.証明終わり. $\qquad\square$

系 3.36 定理 3.35 は球面上の距離をユークリッド距離の制限としても同じ主張が成り立つ.

証明 $S^n(\sqrt{n})_{\mathrm{Euc}}$ を $S^n(\sqrt{n})$ 上の距離をユークリッド距離の制限と定めた空間とする.球面上の異なる 2 点に対して測地距離よりユークリッド距離のほうが小さいので,$S^n(\sqrt{n})_{\mathrm{Euc}} \prec S^n(\sqrt{n})$ が成り立ち,これから $S^n(\sqrt{n})_{\mathrm{Euc}}$ のオ

ブザーバブル直径の上からの評価が得られる．$\pi_{n,1}$ はユークリッド距離についても 1-リプシッツ連続なので，定理 3.35 の証明と全く同様に上からの評価が得られる．証明終わり． $\square$

$\{S^n(1)\}_{n=1}^{\infty}$ がレビ族であることは，定理 3.35 からも従う．

定理 3.35 と命題 3.33 から以下が分かる．

系 3.37 正の実数列 $\{r_n\}_{n=1,2,\ldots}$ に対して，$\{S^n(r_n)\}$ がレビ族であることと $r_n/\sqrt{n} \to 0\ (n \to \infty)$ は同値である．

例 3.38 フビニ–スタディ計量を備えた複素射影空間 $\mathbb{C}P^n$ に対してホップ束写像 $f_n : S^{2n+1}(1) \to \mathbb{C}P^n$ は 1-リプシッツ連続であり，押し出し測度 $(f_n)_* \sigma^{2n+1}$ は $\mathbb{C}P^n$ 上のフビニ–スタディ計量に関する正規化された体積測度と一致することが知られている．この事実と命題 3.31(3) と定理 3.35(2) から任意の $0 < \kappa < 1$ に対して

$$\mathrm{ObsDiam}(\mathbb{C}P^n; -\kappa) \le \mathrm{ObsDiam}(S^{2n+1}; -\kappa) = O(n^{-1/2})$$

であることが従う．特に $\{\mathbb{C}P^n\}_{n=1}^{\infty}$ はレビ族である．

演習問題 3.39　(1) $\mathrm{diam}(X; 1-\kappa)$ が κ に関して左連続とはならないような X の具体例を挙げよ．

(2) $\mathrm{ObsDiam}(X; -\kappa)$ が κ に関して左連続とはならないような X の具体例を挙げよ．

(3) 補題 3.27 の証明の細部を埋めよ．

(4) $\{X_n\}_{n=1}^{\infty}$ をレビ族とする．$Y_n \prec X_n\ (n = 1, 2, \ldots)$ をみたすような mm 空間列 $\{Y_n\}_{n=1}^{\infty}$ はまたレビ族であることを示せ．

(5) 実射影空間の列 $\{\mathbb{R}P^n\}_{n=1}^{\infty}$ がレビ族であることを示せ．

3.4 セパレーション距離

セパレーション距離はオブザーバブル直径と深く関連する不変量であり，ある意味でより一般的な概念である．

定義 3.40（セパレーション距離）　X を mm 空間とする．有限個の実数 $\kappa_0, \kappa_1, \ldots, \kappa_N > 0\ (N \ge 1)$ に対して，X の**セパレーション距離**（separation distance）

$$\mathrm{Sep}(X; \kappa_0, \kappa_1, \ldots, \kappa_N)$$

を $\min_{i \ne j} d_X(A_i, A_j)$ の上限で定義する．ここで，$A_0, A_1, \ldots, A_N \subset X$ は $\mu_X(A_i) \ge \kappa_i\ (i = 0, 1, \ldots, N)$ をみたすような $(N+1)$ 個のボレル集合全体

を動くものとし，

$$d_X(A_i, A_j) := \inf_{x \in A_i, y \in A_j} d_X(x, y)$$

と定義する．ある i について $\kappa_i > 1$ であるとき，そのような A_i は存在しないが，このときは

$$\mathrm{Sep}(X; \kappa_0, \kappa_1, \ldots, \kappa_N) := 0$$

と定義する．

もし $\sum_{i=0}^{N} \kappa_i > 1$ のときは，$A_0, A_1, \ldots, A_N$ の少なくとも 2 つは交わりをもつので，

$$\mathrm{Sep}(X; \kappa_0, \kappa_1, \ldots, \kappa_N) = 0$$

となる．つまりセパレーション距離は $\sum_{i=0}^{N} \kappa_i \leq 1$ のときのみ意味をもつ量である．

$\mathrm{Sep}(X; \kappa_0, \kappa_1, \ldots, \kappa_N)$ は各 κ_i について単調非増加であり，$1 \leq N' \leq N$ のとき $\mathrm{Sep}(X; \kappa_0, \kappa_1, \ldots, \kappa_N) \leq \mathrm{Sep}(X; \kappa_0, \kappa_1, \ldots, \kappa_{N'})$ が成り立つ．セパレーション距離は mm 同型に関する不変量である．

定義より，$\mathrm{Sep}(X; \kappa_0, \kappa_1, \ldots, \kappa_N) > r$ が成り立つことの必要十分条件は，ある $N+1$ 個のボレル集合 $A_0, A_1, \ldots, A_N \subset X$ が存在して $\mu_X(A_i) \geq \kappa_i$ かつ $d_X(A_i, A_j) > r$ $(i \neq j)$ が成り立つことである．特に $\sum_{i=0}^{N} \kappa_i = 1$ のとき，$\mathrm{Sep}(X; \kappa_0, \kappa_1, \ldots, \kappa_N) > r$ は X が互いに r より離れた $N+1$ 個のボレル集合たちに分割できることを意味する．

命題 3.41 X を mm 空間とし，各 $i = 0, 1, \ldots, N$ に対して $\{\varepsilon_{in}\}_{n=1}^{\infty}$ を 0 へ収束するような単調非増加な非負実数列とする．このとき，任意の実数 $\kappa_0, \kappa_1, \ldots, \kappa_N > 0$ $(N \geq 1)$ に対して，

$$\lim_{n \to \infty} \mathrm{Sep}(X; \kappa_0 - \varepsilon_{0n}, \kappa_1 - \varepsilon_{1n}, \ldots, \kappa_N - \varepsilon_{Nn}) = \mathrm{Sep}(X; \kappa_0, \kappa_1, \ldots, \kappa_N)$$

が成り立つ．特に $\mathrm{Sep}(X; \kappa_0, \kappa_1, \ldots, \kappa_N)$ は κ_i $(i = 0, 1, \ldots, N)$ に関して左連続である．

証明 $\mathrm{Sep}(X; \kappa_0 - \varepsilon_{0n}, \ldots, \kappa_N - \varepsilon_{Nn})$ は非負で n に関して単調非増加だから，命題の左辺の極限は存在して，それを β とおくと $\beta \geq \mathrm{Sep}(X; \kappa_0, \kappa_1, \ldots, \kappa_N)$ が成り立つ．よって，

$$\beta \leq \mathrm{Sep}(X; \kappa_0, \ldots, \kappa_N) \tag{3.8}$$

を示せばよい．β の定義より，ボレル集合 $A_{0n}, A_{1n}, \ldots, A_{Nn} \subset X$ が存在して，$\mu_X(A_{in}) \geq \kappa_i - \varepsilon_{in}$ $(i = 0, 1, \ldots, N, n = 1, 2, \ldots)$ および

$$\lim_{n \to \infty} \min_{i \neq j} d_X(A_{in}, A_{jn}) = \beta$$

をみたす．命題 2.39 より，各 i に対して $\{A_{in}\}_{n=1}^{\infty}$ は弱ハウスドルフ収束するような部分列をもつ．$\{A_{in}\}_{n=1}^{\infty}$ は i によらない共通の部分列をもつので，$\{A_{in}\}_{n=1}^{\infty}$ をそのような部分列に取り替えて，その極限を A_i とおく．補題 2.43 より，$\mu_X(A_i) \geq \kappa_i$ が成り立つ．また，任意の $x \in A_i$, $y \in A_j$ $(i \neq j)$ に対して，ある $x_n \in A_{in}$, $y_n \in A_{jn}$ が存在して $\lim_{n \to \infty} x_n = x$, $\lim_{n \to \infty} y_n = y$ をみたすので，$d_X(A_i, A_j) \geq \limsup_{n \to \infty} d_X(A_{in}, A_{jn}) \geq \beta$ が成り立つ．ゆえに (3.8) が成り立つ．証明終わり． □

以下は明らかである．

命題 3.42 X を mm 空間とするとき，任意の $t, \kappa_0, \ldots, \kappa_N > 0$ に対して

$$\mathrm{Sep}(tX; \kappa_0, \ldots, \kappa_N) = t\,\mathrm{Sep}(X; \kappa_0, \ldots, \kappa_N).$$

命題 3.43 X, Y を mm 空間とする．もし X が Y に支配されるならば，任意の $\kappa_0, \ldots, \kappa_N > 0$ に対して

$$\mathrm{Sep}(X; \kappa_0, \ldots, \kappa_N) \leq \mathrm{Sep}(Y; \kappa_0, \ldots, \kappa_N).$$

証明 $X \prec Y$ と仮定すると，ある 1-リップシッツ写像 $f : Y \to X$ が存在して $f_* \mu_Y = \mu_X$ をみたす．ある i に対して $\kappa_i > 1$ ならばセパレーション距離は 0 となるので，命題は明らかである．以下，$\kappa_i \leq 1$ $(i = 0, 1, \ldots, N)$ と仮定する．$\mu_X(A_i) \geq \kappa_i$ $(i = 0, 1, \ldots, N)$ をみたすようなボレル集合 $A_0, A_1, \ldots, A_N \subset X$ をとる．$\mu_Y(f^{-1}(A_i)) = \mu_X(A_i) \geq \kappa_i$ かつ，f が 1-リップシッツなので

$$\min_{i \neq j} d_X(A_i, A_j) \leq \min_{i \neq j} d_Y(f^{-1}(A_i), f^{-1}(A_j)) \leq \mathrm{Sep}(Y; \kappa_0, \ldots, \kappa_N)$$

が成り立つ．命題が示された． □

命題 3.44 X を mm 空間とする．任意の $\kappa > \kappa' > 0$ に対して以下が成り立つ．

   (1) $\mathrm{ObsDiam}(X; -2\kappa) \leq \mathrm{Sep}(X; \kappa, \kappa)$.

   (2) $\mathrm{Sep}(X; \kappa, \kappa) \leq \mathrm{ObsDiam}(X; -\kappa')$.

証明 (1) を示す．もし $\kappa \geq 1/2$ ならば (1) の左辺は 0 となるので，(1) は明らか．以下 $\kappa < 1/2$ と仮定する．$f : X \to \mathbb{R}$ を任意の 1-リップシッツ関数とする．

$$\rho_- := \sup\{\, t \in \mathbb{R} \mid f_* \mu_X((-\infty, t)) \leq \kappa \,\},$$
$$\rho_+ := \inf\{\, t \in \mathbb{R} \mid f_* \mu_X((t, +\infty)) \leq \kappa \,\}$$

3.4 セパレーション距離　**67**

とおくと以下が成り立つ.

$$f_*\mu_X((-\infty,\rho_-)) \le \kappa, \qquad f_*\mu_X((-\infty,\rho_-]) \ge \kappa,$$

$$f_*\mu_X((\rho_+,+\infty)) \le \kappa, \qquad f_*\mu_X([\rho_+,+\infty)) \ge \kappa,$$

$$\rho_- \le \rho_+.$$

$f_*\mu_X([\rho_-,\rho_+]) \ge 1-2\kappa$ なので

$$\operatorname{diam}(f_*\mu_X;1-2\kappa) \le \rho_+ - \rho_- = d_{\mathbb{R}}((-\infty,\rho_-],[\rho_+,+\infty))$$
$$\le \operatorname{Sep}((\mathbb{R},f_*\mu_X);\kappa,\kappa) \le \operatorname{Sep}(X;\kappa,\kappa)$$

ここで,最後の不等式は命題 3.43 から従う.よって,(1) が示された.

(2) を示す.$A_i \subset X$ $(i=0,1)$ を任意のボレル集合で $\mu_X(A_i) \ge \kappa$ をみたすとする.$f(x) := d_X(x,A_0)$ $(x \in X)$ とおくと,これは 1-リプシッツ関数である.以下に $\operatorname{diam}(f_*\mu_X;1-\kappa')$ を評価しよう.$f_*\mu_X(I) \ge 1-\kappa'$ をみたすような区間 $I \subset \mathbb{R}$ は $\overline{f(A_0)}$ および $\overline{f(A_1)}$ の両方と交わる.なぜなら,$i=0,1$ に対して

$$f_*\mu_X(\overline{f(A_i)}) + f_*\mu_X(I) \ge \mu_X(A_i) + f_*\mu_X(I) \ge \kappa + 1 - \kappa' > 1$$

だからである.従って

$$\operatorname{diam}(I) \ge d_{\mathbb{R}}(\overline{f(A_0)},\overline{f(A_1)}) = \inf_{x \in A_1} f(x) = d_X(A_0,A_1).$$

ゆえに $\operatorname{ObsDiam}(X;-\kappa') \ge \operatorname{diam}(f_*\mu_X;1-\kappa') \ge d_X(A_0,A_1)$ が成り立つ.A_0, A_1 を動かして右辺の上限をとれば $\operatorname{ObsDiam}(X;-\kappa') \ge \operatorname{Sep}(X;\kappa,\kappa)$ を得る.命題の証明終わり. $\square$

注意 3.45 $\kappa = \kappa'$ のとき,一般には命題 3.44(2) は成り立たない.実際,2 点からなる mm 空間 $X = \{x_0,x_1\}$ で $\mu_X = (\delta_{x_0}+\delta_{x_1})/2$ なるものを考えると,

$$\operatorname{Sep}\left(X;\frac{1}{2},\frac{1}{2}\right) = d_X(x_0,x_1),$$

$$\operatorname{ObsDiam}\left(X;-\frac{1}{2}\right) = \operatorname{diam}\left(X;1-\frac{1}{2}\right) = 0$$

が成り立つので,$\operatorname{Sep}(X;1/2,1/2) \le \operatorname{ObsDiam}(X;-1/2)$ とはならない.

$\operatorname{Sep}(X;\kappa_0,\kappa_1)$ の κ_i に関する単調性に注意すれば,命題 3.44 から以下が導かれる.

系 3.46 mm 空間列 $\{X_n\}_{n=1}^{\infty}$ に対して以下の (1), (2), (3) は同値である.

(1) $\{X_n\}_{n=1}^{\infty}$ はレビ族である.

(2) 任意の $\kappa_0,\kappa_1 > 0$ に対して

$$\lim_{n \to \infty} \operatorname{Sep}(X_n;\kappa_0,\kappa_1) = 0.$$

(3) ボレル集合 $A_{in} \subset X_n$ $(i = 0, 1,\, n = 1, 2, \dots)$ が

$$\liminf_{n \to \infty} \mu_{X_n}(A_{in}) > 0$$

をみたすならば

$$\lim_{n \to \infty} d_{X_n}(A_{0n}, A_{1n}) = 0$$

が成り立つ.

演習問題 3.47 系 3.46 を示せ.

3.5 集中関数

集中関数はオブザーバブル直径の κ に関する逆関数のようなものである.

定義 3.48（集中関数） mm 空間 X と実数 $r > 0$, $\kappa \geq 0$ に対して

$$\alpha_X(r, \kappa) = \alpha_{\mu_X}(r, \kappa)$$
$$:= \begin{cases} \sup\{\,\mu_X(X \setminus U_r(A)) \mid A \subset X : \text{ボレル},\ \mu_X(A) \geq \kappa\,\} & (0 \leq \kappa \leq 1), \\ 0 & (\kappa > 1) \end{cases}$$

と定義し，これを X または μ_X の**集中関数** (concentration function) と呼ぶ.

$\alpha_X(r, 0) = 1$ が成り立つ. また，$\kappa \geq 1$ のとき $\alpha_X(r, \kappa) = 0$ が成り立つ. $\alpha_X(r, \kappa)$ は r と κ に関して単調非増加である. 集中関数 α_X は mm 同型に関する不変量である.

集中関数とオブザーバブル直径との関係を調べるために以下の偏差不等式 (deviation inequality) を示す.

補題 3.49（偏差不等式） $f : X \to \mathbb{R}$ を mm 空間 X 上の 1-リップシッツ関数とし，$0 < \kappa < 1$ とする. 実数 m が $\mu_X(f \leq m) \geq \kappa$ および $\mu_X(f \geq m) \geq 1 - \kappa$ をみたすとき，任意の実数 $r > 0$ に対して

$$\mu_X(|f - m| \geq r) \leq \alpha_X(r, \kappa) + \alpha_X(r, 1 - \kappa)$$

が成り立つ.

証明 $A := \{\,f \leq m\,\}$ とおくと，$\mu_X(A) \geq \kappa$ であり，f の 1-リップシッツ連続性から $U_r(A) \subset \{\,f < m + r\,\}$ が成り立つ. よって

$$\mu_X(f \geq m + r) \leq \mu_X(X \setminus U_r(A)) \leq \alpha_X(r, \kappa)$$

が成り立つ. $-f$ について同様の議論を行うと

$$\mu_X(f \le m - r) \le \alpha_X(r, 1 - \kappa)$$

を得る．これらの辺々を足すと補題が得られる． $\qquad\square$

集中関数とオブザーバブル直径との関係について以下が成り立つ．これは $\alpha_X(\cdot, 1/2)$ と $\kappa \mapsto \mathrm{ObsDiam}(X; -\kappa)$ がほぼ互いに逆関数であることを意味する．

命題 3.50 X を mm 空間とするとき，以下が成り立つ．

(1) 任意の実数 $\kappa > 0$ に対して

$$\mathrm{ObsDiam}(X; -\kappa) \le 2 \inf \left\{ r > 0 \,\middle|\, \alpha_X\left(r, \frac{1}{2}\right) \le \frac{\kappa}{2} \right\}.$$

(2) 任意の実数 $r, \kappa_0 > 0$ に対して

$$\alpha_X(r, \kappa_0) \wedge \kappa_0 \le \sup\{ \kappa > 0 \mid \mathrm{ObsDiam}(X; -\kappa) \ge r \}.$$

証明 (1) を示す． $\alpha_X(r, 1/2) \le \kappa/2$ と仮定する． $\mathrm{ObsDiam}(X; -\kappa) \le 2r$ を示せばよい．偏差不等式（補題 3.49）より，任意の 1-リップシッツ関数 $f : X \to \mathbb{R}$ に対して m を f のメディアンとすると

$$f_* \mu_X([m - r, m + r]) = \mu_X(|f - m| \le r) \ge 1 - 2\alpha_X\left(r, \frac{1}{2}\right) \ge 1 - \kappa.$$

よって $\mathrm{diam}(f_* \mu_X; 1 - \kappa) \le 2r$ となるので， $\mathrm{ObsDiam}(X; -\kappa) \le 2r$ が成り立つ．(1) が示された．

(2) を示す． $\kappa_0 \ge 1$ のときは明らか． $\kappa_0 < 1$ と仮定する．実数 $\varepsilon > 0$ を任意にとる．あるボレル集合 $A \subset X$ が存在して $\mu_X(A) \ge \kappa_0$ かつ $\mu_X(X \setminus U_r(A)) > \alpha_X(r, \kappa_0) - \varepsilon$ をみたす． $d_X(A, X \setminus U_r(A)) \ge r$ だから $\mathrm{Sep}(X; \kappa_0, \alpha_X(r, \kappa_0) - \varepsilon) \ge r$ が成り立つ．命題 3.44 より， $0 < \kappa' < (\alpha_X(r, \kappa_0) - \varepsilon) \wedge \kappa_0$ をみたすような任意の κ' に対して $\mathrm{ObsDiam}(X; -\kappa') \ge r$ が成り立つ．よって

$$\kappa' \le \sup\{ \kappa > 0 \mid \mathrm{ObsDiam}(X; -\kappa) \ge r \}$$

となる． ε と κ' の任意性より (2) が従う．命題が示された． $\qquad\square$

$\alpha_X(r, \kappa)$ の κ についての単調非増加性に注意すると，命題 3.50 から以下が従う．

系 3.51 以下の (1)〜(4) は同値である．

(1) $\{X_n\}_{n=1}^{\infty}$ はレビ族である．

(2) 任意の実数 $r, \kappa > 0$ に対して

$$\lim_{n \to \infty} \alpha_{X_n}(r, \kappa) = 0. \tag{3.9}$$

(3) ある実数 $0 < \kappa \leq 1/2$ が存在して任意の $r > 0$ に対して (3.9) が成り立つ.

(4) ボレル集合の列 $A_n \subset X_n$ $(n = 1, 2, \dots)$ が $\liminf_{n \to \infty} \mu_{X_n}(A_n) > 0$ をみたすならば,任意の実数 $r > 0$ に対して

$$\lim_{n \to \infty} \mu_{X_n}(U_r(A_n)) = 1.$$

演習問題 3.52 系 3.51 を示せ.

3.6 オブザーバブル直径の比較定理

この節ではレビ–グロモフの等周不等式を仮定して以下の定理 3.53 を証明する.

多様体が**閉**とは,連結かつコンパクトで境界がないことをいう.リーマン多様体 X のリッチ曲率を Ric_X で表す.

定理 3.53(オブザーバブル直径の比較定理(comparison theorem for observable diameter)) X を n 次元閉リーマン多様体で $\mathrm{Ric}_X \geq n-1$ かつ $n \geq 2$ とする.このとき,任意の $0 < \kappa \leq 1$ に対して

$$\mathrm{ObsDiam}(X; -\kappa) \leq \mathrm{ObsDiam}(S^n(1); -\kappa) = \pi - 2v_n^{-1}\left(\frac{\kappa}{2}\right)$$

$$\leq \frac{2\sqrt{2}}{\sqrt{n-1}}\sqrt{-\log\left(\sqrt{\frac{2}{\pi}}\kappa\right)}$$

が成り立つ.ここで,

$$v_n(r) := \frac{\int_0^r \sin^{n-1} t\, dt}{\int_0^\pi \sin^{n-1} t\, dt}$$

は $S^n(1)$ の中の半径 r の距離球体の σ^n に関する測度である.

注意 3.54 F_{γ^1} を γ^1 の累積分布関数とする.マックスウェル–ボルツマン分布則を用いると

$$\lim_{n \to \infty} \sqrt{n}\left(\pi - 2v_n^{-1}\left(\frac{\kappa}{2}\right)\right) = -2F_{\gamma^1}^{-1}\left(\frac{\kappa}{2}\right) \tag{3.10}$$

が得られるが,これと定理 3.53 より定理 3.35 が従う.つまり定理 3.53 は定理 3.35 より精密な結果である.

この節を通して X を n 次元閉リーマン多様体で $\mathrm{Ric}_X \geq n-1$ かつ $n \geq 2$ と仮定する.X は正規化された体積測度 μ_X とリーマン距離関数 d_X を備えた mm 空間と見なす.

以下はレビの等周不等式(定理 3.3)の一般化である.証明は略す.

3.6 オブザーバブル直径の比較定理 **71**

定理 3.55（レビ–グロモフの等周不等式 [21, Appendix C_+]（**Lévy–Gromov isoperimetric inequality**）） 任意の閉集合 $\Omega \subset X$ に対して，単位球面 $S^n(1)$ の距離球体 B_Ω で $\sigma^n(B_\Omega) = \mu_X(\Omega)$ をみたすものをとると，任意の $r > 0$ に対して

$$\mu_X(U_r(\Omega)) \geq \sigma^n(U_r(B_\Omega))$$

が成り立つ.

この定理を用いて以下を示す.

補題 3.56 任意の $0 < \kappa < 1$ に対して

$$\mathrm{Sep}\left(X; \frac{\kappa}{2}, \frac{\kappa}{2}\right) \leq \mathrm{Sep}\left(S^n(1); \frac{\kappa}{2}, \frac{\kappa}{2}\right) = \pi - 2v_n^{-1}\left(\frac{\kappa}{2}\right).$$

証明 $S^n(1)$ の 1 点 x を中心とする σ^n-測度が $\kappa/2$ の距離球体とその対蹠点 $-x$ を中心とする σ^n-測度が $\kappa/2$ の距離球体との間の距離は $\pi - 2v_n^{-1}(\kappa/2)$ に等しいので，

$$\mathrm{Sep}\left(S^n(1); \frac{\kappa}{2}, \frac{\kappa}{2}\right) \geq \pi - 2v_n^{-1}\left(\frac{\kappa}{2}\right).$$

が成り立つ. よって，後は

$$\mathrm{Sep}\left(X; \frac{\kappa}{2}, \frac{\kappa}{2}\right) \leq \pi - 2v_n^{-1}\left(\frac{\kappa}{2}\right)$$

を示せば十分である（X として特に $S^n(1)$ をとれることに注意）.

$\Omega, \Omega' \subset X$ を互いに交わらない閉集合で，$\mu_X(\Omega), \mu_X(\Omega') \geq \kappa/2$ をみたすものとする. $r := d_X(\Omega, \Omega')$ とおくとき $r \leq \pi - 2v_n^{-1}(\kappa/2)$ を示せばよい. Ω' と $U_r(\Omega)$ は互いに交わらないので，レビ–グロモフの等周不等式（定理 3.55）より，

$$\frac{\kappa}{2} \leq \mu_X(\Omega') \leq 1 - \mu_X(U_r(\Omega))$$
$$\leq 1 - \sigma^n(U_r(B_\Omega)) \leq 1 - v_n\left(r + v_n^{-1}\left(\frac{\kappa}{2}\right)\right)$$

となり，ゆえに

$$r + v_n^{-1}\left(\frac{\kappa}{2}\right) \leq v_n^{-1}\left(1 - \frac{\kappa}{2}\right) = \pi - v_n^{-1}\left(\frac{\kappa}{2}\right).$$

が成り立つ. 証明終わり. □

補題 3.57 任意の $0 < \kappa < 1$ に対して

$$\mathrm{ObsDiam}(S^n(1); -\kappa) = \mathrm{Sep}\left(S^n(1); \frac{\kappa}{2}, \frac{\kappa}{2}\right).$$

証明 命題 3.44(1) より

$$\mathrm{ObsDiam}(S^n(1); -\kappa) \leq \mathrm{Sep}\left(S^n(1); \frac{\kappa}{2}, \frac{\kappa}{2}\right).$$

が成り立つ. 反対向きの不等式を示そう. 1 点 $x_0 \in S^n(1)$ を固定して, そこからの距離関数 $f(x) := d_{S^n(1)}(x_0, x)$ $(x \in S^n(1))$ を考える. ここで, $d_{S^n(1)}$ は $S^n(1)$ 上のリーマン距離関数（測地的距離関数）である.

$$\frac{df_*\sigma^n}{d\mathcal{L}^1}(r) = v_n'(r) = \frac{\sin^{n-1} r}{\int_0^\pi \sin^{n-1} t \, dt} \quad \text{a.e. } r \in [0, r]$$

から $\mathrm{diam}(f_*\sigma^n; 1-\kappa) = \pi - 2v_n^{-1}(\kappa/2)$ が得られる. 従って補題 3.56 より

$$\mathrm{ObsDiam}(S^n(1); -\kappa) \geq \pi - 2v_n^{-1}\left(\frac{\kappa}{2}\right) = \mathrm{Sep}\left(S^n(1); \frac{\kappa}{2}, \frac{\kappa}{2}\right).$$

証明終わり. □

命題 3.44, 補題 3.56, 補題 3.57 より

$$\mathrm{ObsDiam}(X; -\kappa) \leq \mathrm{ObsDiam}(S^n(1); -\kappa) = \pi - 2v^{-1}\left(\frac{\kappa}{2}\right)$$

が従う. 定理 3.53 の最後の不等式を証明するために以下を示す.

補題 3.58 任意の $r \geq 0$ に対して

$$\int_r^\infty \frac{1}{\sqrt{2\pi}} e^{-\frac{t^2}{2}} \, dt \leq \frac{1}{2} e^{-\frac{r^2}{2}}.$$

証明 関数

$$f(r) := \frac{1}{2} e^{-\frac{r^2}{2}} - \int_r^\infty \frac{1}{\sqrt{2\pi}} e^{-\frac{t^2}{2}} \, dt$$

は $f(0) = f(+\infty) = 0$, $f'(r) \geq 0$ $(0 \leq r \leq 2/\sqrt{2\pi})$, $f'(r) \leq 0$ $(r \geq 2/\sqrt{2\pi})$ をみたすので, f は $\mathbb{R}$ 上で非負である. 証明終わり. □

以下の補題により定理 3.53 の証明が完了する.

補題 3.59 任意の $0 < \kappa < 1$, $n \geq 2$ に対して

$$\pi - 2v_n^{-1}\left(\frac{\kappa}{2}\right) \leq \frac{2\sqrt{2}}{\sqrt{n-1}} \sqrt{-\log\left(\sqrt{\frac{2}{\pi}}\kappa\right)}.$$

証明 $r := \pi/2 - v^{-1}(\kappa/2)$, $w_n := \int_0^\pi \sin^{n-1} t \, dt$ とおくと,

$$\frac{\kappa}{2} = \frac{1}{w_n} \int_{\pi/2+r}^\pi \sin^{n-1} t \, dt = \frac{1}{w_n} \int_r^{\pi/2} \cos^{n-1} t \, dt$$

$$= \frac{1}{w_n \sqrt{n-1}} \int_{r\sqrt{n-1}}^{(\pi/2)\sqrt{n-1}} \cos^{n-1} \frac{s}{\sqrt{n-1}} \, ds.$$

さらに $\cos x \leq e^{-\frac{x^2}{2}}$ $(0 \leq x \leq \pi/2)$ なので補題 3.58 から

$$\leq \frac{1}{w_n \sqrt{n-1}} \int_{r\sqrt{n-1}}^\infty e^{-\frac{s^2}{2}} \, ds \leq \frac{\sqrt{\pi}}{w_n \sqrt{2(n-1)}} e^{-\frac{n-1}{2}r^2}.$$

部分積分の公式を用いると $w_{n+2} = n(n+1)^{-1} w_n \geq \sqrt{(n-1)(n+1)^{-1}}\, w_n$ が得られ，よって $\sqrt{n+1}\, w_{n+2} \geq \sqrt{n-1}\, w_n$ が成り立つ．これと $w_2 = 2$, $\sqrt{2}\, w_3 = \pi/\sqrt{2} \geq 2$ から $\sqrt{n-1}\, w_n \geq 2$ が成り立つ．従って

$$\kappa \leq \frac{\sqrt{\pi}}{\sqrt{2}} e^{-\frac{n-1}{2}r^2}$$

を得るが，e^x の単調性に注意してこれを r について解けば補題が従う． $\square$

定理 3.53 の系として以下が成り立つ．

系 3.60 $n \geq 2$ を整数，$K, \kappa > 0$ を実数とする．リッチ曲率が $\mathrm{Ric}_X \geq K$ をみたすような n 次元閉リーマン多様体 X に対して

$$\mathrm{ObsDiam}(X; -\kappa) \leq \sqrt{\frac{n-1}{K}}\, \mathrm{ObsDiam}(S^n(1); -\kappa) = O(K^{-1/2}).$$

ここで，$O(\cdots)$ はランダウ記号である．

証明 $\mathrm{Ric}_X \geq K > 0$ と仮定する．$t := \sqrt{K/(n-1)}$ とおけば $\mathrm{Ric}_{tX} \geq K/t^2 = n-1$ となるから，tX に対して定理 3.53 を適用して命題 3.33 を用いれば系が従う． $\square$

系 3.61 特殊直交群 $SO(n)$，特殊ユニタリ群 $SU(n)$，コンパクトシンプレクティック群 $Sp(n)$ は以下をみたす．任意の実数 $0 < \kappa < 1$ に対して，

$$\mathrm{ObsDiam}(SO(n); -\kappa) \sim \mathrm{ObsDiam}(SU(n); -\kappa)$$
$$\sim \mathrm{ObsDiam}(Sp(n); -\kappa)$$
$$\sim \frac{1}{\sqrt{n}}.$$

特に列 $\{SO(n)\}_{n=1}^{\infty}$, $\{SU(n)\}_{n=1}^{\infty}$, $\{Sp(n)\}_{n=1}^{\infty}$ はすべてレビ族である．

証明 $X_n = SO(n), SU(n), Sp(n)$ について

$$\mathrm{Ric}_{X_n} = \left(\frac{\beta(n+2)}{4} - 1 \right) g_{X_n}$$

が成り立つ．ただし，$X_n = SO(n)$ のとき $\beta := 1$, $X_n = SU(n)$ のとき $\beta := 2$, $X_n = Sp(n)$ のとき $\beta := 4$ とおく（例えば，[2, (F.6)] を見よ）．従って，系 3.60 より

$$\mathrm{ObsDiam}(X_n; -\kappa) \leq O\left(\frac{1}{\sqrt{n}} \right).$$

一方，$SO(n)$, $SU(n)$, $Sp(n)$ の元である行列の 1 列目を取り出す射影は支配写像となるので，

$$S^{n-1}(1) \prec SO(n), \quad S^{2n-1}(1) \prec SU(n), \quad S^{4n-1}(1) \prec Sp(n)$$

が成り立つから，オブザーバブル直径の下からの評価を得る．ここで，射影が測度を保つことは，ハール測度の一意性から分かる．射影がリーマン距離に対してリップシッツ連続になることの証明は少し大変であるが，$SO(n)$, $SU(n)$, $Sp(n)$, $S^k(1)$ についてリーマン距離の代わりにユークリッド距離の制限を考えると 1-リップシッツ連続性は明らかとなり，系 3.36 よりオブザーバブル直径が下から評価される．証明終わり． $\square$

演習問題 3.62 式 (3.10) を示せ．

3.7 ラプラシアンのスペクトルとセパレーション距離

X をコンパクトなリーマン多様体とする．以前にも述べたように，X はリーマン距離 d_X と正規化された体積測度 μ_X を備えた mm 空間である．Δ を X 上の非負ラプラシアンとすると，そのスペクトルは（一般に重複度を含む）固有値からなる実数列

$$0 = \lambda_0(X) \le \lambda_1(X) \le \lambda_2(X) \le \cdots \le \lambda_k(X) \le \cdots$$

であることが知られている．ここで，$k \to \infty$ のとき $\lambda_k(X)$ は無限大へ発散する．$L^2(X)$ を X 上の μ_X に関して 2 乗可積分な実数値関数全体からなるヒルベルト空間とし，$\mathcal{L}ip(X)$ を X 上のリップシッツ関数全体の集合とする．ミニ・マックス原理により，以下が成り立つ．

$$\lambda_k(X) = \inf_L \sup_{u \in L \setminus \{0\}} R(u).$$

ただし，L は $\mathcal{L}ip(X)$ に含まれるような $L^2(X)$ の $(k+1)$ 次元線形部分空間全体を動くとし，

$$R(u) := \frac{\|\operatorname{grad} u\|_{L^2}^2}{\|u\|_{L^2}^2} = \frac{\int_X \|\operatorname{grad} u\|^2 \, d\mu_X}{\int_X u^2 \, d\mu_X}$$

とおく．ここで，$\operatorname{grad} u$ は u の勾配ベクトル場とし，$\|\operatorname{grad} u\|$ はリーマン計量に関するそのノルムである．$R(u)$ を u の**レイリー商**（Rayleigh quotient）と呼ぶ．ラーデマッハの定理により，X 上の任意のリップシッツ関数 u はほとんど至る所で微分可能であり勾配ベクトル場 $\operatorname{grad} u$ がほとんど至る所で定義され，上記の積分が定義される．

X はコンパクトと仮定したので，その連結成分の数は高々有限である．$\Delta u = 0$ をみたす関数 u を**調和関数**（harmonic function）と呼ぶが，X のコンパクト性より，そのような関数は局所定数関数に限ることが知られている（リュービルの定理）．ラプラシアンの固有値 0 の重複度は，調和関数全体の空間の次元に等しく，それは局所定数関数全体の空間の次元となるので，結

3.7 ラプラシアンのスペクトルとセパレーション距離　**75**

局，X の連結成分の数に一致することが分かる．特に，X が連結であることと $\lambda_1(X) > 0$ は同値となる．X が連結のとき，正の第 1 固有値 $\lambda_1(X)$ は 0 固有空間に L^2 内積に関して直交するような関数のレイリー商の下限と一致するため，

$$
\lambda_1(X) = \inf \left\{ R(u) \,\middle|\, u \in \mathcal{L}ip(X) \cap L^2(X) \setminus \{0\}, \ \int_X u \, d\mu_X = 0 \right\}
$$
$$
= \inf \left\{ R\left(u - \int_X u \, d\mu_X \right) \,\middle|\, u \in \mathcal{L}ip(X) \cap L^2(X) \setminus \{0\} \right\}
$$

が成り立つ．

非連結なリーマン多様体 X の異なる連結成分の点どうしの距離は無限大と定義すると，X は拡張 mm 空間となるが，そのとき X のセパレーション距離は無限大を込めて定義され，以下が成り立つ．

命題 3.63 X をコンパクトなリーマン多様体とするとき，任意の実数 $\kappa_0, \kappa_1, \ldots, \kappa_N > 0$ に対して

$$
\mathrm{Sep}(X; \kappa_0, \kappa_1, \ldots, \kappa_N) \leq \frac{2}{\sqrt{\lambda_N(X) \min_{i=0,1,\ldots,N} \kappa_i}}
$$

が成り立つ．

証明 $S := \mathrm{Sep}(X; \kappa_0, \ldots, \kappa_N)$ とおく．もし $S = 0$ ならば命題は明らかなので，$S > 0$ と仮定する．$0 < r < S$ をみたす実数 r を任意にとると，あるボレル集合 $A_i \subset X$ $(i = 0, 1, \ldots, N)$ が存在して，$\mu_X(A_i) \geq \kappa_i$ かつ $d_X(A_i, A_j) > r$ $(i \neq j)$ をみたす．X 上の関数 f_i を

$$
f_i(x) := \left(1 - \frac{2}{r} d_X(x, A_i) \right) \vee 0 \quad (x \in X)
$$

により定義すると，これは有界なリップシッツ連続関数である．f_i の定義より，

$$
\mathrm{supp}(f_i) \cap \mathrm{supp}(f_j) = \emptyset \quad (i \neq j) \tag{3.11}
$$

が成り立つので，$i \neq j$ のとき f_i と f_j の L^2 内積は $(f_i, f_j)_{L^2} = \int_X f_i f_j \, d\mu_X = 0$ となるから，$f_0, \ldots, f_N$ は一次独立である．$f_0, \ldots, f_N$ で張られる $L^2(X)$ の $(N+1)$ 次元線形部分空間を L_0 とすると，これは $\mathcal{L}ip(X)$ に含まれるので，ミニ・マックス原理より

$$
\lambda_N(X) \leq \sup_{u \in L_0 \setminus \{0\}} R(u)
$$

が成り立つ．任意の $u = \sum_{i=0}^{N} a_i f_i \in L_0 \setminus \{0\}$ $(a_i \in \mathbb{R})$ に対して，レイリー商 $R(u)$ の分子と分母をそれぞれ評価しよう．$f_i f_j = 0$ $(i \neq j)$ より

$$
\|u\|_{L^2}^2 = \int_X u^2 \, d\mu_X = \sum_{i=0}^{N} a_i^2 \int_X f_i^2 \, d\mu_X.
$$

76 第 3 章 測度の集中現象

A_i 上で $f_i = 1$ なので上式は

$$\geq \sum_{i=0}^{N} a_i^2 \kappa_i \geq \min_{j=0,\dots,N} \kappa_j \sum_{i=0}^{N} a_i^2.$$

また，$i \neq j$ に対して (3.11) より $\mathrm{grad}\, f_i$ と $\mathrm{grad}\, f_j$ のリーマン内積は $\langle \mathrm{grad}\, f_i, \mathrm{grad}\, f_j \rangle = 0$ となるので，

$$\| \mathrm{grad}\, u \|^2 = \sum_{i=0}^{N} a_i^2 \| \mathrm{grad}\, f_i \|^2.$$

f_i のリップシッツ定数が $2/r$ なので $|\mathrm{grad}\, f_i| \leq 2/r$ が従うから，上式は

$$\leq \frac{4}{r^2} \sum_{i=0}^{N} a_i^2.$$

ゆえに

$$\| \mathrm{grad}\, u \|_{L^2}^2 = \int_X \| \mathrm{grad}\, u \|^2 \, d\mu_X \leq \frac{4}{r^2} \sum_{i=0}^{N} a_i^2.$$

従って $R(u) \leq 4/(r^2 \min_i \kappa_i)$ が得られ，$\lambda_N(X) \leq 4/(r^2 \min_i \kappa_i)$ となるから，

$$r \leq \frac{2}{\sqrt{\lambda_N(X) \min_{i=0,1,\dots,N} \kappa_i}}$$

が成り立つ．r の任意性より命題が得られる． $\square$

命題 3.44 と命題 3.63 から以下が従う．

系 3.64 X をコンパクトなリーマン多様体とするとき，任意の実数 $\kappa > 0$ に対して

$$\mathrm{ObsDiam}(X; -2\kappa) \leq \mathrm{Sep}(X; \kappa, \kappa) \leq \frac{2}{\sqrt{\lambda_1(X)\, \kappa}}$$

が成り立つ．特に，コンパクトなリーマン多様体の列 $\{X_n\}$ が $\lambda_1(X_n) \to +\infty$ $(n \to \infty)$ をみたすならば，$\{X_n\}$ はレビ族である．

注意 3.65 リヒネロビッツの定理により，$n \geq 2$ に対して n 次元閉リーマン多様体 X のリッチ曲率が $\mathrm{Ric}_X \geq n-1$ をみたすならば $\lambda_1(X) \geq n$ が成り立つ．これと系 3.64 より

$$\mathrm{ObsDiam}(X; -2\kappa) \leq \frac{2}{\sqrt{n\kappa}}$$

が得られるが，$\kappa > 0$ が小さいとき，これは定理 3.53 より粗い評価になっている．

3.8 l^1 積空間のオブザーバブル直径

この節では，mm 空間のラプラス–ギブス関数を導入して，それを用いて l^1 積空間のオブザーバブル直径を評価する．

定義 3.66 (l^1 積空間) 有限個の mm 空間 $X_1, \ldots, X_n$ の l^1 積空間 (l^1 product space) を

$$X_1 \times_1 \cdots \times_1 X_n := (X_1 \times \cdots \times X_n, d_{X_1} + \cdots + d_{X_n}, \mu_{X_1} \otimes \cdots \otimes \mu_{X_n})$$

で定義する．X の n 個の l^1 積空間を X_1^n で表すとする．

まず以下の定理を証明する．

定理 3.67 X を直径が有限な mm 空間とするとき，任意の実数 $0 < \kappa < 1$ と整数 $n \geq 1$ に対して

$$\mathrm{ObsDiam}(X_1^n; -\kappa) \leq 2\sqrt{-2 \log \frac{\kappa}{2}} \, \mathrm{diam}(X)\sqrt{n}$$

が成り立つ．

この定理を示すために，いくつか準備をする．以下は l^1 積空間を調べるのに便利な不変量である．

定義 3.68（ラプラス–ギブス関数） mm 空間 X のラプラス–ギブス関数 (Laplace–Gibbs function) を実数 $\beta > 0$ に対して

$$\mathrm{Ex}_\beta(X) := \sup_f \int_X e^{\beta f} \, d\mu_X$$

と定義する．ただし，f は平均が $\int_X f \, d\mu_X = 0$ をみたすような X 上の実数値 1-リップシッツ関数全体を動くとする．

命題 3.69 X, Y を mm 空間するとき，任意の実数 $\beta > 0$ に対して

$$\mathrm{Ex}_\beta(X \times_1 Y) \leq \mathrm{Ex}_\beta(X) \, \mathrm{Ex}_\beta(Y)$$

が成り立つ．特に，任意の整数 $n \geq 1$ に対して

$$\mathrm{Ex}_\beta(X_1^n) \leq \mathrm{Ex}_\beta(X)^n$$

が成り立つ．

証明 後半の「特に...」の部分は前半から直接従う．

前半を示す．$f : X \times Y \to \mathbb{R}$ を $\int_{X \times Y} f \, d(\mu_X \otimes \mu_Y) = 0$ をみたすような 1-リップシッツ関数とする．$x \in X, y \in Y$ に対して

$$f_y(x) := f(x, y), \quad g(y) := \int_X f_y \, d\mu_X$$

とおくと，g と $f_y - g(y)$ は平均 0 の 1-リップシッツ関数なので，

$$\int_{X \times Y} e^{\beta f} \, d(\mu_X \otimes \mu_Y) = \int_Y e^{\beta g(y)} \left(\int_X e^{\beta(f_y(x) - g(y))} d\mu_X \right) d\mu_Y$$
$$\leq \operatorname{Ex}_\beta(X) \operatorname{Ex}_\beta(Y).$$

f を動かして左辺の上限をとれば命題が得られる． $\qquad \square$

命題 3.70 X を直径が有限な mm 空間とするとき，任意の $\beta > 0$ に対して

$$\operatorname{Ex}_\beta(X) \leq e^{\frac{\beta^2 \operatorname{diam}(X)^2}{2}}.$$

証明 $f : X \to \mathbb{R}$ を平均が 0 の 1-リップシッツ関数とする．イェンセンの不等式より

$$1 = e^{\int_X (-\beta f) \, d\mu_X} \leq \int_X e^{-\beta f} \, d\mu_X.$$

ゆえに

$$\int_X e^{\beta f} \, d\mu_X \leq \int_X e^{\beta f} \, d\mu_X \cdot \int_X e^{-\beta f} \, d\mu_X$$
$$= \int_{X \times X} e^{\beta(f(x) - f(y))} \, d\mu_X^{\otimes 2}(x, y)$$
$$= \int_{X \times X} \sum_{k=0}^\infty \frac{\beta^k (f(x) - f(y))^k}{k!} \, d\mu_X^{\otimes 2}(x, y)$$
$$= \int_{\{f(x) > f(y)\}} \sum_{k=0}^\infty \frac{\beta^k (f(x) - f(y))^k}{k!} \, d\mu_X^{\otimes 2}(x, y)$$
$$+ \int_{\{f(x) \leq f(y)\}} \sum_{k=0}^\infty \frac{\beta^k (f(x) - f(y))^k}{k!} \, d\mu_X^{\otimes 2}(x, y)$$
$$= \int_{X \times X} \sum_{k=0}^\infty \frac{\beta^{2k} (f(x) - f(y))^{2k}}{(2k)!} \, d\mu_X^{\otimes 2}(x, y).$$

$|f(x) - f(y)| \leq \operatorname{diam}(X)$ だから

$$\leq \sum_{k=0}^\infty \frac{\beta^{2k} \operatorname{diam}(X)^{2k}}{(2k)!} \leq e^{\frac{\beta^2 \operatorname{diam}(X)^2}{2}}.$$

証明終わり． $\qquad \square$

命題 3.71 X を mm 空間とするとき，任意の実数 $\beta > 0$ と $0 < \kappa < 1$ に対して，以下の (1), (2) が成り立つ．

$$(1) \qquad \operatorname{Ex}_\beta(X) \geq \frac{1}{2}.$$

$$(2) \qquad \operatorname{ObsDiam}(X; -\kappa) \leq \frac{2}{\beta} \log \frac{2 \operatorname{Ex}_\beta(X)}{\kappa}.$$

証明 $r \geq 0$ を任意の実数とする．平均 0 の任意の 1-リップシッツ関数

3.8 l^1 積空間のオブザーバブル直径 **79**

$f : X \to \mathbb{R}$ に対して

$$e^{\beta r} \mu_X(f \geq r) \leq \int_{\{f \geq r\}} e^{\beta f} \, d\mu_X \leq \mathrm{Ex}_\beta(X)$$

となり，さらに

$$e^{\beta r} \mu_X(f \leq -r) \leq \mathrm{Ex}_\beta(X).$$

なので

$$\mu_X(|f| < r) = 1 - \mu_X(f \geq r) - \mu_X(f \leq -r) \geq 1 - 2e^{-\beta r} \, \mathrm{Ex}_\beta(X).$$
(3.12)

この式で $r := 0$ を代入すると，左辺は 0 だから (1) が得られる．

(2) を示す．任意の $0 < \kappa < 1$ に対して

$$r := \frac{1}{\beta} \log \frac{2 \, \mathrm{Ex}_\beta(X)}{\kappa}$$

とおけば $\kappa = 2e^{-\beta r} \, \mathrm{Ex}_\beta(X)$ となるので，(3.12) から

$$\mathrm{diam}(f_* \mu_X; 1 - \kappa) \leq 2r$$
(3.13)

が成り立つ．ただし，f の平均が 0 であることを仮定したので，ここから直接的にはオブザーバブル直径の評価は従わない．

オブザーバブル直径の評価をするために，任意の 1-リプシッツ関数 $f : X \to \mathbb{R}$ をとる．f は可積分とは限らないことに注意する．$k = 1, 2, \ldots$ に対して，$f_k := (f \wedge k) \vee (-k)$ は可積分であり，$g_k := f_k - \int_X f_k \, d\mu_X$ の平均は 0 である．(3.13) から

$$\mathrm{diam}((f_k)_* \mu_X; 1 - \kappa) = \mathrm{diam}((g_k)_* \mu_X; 1 - \kappa) \leq 2r$$

が成り立つ．$\mu_X(|f| \leq k) \to 1 \ (k \to \infty)$ であることより，$k \to \infty$ のとき f_k は f へ測度収束するので，系 3.26 より $\mathrm{diam}(f_* \mu_X; 1 - \kappa) \leq 2r$ が成り立つ．よって命題が成り立つ． $\square$

定理 3.67 の証明　命題 3.69，命題 3.71，命題 3.70 より

$$\mathrm{ObsDiam}(X_1^n; -\kappa) \leq \frac{2}{\beta} \log \frac{2 \, \mathrm{Ex}_\beta(X)^n}{\kappa} = \frac{2}{\beta} \left(n \log \mathrm{Ex}_\beta(X) - \log \frac{\kappa}{2} \right)$$

$$\leq n\beta \, \mathrm{diam}(X)^2 - \frac{2}{\beta} \log \frac{\kappa}{2}.$$

$\beta > 0$ を動かしたときの上式右辺の最小値を求めれば定理を得る． $\square$

次に，中心極限定理を用いて X_1^n のオブザーバブル直径の下からの漸近的な評価を与える．直径が有限の mm 空間 X に対して

$$V(X) := \sup_{x \in X} V(d_X(x, \cdot))$$

と定義する．ここで，$V(f)$ は関数 $f : X \to \mathbb{R}$ の分散，つまり

$$V(f) := \int_X \left(f - \int_X f \, d\mu_X \right)^2 \, d\mu_X$$

である．X の直径が有限なので，$d_X(x, \cdot)$ は可積分である．

命題 3.72 X を 1 点でない直径が有限の mm 空間とする．このとき，任意の実数 $0 < \kappa < 1$ に対して

$$\liminf_{n \to \infty} \frac{\mathrm{ObsDiam}(X_1^n; -\kappa)}{\sqrt{n}} \geq -2 F_{\gamma^1}^{-1}\left(\frac{\kappa}{2} \right) \sqrt{V(X)}$$

が成り立つ．

証明 任意の点 $x_0 \in X$ をとり固定する．$x = (x_1, x_2, \ldots, x_n) \in X^n$ に対して

$$f_n(x) := \sum_{i=1}^{n} d_X(x_0, x_i)$$

とおくと，f_n は独立同分布な確率変数の和となっている．$E_{x_0} := \int_X d_X(x_0, \cdot) \, d\mu_X$ とおくと，f_n の平均は

$$\int_{X^n} f_n \, d\mu_X^{\otimes n} = n E_{x_0}.$$

また，$V_{x_0} := \int_X (d_X(x_0, \cdot) - E_{x_0})^2 \, d\mu_X$ とおくと，f_n の分散は

$$\int_{X^n} (f_n - n E_{x_0})^2 \, d\mu_X^{\otimes n} = n V_{x_0}.$$

さらに，f_n の標準化を

$$F_n(x) := \frac{f_n(x) - n E_{x_0}}{\sqrt{n V_{x_0}}} \quad (x \in X^n)$$

とおくと，中心極限定理より

$$(F_n)_* \mu_X^{\otimes n} \to \gamma^1 \quad \text{weakly} \quad (n \to \infty) \tag{3.14}$$

が成り立つ．

任意の 2 点 $x, y \in X^n$ に対して，

$$
\begin{aligned}
| F_n(x) - F_n(y) | &= \frac{1}{\sqrt{n V_{x_0}}} | f_n(x) - f_n(y) | \\
&\leq \frac{1}{\sqrt{n V_{x_0}}} \sum_{i=1}^{n} | d_X(x_0, x_i) - d_X(x_0, y_i) | \\
&\leq \frac{1}{\sqrt{n V_{x_0}}} \sum_{i=1}^{n} d_X(x_i, y_i)
\end{aligned}
$$

3.8 l^1 積空間のオブザーバブル直径 **81**

$$= \frac{1}{\sqrt{nV_{x_0}}}\, d_{X_1^n}(x,y).$$

すなわち，F_n は $(nV_{x_0})^{-\frac{1}{2}}$-リップシッツ連続である．$G_n := \sqrt{nV_{x_0}}\, F_n$ は 1-リップシッツ連続なので，

$$\mathrm{ObsDiam}(X_1^n; -\kappa) \geq \mathrm{diam}((G_n)_* \mu_X^{\otimes n}; 1-\kappa)$$
$$= \sqrt{nV_{x_0}}\, \mathrm{diam}((F_n)_* \mu_X^{\otimes n}; 1-\kappa).$$

さらに，(3.14)，系 3.26(1)，および定理 3.35 より

$$\liminf_{n\to\infty} \mathrm{diam}((F_n)_* \mu_X^{\otimes n}; 1-\kappa) \geq \mathrm{diam}(\gamma^1; 1-\kappa) = -2F_{\gamma^1}^{-1}\left(\frac{\kappa}{2}\right).$$

従って

$$\liminf_{n\to\infty} \frac{\mathrm{ObsDiam}(X_1^n; -\kappa)}{\sqrt{n}} \geq -2F_{\gamma^1}^{-1}\left(\frac{\kappa}{2}\right)\sqrt{V_{x_0}}.$$

x_0 について右辺の上限をとれば命題が得られる．証明終わり． □

定理 3.67 と命題 3.72 から以下が従う．

系 3.73 X を 1 点でない直径が有限の mm 空間とするとき，任意の $0 < \kappa < 1$ に対して

$$\mathrm{ObsDiam}(X_1^n; -\kappa) \sim \sqrt{n}.$$

演習問題 3.74　　(1) n 次元ハミングキューブ H^n は 1 次元ハミングキューブ H^1 の l^1 積空間であることを示せ．

(2) $\mathrm{Ex}_\beta(\Gamma^1) \leq e^{\beta^2}$ $(\beta > 0)$ が成り立つことを示せ（ヒント：命題 3.70 の証明および $\int_{\mathbb{R}} e^{\beta x} d\gamma^1(x) = e^{\beta^2/2}$ を用いる）．

参考：実は，$\mathrm{Ex}_\beta(\Gamma^n) = e^{\beta^2/2}$ $(\beta > 0)$ が成り立つことが，[6, 1.7.6 章] と $\int_{\mathbb{R}^n} e^{\beta x_1} d\gamma^n(x) = \int_{\mathbb{R}} e^{\beta x} d\gamma^n(x) = e^{\beta^2/2}$ から分かる．

3.9　ノート

マックスウェル–ボルツマン分布則（命題 3.1）は，最初にマックスウェルが $k = 3$ のときに 1860 年に気体分子運動論の研究で示した．その後，ボルツマンがそれを深化させ粒子統計の研究に重要な貢献をした．一部の数学者はマックスウェル–ボルツマン分布則のことをポアンカレ極限定理（Poincaré limit theorem）と呼んでいるが，[12] によると，ポアンカレがこれについて研究した証拠は残っていないということで，誰かが勘違いしてそれが広まってしまった可能性がある．

レビの補題は [34] で最初に示された．ただし，レビによる球面上の等周不等

式の証明は不十分であった．最初の完全な証明は [14] による．

ビタリ・ミルマン（Vitali Milman）（息子のエマニュエル・ミルマンも近い分野の数学者なので，区別する必要がある）はレビの補題を用いたドボレツキィの定理の明快な証明を発見した．これが測度の集中現象の研究が大きく発展したきっかけであり，「漸近幾何解析」あるいは「バナッハ空間の局所理論」と呼ばれる分野の始まりであったとされている．集中関数の概念は [1] で定義された．

その後，グロモフ [21] はオブザーバブル直径とセパレーション距離を定義した．グロモフはこれらの不変量についての基本事項の証明を書かなかったが，[17,55] において証明された．系 3.37 と系 3.64 はグロモフとビタリ・ミルマン [22] により得られた．命題 3.63 の証明のアイディアは [9] から来ている．より精密な評価が [8] によって得られている．定理 3.35(1) は筆者により得られた．定理 3.67 はグロモフ [21] による．命題 3.72 は [62] による．

具体的な mm 空間のオブザーバブル直径や集中関数の評価については，多くの研究 [21, 33, 43–45, 62, 69, 71] がある．

第 4 章

ボックス距離

この章では，2 つの mm 空間の間の最も基本的な距離であるボックス距離を
導入し，それによる mm 空間列の収束を論ずる．

4.1 ボックス距離の定義と基本的性質

この節ではボックス距離を定義し，それが mm 空間の同型類全体の集合 $\mathcal{X}$
上の距離であることを証明する．

X, Y, Z を mm 空間とする．簡単のため $\Pi(X, Y) := \Pi(\mu_X, \mu_Y)$ とおくこ
とにする．つまり，$\Pi(X, Y)$ は μ_X と μ_Y の間の輸送計画全体の集合である
($\Pi(X, Z), \Pi(Y, Z)$ なども同様)．

定義 4.1（輸送計画の接着） $\sigma \in \Pi(X, Y)$, $\tau \in \Pi(Y, Z)$ とする．ボレル集合
$A \subset X \times Y \times Z$ に対して

$$\tau \bullet \sigma(A) := \int_Y \int_{Y \times Z} \int_{X \times Y} I_A(x, y, z) \, d\sigma_y(x, y') d\tau_y(y'', z) d\mu_Y(y)$$

とおく．ただし，$\{\sigma_y\}_{y \in Y}$ は σ の射影 $p_2 : X \times Y \to Y$ に関する測度分解で
あり，$\{\tau_y\}_{y \in Y}$ は τ の射影 $p_1 : Y \times Z \to Y$ に関する測度分解とする．$\tau \bullet \sigma$
は $X \times Y \times Z$ 上のボレル確率測度となり，これを σ と τ の**接着** (gluing) と
呼ぶ．また，$p_{13} : X \times Y \times Z \to X \times Z$ を射影とするとき，

$$\tau \circ \sigma := (p_{13})_*(\tau \bullet \sigma)$$

とおく．

任意のボレル集合 $A \subset X$ に対して

$$\tau \bullet \sigma(A \times Y \times Z) = \int_Y \int_{X \times \{y\}} I_{A \times Y}(x, y') \, d\sigma_y(x, y') \, d\mu_Y(y)$$

$$= \int_{X \times Y} I_{A \times Y}(x, y)\, d\sigma(x, y) = \sigma(A \times Y) = \mu_X(A).$$

同様に $\tau \bullet \sigma(X \times Y \times C) = \mu_Z(C)$ となるので, $\tau \circ \sigma$ は $\Pi(X, Z)$ の元である. また, p_{ij} を p_{13} と同様に i 番目と j 番目への射影とすると, $(p_{12})_*(\tau \bullet \sigma) = \sigma$, $(p_{23})_*(\tau \bullet \sigma) = \tau$ が成り立つ.

定義 4.2 集合 $S \subset X \times Y$, $T \subset Y \times Z$ に対して

$$T \bullet S := (X \times T) \cap (S \times Z), \quad T \circ S := p_{13}(T \bullet S),$$
$$S^{-1} := \{\, (y, x) \mid (x, y) \in S \,\},$$
$$\mathrm{Dom}(S) := p_1(S), \quad \mathrm{Im}(S) := \mathrm{Dom}(S^{-1})$$

とおく.

$T \circ S$, S^{-1}, $\mathrm{Dom}(S)$, $\mathrm{Im}(S)$ はそれぞれ写像の合成, 逆写像, 定義域, 値域の一般化である. ボレル集合の連続写像による像は必ずしもボレル集合とはならないので, S と T がボレル集合であっても $T \circ S$, $\mathrm{Dom}(S)$, $\mathrm{Im}(S)$ は一般にそうとはならないことに注意する.

定義から明らかであるが, $(x, z) \in T \circ S$ であることの必要十分条件は, ある $y \in Y$ が存在して $(x, y) \in S$ かつ $(y, z) \in T$ をみたすことである.

次の補題の証明は簡単なので読者へ任せる.

補題 4.3 (1) $\mathrm{dis}(T \circ S) \le \mathrm{dis}(S) + \mathrm{dis}(T)$.
(2) $\mathrm{dis}(\bar{S}) = \mathrm{dis}(S)$.

定義 4.4（ボックス距離） 2 つの mm 空間 X と Y の間の**ボックス距離**（box distance）を

$$\square(X, Y) := \inf_{\pi \in \Pi(X, Y)} \inf_S (\mathrm{dis}(S) \vee (1 - \pi(S)))$$

で定義する. ただし, $S \subset X \times Y$ はボレル集合全体を動くとする.

上の定義において, 「$S \subset X \times Y$ は閉集合全体を動く」と換えても同じ値を定義することが, 補題 4.3(2) より分かる.

当面の目標は, ボックス距離が mm 空間の間の距離関数となることを証明することである. ボックス距離は明らかに対称である. また $\mathrm{dis}(\emptyset) = 0$ なので常に $\square(X, Y) \le 1$ が成り立つ.

一般に, 写像 $f : X \to Y$, $g : X \to Z$ に対して, 写像 $(f, g) : X \to Y \times Z$ を

$$(f, g)(x) := (f(x), g(x)) \quad (x \in X)$$

で定める. また,

4.1 ボックス距離の定義と基本的性質 **85**

$$\mathrm{graph}(f) := \{\, (x, f(x)) \mid x \in X \,\}$$

とおく.

補題 4.5 X を第 2 可算公理をみたす位相空間, Y を第 2 可算公理をみたすハウスドルフ空間とする. μ を X 上のボレル測度, $f : X \to Y$ を連続写像とするとき,

$$\mathrm{supp}((\mathrm{id}_X, f)_*\mu) \subset \mathrm{graph}(f)$$

が成り立つ.

証明 背理法で示す. $(x_0, y_0) \in \mathrm{supp}((\mathrm{id}_X, f)_*\mu)$ かつ $(x_0, y_0) \notin \mathrm{graph}(f)$ であるような点 $(x_0, y_0) \in X \times Y$ が存在したと仮定する. f の連続性と Y のハウスドルフ性から $\mathrm{graph}(f)$ は $X \times Y$ の閉集合なので, x_0 のある開近傍 U と y_0 のある開近傍 V が存在して, $U \times V$ は $\mathrm{graph}(f)$ と交わらない. 他方, サポートの定義より $(\mathrm{id}_X, f)_*\mu(U \times V) > 0$ である. よって

$$0 < (\mathrm{id}_X, f)_*\mu(U \times V) = \mu((\mathrm{id}_X, f)^{-1}(U \times V)) = \mu(\emptyset) = 0$$

となり矛盾である. 証明終わり. $\qquad\square$

補題 4.6 2 つの mm 空間 X, Y が互いに mm 同型ならば $\square(X, Y) = 0$ が成り立つ.

証明 $f : X \to Y$ を mm 同型写像とする. $\pi := (\mathrm{id}_X, f)_*\mu_X$, $S := \mathrm{supp}(\pi)$ とおく. $\pi \in \Pi(X, Y)$ が成り立つことが簡単に確かめられる. 補題 4.5 より $S \subset \mathrm{graph}(f)$ が成り立ち, かつ f は等長写像なので $\mathrm{dis}(S) = 0$ が成り立つ. さらに $\pi(S) = 1$ なので, $\square(X, Y) = 0$ である. 証明終わり. $\qquad\square$

補題 4.6 の逆も成り立つが, その証明にはまだしばらく準備が必要なので後回しにする.

補題 4.7 ボックス距離 $\square$ は三角不等式をみたす.

証明 X, Y, Z を mm 空間として

$$\square(X, Z) \le \square(X, Y) + \square(Y, Z) \tag{4.1}$$

を示す. $\square(X, Y) < \varepsilon_1$, $\square(Y, Z) < \varepsilon_2$ をみたすような任意の実数 $\varepsilon_1, \varepsilon_2$ をとる. 輸送計画 $\pi_1 \in \Pi(X, Y)$, $\pi_2 \in \Pi(Y, Z)$ およびボレル集合 $S_1 \subset X \times Y$, $S_2 \subset Y \times Z$ が存在して $\mathrm{dis}(S_i), 1 - \pi(S_i) < \varepsilon_i$ $(i = 1, 2)$ をみたす. 補題 4.3 より $\mathrm{dis}(\overline{S_2 \circ S_1}) < \varepsilon_1 + \varepsilon_2$, さらに

$$\pi_2 \circ \pi_1(\overline{S_2 \circ S_1}) \ge \pi_2 \bullet \pi_1((X \times S_2) \cap (S_1 \times Z))$$

86 第 4 章 ボックス距離

$$\geq \pi_2 \bullet \pi_1(X \times S_2) + \pi_2 \bullet \pi_1(S_1 \times Z) - 1 = \pi_1(S_1) + \pi_2(S_2) - 1$$
$$> 1 - (\varepsilon_1 + \varepsilon_2)$$

だから $\Box(X, Z) < \varepsilon_1 + \varepsilon_2$ が成り立つ. $\varepsilon_1, \varepsilon_2$ の任意性より (4.1) が成り立つ.
証明終わり. $\qquad\Box$

補題 4.8 X, X', Y, Y' を mm 空間とする. X, Y がそれぞれ X', Y' に mm 同型ならば,

$$\Box(X, Y) = \Box(X', Y')$$

が成り立つ.

証明 三角不等式と補題 4.6 より

$$|\Box(X, Y) - \Box(X', Y')| \leq \Box(X, X') + \Box(Y, Y') = 0.$$

証明終わり. $\qquad\Box$

上の補題からボックス距離は $\mathcal{X}$ 上の擬距離（同じ記号 $\Box$ で書く）を定めることが分かる. これが距離になることを示したいが, 非退化性の証明のために以下が必要である.

補題 4.9 X, Y を mm 空間とし, $S_n, S \subset X \times Y$ $(n = 1, 2, \dots)$ とする. $X \times Y$ は l^1 距離をもつとする. このとき, もし $n \to \infty$ のとき S_n が S へ弱ハウスドルフ収束するならば,

$$\mathrm{dis}(S) \leq \liminf_{n \to \infty} \mathrm{dis}(S_n)$$

が成り立つ.

証明 任意の $(x, y), (x', y') \in S$ に対して, ある $(x_n, y_n), (x'_n, y'_n) \in S_n$ が存在して $\lim_{n \to \infty} x_n = x, \lim_{n \to \infty} y_n = y, \lim_{n \to \infty} x'_n = x', \lim_{n \to \infty} y'_n = y'$ をみたすので,

$$|d_Y(y, y') - d_X(x, x')| = \lim_{n \to \infty} |d_Y(y_n, y'_n) - d_X(x_n, x'_n)|$$
$$\leq \liminf_{n \to \infty} \mathrm{dis}(S_n)$$

となり, 左辺の上限をとれば補題が得られる. $\qquad\Box$

補題 4.10 2 つの mm 空間 X, Y に対して, ある輸送計画 $\pi \in \Pi(X, Y)$ と閉集合 $S \subset X \times Y$ が存在して,

$$\Box(X, Y) = \mathrm{dis}(S) \vee (1 - \pi(S)), \quad S \subset \mathrm{supp}(\pi)$$

をみたす.

4.1 ボックス距離の定義と基本的性質 **87**

証明 ボックス距離の定義より，ある列 $\{\pi_n\}_{n=1}^{\infty} \subset \Pi(X,Y)$ と $X \times Y$ のボレル集合の列 $\{S_n\}_{n=1}^{\infty}$ が存在して，

$$\square(X,Y) = \lim_{n\to\infty} \mathrm{dis}(S_n) \vee (1 - \pi_n(S_n))$$

をみたす．$\Pi(X,Y)$ のコンパクト性（補題 1.51）および弱ハウスドルフ収束の点列コンパクト性（命題 2.39）より，部分列をとれば $n \to \infty$ のとき π_n はある $\pi \in \Pi(X,Y)$ へ弱収束して，S_n はある閉集合 $S \subset X \times Y$ へ弱ハウスドルフ収束する．補題 2.43 より，

$$\pi(S) \geq \limsup_{n\to\infty} \pi_n(S_n).$$

また，補題 4.9 より，

$$\mathrm{dis}(S) \leq \liminf_{n\to\infty} \mathrm{dis}(S_n).$$

従って

$$\square(X,Y) = \lim_{n\to\infty} \mathrm{dis}(S_n) \vee (1 - \pi_n(S)) \geq \mathrm{dis}(S) \vee (1 - \pi(S))$$

となる．$S' := S \cap \mathrm{supp}(\pi)$ とおけば，S' は閉集合であり，$\mathrm{dis}(S') \leq \mathrm{dis}(S)$ かつ $\pi(S') = \pi(S)$ なので，S' が補題の主張をみたす．証明終わり． $\square$

補題 4.11 X, Y を mm 空間とし，$\pi \in \Pi(X,Y)$ を輸送計画とする．ボレル可測写像 $f : X \to Y$ が $\mathrm{supp}(\pi) \subset \mathrm{graph}(f)$ をみたすならば，

$$\pi = (\mathrm{id}_X, f)_* \mu_X, \quad f_* \mu_X = \mu_Y$$

が成り立つ．

証明 $A \subset X$, $B \subset Y$ を任意のボレル集合とする．仮定より

$$((A \cap f^{-1}(B)) \times Y) \cap \mathrm{supp}(\pi) = (A \times B) \cap \mathrm{supp}(\pi)$$

なので，

$$(\mathrm{id}_X, f)_* \mu_X(A \times B) = \mu_X(A \cap f^{-1}(B)) = (p_1)_* \pi(A \cap f^{-1}(B))$$
$$= \pi(((A \cap f^{-1}(B)) \times Y) \cap \mathrm{supp}(\pi)) = \pi((A \times B) \cap \mathrm{supp}(\pi))$$
$$= \pi(A \times B)$$

だから $\pi = (\mathrm{id}_X, f)_* \mu_X$ が成り立つ．また

$$f_* \mu_X(B) = \mu_X(f^{-1}(B)) = (p_1)_* \pi(f^{-1}(B))$$
$$= \pi((f^{-1}(B) \times Y) \cap \mathrm{supp}(\pi)) = \pi((X \times B) \cap \mathrm{supp}(\pi)) = \mu_Y(B)$$

より $f_* \mu_X = \mu_Y$．証明終わり． $\square$

補題 4.12　2つの mm 空間 X, Y が $\square(X, Y) = 0$ をみたすならば，X と Y は互いに mm 同型である.

証明　$\square(X, Y) = 0$ と仮定すると，補題 4.10 より，ある $\pi \in \Pi(X, Y)$ と閉集合 $S \subset X \times Y$ が存在して，$\pi(S) = 1, \mathrm{dis}(S) = 0$, かつ $S \subset \mathrm{supp}(\pi)$ をみたす. $\pi(S) = 1$ より $S = \mathrm{supp}(\pi)$ が成り立つ. 以下を示そう.

主張 4.13　任意の $x \in X$ に対して $(x, y) \in \mathrm{supp}(\pi)$ をみたすような $y \in Y$ がただ一つ存在する.

証明　任意の $x \in X$ をとる. $X = \mathrm{supp}(\mu_X) = \overline{p_1(\mathrm{supp}(\pi))}$ だからある列 $\{(x_n, y_n)\}_{n=1}^{\infty} \subset \mathrm{supp}(\pi) = S$ が存在して $\lim_{n \to \infty} x_n = x$. このとき，$\mathrm{dis}(S) = 0$ より $d_Y(y_m, y_n) = d_X(x_m, x_n) \to 0 \ (m, n \to \infty)$ なので，$\{y_n\}$ はコーシー列であり，Y の完備性からある点 $y \in Y$ へ収束する. S は閉集合なので $(x, y) \in S$ である. y の一意性は $\mathrm{dis}(S) = 0$ より分かる. 主張の証明終わり. $\qquad\square$

　点 $x \in X$ に対して主張のような $y \in Y$ をとり，$f(x) := y$ と定めると写像 $f : X \to Y$ が定義される. $\mathrm{graph}(f) = S$ が成り立つので，$\mathrm{dis}(S) = 0$ より f は等長写像である. また補題 4.11 より，$f_* \mu_X = \mu_Y$ が成り立つので，$f : X \to Y$ は mm 同型写像である. 命題が示された. $\qquad\square$

　以上により次の定理が導かれる.

定理 4.14　ボックス距離は $\mathcal{X}$ 上の距離である.

定義 4.15（ボックス位相・収束）　ボックス距離 $\square$ が定める $\mathcal{X}$ 上の位相・収束をボックス位相・収束（box topology/convergence）と呼ぶ.

演習問題 4.16　(1) 補題 4.3 を示せ.

(2) X を mm 空間とするとき，$\mathrm{diam}(A) \vee (1 - \mu_X(A))$ を最小にするような閉集合 $A \subset X$ が存在して，最小値が $\square(X, *)$ に一致することを示せ. ここで，$*$ は 1 点 mm 空間（1 点のみからなる mm 空間）とする.

4.2　合併補題

　mm 空間 X と実数 $t > 0$ に対して，$tX := (X, td_X, \mu_X)$ と定義したことを思い出そう. 以下の補題の証明は読者へ任せる.

補題 4.17　2つの mm 空間 X, Y に対して以下が成り立つ.

(1) $\square(tX, tY)$ は $t > 0$ に関して単調非減少である.

(2) $t^{-1}\square(tX, tY)$ は $t > 0$ に関して単調非増加である.

命題 4.18 X を完備可分距離空間とするとき，X 上の任意のボレル確率測度 μ, ν に対して

$$\frac{1}{2} \square((X, \mu), (X, \nu)) \leq \square((2^{-1}X, \mu), (2^{-1}X, \nu)) \leq d_{\mathrm{P}}(\mu, \nu).$$

が成り立つ．

証明 最初の不等式は補題 4.17(2) から従う．

2 番目の不等式を示そう．$d_{\mathrm{P}}(\mu, \nu) < \varepsilon$ をみたす ε を任意にとる．$\square((2^{-1}X, \mu), (2^{-1}X, \nu)) \leq \varepsilon$ を示せばよい．ストラッセンの定理 1.53 より，μ と ν の間のある ε-部分輸送計画 π' が存在して $\mathrm{def}(\pi') \leq \varepsilon$ をみたす．すなわち，π' は $\mu' \leq \mu$, $\nu' \leq \nu$ をみたす測度 μ' と ν' の間の輸送計画で $1 - \pi'(X \times X) \leq \varepsilon$ かつ $d_X(x, x') \leq \varepsilon$ $(x, x' \in \mathrm{supp}(\pi'))$ をみたす．$\pi'(X \times X) = 1$ のとき $\pi := \pi'$ とおく．そうでないときは

$$\pi := \pi' + \frac{(\mu - \mu') \otimes (\nu - \nu')}{1 - \pi'(X \times X)}.$$

とおく．ここで，$\pi'(X \times X) = \mu'(X) = \nu'(X)$ に注意する．π は μ と ν の間の輸送計画であることが簡単にチェックできる．

$$S := \{ (x, x') \in X \times X \mid d_X(x, x') \leq \varepsilon \}$$

とおくと，$\pi(S) \geq \pi'(S) = \pi'(X \times X) \geq 1 - \varepsilon$ が成り立つ．さらに，任意の $(x, x'), (y, y') \in S$ に対して三角不等式から

$$|d_{2^{-1}X}(x, y) - d_{2^{-1}X}(x', y')| \leq d_{2^{-1}X}(x, x') + d_{2^{-1}X}(y, y') \leq \varepsilon$$

だから $d_{2^{-1}X}$ に対して $\mathrm{dis}(S) \leq \varepsilon$ である．従って $\square((2^{-1}X, \mu), (2^{-1}X, \nu)) \leq \varepsilon$ が成り立つ．命題が示された． $\square$

補題 4.19（合併補題 (union lemma)） $\{X_n\}_{n=1}^{\infty}$ を mm 空間の列とし，$\{\varepsilon_n\}_{n=1}^{\infty}$ を正の実数列で，

$$\square(2^{-1}X_n, 2^{-1}X_{n+1}) < \varepsilon_n \quad (n = 1, 2, \dots)$$

をみたすものとする．このとき，非交和 $\bigsqcup_{n=1}^{\infty} X_n$ 上に d_{X_n} の拡張となっているようなある距離が存在して，その距離に対して

$$d_{\mathrm{P}}(\mu_{X_n}, \mu_{X_{n+1}}) \leq \varepsilon_n \quad (n = 1, 2, \dots)$$

が成り立つ．

証明 $\square(2^{-1}X_n, 2^{-1}X_{n+1}) < \varepsilon_n$ $(n = 1, 2, \dots)$ を仮定する．輸送計画 $\pi_n \in \Pi(X_n, X_{n+1})$ と閉集合 $S_n \subset X_n \times X_{n+1}$ が存在して $\mathrm{dis}(S_n) < \varepsilon_n$ かつ $\pi(S_n) > 1 - \varepsilon_n$ をみたす．$Z := \bigsqcup_{n=1}^{\infty} X_n$ とおき，d_Z を以下のように定

義する．まず $x \in X_n$, $y \in X_{n+1}$ に対して

$$\rho_n(x,y) := \inf_{(x',y') \in S_n} (d_{X_n}(x,x') + d_{X_{n+1}}(y,y')) + \varepsilon_n$$

とおく．さらに，$x \in X_n$, $y \in X_{n+k}$ $(n,k \geq 1)$ に対して $x_n := x$, $x_{n+k} := y$ とおき

$$
\begin{aligned}
d_Z(x,y) &= d_Z(y,x) \\
&:= \inf\left\{ \sum_{i=0}^{k-1} \rho_n(x_{n+i}, x_{n+i+1}) \;\middle|\; x_{n+i} \in X_{n+i} \ (i=1,2,\ldots,k-1) \right\}, \\
d_Z|_{X_n \times X_n} &:= d_{X_n}
\end{aligned}
$$

と定めると，d_Z は Z 上の距離になる．実際，非退化性と対称性は明らか．三角不等式 $d_Z(x,z) \leq d_Z(x,y) + d_Z(y,z)$ $(x,y,z \in Z)$ の証明の詳細は略すが，$d_Z|_{X_n \times X_{n+1}} = \rho_n$ に注意して，まず $x \in X_l$, $y \in X_m$, $z \in X_n$, $|l-m|, |m-n|, |l-n| \leq 1$ のときに示してから，一般の場合に示せばよい．

n を固定する．d_Z と ρ_n の定義から $S_n = \{ (x,y) \in X_n \times X_{n+1} \mid d_Z(x,y) \leq \varepsilon_n \}$ が成り立つので，$\pi_n|_{S_n}$ は ε_n-部分輸送計画である．さらに $\pi_n(S_n) > 1 - \varepsilon_n$ なので，ストラッセンの定理 1.53 より $d_{\mathrm{P}}(\mu_{X_n}, \mu_{X_{n+1}}) \leq \varepsilon_n$ が成り立つ．証明終わり． □

定理 4.20 ボックス距離 □ は $\mathcal{X}$ 上で完備である．

証明 $\{X_n\}_{n=1}^{\infty}$ を □ に関するコーシー列とする．これが収束部分列をもつことを示せばよい．部分列をとることにより，$\square(X_n, X_{n+1}) < 2^{-n}$ $(n = 1,2,\ldots)$ をみたすとしてよい．合併補題 4.19 より，非交和 $Z := \bigsqcup_{n=1}^{\infty} X_n$ 上に距離 d_Z が存在して，$d_{\mathrm{P}}(\mu_{X_n}, \mu_{X_{n+1}}) \leq 2^{-n}$ $(n = 1,2,\ldots)$ をみたす．$\{\mu_{X_n}\}$ はプロホロフ距離 d_{P} に関してコーシー列である．$(\bar{Z}, d_{\bar{Z}})$ を (Z, d_Z) の完備化とする．$\bar{Z}$ は完備可分距離空間だから，$\bar{Z}$ 上のボレル確率測度全体の空間はプロホロフ距離に関して完備（補題 1.42(2)）なので，列 $\{\mu_{X_n}\}$ は $\bar{Z}$ 上のあるボレル確率測度 μ_∞ へ弱収束する．よって命題 4.18 より $\{X_n\}$ は $(\bar{Z}, \mu_\infty)$ へボックス収束する．定理が示された． □

定義 4.21（グロモフ–プロホロフ距離） X, Y を mm 空間とする．$\iota_X : X \hookrightarrow Z$, $\iota_Y : Y \hookrightarrow Z$ を距離空間 Z への等長的埋め込み写像とし，Z, ι_X, ι_Y をすべて動かしたときの $d_{\mathrm{P}}((\iota_X)_* \mu_X, (\iota_Y)_* \mu_Y)$ の下限を X と Y の間の**グロモフ–プロホロフ距離**（Gromov–Prokhorov distance）といい，$d_{\mathrm{GP}}(X,Y)$ で表す．

命題 4.18，合併補題 4.19，および補題 4.17 より以下が従う．

命題 4.22 任意の mm 空間 X, Y に対して

$$\square(2^{-1}X, 2^{-1}Y) = d_{\mathrm{GP}}(X, Y)$$

が成り立つ. 特に

$$\frac{1}{2}\square(X, Y) \le d_{\mathrm{GP}}(X, Y) \le \square(X, Y)$$

が成り立つ.

例 4.23 ユークリッド空間の単位球面 $S^n(1)$ について

$$\lim_{n \to \infty} \square(S^n(1), S^{n+1}(1)) = 0$$

が成り立つことを示そう. 実際, $S^n(1)$ は $S^{n+1}(1)$ へ自然に埋め込まれており,

$$\lim_{n \to \infty} \sigma^{n+1}(S^{n+1}(1) \setminus U_\varepsilon(S^n(1))) = 0$$

が任意の $\varepsilon > 0$ に対して成り立つ（演習問題 3.8(1) より). $\pi_n : S^{n+1}(1) \to S^n(1)$ を最近点写像とすると, $(\pi_n)_* \sigma^{n+1} = \sigma^n$ となるので, 命題 4.18 と補題 1.58 より

$$\square(S^n(1), S^{n+1}(1)) \le 2 d_{\mathrm{P}}(\sigma^n, \sigma^{n+1})$$
$$\le 2 d_{\mathrm{KF}}^{\sigma^{n+1}}(\pi_n, \mathrm{id}_{S^{n+1}(1)}) \to 0 \quad (n \to \infty).$$

他方で, $\{S^n(1)\}$ はボックス収束しないことを後の系 5.21 で示す.

演習問題 4.24 補題 4.17 を示せ.

4.3　有限 mm 空間による近似

この節では, 任意の mm 空間が有限 mm 空間（元の数が有限であるような mm 空間）で近似できることを示し, それを用いてボックス位相に関するコンパクト性の定理を示す.

定義 4.25（ε-支持ネット）　X を mm 空間とし, $\mathcal{N} \subset X$ をネットとする. 実数 $\varepsilon > 0$ に対して, $\mathcal{N}$ が X を ε-**支持する**（ε-support), または $\mathcal{N}$ が X の ε-**支持ネット**（ε-supporting net）であるとは,

$$\mu_X(B_\varepsilon(\mathcal{N})) \ge 1 - \varepsilon$$

をみたすことをいう.

補題 4.26　任意の mm 空間 X と任意の実数 $\varepsilon > 0$ に対して, X を ε-支持する有限ネットが存在する.

証明　mm 空間 X は可分なので, 稠密可算集合 $\{a_i\}_{i=1}^\infty \subset X$ が存在する.

92　第 4 章　ボックス距離

$\varepsilon > 0$ に対して，$\bigcup_{i=1}^{\infty} B_\varepsilon(a_i) = X$ なので，

$$\lim_{n \to \infty} \mu_X \left(\bigcup_{i=1}^{n} B_\varepsilon(a_i) \right) = \mu_X(X) = 1.$$

従って，ある n が存在して $\mu_X(\bigcup_{i=1}^{n} B_\varepsilon(a_i)) \geq 1 - \varepsilon$ をみたす．$\mathcal{N} := \{a_i\}_{i=1}^{n}$ は X を ε-支持する有限ネットである．証明終わり．　　　　□

X を mm 空間，$\varepsilon > 0$，$\mathcal{N}$ を X を ε-支持する有限ネットとする．補題 2.4 より，ボレル可測な最近点写像 $\pi_\mathcal{N} : X \to \mathcal{N}$ が存在する．これに対して以下が成り立つ．

補題 4.27

$$d_\mathrm{P}((\pi_\mathcal{N})_* \mu_X, \mu_X) \leq \varepsilon.$$

証明　$\mathcal{N}$ は X を ε-支持するから

$$\mu_X(\{\, x \in X \mid d_X(\pi_\mathcal{N}(x), x) > \varepsilon \,\}) = \mu_X(X \setminus B_\varepsilon(\mathcal{N})) \leq \varepsilon.$$

よって，$\mathrm{id}_X : X \to X$ を恒等写像とすると $d_\mathrm{KF}(\pi_\mathcal{N}, \mathrm{id}_X) \leq \varepsilon$ が成り立つ．従って補題 1.58 より補題が成り立つ．　　　　□

命題 4.28　任意の mm 空間 X と $\varepsilon > 0$ に対して，ある有限 mm 空間 $\dot{X}$ が存在して

$$\square(X, \dot{X}) \leq \varepsilon$$

をみたす．

証明　補題 4.26 より，X を $(\varepsilon/2)$-支持するようなある有限ネット $\mathcal{N} \subset X$ が存在する．$\dot{X} := (\mathcal{N}, d_X, (\pi_\mathcal{N})_* \mu_X)$ とおくと，命題 4.18 と補題 4.27 より，

$$\square(X, \dot{X}) \leq 2 d_\mathrm{P}(\mu_X, (\pi_\mathcal{N})_* \mu_X) \leq \varepsilon$$

となる．証明終わり．　　　　□

X, Y を mm 空間，$f : X \to Y$ をボレル可測写像とする．

定義 4.29（ε-**mm 同型**）　$\varepsilon \geq 0$ を実数とする．f が ε-**mm 同型写像**（ε-mm-isomorphism）であるとは，あるボレル集合 $\tilde{X} \subset X$ が存在して

(i)　$\mu_X(\tilde{X}) \geq 1 - \varepsilon$,

(ii)　$| d_X(x, y) - d_Y(f(x), f(y)) | \leq \varepsilon$　$(x, y \in \tilde{X})$,

(iii)　$d_\mathrm{P}(f_* \mu_X, \mu_Y) \leq \varepsilon$

をみたすことである．集合 $\tilde{X}$ を f の**非除外領域**（non-exceptional domain）

4.3　有限 mm 空間による近似　**93**

という.

$f: X \to Y$ が 0-mm 同型写像であれば, ある mm 同型写像 $\hat{f}: X \to Y$ が存在して X 上で $\hat{f} = f$ μ_X-a.e. が成り立つ.

補題 4.30 (1) もし ε-mm 同型写像 $f: X \to Y$ が存在するならば, $\square(X, Y) \le 3\varepsilon$ が成り立つ.

(2) もし $\square(X, Y) < \varepsilon$ ならば, 3ε-mm 同型写像 $f: X \to Y$ が存在する.

証明 (1) を示す. ε-mm 同型写像 $f: X \to Y$ が存在するとして, $\tilde{X} \subset X$ をその非除外領域とする. $\pi := (\mathrm{id}_X, f)_* \mu_X$, $S := \{ (x, f(x)) \mid x \in \tilde{X} \}$ とおけば, $\pi \in \Pi(X, (Y, f_* \mu_X))$, $\mathrm{dis}(S) \le \varepsilon$, $\pi(S) = \mu_X((\mathrm{id}_X, f)^{-1}(S)) = \mu_X(\tilde{X}) \ge 1 - \varepsilon$ が成り立つので, $\square(X, (Y, f_* \mu_X)) \le \varepsilon$ である. 命題 4.18 と定義 4.29(3) より, $\square((Y, f_* \mu_X), Y) \le 2 d_{\mathrm{P}}(f_* \mu_X, \mu_Y) \le 2\varepsilon$. 三角不等式より $\square(X, Y) \le 3\varepsilon$ が従う.

(2) を示す. $\square(X, Y) < \varepsilon$ と仮定する. $\varepsilon' := (\varepsilon - \square(X, Y))/4$ とおくと, X を ε'-支持するような有限ネット $\mathcal{N} \subset X$ が存在する. $\pi_{\mathcal{N}}: X \to \mathcal{N}$ をボレル可測な最近点写像として

$$\dot{X} := (\mathcal{N}, d_X, (\pi_{\mathcal{N}})_* \mu_X)$$

とおくと, $\square(X, \dot{X}) \le 2\varepsilon'$ (命題 4.28 の証明を参照) かつ $\mu_X(B_{\varepsilon'}(\mathcal{N})) \ge 1 - \varepsilon' \ge 1 - \varepsilon$ が成り立つ. 三角不等式より

$$\square(\dot{X}, Y) \le 2\varepsilon' + \square(X, Y) < \varepsilon.$$

ゆえに, ある輸送計画 $\pi \in \Pi(\dot{X}, Y)$ とボレル集合 $S \subset \dot{X} \times Y$ が存在して, $\mathrm{dis}(S) < \varepsilon$ および $\pi(S) > 1 - \varepsilon$ をみたす. $x \in \mathrm{Dom}(S)$ に対して $(x, y) \in S$ をみたす $y \in Y$ をとり $\dot{f}(x) := y$ と定める. $\mathrm{dis}(S) < \varepsilon$ より任意の $x, y \in \mathrm{Dom}(S)$ に対して

$$|d_{\dot{X}}(x, y) - d_Y(\dot{f}(x), \dot{f}(y))| < \varepsilon \tag{4.2}$$

が成り立つ. また, $\mathrm{Dom}(S)$ が有限集合であることに注意して,

$$\mu_{\dot{X}}(\mathrm{Dom}(S)) = \pi(\mathrm{Dom}(S) \times Y) \ge \pi(S) > 1 - \varepsilon \tag{4.3}$$

が成り立つ.

$d_{\mathrm{P}}(\dot{f}_* \mu_{\dot{X}}, \mu_Y) \le \varepsilon$ が成り立つことを示そう. そのためには, 任意のボレル集合 $A \subset Y$ に対して $\dot{f}_* \mu_{\dot{X}}(B_\varepsilon(A)) \ge \mu_Y(A) - \varepsilon$ を示せばよい. そのために以下が必要となる.

主張 4.31 $(X \times A) \cap S \subset \dot{f}^{-1}(B_\varepsilon(A)) \times Y$.

証明 任意の $(x, y) \in (X \times A) \cap S$ をとる. $\dot{f}(x) \in B_\varepsilon(A)$ を示せばよい.

94 第 4 章 ボックス距離

$(x, y), (x, \dot{f}(x)) \in S$ と $\mathrm{dis}(S) < \varepsilon$ より

$$d_Y(y, \dot{f}(x)) = |d_X(x, x) - d_Y(y, \dot{f}(x))| < \varepsilon.$$

よって $y \in A$ より $\dot{f}(x) \in B_\varepsilon(A)$ となる. 主張が示された. □

$(p_1)_* \pi = \mu_X$, $(p_2)_* \pi = \mu_Y$, $\pi(S) > 1 - \varepsilon$, および上の主張より,

$$\dot{f}_* \mu_{\dot{X}}(B_\varepsilon(A)) = \pi(p_1^{-1}(\dot{f}^{-1}(B_\varepsilon(A)))) = \pi(\dot{f}^{-1}(B_\varepsilon(A)) \times Y)$$
$$\geq \pi((X \times A) \cap S) > \pi(X \times A) - \varepsilon = \mu_Y(A) - \varepsilon.$$

従って $d_{\mathrm{P}}(\dot{f}_* \mu_{\dot{X}}, \mu_Y) \leq \varepsilon$ が成り立つ.

$f := \dot{f} \circ \pi_{\mathcal{N}} : X \to Y$ とおくと, これはボレル可測写像である. $\mu_{\dot{X}} = (\pi_{\mathcal{N}})_* \mu_X$ より $f_* \mu_X = \dot{f}_* (\pi_{\mathcal{N}})_* \mu_X = \dot{f}_* \mu_{\dot{X}}$ となるから $d_{\mathrm{P}}(f_* \mu_X, \mu_Y) \leq \varepsilon$ が成り立つ. $\tilde{X} := B_\varepsilon(\mathcal{N}) \cap \pi_{\mathcal{N}}^{-1}(\mathrm{Dom}(S))$ とおくと, これはボレル集合であり, 任意の $x \in \tilde{X}$ に対して $d_X(\pi_{\mathcal{N}}(x), x) \leq \varepsilon$ および $\pi_{\mathcal{N}}(x) \in \mathrm{Dom}(S)$ が成り立つ. これらと (4.2) から f は $\tilde{X}$ 上で 3ε-等長写像となる. さらに (4.3) より

$$\mu_X(X \setminus \tilde{X}) = \mu_X((X \setminus B_\varepsilon(\mathcal{N})) \cup (X \setminus \pi_{\mathcal{N}}^{-1}(\mathrm{Dom}(S))))$$
$$\leq \mu_X(X \setminus B_\varepsilon(\mathcal{N})) + \mu_X(X \setminus \pi_{\mathcal{N}}^{-1}(\mathrm{Dom}(S)))$$
$$= 1 - \mu_X(B_\varepsilon(\mathcal{N})) + 1 - \mu_{\dot{X}}(\mathrm{Dom}(S)) \leq 2\varepsilon.$$

従って $f : X \to Y$ は 3ε-mm 同型写像である. 補題の証明終わり. □

次に有限 mm 空間全体の空間について調べよう. $I \subset \mathbb{R}$ を部分集合とし, $N \geq 1$ を整数とする. 以下を定める.

$$R_N^I := \{ (r_{ij})_{i,j=1,\ldots,N;\ i<j} \in \mathbb{R}^{N(N-1)/2} \mid \text{任意の } i < j < k \text{ に対して}$$
$$r_{ij} \in I,\ r_{ik} \leq r_{ij} + r_{jk},\ r_{ij} \leq r_{ik} + r_{jk},\ r_{jk} \leq r_{ij} + r_{ik} \},$$
$$W_N^I := \{ (w_k)_{k=1,\ldots,N} \in \mathbb{R}^N \mid$$
$$\text{任意の } k \text{ に対して } w_k \in I \text{ かつ } \sum_{k=1}^N w_k = 1 \},$$
$$R_N := R_N^{(0,+\infty)},\quad W_N := W_N^{(0,1]}.$$

$r \in R_N$, $w \in W_N$ に対して $\Phi(r, w) = \{x_1, x_2, \ldots, x_N\}$ を N 点空間で以下で定義される mm 構造をもつものとする.

$$d_{\Phi(r,w)}(x_i, x_j) := r_{ij},\quad \mu_{\Phi(r,w)} := \sum_{k=1}^N w_k \delta_{x_k}.$$

ただし, $r_{ii} := 0$, $r_{ij} := r_{ji}$ $(i > j)$ とおく. $\mathcal{X}_N$ を N 点 mm 空間の mm 同型類全体の集合とするとき, 写像 $\Phi : R_N \times W_N \to \mathcal{X}_N$ は全射である.

補題 4.32 写像 $\Phi: R_N \times W_N \to \mathcal{X}_N$ は l^∞ ノルムとボックス距離に関して $3N$-リプシッツ連続である.

証明 任意に $(r,w),(r',w') \in R_N \times W_N$ をとり固定し,

$$\|(r,w) - (r',w')\|_\infty \le \varepsilon$$

をみたすような実数 ε を任意にとる. このとき, 任意の $i < j$ と k に対して

$$|r_{ij} - r'_{ij}| \le \varepsilon, \tag{4.4}$$

$$|w_k - w'_k| \le \varepsilon \tag{4.5}$$

が成り立つ. (4.4) より, $\Phi(r,w)$ から $\Phi(r',w')$ への恒等写像は ε-等長写像である. また, (4.5), 命題 1.48, 系 1.47 より, $\{x_1, \ldots, x_N\}$ 上のどんな距離に対しても

$$d_{\mathrm{P}}(\mu_{\Phi(r,w)}, \mu_{\Phi(r',w')}) \le d_{\mathrm{TV}}(\mu_{\Phi(r,w)}, \mu_{\Phi(r',w')}) \le \frac{1}{2}N\varepsilon$$

が成り立つ. 従って, $\Phi(r,w)$ から $\Phi(r',w')$ への恒等写像は $N\varepsilon$-mm 同型写像である. 補題 4.30 より $\square(\Phi(r,w), \Phi(r',w')) \le 3N\varepsilon$. 証明終わり. $\square$

命題 4.33 $\mathcal{X}$ はボックス距離に関して可分である.

証明 $R_N \times W_N$ は可分なので, 補題 4.32 より, 任意の整数 $N \ge 1$ に対して $(\mathcal{X}_N, \square)$ は可分である. ゆえに有限 mm 空間全体の空間 ($\mathcal{X}_{<\infty}$ とおく) もボックス距離に関して可分である. 命題 4.28 より $\mathcal{X}_{<\infty}$ は $\mathcal{X}$ で稠密だから命題が従う. $\square$

$D > 0$ を実数, $N \ge 1$ を整数とする. $\mathcal{X}^D_{\le N}$ を元の数が N 以下で直径が D 以下の有限 mm 空間の同型類全体の集合とする. $\mathcal{X}^D_{\le N}$ のコンパクト性を証明するために以下を示す.

補題 4.34 $N \ge 2$ かつ $\delta > 0$ とする. もし $(r,w) \in R^{(0,D]}_N \times W_N$ が $r \notin R^{[\delta,D]}_N$ または $w \notin W^{[\delta,1]}_N$ をみたすならば

$$\square(\Phi(r,w), \mathcal{X}^D_{\le N-1}) \le 2\delta.$$

証明 まず最初に $r \notin R^{[\delta,D]}_N$ の場合を考える. このとき, ある $l, m \in \{1, \ldots, N\}$ $(l < m)$ が存在して $d_{\Phi(r,w)}(x_l, x_m) = r_{lm} < \delta$ をみたす. 写像 $f: \{x_1, \ldots, x_N\} \to \{x_1, \ldots, x_N\}$ を

$$f(x_i) := \begin{cases} x_l & (i = m), \\ x_i & (i \ne m) \end{cases}$$

と定めると, f は δ-等長写像なので, 命題 4.18 と補題 1.58 より

96　第 4 章　ボックス距離

$$\square(\Phi(r,w), \mathcal{X}^D_{\leq N-1}) \leq \square(\Phi(r,w), (\Phi(r,w), f_*\mu_{\Phi(r,w)}))$$

$$\leq 2d_{\mathrm{P}}(\mu_{\Phi(r,w)}, f_*\mu_{\Phi(r,w)}) \leq 2d_{\mathrm{KF}}(\mathrm{id}_{\Phi(r,w)}, f) \leq 2\delta$$

が成り立つ.

次に $w \notin W_N^{[\delta,1]}$ の場合を考える. このとき, ある $l \in \{1,\dots,N\}$ が存在して $\mu_{\Phi(r,w)}(\{x_l\}) = w_l < \delta$ をみたす. $\{x_1,\dots,x_N\}$ 上のある確率測度 ν が存在して $\nu(\{x_l\}) = 0$ かつ, 任意の $i \neq l$ に対して $\mu_{\Phi(r,w)}(\{x_i\}) \leq \nu(\{x_i\})$ が成り立つ. 命題 1.48 と系 1.47 より, $\{x_1,\dots,x_N\}$ 上のどんな距離に対しても $d_{\mathrm{P}}(\mu_{\Phi(r,w)}, \nu) \leq d_{\mathrm{TV}}(\mu_{\Phi(r,w)}, \nu) = w_l < \delta$ が成り立つ. よって命題 4.18 より

$$\square(\Phi(r,w), \mathcal{X}^D_{\leq N-1}) \leq \square(\Phi(r,w), (\Phi(r,w), \nu)) < 2\delta.$$

補題が示された. $\qquad\square$

定理 4.35 任意の整数 $N \geq 1$ と実数 $D > 0$ に対して, 集合 $\mathcal{X}^D_{\leq N}$ はボックス距離に関してコンパクトである.

証明 N に関する帰納法で示す. 1 点 mm 空間の同型類を $*$ とおく.

$N = 1$ のとき $\mathcal{X}^D_{\leq 1} = \{*\}$ は明らかにコンパクトである.

$N \geq 2$ とし, $\mathcal{X}^D_{\leq N-1}$ がコンパクトと仮定する. $\{X_n\}_{n=1}^\infty$ を $\mathcal{X}^D_{\leq N}$ の中の mm 空間の列とする. $\{X_n\}$ のある部分列が $\mathcal{X}^D_{\leq N}$ の元に収束することを示せばよい.

もし $\{X_n\}$ のある部分列が存在して, それがすっぽり $\mathcal{X}^D_{\leq N-1}$ に含まれているとすると, 帰納法の仮定より, さらに部分列をとればそれは $\mathcal{X}^D_{\leq N-1} \subset \mathcal{X}^D_{\leq N}$ の元に収束する.

そのような部分列が存在しないときは, 有限個の n を除いて X_n は $\mathcal{X}_N$ の元である. よって, すべての X_n は $\mathcal{X}_N$ の元であると仮定してよい. すると, ある列 $\{(r_n, w_n)\}_{n=1}^\infty \subset R_N^{(0,D]} \times W_N$ が存在して, $\Phi(r_n, w_n) = X_n$ $(n = 1, 2, \dots)$ をみたす. 部分列に取り替えることにより, $n \to \infty$ のとき r_n と w_n はそれぞれある実数 $r \in R_N^{[0,D]}$ と $w \in W_N^{[0,1]}$ へ収束するとしてよい.

もし $(r,w) \in R_N \times W_N$ ならば, 補題 4.32 より $X_n = \Phi(r_n, w_n)$ は $\Phi(r,w) \in \mathcal{X}^D_{\leq N}$ へボックス収束する.

もしそうでないなら, 補題 4.34 より

$$\lim_{n\to\infty} \square(X_n, \mathcal{X}^D_{\leq N-1}) = 0$$

が成り立つ. $\mathcal{X}^D_{\leq N-1}$ のコンパクト性から $\{X_n\}$ のある部分列が $\mathcal{X}^D_{\leq N-1}$ の元へボックス収束する. 証明終わり. $\qquad\square$

補題 4.36 部分集合 $\mathcal{Y} \subset \mathcal{X}$ に対して, 以下の (1)~(4) はすべて互いに同値である.

4.3 有限 mm 空間による近似 **97**

(1) $\mathcal{Y}$ はボックス距離に関してプレコンパクトである.

(2) 任意の $\varepsilon > 0$ に対して,ある実数 $\Delta(\varepsilon) > 0$ が存在して,任意の $X \in \mathcal{Y}$ に対してある有限 mm 空間 $X' \in \mathcal{X}$ が存在して $\square(X, X') \le \varepsilon$, $\#X' \le \Delta(\varepsilon)$, および $\operatorname{diam}(X') \le \Delta(\varepsilon)$ をみたす.

(3) 任意の $\varepsilon > 0$ に対して,ある実数 $\Delta(\varepsilon) > 0$ が存在して,任意の $X \in \mathcal{Y}$ に対して,X を ε-支持する有限ネット $\mathcal{N} \subset X$ が存在して,$\#\mathcal{N} \le \Delta(\varepsilon)$ かつ $\operatorname{diam}(\mathcal{N}) \le \Delta(\varepsilon)$ をみたす.

(4) 任意の $\varepsilon > 0$ に対して,ある実数 $\Delta(\varepsilon) > 0$ が存在して,任意の $X \in \mathcal{Y}$ に対して,あるボレル集合 $K_1, K_2, \ldots, K_N \subset X$ $(N \le \Delta(\varepsilon))$ が存在して,$\operatorname{diam}(K_i) \le \varepsilon$ $(i = 1, 2, \ldots, N)$, $\operatorname{diam}(\bigcup_{i=1}^{N} K_i) \le \Delta(\varepsilon)$, および $\mu_X(X \setminus \bigcup_{i=1}^{N} K_i) \le \varepsilon$ が成り立つ.

証明 「(1) $\Longrightarrow$ (2)」を示す.(1) より,任意の $\varepsilon > 0$ に対してある有限個の mm 空間 $X_1, \ldots, X_{N(\varepsilon)} \in \mathcal{Y}$ が存在して,$\mathcal{Y} \subset \bigcup_{i=1}^{N(\varepsilon)} B_{\varepsilon/2}(X_i)$ をみたす.命題 4.28 より,任意の i に対してある有限 mm 空間 X_i' が存在して,$\square(X_i, X_i') \le \varepsilon/2$ をみたす.$\Delta(\varepsilon)$ を $\#X_i'$ と $\operatorname{diam}(X_i')$ $(i = 1, 2, \ldots, N(\varepsilon))$ の最大値として定義すれば,(2) が成り立つ.

「(2) $\Longrightarrow$ (1)」を示す.実数 $D \ge 1$ に対して

$$\mathcal{X}(D) := \mathcal{X}_{\le D}^{D} = \{ X \in \mathcal{X} \mid \#X \le D, \, \operatorname{diam}(X) \le D \}$$

とおく.定理 4.35 より,$\mathcal{X}(D)$ はボックス距離に関してコンパクトである.任意の $\varepsilon > 0$ をとる.(2) より,ある $\Delta(\varepsilon/2) > 0$ が存在して,$\mathcal{Y} \subset B_{\varepsilon/2}(\mathcal{X}(\Delta(\varepsilon/2)))$ をみたす.$\mathcal{X}(\Delta(\varepsilon/2))$ はボックス距離に関してコンパクトなので,ある $(\varepsilon/2)$-ネット $\{X_i\}_{i=1}^{N(\varepsilon)} \subset \mathcal{X}(\Delta(\varepsilon/2))$ が存在する.つまり,$\mathcal{X}(\Delta(\varepsilon/2)) \subset B_{\varepsilon/2}(\{X_i\}_{i=1}^{N(\varepsilon)})$ が成り立つ.従って

$$\mathcal{Y} \subset B_{\varepsilon/2}\left(\mathcal{X}\left(\Delta\left(\frac{\varepsilon}{2}\right)\right)\right) \subset \bigcup_{i=1}^{N(\varepsilon)} B_{\varepsilon}(X_i)$$

となるので,(1) が得られた.

「(2) $\Longrightarrow$ (4)」を示す.任意の $\varepsilon > 0$ に対して,(2) のような $\Delta(\varepsilon/4)$ が存在する.すなわち,任意の $X \in \mathcal{Y}$ に対して,ある有限 mm 空間 $X' \in \mathcal{X}$ が存在して,$\square(X, X') \le \varepsilon/4$, $\#X' \le \Delta(\varepsilon/4)$, および $\operatorname{diam}(X') \le \Delta(\varepsilon/4)$ をみたす.補題 4.30 より,ε-mm 同型写像 $f : X \to X'$ が存在する.$\{x_1, \ldots, x_N\} := X'$ とおき,f の非除外領域を $\tilde{X}$ として,$K_i := f^{-1}(x_i) \cap \tilde{X}$ とおくと,$\operatorname{diam}(K_i) \le \varepsilon$ が成り立つ.$\operatorname{diam}(X') \le \Delta(\varepsilon/4)$ なので,$\operatorname{diam}(\bigcup_{i=1}^{N} K_i) \le \Delta(\varepsilon/4) + \varepsilon$ が成り立つ.$\bigcup_{i=1}^{N} K_i = \tilde{X}$ より,$\mu_X(X \setminus \bigcup_{i=1}^{N} K_i) \le \varepsilon$ が成り立つ.(4) が示された.

「(4) $\Longrightarrow$ (3)」を示す.(4) より,任意の $\varepsilon > 0$ に対して,ある $\Delta(\varepsilon)$ が存在して,任意の $X \in \mathcal{Y}$ に対して (4) のような集合 $K_1, \ldots, K_N \subset X$ が存在す

る．各 i に対して点 $x_i \in K_i$ をとり，$\mathcal{N} := \{x_i\}_{i=1}^N$ とおくと，これは (3) を
みたす．

「(3) $\Longrightarrow$ (2)」を示す．任意の $\varepsilon > 0$ に対して，ある $\Delta(\varepsilon/2)$ が存在し
て，任意の $X \in \mathcal{Y}$ に対して (3) のようなネット $\mathcal{N} \subset X$ が存在する．
$\pi_{\mathcal{N}} : X \to \mathcal{N}$ をボレル可測な最近点写像とし，$\dot{X} := (\mathcal{N}, d_X, (\pi_{\mathcal{N}})_* \mu_X)$ とお
く．命題 4.18 と補題 4.27 より，$\square(X, \dot{X}) \leq \varepsilon$ が成り立つ．$\#\dot{X} \leq \Delta(\varepsilon/2)$ か
つ $\mathrm{diam}(\dot{X}) \leq \Delta(\varepsilon/2)$ なので，(2) が成り立つ．証明終わり．$\qquad\square$

定義 4.37（mm 空間の一様族） mm 空間の同型類の集合 $\mathcal{Y} \subset \mathcal{X}$ が**一様族**
（uniform family）であるとは，任意の実数 $\varepsilon > 0$ に対して

$$\sup_{X \in \mathcal{Y}} \mathrm{diam}(X) < +\infty, \quad \inf_{X \in \mathcal{Y}} \inf_{x \in X} \mu_X(B_\varepsilon(x)) > 0$$

が成り立つことをいう．

系 4.38 任意の一様族はボックス距離に関してプレコンパクトである．

証明 $\mathcal{Y} \subset \mathcal{X}$ を一様族とする．$\mathcal{Y}$ が補題 4.36(3) をみたすことを確かめよう．

$$D := \sup_{X \in \mathcal{Y}} \mathrm{diam}(X) < +\infty, \quad a_\varepsilon := \inf_{X \in \mathcal{Y}} \inf_{x \in X} \mu_X(B_\varepsilon(x)) > 0$$

とおく．任意の $\varepsilon > 0$ と $X \in \mathcal{Y}$ に対して，極大な ε-離散ネット $\mathcal{N} \subset X$ をと
る．任意の $x \in X$ に対して $\mu_X(B_{\varepsilon/2}(x)) \geq a_{\varepsilon/2} > 0$ かつ $\{B_{\varepsilon/2}(x)\}_{x \in \mathcal{N}}$ は
互いに交わらない集合の族なので，$\#\mathcal{N} \leq [1/a_{\varepsilon/2}]$ が成り立つ．ここで，$[a]$
は a を超えない最大の整数である．$\mathcal{N}$ の極大性より，$B_\varepsilon(\mathcal{N}) = X$ なので $\mathcal{N}$
は X を ε-支持する．さらに，$\mathrm{diam}(\mathcal{N}) \leq D$ も成り立つ．従って補題 4.36 よ
り系が従う．$\qquad\square$

定義 4.39（2 倍条件） mm 空間 X が **2 倍条件**（doubling condition）をみた
すとは，ある定数 $C > 0$ が存在して，任意の点 $x \in X$ と実数 $r > 0$ に対して

$$\mu_X(B_{2r}(x)) \leq C\mu_X(B_r(x))$$

をみたすことをいう．この定数 C を **2 倍定数**（doubling constant）と呼ぶ．

命題 4.40 $C, D > 0$ を定数とする．集合 $\mathcal{Y} \subset \mathcal{X}$ の各元 $X \in \mathcal{Y}$ が 2 倍定数
C の 2 倍条件をみたし，直径が $\mathrm{diam}(X) \leq D$ であるならば，$\mathcal{Y}$ は一様族で
あり，ボックス距離に関してプレコンパクトである．

証明 $X \in \mathcal{Y}$ とする．任意の $x \in X$ と $\varepsilon > 0$ に対して，整数 $n \geq 1$ が
$2^n \varepsilon \geq D$ をみたすならば，2 倍条件を繰り返し用いて

$$\mu_X(B_\varepsilon(x)) \geq \frac{\mu_X(B_{2\varepsilon}(x))}{C} \geq \cdots \geq \frac{\mu_X(B_{2^n\varepsilon}(x))}{C^n} = C^{-n}$$
$$\geq C^{-\log_2([D/\varepsilon]+1)} = ([D/\varepsilon] + 1)^{-\log_2 C}$$

4.3 有限 mm 空間による近似 **99**

が得られる．よって $\mathcal{Y}$ は一様族であり，系 4.38 よりプレコンパクトである．
証明終わり． □

定義 4.41（測度付きグロモフ–ハウスドルフ収束（measured Gromov–Hausdorff convergence）） X をコンパクト mm 空間，$\{X_n\}_{n=1}^{\infty}$ をコンパクト mm 空間の列とする．$n \to \infty$ のとき X_n が X へ**測度付きグロモフ–ハウスドルフ収束する**とは，0 に収束するようなある正の実数列 $\{\varepsilon_n\}_{n=1}^{\infty}$ と ε_n-等長同型写像 $f_n : X_n \to X$ $(n = 1, 2, \dots)$ が存在して，$(f_n)_* \mu_{X_n}$ が μ_X へ弱収束するときをいう．

もし X_n が X へ測度付きグロモフ–ハウスドルフ収束するならば，補題 2.19 より，X_n は X へグロモフ–ハウスドルフ収束する．

命題 4.42 もしコンパクト mm 空間の列 $\{X_n\}_{n=1}^{\infty}$ がコンパクト mm 空間 X へ測度付きグロモフ–ハウスドルフ収束するならば，$\{X_n\}$ は X へボックス収束する．

証明 命題の仮定の下で，0 に収束するようなある正の実数列 $\{\varepsilon_n'\}_{n=1}^{\infty}$ が存在して，定義 4.41 における写像 f_n は ε_n'-mm 同型写像になる．よって，補題 4.30 より X_n は X へボックス収束する．証明終わり． □

注意 4.43 コンパクト mm 空間 X_n, X に対して，X_n が X へボックス収束するとき，X_n は必ずしも測度付きグロモフ–ハウスドルフ収束するとは限らない．実際，$(n+1)$ 個の点からなる空間 $X_n = \{x_i\}_{i=0}^{n}$ に mm 構造を以下のように定める．

$$d_{X_n}(x_i, x_j) := \begin{cases} 0 & (i = j), \\ 1 & (i \neq j), \end{cases}$$

$$\mu_{X_n} := \left(1 - \frac{1}{n}\right)\delta_{x_0} + \sum_{i=1}^{n} \frac{1}{n^2} \delta_{x_i}.$$

すると，$n \to \infty$ のとき X_n は 1 点 mm 空間 $*$ へボックス収束するが，$\{X_n\}$ の任意の部分列は一様全有界にならないので，$\{X_n\}$ はグロモフ–ハウスドルフ収束するような部分列をもたない．特に $\{X_n\}$ は測度付きグロモフ–ハウスドルフ収束するような部分列をもたない．

演習問題 4.44　(1) $f : X \to Y$ が 0-mm 同型写像であれば，ある mm 同型写像 $\hat{f} : X \to Y$ が存在して X 上で $\hat{f} = f$ μ_X-a.e. が成り立つことを示せ．

(2) コンパクト mm 空間の一様族は一様全有界であることを示せ．

(3) $\{X_n\}_{n=1}^{\infty}$ をコンパクト mm 空間の一様族とする．$n \to \infty$ のとき X_n が mm 空間 X へボックス収束するならば，X_n は X へ測度付きグロモ

フーハウスドルフ収束することを示せ．ただし，測度付きグロモフ−ハウスドルフ収束が位相を導入することを認めてよい．

4.4 リプシッツ順序とボックス収束

この節では，リプシッツ順序がボックス収束で保たれることを示す．そのために以下が有用である．

定義 4.45（片側ボックス距離） X, Y を mm 空間とする．集合 $S \subset X \times Y$ に対して

$$\mathrm{dis}_\prec(S) := \begin{cases} \sup\{\, d_X(x,x') - d_Y(y,y') \mid (x,y),(x',y') \in S \,\} & (S \neq \emptyset), \\ 0 & (S = \emptyset) \end{cases}$$

と定義する．X と Y の**片側ボックス距離**（unilateral box distance）を

$$\square_\prec(X,Y) := \inf_{\pi \in \Pi(X,Y)} \inf_S (\mathrm{dis}_\prec(S) \vee (1 - \pi(S)))$$

で定義する．ここで，$S \subset X \times Y$ はボレル集合全体を動く．

片側ボックス距離は対称ではないので距離ではないことに注意する．$0 \leq \mathrm{dis}_\prec(S) \leq \mathrm{dis}(S)$ なので，$0 \leq \square_\prec(X,Y) \leq \square(X,Y)$ が成り立つ．

補題 4.46 2 つの mm 空間 X, Y に対して，ある $\pi \in \Pi(X,Y)$ と閉集合 $S \subset X \times Y$ が存在して，

$$\square_\prec(X,Y) = \mathrm{dis}_\prec(S) \vee (1 - \pi(S)), \quad S \subset \mathrm{supp}(\pi)$$

をみたす．

この補題の証明は補題 4.10 と全く同様なので略す．

補題 4.47 2 つの mm 空間 X, Y に対して以下の (1), (2) は同値である．

(1) $\square_\prec(X,Y) = 0$ が成り立つ．

(2) Y は X を支配する．

証明 「(2) $\Longrightarrow$ (1)」を示す．(2) を仮定すると，ある 1-リプシッツ写像 $f : Y \to X$ が存在して $f_* \mu_Y = \mu_X$ をみたす．$\pi := (f, \mathrm{id}_Y)_* \mu_Y$ とおくと，$\pi \in \Pi(X,Y)$ である．$S := \mathrm{supp}(\pi)$ とおくと，$\mathrm{dis}_\prec(S) = 0$ かつ $\pi(S) = 1$ となるので，(1) が成り立つ．

「(1) $\Longrightarrow$ (2)」の証明は補題 4.12 と同様なので，読者への演習問題とする． $\square$

以下の証明は補題 4.7 と全く同じなので略す．

4.4 リップシッツ順序とボックス収束 **101**

補題 4.48 X, Y, Z を mm 空間とするとき,

$$\square_\prec(X, Z) \le \square_\prec(X, Y) + \square_\prec(Y, Z).$$

以上の準備の下で以下を証明する.

定理 4.49 $\{X_n\}_{n=1}^\infty$, $\{Y_n\}_{n=1}^\infty$ を mm 空間の列でそれぞれ mm 空間 X, Y へボックス収束すると仮定する. このとき, もし任意の n に対して $X_n \prec Y_n$ が成り立つならば, $X \prec Y$ が成り立つ.

証明 $s_n := \square_\prec(X, X_n)$, $t_n := \square_\prec(Y_n, Y)$ とおく. $\square_\prec \le \square$ なので仮定より, $\lim_{n\to\infty} s_n = \lim_{n\to\infty} t_n = 0$. 仮定 $X_n \prec Y_n$ と補題 4.47 より, $\square_\prec(X_n, Y_n) = 0$ であり, さらに補題 4.48 より $\square_\prec(X, Y) \le s_n + t_n \to 0$ $(n \to \infty)$ だから, $\square_\prec(X, Y) = 0$. 従って補題 4.47 より $X \prec Y$ が成り立つ. 証明終わり. $\square$

演習問題 4.50   (1) 補題 4.46 を示せ.
  (2) 補題 4.47 の「(1) $\Longrightarrow$ (2)」を示せ.
  (3) 補題 4.48 を示せ.

4.5 有限次元近似

この節では, 任意の mm 空間がそれに支配されるような有限次元 mm 空間 (正確には $\mathbb{R}^N$ とその上のボレル確率測度) の (リップシッツ順序に関する) 単調増加列で近似できることを示す.

定義 4.51 $(\underline{\mu}_N, \underline{X}_N)$ X を mm 空間とする. 関数列 $\{\varphi_i\}_{i=1}^N \subset \mathcal{L}ip_1(X)$ に対して,

$$\Phi_N := (\varphi_1, \dots, \varphi_N) : X \to \mathbb{R}^N,$$
$$\underline{\mu}_N := (\Phi_N)_* \mu_X,$$
$$\underline{X}_N := (\mathbb{R}^N, \|\cdot\|_\infty, \underline{\mu}_N)$$

と定義する. ここで, $\|\cdot\|_\infty$ は $\mathbb{R}^N$ 上の l^∞ ノルムである.

命題 4.52 次が成り立つ.

$$\underline{X}_1 \prec \underline{X}_2 \prec \cdots \prec \underline{X}_N \prec X.$$

証明 まず $\underline{X}_N \prec X$ を示す. 任意の $x, y \in X$ に対して

$$\|\Phi_N(x) - \Phi_N(y)\|_\infty = \max_{i=1}^N |\varphi_i(x) - \varphi_i(y)| \le d_X(x, y).$$

すなわち $\Phi_N : X \to \mathbb{R}^N$ は 1-リップシッツ連続である. ゆえに $\underline{X}_N \prec X$ が

102 第 4 章 ボックス距離

成り立つ.

次に $\underline{X}_n \prec \underline{X}_{n+1}$ $(n = 1, 2, \ldots, N-1)$ を示す. 射影 $\mathrm{pr} : \underline{X}_{n+1} \to \underline{X}_n$ は 1-リップシッツ連続で $\mathrm{pr} \circ \Phi_{n+1} = \Phi_n$ をみたすので,

$$\mathrm{pr}_* \underline{\mu}_{n+1} = \mathrm{pr}_* (\Phi_{n+1})_* \mu_X = (\mathrm{pr} \circ \Phi_{n+1})_* \mu_X = (\Phi_n)_* \mu_X = \underline{\mu}_n$$

が成り立つ. 従って $\underline{X}_n \prec \underline{X}_{n+1}$. 証明終わり. $\qquad\square$

定義 4.53 ($\mathcal{L}_1(X)$) $\mathcal{BF}(X)$ を X 上のボレル可測関数全体の集合とする. 実数全体からなる加法群 $\mathbb{R}$ の $\mathcal{BF}(X)$ への群作用を

$$\mathbb{R} \times \mathcal{BF}(X) \ni (c, f) \mapsto f + c \in \mathcal{BF}(X)$$

により定義する. これはカイファン距離に関して等長的である. X 上の 1-リップシッツ関数全体の集合 $\mathcal{Lip}_1(X)$ はこの $\mathbb{R}$-作用で不変である. 商空間を

$$\mathcal{L}_1(X) := \mathcal{Lip}_1(X)/\mathbb{R}$$

とおき, 2 つの同値類 $[f], [g] \in \mathcal{L}_1(X)$ に対して

$$d_{\mathrm{KF}}([f], [g]) := \inf_{f' \in [f],\, g' \in [g]} d_{\mathrm{KF}}(f', g')$$

と定める.

d_{KF} は $\mathcal{L}_1(X)$ 上で対称性と三角不等式をみたす (証明は簡単なので略す). 非退化性を示すために以下が必要である.

補題 4.54 mm 空間 X 上の任意のボレル可測関数 $f, g : X \to \mathbb{R}$ と任意の実数 a, b に対して,

$$|d_{\mathrm{KF}}(f, g + a) - d_{\mathrm{KF}}(f, g + b)| \leq |a - b|$$

が成り立つ. すなわち, 関数 $\mathbb{R} \ni c \mapsto d_{\mathrm{KF}}(f, g + c)$ は 1-リップシッツ連続である.

証明 $\varepsilon := d_{\mathrm{KF}}(f, g + b)$ とおけば, $\mu_X(|f - (g+b)| > \varepsilon) \leq \varepsilon$. 三角不等式より $|f - (g+a)| \leq |f - (g+b)| + |a - b|$ だから,

$$\mu_X(|f - (g+a)| > \varepsilon + |a-b|) \leq \mu_X(|f - (g+b)| > \varepsilon) \leq \varepsilon.$$

ゆえに $d_{\mathrm{KF}}(f, g+a) \leq \varepsilon + |a-b| = d_{\mathrm{KF}}(f, g+b) + |a-b|$ が成り立つ. a と b を交換しても同じ式が成り立つので, 補題が従う. $\qquad\square$

補題 4.55 mm 空間 X 上の任意のボレル可測関数 $f, g : X \to \mathbb{R}$ に対して, ある実数 c が存在して

$$d_{\mathrm{KF}}([f], [g]) = d_{\mathrm{KF}}(f, g + c).$$

をみたす.

証明 $Lip_1(X)$ 上で $d_{\mathrm{KF}} \leq 1$ なので，もし $d_{\mathrm{KF}}([f],[g]) = 1$ ならば，任意の実数 c に対して $d_{\mathrm{KF}}([f],[g]) = d_{\mathrm{KF}}(f, g+c)$ が成り立つ.

$d_{\mathrm{KF}}([f],[g]) < 1$ と仮定する. $|c| \to +\infty$ のとき $d_{\mathrm{KF}}(f, g+c) \to 1$ であることが分かるので，関数 $c \mapsto d_{\mathrm{KF}}(f, g+c)$ の連続性（前補題）より補題が従う. $\qquad\square$

命題 4.56 $\mathcal{L}_1(X)$ 上で d_{KF} は距離である.

証明 既に述べたように対称性と三角不等式は成り立つので，非退化性を示せばよい. $[f],[g] \in \mathcal{L}_1(X)$ に対して $d_{\mathrm{KF}}([f],[g]) = 0$ と仮定する. すると補題 4.55 より，ある実数 c が存在して $d_{\mathrm{KF}}(f, g+c) = 0$ が成り立つ. $f = g+c$ μ_X-a.e. となるが，f と g の連続性より X 上至る所で $f = g+c$ が成り立つ. 従って $[f] = [g]$ となる. 命題が示された. $\qquad\square$

補題 4.57 X を mm 空間，Y を固有距離空間とし，$\{F_n : X \to Y\}_{n=1}^{\infty}$ を 1-リップシッツ写像の列とする. もしある点 $x_0 \in X$ が存在して $\{F_n(x_0)\}_{n=1}^{\infty}$ が有界（つまりある点 $y_0 \in Y$ に対して $d_Y(y_0, F_n(x_0))$ が有界）ならば，$\{F_n\}$ は 1-リップシッツ写像へ測度収束するような部分列をもつ.

証明 X の内正則性から，X のあるコンパクト集合の増大列 $\{K_i\}_{i=1}^{\infty}$ が存在して，$x_0 \in K_1$ かつ $\mu_X(X \setminus K_i) < 1/i$ $(i = 1, 2, \dots)$ をみたす. $\mu_X(\bigcup_{i=1}^{\infty} K_i) = 1$ なので $\bigcup_{i=1}^{\infty} K_i$ は X で稠密である. 各 F_n が 1-リップシッツ連続なので $\{F_n\}$ は同程度連続である. また，$\{F_n(x_0)\}$ の有界性，F_n の 1-リップシッツ連続性，および Y の固有性から，任意の点 $x \in X$ に対して $\{F_n(x)\}$ は相対コンパクトである. アスコリ–アルツェラの定理（例えば [32, Chapter 7 の 17] を参照）より，$\{F_n\}$ のある部分列 $\{F_{n_1(j)}\}_{j=1}^{\infty}$ が存在して，それは K_1 上である写像 $G_1 : K_1 \to Y$ へ一様収束する. G_1 は 1-リップシッツである. さらに $\{F_{n_1(j)}\}_{j=1}^{\infty}$ のある部分列 $\{F_{n_2(j)}\}_{j=1}^{\infty}$ が存在して，それは K_2 上である 1-リップシッツ写像 $G_2 : K_2 \to Y$ へ一様収束する. これを繰り返すことにより，$\{F_n\}$ の部分列の列

$$\{F_n\}_{n=1}^{\infty} \supset \{F_{n_1(j)}\}_{j=1}^{\infty} \supset \cdots \supset \{F_{n_i(j)}\}_{j=1}^{\infty} \supset \cdots$$

が得られ，任意の $i = 1, 2, \dots$ に対して $\{F_{n_i(j)}\}_{j=1}^{\infty}$ は K_i 上で G_i へ一様収束する. $F_{n(j)} := F_{n_j(j)}$ とおく（対角線論法）. 任意の i に対して，$\{F_{n(j)}\}_{j=i}^{\infty}$ は $\{F_{n_i(j)}\}_{j=1}^{\infty}$ の部分列なので $\{F_{n(j)}\}_{j=1}^{\infty}$ は K_i 上で G_i へ一様収束する. 写像 $G : \bigcup_{i=1}^{\infty} K_i \to Y$ を $G|_{K_i} := G_i$ $(i = 1, 2, \dots)$ と定義すると，$\{F_{n(j)}\}_{j=1}^{\infty}$ は $\bigcup_{i=1}^{\infty} K_i$ 上で G へ各点収束して，G は 1-リップシッツ連続である. $\bigcup_{i=1}^{\infty} K_i$ は X で稠密なので，G は X 上の 1-リップシッツ写像へ拡張される. $\{F_{n(j)}\}_{j=1}^{\infty}$

104　第 4 章　ボックス距離

は各 K_i 上で G へ一様収束するので，$\{F_{n(j)}\}_{j=1}^{\infty}$ は G へ測度収束する．補題が示された． $\square$

次の補題はこの節では用いないが，後で必要となるのでここで証明しておく．

補題 4.58 X を mm 空間，Y を固有距離空間，$F : X \to Y$ を 1-リプシッツ写像，$\{F_n : X \to Y\}_{n=1}^{\infty}$ を 1-リプシッツ写像の列とする．このとき，以下の条件 (1), (2), (3) は互いに同値である．

(1) $n \to \infty$ のとき F_n は F へ各点収束する．

(2) $n \to \infty$ のとき F_n は F へコンパクト集合上で一様収束する．

(3) $n \to \infty$ のとき F_n は F へ測度収束する．

証明 「(1) $\Longrightarrow$ (2)」を示す．(1) を仮定する．あるコンパクト集合 $K \subset X$ 上で F_n が F へ一様収束しないと仮定する．すると，$n \to \infty$ のとき

$$d_K(F_n, F) := \sup_{x \in K} d_Y(F_n(x), F(x))$$

が 0 へ収束しない．部分列をとることにより，$\inf_n d_K(F_n, F) > 0$ が成り立つ．$\{F_n\}$ は同程度連続であり，(1) より任意の $x \in K$ に対して $\{F_n(x)\}$ は相対コンパクトなので，アスコリ–アルツェラの定理（例えば [32, Chapter 7 の 17] を参照）より，$\{F_n\}$ のある部分列が K 上で一様収束する．その極限は各点収束の極限 $F|_K$ と一致するが，これは $\inf_n d_K(F_n, F) > 0$ に矛盾する．

「(2) $\Longrightarrow$ (3)」は μ_X の内正則性から明らかである．

「(3) $\Longrightarrow$ (1)」を示す．(3) を仮定する．任意の $\varepsilon > 0$ に対して，

$$\Phi_{n,\varepsilon} := \{\, x \in X \mid d_Y(F_n(x), F(x)) < \varepsilon \,\}$$

とおくと，$\lim_{n \to \infty} \mu_X(\Phi_{n,\varepsilon}) = 1$ が成り立つ．よって，任意の $x \in X$ に対して n を十分大きくとれば，開距離球体 $U_\varepsilon(x)$ は $\Phi_{n,\varepsilon}$ と交わる．その共通部分から 1 点 x' をとれば，$d_X(x, x') < \varepsilon$ かつ $d_Y(F_n(x'), F(x')) < \varepsilon$ が成り立つ．F_n, F の 1-リプシッツ連続性から $d_Y(F_n(x), F_n(x')) \le d_X(x, x') < \varepsilon$，$d_Y(F(x), F(x')) \le d_X(x, x') < \varepsilon$ となり，さらに三角不等式を用いると

$$d_Y(F_n(x), F(x)) < d_Y(F_n(x'), F(x')) + 2\varepsilon < 3\varepsilon.$$

よって F_n は F へ各点収束する．証明終わり． $\square$

命題 4.59 $\mathcal{L}_1(X)$ は d_{KF} に関してコンパクトである．

証明 $\mathcal{L}_1(X)$ が d_{KF} に関して点列コンパクトであることを示せばよい．任意の列 $\{[f_n]\}_{n=1}^{\infty} \subset \mathcal{L}_1(X)$ をとる．f_n を $f_n - f_n(x_0)$ に置き換えることにより，$f_n(x_0) = 0$ と仮定してよい．補題 4.57 より，$\{f_n\}$ のある部分列 $\{f_{n(i)}\}_{i=1}^{\infty}$ がある 1-リプシッツ関数 $f \in \mathcal{L}ip_1(X)$ へ測度収束する．ゆえに，

4.5 有限次元近似 **105**

$$d_{\mathrm{KF}}([f_{n(i)}],[f]) \le d_{\mathrm{KF}}(f_{n(i)},f) \to 0 \ (i \to \infty).$$ 命題が示された. $\qquad\square$

定理 4.60 X を mm 空間とする. このとき, 任意の実数 $\varepsilon > 0$ に対して, ある実数 $\delta = \delta(X,\varepsilon) > 0$ が存在して, もし $\{[\varphi_i]\}_{i=1}^N \subset \mathcal{L}_1(X)$ が d_{KF} に関して δ-ネットならば,

$$\square(\underline{X}_N, X) \le \varepsilon$$

が成り立つ.

証明 任意の $\varepsilon > 0$ をとり固定する. $\rho > 0$ に対して

$$Z_\rho := \{\, x \in X \mid \mu_X(U_\varepsilon(x)) \le \rho \,\}$$

とおく. 写像 $X \ni x \mapsto \mu_X(U_\varepsilon(x))$ の下半連続性より, Z_ρ は X の閉集合である. さらに Z_ρ は包含関係に関して ρ について単調非減少である. 任意の $x \in X$ に対して $\mu_X(U_\varepsilon(x)) > 0$ なので, $\bigcap_{\rho>0} Z_\rho = \emptyset$ となるから $\lim_{\rho\to 0+} \mu_X(Z_\rho) = 0$ が成り立つ. 従って, ある実数 $\delta = \delta(X,\varepsilon) > 0$ が存在して, $\delta \le \varepsilon$ かつ $\mu_X(Z_\delta) < \varepsilon$ をみたす. 任意の 2 点 $x,y \in X \setminus Z_\delta$ をとり固定する. Z_δ の定義より

$$\mu_X(U_\varepsilon(x)) > \delta, \quad \mu_X(U_\varepsilon(y)) > \delta \tag{4.6}$$

が成り立つ. $\{[\varphi_i]\}_{i=1}^N \subset \mathcal{L}_1(X)$ を δ-ネットとする. $d_x(z) := d_X(x,z)$ $(x,z \in X)$ とおくと, ある番号 $i_0 \in \{1,2,\dots,N\}$ が存在して, $d_{\mathrm{KF}}([d_x],[\varphi_{i_0}]) \le \delta$ をみたす. $d_{\mathrm{KF}}(d_x, \varphi_{i_0}^{(c)}) \le \delta$ をみたすような実数 c をとる (補題 4.55 を見よ). ここで, $\varphi_{i_0}^{(c)} := \varphi_{i_0} + c$ とおいた. $\mu_X(|d_x - \varphi_{i_0}^{(c)}| > \delta) \le \delta$ (注意 1.56) と (4.6) より, 2 つの距離球体 $U_\varepsilon(x)$ と $U_\varepsilon(y)$ は両方とも $\{|d_x - \varphi_{i_0}^{(c)}| \le \delta\}$ と交わるので, ある点 $x' \in U_\varepsilon(x)$ と $y' \in U_\varepsilon(y)$ が存在して

$$|d_X(x,x') - \varphi_{i_0}^{(c)}(x')| \le \delta, \quad |d_X(x,y') - \varphi_{i_0}^{(c)}(y')| \le \delta \tag{4.7}$$

が成り立つ. 従って,

$$\begin{aligned}
&|d_X(x,y) - \varphi_{i_0}^{(c)}(y)| \\
&\le |d_X(x,y) - d_X(x,y')| + |d_X(x,y') - \varphi_{i_0}^{(c)}(y')| + |\varphi_{i_0}^{(c)}(y') - \varphi_{i_0}^{(c)}(y)| \\
&\le d_X(y,y') + \delta + d_X(y,y') \le 2\varepsilon + \delta \le 3\varepsilon.
\end{aligned} \tag{4.8}$$

また, $|\varphi_{i_0}^{(c)}|$ の 1-リップシッツ連続性と (4.7) から

$$|\varphi_{i_0}^{(c)}(x)| \le |\varphi_{i_0}^{(c)}(x')| + d_X(x,x') \le 2\,d_X(x,x') + \delta \le 3\varepsilon. \tag{4.9}$$

(4.8) と (4.9) より

$$d_X(x,y) \leq \varphi_{i_0}^{(c)}(y) + 3\varepsilon \leq \varphi_{i_0}^{(c)}(y) - \varphi_{i_0}^{(c)}(x) + 6\varepsilon$$
$$= \varphi_{i_0}(y) - \varphi_{i_0}(x) + 6\varepsilon \leq \|\Phi_N(x) - \Phi_N(y)\|_\infty + 6\varepsilon.$$

これと Φ_N の 1-リップシッツ連続性より，任意の $x, y \in X \setminus Z_\delta$ に対して

$$|\, \|\Phi_N(x) - \Phi_N(y)\|_\infty - d_X(x,y) \,| \leq 6\varepsilon$$

が成り立つ．$\mu_X(Z_\delta) < \varepsilon$ だったので，写像 $\Phi_N : X \to \underline{X}_N$ は 6ε-mm 同型写像である．従って，補題 4.30(1) より，$\square(\underline{X}_N, X) \leq 18\varepsilon$ が成り立つ．証明終わり． $\square$

定理 4.60 より以下が従う．

系 4.61 列 $\{[\varphi_i]\}_{i=1}^\infty \subset \mathcal{L}_1(X)$ が d_{KF} に関して稠密ならば，$N \to \infty$ のとき $\underline{X}_N$ は X へボックス収束する．

$\mathcal{L}_1(X)$ のコンパクト性より，稠密な $\{[\varphi_i]\}_{i=1}^\infty \subset \mathcal{L}_1(X)$ が存在するので，この系より，任意の mm 空間 X は有限次元 mm 空間 $\underline{X}_N$ により近似される．

注意 4.62 区間 $[0,1]$ の無限直積 $[0,1]^\infty$ は l^∞ ノルムに関して可分でない（証明は注意 4.69 を見よ）．従って，$([0,1]^\infty, \|\cdot\|_\infty, \mathcal{L}^\infty)$ は mm 空間ではない．ここで，$\mathcal{L}^\infty$ は 1 次元ルベーグ測度の無限直積測度である．また $\mathcal{L}_1([0,1]^\infty, \|\cdot\|_\infty, \mathcal{L}^\infty)$ は d_{KF} に関してコンパクトでない．実際，関数 $\varphi_i : [0,1]^\infty \to \mathbb{R}$ を i 番目の成分への射影とすると，ある定数 $c > 0$ に対して $d_{\mathrm{KF}}([\varphi_i], [\varphi_j]) = c \ (i \neq j)$ が成り立つから，$\mathcal{L}_1([0,1]^\infty, \|\cdot\|_\infty, \mathcal{L}^\infty)$ は非コンパクトである．

命題 4.63 X を mm 空間として，$\{[\varphi_i]\}_{i=1}^\infty \subset \mathcal{L}_1(X)$ が d_{KF} に関して稠密であるとする．

$$\Phi_\infty := (\varphi_1, \varphi_2, \dots) : X \to \mathbb{R}^\infty,$$
$$\underline{\mu}_\infty := (\Phi_\infty)_* \mu_X,$$
$$\underline{X}_\infty := (\Phi_\infty(X), \|\cdot\|_\infty, \underline{\mu}_\infty)$$

と定義すると，$\underline{X}_\infty$ は mm 空間であり，$\Phi_\infty : X \to \underline{X}_\infty$ は mm 同型写像である．

証明 写像 $\Phi_\infty : X \to \underline{X}_\infty$ が等長写像であることを示せばよい．実際，もしそれが正しいなら，像 $\Phi_\infty(X)$ は l^∞ ノルムに関して可分だからである．

以下，Φ_∞ が等長写像であることを示す．証明は定理 4.60 の類似である．各 φ_i が 1-リップシッツ連続なので，$\Phi_\infty : X \to \underline{X}_\infty$ は 1-リップシッツ連続である．任意の 2 点 $x, y \in X$ をとる．$\{[\varphi_i]\}_{i=1}^\infty \subset \mathcal{L}_1(X)$ が d_{KF} に関して稠密なので，ある部分列 $\{[\varphi_{i_j}]\}_{j=1}^\infty$ が存在して，$\lim_{j\to\infty} d_{\mathrm{KF}}([\varphi_{i_j}], [d_x]) = 0$ をみ

4.5 有限次元近似 **107**

たす．ゆえに，ある c_j が存在して，$j \to \infty$ のとき $\varphi_{i_j}^{(c_j)}$ は d_x へ測度収束する．ここで，$\varphi_{i_j}^{(c_j)} := \varphi_{i_j} + c_j$ である．任意の $\varepsilon > 0$ に対して，j が十分大きければ，2 つの距離球 $U_\varepsilon(x)$ と $U_\varepsilon(y)$ は両方とも $\{\,|\varphi_{i_j}^{(c_j)} - d_x| \le \varepsilon\,\}$ と交わる．従って，ある点列 $\{x_j\}_{j=1}^\infty, \{y_j\}_{j=1}^\infty \subset X$ が存在して，

$$\lim_{j\to\infty} x_j = x, \qquad \lim_{j\to\infty} y_j = y,$$

$$\lim_{j\to\infty} \varphi_{i_j}^{(c_j)}(x_j) = d_x(x) = 0, \quad \lim_{j\to\infty} \varphi_{i_j}^{(c_j)}(y_j) = d_x(y) = d_X(x,y).$$

よって，

$$\|\Phi_\infty(x) - \Phi_\infty(y)\|_\infty \ge |\varphi_{i_j}(x) - \varphi_{i_j}(y)| = |\varphi_{i_j}^{(c_j)}(x) - \varphi_{i_j}^{(c_j)}(y)|$$

$$\ge |\varphi_{i_j}^{(c_j)}(x_j) - \varphi_{i_j}^{(c_j)}(y_j)| - d_X(x,x_j) - d_X(y,y_j) \overset{j\to\infty}{\longrightarrow} d_X(x,y).$$

これと Φ_∞ の 1-リップシッツ連続性から Φ_∞ は等長同型である．証明終わり． $\square$

演習問題 4.64　　(1) d_{KF} が $\mathcal{L}^1(X)$ 上で三角不等式をみたすことを示せ．

(2) $\mathcal{L}ip_1(X)$ への $\mathbb{R}$-作用の軌道は d_{KF} に関して閉集合であることを示せ．

4.6　無限積空間へ収束，その 1

この節では，ある条件の下で有限積空間が無限積空間へボックス収束することを示す．

p を $1 \le p \le +\infty$ をみたす拡張実数とし，$\{F_n\}_{n=1}^\infty$ を距離空間の列とする．$n = 1, 2, \ldots, \infty$ に対して

$$X_n := \prod_{i=1}^n F_i \quad \text{(有限積または無限積)}$$

とおく．

定義 4.65 (l^p 距離)　　2 点 $x = (x_i)_{i=1}^n, y = (y_i)_{i=1}^n \in X_n$ $(1 \le n \le \infty)$ に対して，

$$d_{l^p}(x,y) := \begin{cases} \left(\displaystyle\sum_{i=1}^n d_{F_i}(x_i, y_i)^p \right)^{\frac{1}{p}} & (p < +\infty), \\[2mm] \displaystyle\sup_{i=1}^n d_{F_i}(x_i, y_i) & (p = +\infty) \end{cases}$$

とおき，d_{l^p} を X_n 上の l^p 距離 (l^p distance) と呼ぶ．

d_{l^p} は拡張距離である．

以下の条件を考える．

108　第 4 章　ボックス距離

条件 4.66 $p < +\infty$ のとき

$$\inf_{k=1,2,\dots} \sum_{n=k}^{\infty} \mathrm{diam}(F_n)^p = 0 \tag{4.10}$$

であり, $p = +\infty$ のとき

$$\lim_{n \to \infty} \mathrm{diam}(F_n) = 0 \tag{4.11}$$

が成り立つ.

ここで, $\mathrm{diam}(F_n) = +\infty$ の可能性もあることに注意する. 条件 4.66 を仮定すると, $\mathrm{diam}(F_n) = +\infty$ をみたす n は高々有限個となる. すべての n に対して $\mathrm{diam}(F_n) < +\infty$ であるときは, (4.10) は $\sum_{n=1}^{\infty} \mathrm{diam}(F_n)^p < +\infty$ と同値である.

補題 4.67 (1) X_∞ 上で l^p 距離から導入される位相は積位相より強い.

(2) 条件 4.66 と X_∞ 上で l^p 距離から導入される位相が積位相と一致することは互いに必要十分条件である.

証明 (1) を示す. X_∞ 上の積位相は以下を開基にもつ.

$$\mathcal{B} := \left\{ \prod_{n=1}^{\infty} O_n \mid O_n \subset F_n : \text{開集合}, \; ^\exists k, \, ^\forall n \geq k, \, O_n = F_n \right\}.$$

任意の $\prod_{n=1}^{\infty} O_n \in \mathcal{B}$ が l^p 距離に関する開集合であることを示せばよい. ある k が存在して任意の $n \geq k$ に対して $O_n = F_n$ が成り立つ. 任意の点 $x = (x_n)_{n=1}^{\infty} \in \prod_{n=1}^{\infty} O_n$ をとる. 各 O_n は開集合なので, 任意の $n < k$ に対して, ある $\delta_n > 0$ が存在して $U_{\delta_n}(x_n) \subset O_n$ をみたす. $\delta := \min\{\delta_1, \dots, \delta_{k-1}\}$ とおく. 任意の $y = (y_n)_{n=1}^{\infty} \in U_\delta(x)$ に対して, $d_{F_n}(x_n, y_n) \leq d_{l^p}(x, y) < \delta$ なので, 任意の n に対して $y_n \in O_n$ が成り立つ. よって $U_\delta(x)$ は $\prod_{n=1}^{\infty} O_n$ に含まれるので, x は $\prod_{n=1}^{\infty} O_n$ の l^p 距離に関する内点である. 従って $\prod_{n=1}^{\infty} O_n$ は l^p 距離に関して開集合である. (1) が示された.

(2) を示す. 最初に条件 4.66 を仮定して, X_∞ 上で l^p 距離から導入される位相が積位相と一致することを示す. $p = +\infty$ の場合は $p < +\infty$ の場合と同様に示せるので, $p < +\infty$ の場合のみ示す. X_∞ の l^p 距離に関する開距離球全体の族は開基をなすので, (1) より, 任意の開距離球 $U_\varepsilon(x)$ $(\varepsilon > 0, \, x \in X_\infty)$ が積位相に関して開集合であることを示せばよい. 任意の点 $y \in U_\varepsilon(x)$ をとる. $d_{l^p}(x, y) < \varepsilon$ および条件 4.66 より, ある番号 k が存在して

$$\left(\sum_{n=k+1}^{\infty} \mathrm{diam}(F_n)^p \right)^{\frac{1}{p}} < \varepsilon - d_{l^p}(x, y)$$

をみたす. ゆえに, ある k 個の実数 $\delta_1, \dots, \delta_k > 0$ が存在して,

4.6 無限積空間へ収束, その 1　**109**

$$\left(\sum_{n=1}^{k} \delta_n^p \right)^{\frac{1}{p}} < \varepsilon - d_{l^p}(x, y) - \left(\sum_{n=k+1}^{\infty} \operatorname{diam}(F_n)^p \right)^{\frac{1}{p}}$$

をみたす. 集合

$$O := U_{\delta_1}(y_1) \times \cdots \times U_{\delta_k}(y_k) \times F_{k+1} \times F_{k+2} \times \cdots$$

は積位相に関して開集合であり, y を含む. 後は $O \subset U_\varepsilon(x)$ を示せばよい. 任意の $z \in O$ に対して

$$d_{l^p}(y, z) \le \left(\sum_{n=1}^{k} \delta_n^p + \sum_{n=k+1}^{\infty} \operatorname{diam}(F_n)^p \right)^{\frac{1}{p}}$$
$$\le \left(\sum_{n=1}^{k} \delta_n^p \right)^{\frac{1}{p}} + \left(\sum_{n=k+1}^{\infty} \operatorname{diam}(F_n)^p \right)^{\frac{1}{p}}$$
$$< \varepsilon - d_{l^p}(x, y)$$

より, $d_{l^p}(x, z) \le d_{l^p}(x, y) + d_{l^p}(y, z) < \varepsilon$. ゆえに $z \in U_\varepsilon(x)$ が成り立つ. 従って $O \subset U_\varepsilon(x)$ となり, $U_\varepsilon(x)$ が積位相に関して開集合であることが示された.

次に X_∞ 上で l^p 距離から導入される位相が積位相と一致するならば, 条件 4.66 が成り立つことを示す. 2 つの場合に分けてこれの対偶を示す.

$p < +\infty$ のとき, 条件 4.66 を否定すると, 任意の k に対して $\sum_{n=k}^{\infty} \operatorname{diam}(F_n)^p = +\infty$ となる. (1) の証明で定義した X_∞ の積位相に関する開基 $\mathcal{B}$ に対して, 任意の $\mathcal{B}$ の元の l^p 距離に関する直径は無限大となり, 特にどんな距離球体にも含まれない. 従って, l^p 距離に関する任意の距離球体は積位相に関して開集合ではない. よって, X_∞ 上で l^p 距離から導入される位相は積位相と一致しない.

$p = +\infty$ のとき, 条件 4.66 を否定すると, $\limsup_{n \to \infty} \operatorname{diam}(F_n) > 0$ となる. $\limsup_{n \to \infty} \operatorname{diam}(F_n) > \delta > 0$ をみたすような δ をとる. すると, $\mathcal{B}$ の任意の元の l^∞ 距離に関する直径は δ 以上となり, 半径が $\delta/2$ 未満の距離球体には含まれない. ゆえに, 半径が $\delta/2$ 未満の距離球体は積位相に関して開集合ではないので, X_∞ 上で l^∞ 距離から導入される位相は積位相と一致しない.

補題の証明終わり. □

補題 4.68 (1) もし各 F_n が完備ならば (X_∞, d_{l^p}) も完備である.

(2) もし条件 4.66 が成り立ち, かつ各 F_n が可分ならば, (X_∞, d_{l^p}) も可分である.

証明 (1) を示す. $\{x_i\}_{i=1}^{\infty}$ を (X_∞, d_{l^p}) の任意のコーシー列とし, $(x_{in})_{n=1}^{\infty} := x_i$ とおく. $d_{F_n}(x_{in}, x_{jn}) \le d_{l^p}(x_i, x_j)$ なので, 各 n に対して, 点列 $\{x_{in}\}_i$ は

110 第 4 章 ボックス距離

F_n のコーシー列となり収束する.

$$x_{\infty n} := \lim_{i \to \infty} x_{in}, \quad x_\infty := (x_{\infty n})_{n=1}^\infty$$

とおく.

$p < +\infty$ のとき

$$d_{l^p}(x_i, x_\infty)^p = \sum_{n=1}^\infty d_{F_n}(x_{in}, x_{\infty n})^p = \sum_{n=1}^\infty \lim_{j \to \infty} d_{F_n}(x_{in}, x_{jn})^p$$

$$\leq \liminf_{j \to \infty} \sum_{n=1}^\infty d_{F_n}(x_{in}, x_{jn})^p$$

$$= \liminf_{j \to \infty} d_{l^p}(x_i, x_j)^p \to 0 \quad (i \to \infty).$$

従って x_i は x_∞ へ l^p 距離に関して収束する.

$p = +\infty$ のときも同様の証明により, x_i は x_∞ へ l^p 距離に関して収束することが分かる. (1) が示された.

(2) を示す. F_n は第2可算公理をみたすので, F_n の高々可算な開基 $\{O_{ni}\}_{i=1}^\infty$ が存在する. ただし, $O_{n1} = F_n$ と仮定しておく. 補題 4.67(2) より, (X_∞, d_{l^p}) の位相は積位相と一致するので,

$$\mathcal{B} := \{ \, O_{1i_1} \times O_{2i_2} \times \cdots \times O_{ki_k} \times F_{k+1} \times F_{k+2} \times \cdots$$
$$\mid k = 1, 2, \ldots, \ i_1, i_2, \ldots, i_k = 1, 2, \ldots \}$$

は (X_∞, d_{l^p}) 上の開基である. 任意の k に対して,

$$\mathcal{B}_k := \{ \, O_{1i_1} \times O_{2i_2} \times \cdots \times O_{ki_k} \times F_{k+1} \times F_{k+2} \times \cdots$$
$$\mid i_1, i_2, \ldots, i_k = 1, 2, \ldots, k \, \}$$

は有限であり $\bigcup_{k=1}^\infty \mathcal{B}_k = \mathcal{B}$ をみたすので, $\mathcal{B}$ は高々可算である. 証明終わり. $\qquad\qquad\square$

注意 4.69 $1 \leq p \leq +\infty$ かつ $\inf_n \operatorname{diam}(F_n) > 0$ ならば, (X_∞, d_{l^p}) は可分でない. 特に, 1点でない mm 空間 F の無限直積空間 F^∞ は l^p 距離と無限直積測度 $\mu_F^{\otimes \infty}$ に関して mm 空間にならない.

証明 $\inf_n \operatorname{diam}(F_n) > 0$ と仮定すると, $\inf_n \operatorname{diam}(F_n) > \delta > 0$ をみたす δ が存在する. $\{x_k\}_{k=1}^\infty \subset X_\infty$ を任意の可算集合とし,

$$(x_{k1}, x_{k2}, \ldots) := x_k \quad (x_{kn} \in F_n)$$

とおく. 任意の整数 $k, n \geq 1$ に対して, ある点 $y_{kn} \in F_n$ が存在して $d_{F_n}(x_{kn}, y_{kn}) \geq \delta/2$ をみたす. $y := (y_{11}, y_{22}, \ldots) \in X_\infty$ とおくと,

$$d_{l^p}(x_k, y) \geq d_{F_k}(x_{kk}, y_{kk}) \geq \frac{\delta}{2}$$

が成り立つので，$\{x_k\}_{k=1}^\infty$ は X_∞ で稠密ではない．証明終わり． □

命題 4.70 $1 \le p \le +\infty$ とし，$\{F_n\}_{n=1}^\infty$ を mm 空間の列とする．$n = 1, 2, \ldots, \infty$ に対して，X_n は l^p 距離と直積測度 $\bigotimes_{k=1}^n \mu_{F_k}$ をもつとする．このとき，条件 4.66 の下で以下が成り立つ．

(1) X_∞ は mm 空間である．

(2) 任意の $n = 1, 2, \ldots$ に対して

$$X_1 \prec X_2 \prec \cdots \prec X_n \prec X_\infty.$$

(3) $n \to \infty$ のとき X_n は X_∞ へボックス収束する．

証明 (1) を示す．補題 4.68 から X_∞ は完備可分距離空間となるので，mm 空間である．

(2) は明らか．

(3) を示す．1 点 $x_0 = (x_{0n})_{n=1}^\infty \in X_\infty$ を固定して，等長埋め込み写像

$$\iota_n : X_n \ni (x_1, \ldots, x_n) \mapsto (x_1, \ldots, x_n, x_{0,n+1}, x_{0,n+2}, \ldots) \in X_\infty.$$

を定義する．X_n は $(X_\infty, (\iota_n)_* \mu_{X_n})$ と mm 同型なので，命題 4.18 より，$n \to \infty$ のとき $(\iota_n)_* \mu_{X_n}$ が μ_{X_∞} へ弱収束することを示せばよい．

$O \subset X_\infty$ を任意の開集合とする．$\mathcal{B}$ を補題 4.68 の証明で定義した X_∞ の開基とすると，ある $O_i \in \mathcal{B}$ $(i = 1, 2, \ldots)$ が存在して，$O = \bigcup_{i=1}^\infty O_i$ と表される．$\mathcal{B}$ の定義より，任意の整数 $N \ge 1$ に対して，$\tilde{O}_N := \bigcup_{i=1}^N O_i$ は，ある k とある開集合 $U \subset X_k$ に対して

$$\tilde{O}_N = U \times F_{k+1} \times F_{k+2} \times \cdots$$

と表される．従って，$n \ge k$ のとき $(\iota_n)_* \mu_{X_n}(\tilde{O}_N) = \mu_{X_\infty}(\tilde{O}_N)$ が成り立つ．これと $O = \bigcup_{N=1}^\infty \tilde{O}_N$ より

$$\liminf_{n \to \infty} (\iota_n)_* \mu_{X_n}(O) \ge \sup_{N=1,2,\ldots} \liminf_{n \to \infty} (\iota_n)_* \mu_{X_n}(\tilde{O}_N)$$

$$= \sup_{N=1,2,\ldots} \mu_{X_\infty}(\tilde{O}_N) = \mu_{X_\infty}(O).$$

よってポートマントー定理（補題 1.38）より弱収束 $(\iota_n)_* \mu_{X_n} \to \mu_{X_\infty}$ が従う．証明終わり． □

4.7 パラメーターを用いたボックス距離の特徴付け

この節では，グロモフがパラメーターの概念を用いて定義したボックス距離が定義 4.4 のものと同じになることを示す．この節の内容は他では使わないので，読み飛ばしても差し支えない．

112 第 4 章 ボックス距離

定義 4.71（パラメーター） $I := [0,1)$ とおき，X を位相空間，μ を X 上のボレル確率測度とする．写像 $\varphi : I \to X$ が (X, μ) の**パラメーター**（parameter）であるとは，φ がボレル可測であり，$\varphi_* \mathcal{L}^1 = \mu$ をみたすときをいう．ここで，$\mathcal{L}^1$ は I 上の 1 次元ルベーグ測度である．

任意の mm 空間に対して，そのパラメーターは常に（一般には数多く）存在する．アトムをもたない mm 空間に対しては，ボレル同型なパラメーターが存在することが知られている（[68, Lemma 4.2] を参照）．

以下がグロモフが定義したボックス距離である．

定義 4.72（オリジナルのボックス距離） 2 つの mm 空間 X と Y に対して $\square_o(X, Y)$ を以下をみたすような実数 $\varepsilon \geq 0$ の下限と定義する．あるパラメーター $\varphi : I \to X$, $\psi : I \to Y$ とボレル集合 $\tilde{I} \subset I$ が存在して，次の (i), (ii) をみたす．

(i) 任意の $s, t \in \tilde{I}$ に対して $|\varphi^* d_X(s,t) - \psi^* d_Y(s,t)| \leq \varepsilon$.

(ii) $\mathcal{L}^1(\tilde{I}) \geq 1 - \varepsilon$.

ここで，$\varphi^* d_X(s,t) := d_X(\varphi(s), \varphi(t))$, $\psi^* d_Y(s,t) := d_Y(\psi(s), \psi(t))$ とおいた．

命題 4.73 任意の 2 つの mm 空間 X, Y に対して

$$\square(X, Y) = \square_o(X, Y).$$

この命題を示すために以下を証明する．

補題 4.74 X, Y を mm 空間とするとき，

$$\Pi(X, Y) = \{ (\varphi, \psi)_* \mathcal{L}^1 \mid \varphi, \psi \text{ はそれぞれ } X, Y \text{ のパラメーター} \}.$$

証明 「$\supset$」を示す．任意のパラメーター $\varphi : I \to X$, $\psi : I \to Y$ に対して，

$$(p_1)_* (\varphi, \psi)_* \mathcal{L}^1 = (p_1 \circ (\varphi, \psi))_* \mathcal{L}^1 = \varphi_* \mathcal{L}^1 = \mu_X.$$

同様に $(p_2)_* (\varphi, \psi)_* \mathcal{L}^1 = \mu_Y$ なので，$(\varphi, \psi)_* \mathcal{L}^1 \in \Pi(X, Y)$ である．

「$\subset$」を示す．任意の $\pi \in \Pi(X, Y)$ をとる．π に関するパラメーター $\Phi : I \to X \times Y$ が存在する．$\varphi := p_1 \circ \Phi$, $\psi := p_2 \circ \Phi$ とおくと，

$$\varphi_* \mathcal{L}^1 = (p_1)_* \Phi_* \mathcal{L}^1 = (p_1)_* \pi = \mu_X$$

同様に $\psi_* \mathcal{L}^1 = \mu_Y$ となるので，これらはそれぞれ X, Y のパラメーターとなる．$(\varphi, \psi)_* \mathcal{L}^1 = \Phi_* \mathcal{L}^1 = \pi$ だから補題が成り立つ． $\square$

命題 4.73 の証明 $\square(X, Y) \geq \square_o(X, Y)$ を示す．任意の実数 $\varepsilon > \square(X, Y)$ を

4.7 パラメーターを用いたボックス距離の特徴付け **113**

とる. ある $\pi \in \Pi(X, Y)$ とボレル集合 $S \subset X \times Y$ が存在して, $\pi(S) > 1 - \varepsilon$, $\mathrm{dis}(S) < \varepsilon$ をみたす. 補題 4.74 より, あるパラメーター $\varphi : I \to X$, $\psi : I \to Y$ が存在して, $\pi = (\varphi, \psi)_* \mathcal{L}^1$ をみたす. $\tilde{I} := (\varphi, \psi)^{-1}(S)$ とおくと, $\mathcal{L}^1(\tilde{I}) = (\varphi, \psi)_* \mathcal{L}^1(S) = \pi(S) > 1 - \varepsilon$ が成り立つ. また $\mathrm{dis}(S) < \varepsilon$ より, 任意の $s, t \in \tilde{I}$ に対して

$$| \varphi^* d_X(s,t) - \psi^* d_Y(s,t) | < \varepsilon$$

が成り立つので, $\square_o(X, Y) \leq \varepsilon$ が得られた. よって $\square(X, Y) \geq \square_o(X, Y)$ が成り立つ.

$\square(X, Y) \leq \square_o(X, Y)$ を示す. 任意の実数 $\varepsilon > \square_o(X, Y)$ をとる. あるパラメーター $\varphi : I \to X$, $\psi : I \to Y$ とボレル集合 $\tilde{I} \subset I$ が存在して, $\mathcal{L}^1(\tilde{I}) > 1 - \varepsilon$ かつ $|\varphi^* d_X(s,t) - \psi^* d_Y(s,t)| < \varepsilon$ $(s, t \in \tilde{I})$ をみたす. $S := \overline{(\varphi, \psi)(\tilde{I})}$ とおくと, $\mathrm{dis}(S) \leq \varepsilon$ かつ $(\varphi, \psi)_* \mathcal{L}^1(S) \geq \mathcal{L}^1(\tilde{I}) > 1 - \varepsilon$ をみたす. 補題 4.74 より $(\varphi, \psi)_* \mathcal{L}^1 \in \Pi(X, Y)$ だから $\square(X, Y) \leq \varepsilon$ が成り立つ. 命題が示された. $\square$

4.8 ノート

グロモフの原書 [21] では, ボックス距離は $\square_1(X, Y)$ という記号が使われていたが, 本書では単純に $\square(X, Y)$ とした. また, グロモフはパラメーターを用いた定義 4.72 の $\square_o$ によりボックス距離を定義したが, 本書の輸送計画を用いたボックス距離の定義 4.4 と命題 4.73 は中島 [48, 50] による. この章で紹介したボックス距離の基本的性質の証明は [48, 50, 54] の方法を参考にして新たに書き下ろしたものである. ボックス距離の非退化性の証明はいくつか知られているが, 本書の方法が最も明快と思われる. 命題 4.22 は [37] によって初めて証明されたことになっているが, 命題 4.18 と補題 4.19 はその前から知られていた. また同時期に書かれた小澤の修士論文 [78] にも命題 4.22 の証明が書かれていた. 片側ボックス距離と定理 4.49 の証明のアイディアは中島 [51] による. その他, 細部の証明は [68] から移植した. ε-mm 同型に関することは筆者 [68] による.

第 5 章
オブザーバブル距離とメジャーメント

この章では，測度の集中現象のアイディアから定義されるオブザーバブル距離を導入し，それによる mm 空間の収束について論ずる．

5.1 オブザーバブル距離の定義と基本的性質

定義 5.1（オブザーバブル距離） X, Y を mm 空間とする．射影 $p_1 : X \times Y \to X$ に対して

$$p_1^* \mathcal{L}ip_1(X) := \{ f \circ p_1 \mid f \in \mathcal{L}ip_1(X) \}$$

とおく（$p_2^* \mathcal{L}ip_1(Y)$ も同様）．輸送計画 $\pi \in \Pi(X, Y)$ に対して

$$d_{\mathrm{conc}}^\pi(X, Y) := (d_{\mathrm{KF}}^\pi)_{\mathrm{H}}(p_1^* \mathcal{L}ip_1(X), p_2^* \mathcal{L}ip_2(Y))$$

とおき，X と Y の間の**オブザーバブル距離**（observable distance）を

$$d_{\mathrm{conc}}(X, Y) := \inf_{\pi \in \Pi(X, Y)} d_{\mathrm{conc}}^\pi(X, Y)$$

で定義する．

オブザーバブル距離 d_{conc} は明らかに対称である．また，$d_{\mathrm{KF}} \leq 1$ より，$d_{\mathrm{conc}} \leq 1$ である．オブザーバブル距離の基本的な性質を示すために，まずボックス距離との関係を調べる．

命題 5.2 任意の mm 空間 X, Y に対して

$$d_{\mathrm{conc}}(X, Y) \leq \square(X, Y).$$

証明 $\square(X, Y) < \varepsilon$ をみたす任意の ε をとる．ある $\pi \in \Pi(X, Y)$ とボレル集合 $S \subset X \times Y$ が存在して $\pi(S) > 1 - \varepsilon$ かつ $\mathrm{dis}(S) < \varepsilon$ をみたす．任意の $f \in \mathcal{L}ip_1(X)$ に対して補題 1.6 より $d_{\mathrm{KF}}^\pi(f \circ p_1, \tilde{f}_{1,S} \circ p_2) < \varepsilon$ が成り立つので，

$p_1^* \mathcal{L}ip_1(X) \subset U_\varepsilon(p_2^* \mathcal{L}ip_1(Y))$ である. 同様に $p_2^* \mathcal{L}ip_1(Y) \subset U_\varepsilon(p_1^* \mathcal{L}ip_1(X))$ も得られるので, $d_{\mathrm{conc}}(X, Y) \le d_{\mathrm{conc}}^\pi(X, Y) \le \varepsilon$ が成り立つ. ε の任意性より命題が得られる. $\qquad\square$

命題 5.2 と補題 4.6 より以下が従う.

系 5.3 2 つの mm 空間 X, Y が互いに mm 同型ならば $d_{\mathrm{conc}}(X, Y) = 0$ が成り立つ.

次に三角不等式を示そう.

補題 5.4 (1) 任意の mm 空間 X, Y, Z と $\pi_1 \in \Pi(X, Y)$, $\pi_2 \in \Pi(Y, Z)$ に対して

$$d_{\mathrm{conc}}^{\pi_2 \circ \pi_1}(X, Z) \le d_{\mathrm{conc}}^{\pi_1}(X, Y) + d_{\mathrm{conc}}^{\pi_2}(Y, Z).$$

(2) d_{conc} は三角不等式をみたす.

証明 (1) を示す. p_i $(i = 1, 2, 3)$ を $X \times Y \times Z$ からの i 番目の成分への射影とすると,

$$\begin{aligned}
d_{\mathrm{conc}}^{\pi_2 \circ \pi_1}(X, Z) &= (d_{\mathrm{KF}}^{\pi_2 \bullet \pi_1})_{\mathrm{H}}(p_1^* \mathcal{L}ip_1(X), p_3^* \mathcal{L}ip_1(Z)) \\
&\le (d_{\mathrm{KF}}^{\pi_2 \bullet \pi_1})_{\mathrm{H}}(p_1^* \mathcal{L}ip_1(X), p_2^* \mathcal{L}ip_1(Y)) \\
&\quad + (d_{\mathrm{KF}}^{\pi_2 \bullet \pi_1})_{\mathrm{H}}(p_2^* \mathcal{L}ip_1(Y), p_3^* \mathcal{L}ip_1(Z)) \\
&= d_{\mathrm{conc}}^{\pi_1}(X, Y) + d_{\mathrm{conc}}^{\pi_2}(Y, Z).
\end{aligned}$$

(2) を示す. (1) より, 任意の $\pi_1 \in \Pi(X, Y)$, $\pi_2 \in \Pi(Y, Z)$ に対して

$$d_{\mathrm{conc}}(X, Z) \le d_{\mathrm{conc}}^{\pi_2 \circ \pi_1}(X, Z) \le d_{\mathrm{conc}}^{\pi_1}(X, Y) + d_{\mathrm{conc}}^{\pi_2}(Y, Z).$$

π_1, π_2 を動かして右辺の下限をとれば (2) が得られる. 証明終わり. $\qquad\square$

系 5.3 と補題 5.4(2) から以下が得られる.

補題 5.5 X, X', Y, Y' を mm 空間とする. X, Y がそれぞれ X', Y' に mm 同型ならば,

$$d_{\mathrm{conc}}(X, Y) = d_{\mathrm{conc}}(X', Y').$$

これにより以下が分かる.

補題 5.6 オブザーバブル距離 d_{conc} は $\mathcal{X}$ 上の擬距離を定める.

非退化性の証明は次節で行う.

定義 5.7(集中位相, 集中) オブザーバブル距離 d_{conc} が定める $\mathcal{X}$ 上の位相を

116 第 5 章 オブザーバブル距離とメジャーメント

集中位相（concentration topology）と呼び，その収束を**集中**（concentration）
と呼ぶ．すなわち，mm 空間の列が mm 空間へ**集中する**（concentrate）とは，
オブザーバブル距離による収束を意味する．

現時点では，オブザーバブル距離の非退化性は分からないので，集中位相は
ハウスドルフかどうかはまだ分からない．

補題 5.8 任意の mm 空間 X に対して

$$d_{\mathrm{conc}}(X, *) = \sup_{f \in \mathcal{L}ip_1(X)} \inf_{c \in \mathbb{R}} d_{\mathrm{KF}}(f, c).$$

証明 $\pi \in \Pi(X, *)$ をとる．$p_2^* \mathcal{L}ip_1(*)$ は $X \times *$ 上の定数関数全体の集合とな
るので，

$$
\begin{aligned}
d_{\mathrm{conc}}^{\pi}(X, *) &= (d_{\mathrm{KF}}^{\pi})_{\mathrm{H}}(p_1^* \mathcal{L}ip_1(X), p_2^* \mathcal{L}ip_1(*)) \\
&= \sup_{f \in \mathcal{L}ip_1(X)} \inf_{c \in \mathbb{R}} d_{\mathrm{KF}}^{\pi}(f \circ p_1, c) \\
&= \sup_{f \in \mathcal{L}ip_1(X)} \inf_{c \in \mathbb{R}} d_{\mathrm{KF}}^{\mu_X}(f, c).
\end{aligned}
$$

補題が示された． $\square$

命題 5.9 任意の mm 空間 X に対して

$$d_{\mathrm{conc}}(X, *) \le \mathrm{ObsDiam}(X) \le 2 d_{\mathrm{conc}}(X, *).$$

証明 まず左側の不等式を示す．$\mathrm{ObsDiam}(X) < \varepsilon$ をみたす ε を任意にと
る．すると $\mathrm{ObsDiam}(X; -\varepsilon) < \varepsilon$ なので，$\mathrm{diam}(f_* \mu_X; 1 - \varepsilon) < \varepsilon$ が任意の
関数 $f \in \mathcal{L}ip_1(X)$ に対して成り立つ．すると，$a < b$ なる実数 a, b が存在し
て $f_* \mu_X([a, b]) \ge 1 - \varepsilon$ かつ $b - a < \varepsilon$ をみたす．$c := (a + b)/2$ とおくと，
$[a, b] \subset (c - \varepsilon/2, c + \varepsilon/2)$ なので，$\mu_X(|f - c| < \varepsilon/2) \ge 1 - \varepsilon$ が成り立ち，
ゆえに $d_{\mathrm{KF}}(f, c) \le \varepsilon$ が得られる．従って補題 5.8 より $d_{\mathrm{conc}}(X, *) \le \varepsilon$ が成
り立つ．左側の不等式が示された．

右側の不等式を示す．$\varepsilon := d_{\mathrm{conc}}(X, *)$ とおくと，補題 5.8 より，任意の関
数 $f \in \mathcal{L}ip_1(X)$ に対してある実数 c が存在して，$d_{\mathrm{KF}}(f, c) \le \varepsilon$ をみたす．
$f_* \mu_X([c - \varepsilon, c + \varepsilon]) = \mu_X(|f - c| \le \varepsilon) \ge 1 - \varepsilon$ より，$\mathrm{diam}(f_* \mu_X; 1 - \varepsilon) \le 2\varepsilon$
となるので，$\mathrm{ObsDiam}(X; -\varepsilon) \le 2\varepsilon$ が成り立つ．命題の証明終わり． $\square$

命題 5.9 より以下が得られる．

系 5.10 $\{X_n\}_{n=1}^{\infty}$ を mm 空間の列とする．列 $\{X_n\}_{n=1}^{\infty}$ がレビ族であること
の必要十分条件は $\{X_n\}_{n=1}^{\infty}$ が 1 点 mm 空間 $*$ へ集中することである．

演習問題 5.11 実数 $r > 0$ に対して X_r を 2 点 a, b からなる mm 空間で
$d_{X_r}(a, b) = r$，$\mu_{X_r} = (\delta_a + \delta_b)/2$ とする．このとき，$d_{\mathrm{conc}}(X_r, *)$ の値を求

めよ.

5.2　メジャーメントとオブザーバブル距離の非退化性

この節では，メジャーメント（measurement）の概念を導入して，オブザーバブル距離の非退化性を証明する.

定義 5.12（N-メジャーメント）　X を mm 空間，$N \geq 1$ を整数とする. $\mathbb{R}^N$ 上のボレル確率測度全体の集合を $\mathcal{M}(N)$ とおく. $\mathcal{M}(N)$ は $\mathbb{R}^N$ 上の l^∞ ノルム $\|\cdot\|_\infty$ に関するプロホロフ距離 d_{P} をもつ距離空間とする. $\mathcal{M}(N)$ の部分集合

$$\mathcal{M}(X;N) := \{\, F_*\mu_X \mid F : X \to (\mathbb{R}^N, \|\cdot\|_\infty) : \text{1-リップシッツ} \,\}$$

を X の N-メジャーメント（N-measurement）と呼ぶ.

補題 5.13　mm 空間 X の N-メジャーメント $\mathcal{M}(X;N)$ は $\mathcal{M}(N)$ の閉集合である.

証明　列 $\{(F_n)_*\mu_X\}_{n=1}^\infty \subset \mathcal{M}(X;N)$ が測度 $\mu \in \mathcal{M}(N)$ へ弱収束すると仮定する. ここで，$F_n : X \to (\mathbb{R}^N, \|\cdot\|_\infty)$ $(n = 1, 2, \dots)$ は 1-リップシッツ写像である. このとき，μ が $\mathcal{M}(X;N)$ の元であることを示せばよい.

まず，1 点 $x_0 \in X$ を固定して，$\{F_n(x_0)\}_{n=1}^\infty$ が $\mathbb{R}^N$ の有界列であることを示そう. F_n の 1-リップシッツ連続性より，$F_n(B_1(x_0)) \subset B_1(F_n(x_0))$ であるから，

$$(F_n)_*\mu_X(B_1(F_n(x_0))) = \mu_X(F_n^{-1}(B_1(F_n(x_0)))) \geq \mu_X(B_1(x_0)) > 0$$

が成り立つ. もし $\{F_n\}$ のある部分列 $\{F_{n_i}\}$ に対して $i \to \infty$ のとき $\|F_{n_i}(x_0)\|_\infty$ が無限大へ発散するならば，任意の $R > 0$ に対して i が十分大きければ $B_1(F_{n_i}(x_0))$ は $U_R^N(\mathbf{o}) := \{\, x \in \mathbb{R}^N \mid \|x\|_\infty < R \,\}$ と交わらないので，

$$\mu(\mathbb{R}^N \setminus U_R^N(\mathbf{o})) \geq \liminf_{i \to \infty}(F_{n_i})_*\mu_X(\mathbb{R}^N \setminus U_R^N(\mathbf{o}))$$
$$\geq \liminf_{i \to \infty}(F_{n_i})_*\mu_X(B_1(F_{n_i}(x_0))) \geq \mu_X(B_1(x_0)) > 0.$$

他方で，$\lim_{R \to +\infty} \mu(\mathbb{R}^N \setminus U_R^N(\mathbf{o})) = 0$ だから矛盾である. 従って $\{F_n(x_0)\}$ は有界である.

補題 4.57 より，$\{F_n\}$ のある部分列 $\{F_{n_i}\}$ はある 1-リップシッツ写像 $F : X \to (\mathbb{R}^N, \|\cdot\|_\infty)$ へ測度収束する. 補題 1.58 より，$(F_{n_i})_*\mu_X$ は $F_*\mu_X$ へ弱収束するから，$\mu = F_*\mu_X \in \mathcal{M}(X;N)$ が成り立つ. 証明終わり.　□

補題 5.14 2つの mm 空間 X, Y に対して以下の (1) と (2) は互いに同値である.

(1) X は Y に支配される.

(2) 任意の整数 $N \geq 1$ に対して $\mathcal{M}(X; N) \subset \mathcal{M}(Y; N)$ が成り立つ.

証明 「(1) $\Longrightarrow$ (2)」を示す. (1) より, ある 1-リップシッツ写像 $f : Y \to X$ が存在して $f_* \mu_Y = \mu_X$ をみたす. 任意の $F_* \mu_X \in \mathcal{M}(X; N)$ をとる. ここで, $F : X \to (\mathbb{R}^N, \|\cdot\|_\infty)$ は 1-リップシッツ写像である. 合成写像 $F \circ f : Y \to (\mathbb{R}^N, \|\cdot\|_\infty)$ は 1-リップシッツであり, $F_* \mu_X = F_* f_* \mu_Y = (F \circ f)_* \mu_Y \in \mathcal{M}(Y; N)$ が成り立つ. ゆえに $\mathcal{M}(X; N) \subset \mathcal{M}(Y; N)$ が成り立つ.

「(2) $\Longrightarrow$ (1)」を示す. 系 4.61 より, ある測度の列 $\{\underline{\mu}_N\}_{N=1}^\infty \subset \mathcal{M}(X; N)$ が存在して, $N \to \infty$ のとき $\underline{X}_N = (\mathbb{R}^N, \|\cdot\|_\infty, \underline{\mu}_N)$ は X へボックス収束する. (2) より $\underline{\mu}_N \in \mathcal{M}(Y; N)$ だから, ある 1-リップシッツ写像 $F : Y \to \mathbb{R}^N$ が存在して $\underline{\mu}_N = F_* \mu_Y$ をみたす. 従って $\underline{X}_N$ は Y に支配される. 定理 4.49 より, X は Y に支配される. 証明終わり. $\square$

補題 5.15 任意の mm 空間 X, Y と整数 $N \geq 1$ に対して

$$(d_\mathrm{P})_\mathrm{H}(\mathcal{M}(X; N), \mathcal{M}(Y; N)) \leq N \cdot d_\mathrm{conc}(X, Y).$$

証明 $d_\mathrm{conc}(X, Y) < \varepsilon$ をみたすような任意の ε をとる. ある輸送計画 $\pi \in \Pi(X, Y)$ が存在して,

$$d_\mathrm{conc}^\pi(X, Y) = (d_\mathrm{KF}^\pi)_\mathrm{H}(p_1^* \mathcal{L}ip_1(X), p_2^* \mathcal{L}ip_1(Y)) < \varepsilon \tag{5.1}$$

をみたす.

包含関係

$$\mathcal{M}(X; N) \subset B_{N\varepsilon}(\mathcal{M}(Y; N)) \tag{5.2}$$

を示そう. 任意の元 $F_* \mu_X \in \mathcal{M}(X; N)$ をとる. ここで, $F : X \to (\mathbb{R}^N, \|\cdot\|_\infty)$ は 1-リップシッツ写像である. $(f_1, \ldots, f_N) := F$ とおくと, $f_i \in \mathcal{L}ip_1(X)$ なので $f_i \circ p_1 \in p_1^* \mathcal{L}ip_1(X)$ が成り立つ. (5.1) より, ある $g_i \in \mathcal{L}ip_1(Y)$ が存在して, $d_\mathrm{KF}(f_i \circ p_1, g_i \circ p_2) < \varepsilon$ をみたす. $G := (g_1, \ldots, g_N) : Y \to (\mathbb{R}^N, \|\cdot\|_\infty)$ とおくと, これは 1-リップシッツ連続なので, $G_* \mu_Y \in \mathcal{M}(Y; N)$ が成り立つ. ここで, 不等式

$$d_\mathrm{P}(F_* \mu_X, G_* \mu_Y) \leq N\varepsilon \tag{5.3}$$

が成り立つことを以下に証明する. このためには, 任意のボレル集合 $A \subset \mathbb{R}^N$ に対して $F_* \mu_X(B_\varepsilon(A)) \geq G_* \mu_Y(A) - N\varepsilon$ が成り立つことを示せばよい. さらに, $F_* \mu_X = (F \circ p_1)_* \pi$ と $G_* \mu_Y = (G \circ p_2)_* \pi$ より

5.2 メジャーメントとオブザーバブル距離の非退化性　**119**

$$F_*\mu_X(B_\varepsilon(A)) = \pi((F\circ p_1)^{-1}(B_\varepsilon(A))), \quad G_*\mu_Y(A) = \pi((G\circ p_2)^{-1}(A))$$

が成り立つので,

$$\pi((G\circ p_2)^{-1}(A)\setminus (F\circ p_1)^{-1}(B_\varepsilon(A))) \le N\varepsilon$$

を示せば十分である. 任意の点 $(x,y) \in (G\circ p_2)^{-1}(A)\setminus (F\circ p_1)^{-1}(B_\varepsilon(A))$ をとると, $G(y)\in A$ かつ $F(x)\notin B_\varepsilon(A)$ だから, $\|F(x)-G(y)\|_\infty > \varepsilon$ を得るので,

$$\pi((G\circ p_2)^{-1}(A)\setminus (F\circ p_1)^{-1}(B_\varepsilon(A)))$$
$$\le \pi(\{\,(x,y)\in X\times Y \mid \|F(x)-G(y)\|_\infty > \varepsilon\,\})$$
$$= \pi\left(\bigcup_{i=1}^{N}\{\,(x,y)\in X\times Y \mid |f_i(x)-g_i(y)| > \varepsilon\,\}\right)$$
$$\le \sum_{i=1}^{N}\pi(\{\,(x,y)\in X\times Y \mid |f_i(x)-g_i(y)| > \varepsilon\,\})$$
$$\le N\varepsilon$$

が成り立つ. ここで, 最後の不等式は $d_{\mathrm{KF}}(f_i\circ\varphi, g_i\circ\psi) < \varepsilon$ から従う. よって, (5.3) が示された.

(5.3) より (5.2) が従う. (5.2) は X と Y を交換しても成り立つので, 補題の式が得られる. 証明終わり. $\qquad\square$

メジャーメントを用いて以下を示す.

定理 5.16 オブザーバブル距離 d_{conc} は $\mathcal{X}$ 上で非退化であり距離となる. 特に $\mathcal{X}$ 上で集中位相はハウスドルフである.

証明 $d_{\mathrm{conc}}(X,Y) = 0$ と仮定すると, 補題 5.15 より, 任意の N に対して $\mathcal{M}(X;N) = \mathcal{M}(Y;N)$ が成り立つ. よって補題 5.14 より, $X \prec Y$ かつ $Y \prec X$ が成り立つ. 命題 3.14 より, X と Y は互いに mm 同型である. 証明終わり. $\qquad\square$

集中位相がハウスドルフであることを用いて, 以下を示す.

命題 5.17 部分族 $\mathcal{Y}\subset\mathcal{X}$ をボックス距離に関してプレコンパクトな mm 空間の同型類の族とする. このとき, $\mathcal{Y}$ のボックス位相に関する閉包上で, 集中位相とボックス位相は一致する.

証明 $\overline{\mathcal{Y}}^{\square}$ を $\mathcal{Y}$ のボックス位相に関する閉包とする. $(\mathcal{X},\square)$ の完備性 (定理 4.20) より, $\overline{\mathcal{Y}}^{\square}$ はボックス位相に関してコンパクトである. 命題 5.2 より, 恒等写像 $\mathrm{id}\colon (\overline{\mathcal{Y}}^{\square},\square) \to (\overline{\mathcal{Y}}^{\square},d_{\mathrm{conc}})$ は連続であり, これに位相同型定理 (コンパクト空間からハウスドルフ空間への連続全単射は同相写像) を適用すると,

これは位相同型写像となる．証明終わり． □

命題 5.17 と系 4.38 から以下が従う．

系 5.18 $\mathcal{Y} \subset \mathcal{X}$ を mm 空間の同型類の一様族とすると，$\mathcal{Y}$ のボックス位相に関する閉包上で，集中位相とボックス位相は一致する．特に，もし $\{X_n\}_{n=1}^{\infty}$ が mm 空間の一様な列で mm 空間 X へ集中するならば，X_n は X へボックス収束する．

定義 5.19（h-等質測度）　$h \geq 1$ を実数とする．距離空間 X 上のボレル測度 μ が h-等質（h-homogeneous）であるとは，任意の 2 点 $x, y \in X$ と実数 $r > 0$ に対して

$$\mu(B_r(x)) \leq h\,\mu(B_r(y))$$

が成り立つときをいう．

可分距離空間 X 上の恒等的に 0 でない任意の h-等質ボレル測度 μ は $\mathrm{supp}(\mu) = X$ をみたす．

命題 5.20　$h \geq 1$ を実数とし，X を h-等質測度 μ_X をもつ mm 空間とすると，

$$\Box(X, *) \geq \frac{1}{2(1+h)} \wedge \frac{\mathrm{diam}(X)}{5}$$

が成り立つ．

証明　背理法で示す．X を h-等質測度をもつ mm 空間とし，

$$\Box(X, *) < r := \frac{1}{2(1+h)} \wedge \frac{\mathrm{diam}(X)}{5}$$

と仮定すると，ある $\pi \in \Pi(X, *)$ とボレル集合 $S \subset X$ が存在して，$\mathrm{dis}(S \times *) < r$ かつ $\pi(S \times *) > 1 - r$ をみたす．1 点 $s \in S$ をとる．$\mathrm{diam}(X) \geq 5r$ より，ある点 $x \in X$ が存在して $d_X(s, x) > 2r$ をみたす．$B_r(s)$ と $B_r(x)$ は互いに交わらないので，μ_X の h-等質性から

$$1 \geq \mu_X(B_r(s)) + \mu_X(B_r(x))$$
$$\geq (1 + h^{-1})\,\mu_X(B_r(s)) = (1 + h^{-1})\,\pi(B_r(s) \times *).$$

$\mathrm{dis}(S \times *) < r$ より $S \subset B_r(s)$ となるので

$$\geq (1 + h^{-1})\,\pi(S \times *) > (1 + h^{-1})(1 - r)$$
$$\geq \left(1 + \frac{1}{h}\right)\left(1 - \frac{1}{2(1+h)}\right) = 1 + \frac{1}{2h} > 1.$$

これは矛盾．命題が示された． □

5.2　メジャーメントとオブザーバブル距離の非退化性　**121**

系 5.21 $h \geq 1$ を実数とし，$\{X_n\}_{n=1}^{\infty}$ を h-等質測度をもつ mm 空間の列とする．もし $\{X_n\}$ がレビ族であり，X_n の直径が $\inf_n \operatorname{diam}(X_n) > 0$ をみたすならば，$\{X_n\}$ はボックス収束するような部分列をもたない．

証明 $\{X_n\}_{n=1}^{\infty}$ を h-等質測度をもつ mm 空間の列とし，$\{X_n\}$ がレビ族度で，$\inf_n \operatorname{diam}(X_n) > 0$ をみたすと仮定する．$\{X_n\}$ がボックス収束するような部分列をもつとすると，命題 5.2 と系 5.10 より，そのような部分列の極限は 1 点 mm 空間である．これは命題 5.20 に矛盾する．証明終わり． $\square$

$\{S^n(1)\}$, $\{\mathbb{R}P^n\}$, $\{\mathbb{C}P^n\}$, $\{SO(n)\}$, $\{SU(n)\}$, $\{Sp(n)\}$ はすべて 1-等質測度をもつレビ族なので（例 3.38 と系 3.61 を見よ），系 5.21 より以下が成り立つ．

系 5.22 $\{S^n(1)\}$, $\{\mathbb{R}P^n\}$, $\{\mathbb{C}P^n\}$, $\{SO(n)\}$, $\{SU(n)\}$, $\{Sp(n)\}$ の任意の部分列はボックス収束しない．

注意 5.23 系 5.22 の列はすべて一様ではない．集中位相の観点から考えると，mm 空間の一様でない列は一様列よりも興味深い．

演習問題 5.24 X を mm 空間とし，$\varphi : (\mathbb{R}^N, \|\cdot\|_{\infty}) \to (\mathbb{R}^N, \|\cdot\|_{\infty})$ を等長変換とする．このとき，$\varphi_* \mathcal{M}(X; N) = \mathcal{M}(X; N)$ が成り立つことを示せ．

5.3 メジャーメントの収束

この節では以下を証明する．

定理 5.25 X_n $(n = 1, 2, \dots)$ と Y を mm 空間とするとき，以下の (1), (2) は互いに同値である．

(1) $n \to \infty$ のとき X_n は Y へ集中する．

(2) 任意の整数 $N \geq 1$ に対して，$n \to \infty$ のとき N-メジャーメント $\mathcal{M}(X_n; N)$ は $\mathcal{M}(Y; N)$ へ $(d_{\mathrm{P}})_{\mathrm{H}}$ に関して収束する．

「(1) $\Longrightarrow$ (2)」は補題 5.15 から従う．

「(2) $\Longrightarrow$ (1)」を示すためにいくつかの補題が必要となる．

補題 5.26 X を位相空間，μ を X 上のボレル確率測度，Y を距離空間，$p : X \to Y$ をボレル可測写像とする．このとき，任意のボレル可測関数 $f, g : Y \to \mathbb{R}$ に対して

$$d_{\mathrm{KF}}^{\mu}(p^* f, p^* g) = d_{\mathrm{KF}}^{p_* \mu}(f, g)$$

が成り立つ．ここで，$p^* f := f \circ p$ とおく．

証明 任意の $\varepsilon \geq 0$ に対して

$$p_* \mu_X(|f - g| > \varepsilon) = \mu_X(p^{-1}(\{|f - g| > \varepsilon\}))$$
$$= \mu_X(|p^* f - p^* g| > \varepsilon).$$

が成り立つので，これから補題が従う． $\qquad\square$

以下，X, Y を mm 空間とする．

定義 5.27（ε-**集中の誘導**） ボレル可測写像 $p : X \to Y$ が ε-**集中を誘導**する (induce ε-concentration) とは，

$$(d_{\mathrm{KF}}^{\mu_X})_{\mathrm{H}}(\mathcal{L}ip_1(X), p^* \mathcal{L}ip_1(Y)) \leq \varepsilon$$

が成り立つときをいう．

補題 5.28 もしボレル可測写像 $p : X \to Y$ が ε-集中を誘導するならば，

$$d_{\mathrm{conc}}(X, Y) \leq 2\, d_{\mathrm{P}}(p_* \mu_X, \mu_Y) + \varepsilon.$$

証明 $\pi := (\mathrm{id}_X, p)_* \mu_X$ とおくと $\pi \in \Pi(X, (Y, p_* \mu_X))$ であり，

$$d_{\mathrm{conc}}^\pi(X, (Y, p_* \mu_X)) = (d_{\mathrm{KF}}^\pi)_{\mathrm{H}}(p_1^* \mathcal{L}ip_1(X), p_2^* \mathcal{L}ip_1(Y))$$
$$= (d_{\mathrm{KF}}^{\mu_X})_{\mathrm{H}}(\mathcal{L}ip_1(X), p^* \mathcal{L}ip_1(Y)) \leq \varepsilon.$$

ゆえに $d_{\mathrm{conc}}(X, (Y, p_* \mu_X)) \leq \varepsilon$ が成り立つ．また，

$$d_{\mathrm{conc}}(Y, (Y, p_* \mu_X)) \leq \square(Y, (Y, p_* \mu_X)) \leq 2\, d_{\mathrm{P}}(\mu_Y, p_* \mu_X)$$

なので，d_{conc} の三角不等式より補題が従う． $\qquad\square$

補題 5.29 ボレル可測写像 $p : X \to Y$ に対して，以下の (1), (2) は互いに同値である．

(1) $p^* \mathcal{L}ip_1(Y) \subset \mathcal{L}ip_1(X)$.

(2) $p : X \to Y$ は 1-リップシッツ連続である．

証明 「(2) $\Longrightarrow$ (1)」は明らか．

「(1) $\Longrightarrow$ (2)」を示す．2 点 $x, y \in X$ をとり固定する．関数 $f := d_Y(p(x), \cdot)$ は $\mathcal{L}ip_1(Y)$ の元なので，(1) から $p^* f \in p^* \mathcal{L}ip_1(Y) \subset \mathcal{L}ip_1(X)$ となる．従って，

$$d_Y(p(x), p(y)) = |p^* f(x) - p^* f(y)| \leq d_X(x, y).$$

証明終わり． $\qquad\square$

定義 5.30（**誤差付き 1-リップシッツ**） 実数 $\delta \geq 0$ に対して，写像 $p : X \to Y$ が**誤差 δ で 1-リップシッツ** (1-Lipschitz with additive error δ) であるとは，

あるボレル集合 $\tilde{X} \subset X$ が存在して，$\mu_X(\tilde{X}) \geq 1 - \delta$ かつ，任意の $x, x' \in \tilde{X}$ に対して

$$d_Y(p(x), p(x')) \leq d_X(x, x') + \delta$$

が成り立つときをいう．$\tilde{X}$ を f の**非除外領域**（non-exceptional domain）と呼ぶ．

補題 5.31 X を mm 空間，$\delta \geq 0$ を実数，$f : X \to (\mathbb{R}^N, \|\cdot\|_\infty)$ を誤差 δ の 1-リプシッツ写像とする．このとき，ある 1-リプシッツ写像 $\tilde{f} : X \to (\mathbb{R}^N, \|\cdot\|_\infty)$ が存在して，$d_{\mathrm{KF}}(\tilde{f}, f) \leq \delta$ をみたす．

証明 $\tilde{X}$ を f の非除外領域とする．$(f_1, f_2, \ldots, f_N) := f$ とおくと，任意の $i = 1, 2, \ldots, N$ と $x, x' \in \tilde{X}$ に対して，

$$|f_i(x) - f_i(x')| \leq \|f(x) - f(x')\|_\infty \leq d_X(x, x') + \delta.$$

よって $f_i|_{\tilde{X}}$ は定義 1.5 の意味で $(1, \delta)$-リプシッツである．$S := \{ (x, x) \mid x \in \tilde{X} \}$ に対して $\tilde{f}_i := (f_i|_{\tilde{X}})_{1,S}$ とおく．書き換えると，

$$\tilde{f}_i(x) = \inf_{y \in \tilde{X}} (f_i(y) + d_X(x, y)) \quad (x \in X)$$

となる．補題 1.6 より，$0 \leq f_i(x) - \tilde{f}_i(x) \leq \delta$ $(x \in \tilde{X})$ かつ $\tilde{f}_i$ は 1-リプシッツ連続である．$\tilde{f} := (\tilde{f}_1, \tilde{f}_2, \ldots, \tilde{f}_N) : X \to (\mathbb{R}^N, \|\cdot\|_\infty)$ とおくと，これは 1-リプシッツ連続であり，

$$\|\tilde{f}(x) - f(x)\|_\infty \leq \delta \quad (x \in \tilde{X})$$

をみたす．よって $d_{\mathrm{KF}}(\tilde{f}, f) \leq \delta$ が成り立つ．証明終わり． $\square$

補題 5.32 X, Y を距離空間，$f : X \to Y$ をボレル可測写像，μ, ν を X 上のボレル確率測度，$\varepsilon \geq 0$ を実数とする．このとき，あるボレル集合 $\tilde{X} \subset X$ が存在して $\mu(\tilde{X}) \geq 1 - \varepsilon$，$\nu(\tilde{X}) \geq 1 - \varepsilon$，かつ任意の $x, y \in \tilde{X}$ に対して

$$d_Y(f(x), f(y)) \leq d_X(x, y) + \varepsilon$$

をみたすならば，

$$d_{\mathrm{P}}(f_*\mu, f_*\nu) \leq d_{\mathrm{P}}(\mu, \nu) + 2\varepsilon$$

が成り立つ．

証明 $d_{\mathrm{P}}(\mu, \nu) < \delta$ をみたす実数 δ を任意にとる．まず，任意のボレル集合 $A \subset Y$ に対して

$$f^{-1}(U_{\varepsilon+\delta}(A)) \supset U_\delta(f^{-1}(A) \cap \tilde{X}) \cap \tilde{X} \tag{5.4}$$

が成り立つことを示そう.

任意の点 $x \in U_\delta(f^{-1}(A) \cap \tilde{X}) \cap \tilde{X}$ をとると,ある点 $x' \in f^{-1}(A) \cap \tilde{X}$ が存在して $d_X(x,x') < \delta$ をみたす.仮定より

$$d_Y(f(x), f(x')) \leq d_X(x,x') + \varepsilon < \varepsilon + \delta$$

が成り立つ.$f(x') \in A$ だから $f(x) \in U_{\varepsilon+\delta}(A)$ が成り立ち,$x \in f^{-1}(U_{\varepsilon+\delta}(A))$ となる.よって (5.4) が示された.

(5.4) と $\mu(X \setminus \tilde{X}), \nu(X \setminus \tilde{X}) \leq \varepsilon$,および $d_{\mathrm{P}}(\mu, \nu) < \delta$ より,

$$f_*\mu(U_{\varepsilon+\delta}(A)) = \mu(f^{-1}(U_{\varepsilon+\delta}(A))) \geq \mu(U_\delta(f^{-1}(A) \cap \tilde{X}) \cap \tilde{X})$$

$$\geq \mu(U_\delta(f^{-1}(A) \cap \tilde{X})) - \varepsilon \geq \nu(f^{-1}(A) \cap \tilde{X}) - \varepsilon - \delta$$

$$\geq \nu(f^{-1}(A)) - 2\varepsilon - \delta = f_*\nu(A) - 2\varepsilon - \delta.$$

従って $d_{\mathrm{P}}(f_*\mu, f_*\nu) \leq 2\varepsilon + \delta$ が成り立つ.δ の任意性から補題が得られる. $\square$

補題 5.32 において $\varepsilon := 0, \tilde{X} := X$ とおくことで,以下が得られる.

系 5.33 X, Y を距離空間,$f: X \to Y$ を 1-リプシッツ写像とする.このとき,X 上の任意のボレル確率測度 μ, ν に対して

$$d_{\mathrm{P}}(f_*\mu, f_*\nu) \leq d_{\mathrm{P}}(\mu, \nu)$$

が成り立つ.

補題 5.34 ボレル可測写像 $p: X \to Y$ と実数 $\varepsilon, \delta > 0$ に対して,以下の 2 条件を考える.

(A_ε) $p^*\mathcal{L}ip_1(Y) \subset B_\varepsilon(\mathcal{L}ip_1(X))$.

(B_δ) p は誤差 δ で 1-リプシッツである.

このとき,以下の (1), (2) が成り立つ.

(1) 任意の実数 $\varepsilon > 0$ に対してある実数 $\delta = \delta(Y, \varepsilon) > 0$ が存在して,$\lim_{\varepsilon \to 0} \delta(Y, \varepsilon) = 0$ かつ,もし (A_ε) および $d_{\mathrm{P}}(p_*\mu_X, \mu_Y) < \varepsilon$ が成り立つならば,(B_δ) が成り立つ.

(2) もし (B_δ) が成り立つならば,(A_δ) が成り立つ.

証明 (1) を示す.$\varepsilon' > 0$ に対して,$N(\varepsilon')$ を $\#\mathcal{N}$ の下限と定義する.ただし,$\mathcal{N} \subset Y$ は以下の条件をみたすネット全体を動くとする.

- あるボレル集合 $\tilde{Y} \subset Y$ が存在して,$\mu_Y(\tilde{Y}) \geq 1 - \varepsilon'$,$\mathcal{N} \subset \tilde{Y}$,かつ $\mathcal{N}$ は $\tilde{Y}$ の ε'-ネットである.

μ_Y-測度が $1 - \varepsilon'$ 以上のコンパクト集合が存在するので,$N(\varepsilon')$ は有限である.任意の $\varepsilon > 0$ に対してある $\varepsilon' = \varepsilon'(\varepsilon) > 0$ が存在して,$\lim_{\varepsilon \to 0} \varepsilon' = 0$ かつ $N(\varepsilon') \leq 1/\sqrt{\varepsilon}$ をみたす.

5.3 メジャーメントの収束 **125**

$$\mu_Y(\tilde{Y}) \geq 1 - \varepsilon', \quad \#\mathcal{N} = N(\varepsilon') \leq \frac{1}{\sqrt{\varepsilon}}$$

をみたすようなボレル集合 $\tilde{Y} \subset Y$ と ε'-ネット $\mathcal{N} \subset \tilde{Y}$ をとる. $d_{\mathrm{P}}(p_*\mu_X, \mu_Y) < \varepsilon$ より,

$$\mu_X(p^{-1}(B_\varepsilon(\tilde{Y}))) = p_*\mu_X(B_\varepsilon(\tilde{Y})) \geq \mu_Y(\tilde{Y}) - \varepsilon \geq 1 - \varepsilon - \varepsilon'.$$

任意の点 $y \in \mathcal{N}$ に対して $f_y := d_Y(y, \cdot)$ とおくと, (A_ε) より, $p^*f_y \in p^*\mathcal{L}ip_1(Y) \subset B_\varepsilon(\mathcal{L}ip_1(X))$ なので, ある関数 $g_y \in \mathcal{L}ip_1(X)$ が存在して $d_{\mathrm{KF}}(p^*f_y, g_y) \leq \varepsilon$ をみたす. ゆえに, $\mu_X(|p^*f_y - g_y| > \varepsilon) \leq \varepsilon$ が成り立つ.

$$\tilde{X} := p^{-1}(B_\varepsilon(\tilde{Y})) \setminus \bigcup_{y \in \mathcal{N}} \{ |p^*f_y - g_y| > \varepsilon \}$$

とおくと,

$$\mu_X(X \setminus \tilde{X}) \leq \sum_{y \in \mathcal{N}} \mu_X(|p^*f_y - g_y| > \varepsilon) + \mu_X(X \setminus p^{-1}(B_\varepsilon(\tilde{Y})))$$

$$\leq \#\mathcal{N} \cdot \varepsilon + \varepsilon + \varepsilon' \leq \sqrt{\varepsilon} + \varepsilon + \varepsilon'$$

が成り立つ. $\pi : Y \to \mathcal{N}$ をボレル可測な最近点写像とする. 任意の 2 点 $x, x' \in \tilde{X}$ をとる. $p(x) \in B_\varepsilon(\tilde{Y})$, $\pi(p(x)) \in \mathcal{N}$, かつ $x, x' \in \bigcap_{y \in \mathcal{N}} \{ |p^*f_y - g_y| \leq \varepsilon \}$ だから,

$$d_Y(p(x), p(x')) \leq d_Y(\pi(p(x)), p(x')) + \varepsilon + \varepsilon' = p^*f_{\pi(p(x))}(x') + \varepsilon + \varepsilon'$$

$$\leq g_{\pi(p(x))}(x') + 2\varepsilon + \varepsilon',$$

$$g_{\pi(p(x))}(x) \leq p^*f_{\pi(p(x))}(x) + \varepsilon = d_Y(\pi(p(x)), p(x)) + \varepsilon$$

$$\leq 2\varepsilon + \varepsilon'.$$

ゆえに

$$d_Y(p(x), p(x')) \leq g_{\pi(p(x))}(x') - g_{\pi(p(x))}(x) + 4\varepsilon + 2\varepsilon'$$

$$\leq d_X(x, x') + 4\varepsilon + 2\varepsilon'.$$

$\delta := (4\varepsilon + 2\varepsilon') \vee (\sqrt{\varepsilon} + \varepsilon + \varepsilon')$ とおけば, p は誤差 δ で 1-リップシッツである.

(2) を示す. 任意の $f \in \mathcal{L}ip_1(Y)$ をとる. (B_δ) より, p^*f は誤差 δ の 1-リップシッツ写像である. 補題 5.31 より, 1-リップシッツ関数 $\tilde{f} \in \mathcal{L}ip_1(X)$ が存在して, $d_{\mathrm{KF}}(\tilde{f}, p^*f) \leq \delta$ をみたす. 従って (A_δ) が成り立つ. 証明終わり. $\square$

補題 5.35 Y を mm 空間とする. 任意の実数 $\varepsilon > 0$ に対して, Y と ε にのみ依存するようなある整数 $N = N(Y, \varepsilon) \geq 1$ が存在して, もし mm 空間 X が $\mathcal{M}(Y; N) \subset B_\varepsilon(\mathcal{M}(X; N))$ をみたすならば, 誤差 5ε の 1-リップシッツ写像 $p : X \to Y$ が存在して,

$$d_{\mathrm{P}}(p_*\mu_X, \mu_Y) \leq 15\varepsilon$$

をみたす.

証明 系 4.61 より，ある整数 $N = N(Y,\varepsilon) \geq 1$ と測度 $\underline{\mu}_N \in \mathcal{M}(Y; N)$ が存在して，$\square(\underline{Y}_N, Y) < \varepsilon/3$ をみたす．ここで，$\underline{Y}_N := (\mathbb{R}^N, \|\cdot\|_\infty, \underline{\mu}_N)$ である．補題 4.30 より，ある ε-mm 同型写像 $\Psi : \underline{Y}_N \to Y$ が存在する．$\underline{\tilde{Y}}_N \subset \underline{Y}_N$ を Ψ の非除外領域とする．すなわち，$\underline{\tilde{Y}}_N$ は $\underline{\mu}_N(\underline{\tilde{Y}}_N) \geq 1 - \varepsilon$ かつ任意の $u, v \in \underline{\tilde{Y}}_N$ に対して

$$| d_Y(\Psi(u), \Psi(v)) - \|u - v\|_\infty | \leq \varepsilon$$

をみたす．$\underline{\mu}_N \in \mathcal{M}(Y; N) \subset B_\varepsilon(\mathcal{M}(X; N))$ なので，ある 1-リプシッツ写像 $\Phi' : X \to (\mathbb{R}^N, \|\cdot\|_\infty)$ が存在して，

$$d_{\mathrm{P}}(\underline{\mu}_N, \Phi'_*\mu_X) \leq \varepsilon$$

をみたす．このとき，

$$\Phi'_*\mu_X(B_\varepsilon(\underline{\tilde{Y}}_N)) \geq \underline{\mu}_N(\underline{\tilde{Y}}_N) - \varepsilon \geq 1 - 2\varepsilon$$

が成り立つ．補題 2.5 より，あるボレル可測な ε-最近点写像 $\pi : \mathbb{R}^N \to \underline{\tilde{Y}}_N$ が存在して，$\pi|_{\underline{\tilde{Y}}_N} = \mathrm{id}_{\underline{\tilde{Y}}_N}$ をみたす．$\Psi' := \Psi \circ \pi : \mathbb{R}^N \to Y$ とおくと，任意の $u, v \in B_\varepsilon(\underline{\tilde{Y}}_N)$ に対して

$$| d_Y(\Psi'(u), \Psi'(v)) - \|u - v\|_\infty |$$
$$\leq | d_Y(\Psi(\pi(u)), \Psi(\pi(v))) - \|\pi(u) - \pi(v)\|_\infty | + 4\varepsilon$$
$$\leq 5\varepsilon.$$

よって，補題 5.32 より

$$d_{\mathrm{P}}(\Psi'_*\underline{\mu}_N, \Psi'_*\Phi'_*\mu_X) \leq d_{\mathrm{P}}(\underline{\mu}_N, \Phi'_*\mu_X) + 10\varepsilon \leq 11\varepsilon.$$

$\underline{\mu}_N(\underline{\tilde{Y}}_N) \geq 1 - \varepsilon$ より，$d_{\mathrm{P}}(\pi_*\underline{\mu}_N, \underline{\mu}_N) \leq d_{\mathrm{KF}}^{\underline{\mu}_N}(\pi, \mathrm{id}_{\mathbb{R}^N}) \leq \varepsilon$. さらに，$\pi_*\underline{\mu}_N(\underline{\tilde{Y}}_N) = 1 \geq \underline{\mu}_N(\underline{\tilde{Y}}_N) \geq 1 - \varepsilon$ なので，補題 5.32 より

$$d_{\mathrm{P}}(\Psi'_*\underline{\mu}_N, \Psi_*\underline{\mu}_N) = d_{\mathrm{P}}(\Psi_*\pi_*\underline{\mu}_N, \Psi_*\underline{\mu}_N) \leq d_{\mathrm{P}}(\pi_*\underline{\mu}_N, \underline{\mu}_N) + 2\varepsilon \leq 3\varepsilon.$$

ゆえに

$$d_{\mathrm{P}}((\Psi' \circ \Phi')_*\mu_X, \Psi_*\underline{\mu}_N)$$
$$\leq d_{\mathrm{P}}((\Psi' \circ \Phi')_*\mu_X, \Psi'_*\underline{\mu}_N) + d_{\mathrm{P}}(\Psi'_*\underline{\mu}_N, \Psi_*\underline{\mu}_N) \leq 14\varepsilon.$$

$\Psi : \underline{Y}_N \to Y$ が ε-mm 同型写像なので $d_{\mathrm{P}}(\Psi_*\underline{\mu}_N, \mu_Y) \leq \varepsilon$ が成り立つから，

$$d_{\mathrm{P}}((\Psi' \circ \Phi')_*\mu_X, \mu_Y) \leq 15\varepsilon$$

を得る．$\tilde{X} := \Phi'^{-1}(B_\varepsilon(\underline{\tilde{Y}}_N)) \subset X$ とおくと，任意の $x, y \in \tilde{X}$ に対して

$$d_Y(\Psi' \circ \Phi'(x), \Psi' \circ \Phi'(y)) \le \|\Phi'(x) - \Phi'(y)\|_\infty + 5\varepsilon \le d_X(x, y) + 5\varepsilon.$$

さらに

$$\mu_X(\tilde{X}) = \Phi'_* \mu_X(B_\varepsilon(\underline{\tilde{Y}}_N)) \ge 1 - 2\varepsilon.$$

目的の写像は $p := \Psi' \circ \Phi' : X \to Y$ と定義すればよい．証明終わり． $\square$

補題 5.36 X, Y を mm 空間とするとき，任意のボレル可測写像

$$F = (f_1, \ldots, f_N) : X \to \mathbb{R}^N, \quad G = (g_1, \ldots, g_N) : Y \to \mathbb{R}^N$$

と任意の $i, j = 1, 2, \ldots, N$ に対して

(1) $\left| d_{\mathrm{KF}}(f_i, f_j) - d_{\mathrm{KF}}(g_i, g_j) \right| \le 2 \, d_{\mathrm{P}}(F_* \mu_X, G_* \mu_Y)$,

(2) $\left| d_{\mathrm{KF}}([f_i], [f_j]) - d_{\mathrm{KF}}([g_i], [g_j]) \right| \le 2 \, d_{\mathrm{P}}(F_* \mu_X, G_* \mu_Y)$

が成り立つ．

証明 (1) を示す．任意の $i, j \in \{1, 2, \ldots, N\}$ をとり固定する．$i = j$ のときは明らかなので，$i \ne j$ と仮定する．$d_{\mathrm{P}}(F_* \mu_X, G_* \mu_Y) < \varepsilon$，$d_{\mathrm{KF}}(f_i, f_j) < \rho$ をみたすような任意の ε, ρ をとる．

$$\rho' := \rho + 2\varepsilon, \quad \tilde{X} := \{ |x_i - x_j| \ge \rho' \},$$
$$d_{\tilde{X}}(x) := \inf_{x' \in \tilde{X}} \|x - x'\|_\infty \quad (x \in \mathbb{R}^N)$$

と定める．ここで，

$$\{ |x_i - x_j| \ge \rho' \} := \{ (x_1, x_2, \ldots, x_N) \in \mathbb{R}^N \mid |x_i - x_j| \ge \rho' \}$$

とおく．任意の点 $x = (x_1, x_2, \ldots, x_N) \in \mathbb{R}^N$ に対して

$$d_{\tilde{X}}(x) = \frac{\rho' - |x_i - x_j|}{2} \vee 0 \tag{5.5}$$

が成り立つことを示そう．

(5.5) の右辺を r とおく．任意の点 $x' = (x'_1, \ldots, x'_N) \in \tilde{X}$ に対して，$|x'_i - x'_j| \ge \rho'$ が成り立つ．ゆえに，もし $r > 0$ ならば $\rho' = |x_i - x_j| + 2r$ なので $|x'_i - x'_j| \ge |x_i - x_j| + 2r$ が成り立つ．従って

$$2\|x - x'\|_\infty \ge |x_i - x'_i| + |x_j - x'_j| \ge |x'_i - x'_j| - |x_i - x_j| \ge 2r.$$

よって $d_{\tilde{X}}(x) \ge r$ が成り立つ．

次に $d_{\tilde{X}}(x) \le r$ を示す．もし $x \in \tilde{X}$ ならばこれは明らかなので，$x \notin \tilde{X}$ と仮定する．すると

$$r = \frac{1}{2}(\rho' - |x_i - x_j|) > 0$$

となる．

$$x_i' := \begin{cases} x_i + r & (x_i \geq x_j), \\ x_i - r & (x_i < x_j), \end{cases} \qquad x_j' := \begin{cases} x_j - r & (x_i \geq x_j), \\ x_j + r & (x_i < x_j) \end{cases}$$

とおき，$k \neq i, j$ なる任意の $k \in \{1, 2, \ldots, N\}$ に対して $x_k' := x_k$ とおく．$|x_i' - x_j'| = |x_i - x_j| + 2r = \rho'$ なので，$x' = (x_1', \ldots, x_N')$ は $\tilde{X}$ の元であり，$\|x - x'\|_\infty = r$ だから $d_{\tilde{X}}(x) \leq r$ を得る．従って (5.5) が示された．

次に

$$B_\varepsilon(\tilde{X}) = \{ |x_i - x_j| \geq \rho \} \tag{5.6}$$

を示す．

実際，$x \in B_\varepsilon(\tilde{X})$ は $d_{\tilde{X}}(x) \leq \varepsilon$ と同値であり，(5.5) からこれは $\rho' - |x_i - x_j| \leq 2\varepsilon$ と同値だから，(5.6) が成り立つ．

(5.6) と $d_{\mathrm{KF}}(f_i, f_j) < \rho$ および $d_{\mathrm{P}}(F_*\mu_X, G_*\mu_Y) < \varepsilon$ から

$$\rho \geq \mu_X(|f_i - f_j| \geq \rho) = F_*\mu_X(|x_i - x_j| \geq \rho) = F_*\mu_X(B_\varepsilon(\tilde{X}))$$
$$\geq G_*\mu_Y(\tilde{X}) - \varepsilon = \mu_Y(|g_i - g_j| \geq \rho') - \varepsilon.$$

ゆえに $d_{\mathrm{KF}}(g_i, g_j) \leq \rho + 2\varepsilon$ が成り立つ．ε と ρ の任意性より，

$$d_{\mathrm{KF}}(g_i, g_j) \leq d_{\mathrm{KF}}(f_i, f_j) + 2\, d_{\mathrm{P}}(F_*\mu_X, G_*\mu_Y)$$

が成り立つ．同様に

$$d_{\mathrm{KF}}(f_i, f_j) \leq d_{\mathrm{KF}}(g_i, g_j) + 2\, d_{\mathrm{P}}(F_*\mu_X, G_*\mu_Y)$$

が成り立つので，(1) を得る．

(2) を示す．任意の点 $\mathbf{c} \in \mathbb{R}^N$ に対して，

$$d_{\mathrm{P}}((F + \mathbf{c})_*\mu_X, (G + \mathbf{c})_*\mu_Y) = d_{\mathrm{P}}(F_*\mu_X, G_*\mu_Y)$$

が成り立つので，これと (1) から，任意の実数 c, c' に対して

$$d_{\mathrm{KF}}([f_i], [f_j]) \leq d_{\mathrm{KF}}(f_i + c, f_j + c')$$
$$\leq d_{\mathrm{KF}}(g_i + c, g_j + c') + 2\, d_{\mathrm{P}}(F_*\mu_X, G_*\mu_Y).$$

c, c' を動かして右辺の下限をとれば

$$d_{\mathrm{KF}}([f_i], [f_j]) \leq d_{\mathrm{KF}}([g_i], [g_j]) + 2\, d_{\mathrm{P}}(F_*\mu_X, G_*\mu_Y)$$

となり，(2) を得る．証明終わり． $\square$

補題 5.37 任意の整数 $N \geq 1$ に対して

$$(\|\cdot\|_\infty)_\mathrm{H}(K_N(\mathcal{L}_1(X)), K_N(\mathcal{L}_1(Y))) \leq 2\,(d_\mathrm{P})_\mathrm{H}(\mathcal{M}(X;N), \mathcal{M}(Y;N))$$

が成り立つ. ここで, $K_N(\cdot)$ は N 次距離行列を表し, $(\|\cdot\|_\infty)_\mathrm{H}$ は N 次正方行列全体の空間の l^∞ 距離に関するハウスドルフ距離である.

証明 $(d_\mathrm{P})_\mathrm{H}(\mathcal{M}(X;N), \mathcal{M}(Y;N)) < \varepsilon$ をみたすような任意の実数 ε をとる. $(\|\cdot\|_\infty)_\mathrm{H}(K_N(\mathcal{L}_1(X)), K_N(\mathcal{L}_1(Y))) \leq 2\varepsilon$ を示せばよいが, そのためには $K_N(\mathcal{L}_1(X)) \subset B_{2\varepsilon}(K_N(\mathcal{L}_1(Y)))$ を示せばよい. 任意の行列 $A \in K_N(\mathcal{L}_1(X))$ をとる. N 個の関数 $f_1, \dots, f_N \in \mathcal{L}ip_1(X)$ が存在して $A = (d_\mathrm{KF}([f_i], [f_j]))_{ij}$ をみたす. $F := (f_1, \dots, f_N): X \to \mathbb{R}^N$ とおくと, 仮定よりある 1-リプシッツ写像 $G = (g_1, \dots, g_N): X \to (\mathbb{R}^N, \|\cdot\|_\infty)$ が存在して, $d_\mathrm{P}(F_*\mu_X, G_*\mu_Y) < \varepsilon$ をみたす. 補題 5.36(2) より, 任意の $i, j = 1, \dots, N$ に対して

$$|\,d_\mathrm{KF}([f_i], [f_j]) - d_\mathrm{KF}([g_i], [g_j])\,| < 2\varepsilon.$$

ゆえに, $B := (d_\mathrm{KF}([g_i], [g_j]))_{ij}$ とおけば $\|A - B\|_\infty < 2\varepsilon$ かつ $B \in K_N(\mathcal{L}_1(Y))$ が成り立つ. 従って $K_N(\mathcal{L}_1(X)) \subset B_{2\varepsilon}(K_N(\mathcal{L}_1(Y)))$ を得る. これは X と Y を交換しても成り立つので, 補題が示された. $\square$

補題 5.38 X, Y を mm 空間とし, $p: X \to Y$ をボレル可測写像とする. このとき, 任意の関数 $f, g \in \mathcal{L}ip_1(Y)$ に対して

(1) $|\,d_\mathrm{KF}(p^*f, p^*g) - d_\mathrm{KF}(f, g)\,| \leq 2\,d_\mathrm{P}(p_*\mu_X, \mu_Y)$,

(2) $|\,d_\mathrm{KF}([p^*f], [p^*g]) - d_\mathrm{KF}([f], [g])\,| \leq 2\,d_\mathrm{P}(p_*\mu_X, \mu_Y)$

が成り立つ. 特に, もし $p_*\mu_X = \mu_Y$ ならば, 写像

$$p^*: \mathcal{L}_1(Y) \ni [f] \mapsto p^*[f] := [p^*f]$$

は d_KF に関して等長的である.

証明 (1) を示す. まず最初に, 任意の $\rho, \varepsilon > 0$ に対して

$$B_\varepsilon(\{|f - g| \geq \rho + 2\varepsilon\}) \subset \{\,|f - g| \geq \rho\,\} \tag{5.7}$$

が成り立つことを示そう.

任意の点 $y \in B_\varepsilon(\{|f - g| \geq \rho + 2\varepsilon\})$ に対して, ある点 $y' \in Y$ が存在して $d_Y(y, y') \leq \varepsilon$ かつ $|f(y') - g(y')| \geq \rho + 2\varepsilon$ をみたす. よって, f と g の 1-リプシッツ連続性から $|f(y) - g(y)| \geq \rho$ となる. よって (5.7) が成り立つ.

$d_\mathrm{KF}(p^*f, p^*g) < \rho$ および $d_\mathrm{P}(p_*\mu_X, \mu_Y) < \varepsilon$ をみたすような任意の実数 ρ, ε をとる. (5.7) より

$$\mu_Y(|f-g| \geq \rho + 2\varepsilon) \leq p_*\mu_X(B_\varepsilon(\{|f-g| \geq \rho + 2\varepsilon\})) + \varepsilon$$
$$\leq p_*\mu_X(|f-g| \geq \rho) + \varepsilon$$
$$= \mu_X(|p^*f - p^*g| \geq \rho) + \varepsilon \leq \rho + \varepsilon.$$

ゆえに $d_{\mathrm{KF}}(f,g) \leq \rho + 2\varepsilon$. 従って

$$d_{\mathrm{KF}}(f,g) \leq d_{\mathrm{KF}}(p^*f, p^*g) + 2\,d_{\mathrm{P}}(p_*\mu_X, \mu_Y).$$

同様の証明により

$$d_{\mathrm{KF}}(p^*f, p^*g) \leq d_{\mathrm{KF}}(f,g) + 2\,d_{\mathrm{P}}(p_*\mu_X, \mu_Y)$$

を得る. 従って (1) が成り立つ.

(2) を示す. (1) より, 任意の実数 c, c' に対して

$$d_{\mathrm{KF}}([p^*f], [p^*g]) \leq d_{\mathrm{KF}}(p^*f + c, p^*g + c')$$
$$\leq d_{\mathrm{KF}}(f + c, g + c') + 2\,d_{\mathrm{P}}(p_*\mu_X, \mu_Y).$$

c, c' を動かして右辺の下限をとれば,

$$d_{\mathrm{KF}}([p^*f], [p^*g]) \leq d_{\mathrm{KF}}([f], [g]) + 2\,d_{\mathrm{P}}(p_*\mu_X, \mu_Y)$$

が成り立つ. 同様に

$$d_{\mathrm{KF}}([f], [g]) \leq d_{\mathrm{KF}}([p^*f], [p^*g]) + 2\,d_{\mathrm{P}}(p_*\mu_X, \mu_Y)$$

が成り立つので, (2) が成り立つ. 補題が示された. $\qquad\square$

$(\mathcal{F}, d_\mathcal{F})$ を擬距離空間とし, $\mathcal{F}$ 上への群 G の等長的作用

$$G \times \mathcal{F} \ni (g, x) \mapsto g \cdot x \in \mathcal{F}$$

を考える. 軌道空間 $\mathcal{F}/G$ 上に

$$d_{\mathcal{F}/G}([x], [y]) := \inf_{x' \in [x],\, y' \in [y]} d_\mathcal{F}(x', y') \quad ([x], [y] \in \mathcal{F}/G)$$

により擬距離 $d_{\mathcal{F}/G}$ が定まる.

一般に, $\mathcal{F}$ が距離空間で, 任意の G-軌道が閉集合ならば, $\mathcal{F}/G$ は距離空間になる.

補題 5.39 任意の G-不変な集合 $\mathcal{L}, \mathcal{L}' \subset \mathcal{F}$ に対して以下が成り立つ.

(1) 任意の実数 $\varepsilon \geq 0$ に対して

$$\mathcal{L}' \subset B_\varepsilon(\mathcal{L}) \Longleftrightarrow \mathcal{L}'/G \subset B_\varepsilon(\mathcal{L}/G).$$

(2) $d_{\mathrm{H}}(\mathcal{L}, \mathcal{L}') = d_{\mathrm{H}}(\mathcal{L}/G, \mathcal{L}'/G)$ が成り立つ.

証明 (2) は (1) から従う.

(1) を示す. $\mathcal{L}' \subset B_\varepsilon(\mathcal{L})$ と仮定する. 任意の点 $x \in \mathcal{L}'$ をとる. $x \in B_\varepsilon(\mathcal{L})$ だから, ある点列 $x_n \in \mathcal{L}$ $(n = 1, 2, \dots)$ が存在して, $\limsup_{n \to \infty} d_\mathcal{F}(x_n, x) \le \varepsilon$ をみたす. ゆえに

$$\limsup_{n \to \infty} d_{\mathcal{F}/G}([x_n], [x]) \le \limsup_{n \to \infty} d_\mathcal{F}(x_n, x) \le \varepsilon$$

だから $[x] \in B_\varepsilon(\mathcal{L}/G)$ となる. $\mathcal{L}'/G \subset B_\varepsilon(\mathcal{L}/G)$ が示された.

逆に $\mathcal{L}'/G \subset B_\varepsilon(\mathcal{L}/G)$ を仮定する. 任意の点 $x \in \mathcal{L}'$ をとる. $[x] \in \mathcal{L}'/G \subset B_\varepsilon(\mathcal{L}/G)$ だから, ある点列 $x_n \in \mathcal{L}$ $(n = 1, 2, \dots)$ が存在して, $\limsup_{n \to \infty} d_{\mathcal{F}/G}([x_n], [x]) \le \varepsilon$ をみたす. ゆえにある $g_n, h_n \in G$ $(n = 1, 2, \dots)$ が存在して,

$$\limsup_{n \to \infty} d_\mathcal{F}(g_n \cdot x, h_n \cdot x_n) \le \varepsilon$$

をみたす. $\mathcal{L}$ は G-不変なので, 点 $x'_n := g_n^{-1} h_n \cdot x_n$ は $\mathcal{L}$ の元であり, G-作用の等長性から $d_\mathcal{F}(g_n \cdot x, h_n \cdot x_n) = d_\mathcal{F}(x, x'_n)$ が成り立つ. ゆえに

$$\limsup_{n \to \infty} d_\mathcal{F}(x'_n, x) \le \varepsilon$$

となり $x \in B_\varepsilon(\mathcal{L})$ が成り立つ. 従って $\mathcal{L}' \subset B_\varepsilon(\mathcal{L})$ が得られた. 証明終わり. $\qquad\square$

補題 5.40 $\mathcal{L}$ をコンパクト距離空間とし, $f_n : \mathcal{L} \to \mathcal{L}$ $(n = 1, 2, \dots)$ を ε_n-等長写像で $\varepsilon_n \to 0+$ $(n \to \infty)$ と仮定する. このとき, $\{f_n\}$ のある部分列はある等長同型写像 $f : \mathcal{L} \to \mathcal{L}$ へ一様収束する.

証明 高々可算な稠密集合 $A \subset \mathcal{L}$ をとる. 対角線論法を用いた標準的な議論により, A 上で各点収束するような部分列 $\{f_{n_i}\}$ が存在する. 極限写像を $f : A \to \mathcal{L}$ とおくと, これは等長的であり, $\mathcal{L}$ 上の等長写像 $f : \mathcal{L} \to \mathcal{L}$ へと拡張される. 補題 2.20 より $f : \mathcal{L} \to \mathcal{L}$ は全射である. 後は, $\{f_{n_i}\}$ が f へ一様収束することを示せばよい. 任意の点 $x \in \mathcal{L}$ に対して, x へ収束するようなある点列 $\{x_j\}_{j=1}^\infty \subset A$ が存在する. f_{n_i} は ε_{n_i}-等長写像で $\varepsilon_{n_i} \to 0$ なので,

$$\lim_{j \to \infty} \lim_{i \to \infty} d_\mathcal{L}(f_{n_i}(x_j), f_{n_i}(x)) = \lim_{j \to \infty} d_\mathcal{L}(x_j, x) = 0.$$

さらに

$$\lim_{j \to \infty} \lim_{i \to \infty} f_{n_i}(x_j) = \lim_{j \to \infty} f(x_j) = f(x)$$

だから

$$\lim_{i \to \infty} f_{n_i}(x) = f(x)$$

が成り立つ. すなわち, $\{f_{n_i}\}$ は f へ各点収束する. $\mathcal{L}$ はコンパクトなので,

$\{f_{n_i}\}$ は f へ一様収束する. 補題が示された. □

補題 5.41 コンパクト距離空間の列 $\{\mathcal{L}_n\}_{n=1}^{\infty}$ がコンパクト距離空間 $\mathcal{L}$ へグロモフ–ハウスドルフ収束すると仮定する. $q_n : \mathcal{L} \to \mathcal{L}_n$ $(n = 1, 2, \dots)$ を ε_n-等長写像で $\varepsilon_n \to 0$ $(n \to \infty)$ と仮定する. このとき, 0 に収束するようなある正の実数列 $\{\varepsilon'_n\}_{n=1}^{\infty}$ が存在して, $q_n(\mathcal{L})$ は $\mathcal{L}_n$ において ε'_n-稠密となる, すなわち $B_{\varepsilon'_n}(q_n(\mathcal{L})) = \mathcal{L}_n$ が成り立つ.

証明 補題の結論が成り立たないと仮定すると,

$$\limsup_{n \to \infty} \sup_{x \in \mathcal{L}_n} d_{\mathcal{L}_n}(x, q_n(\mathcal{L})) > 0$$

が成り立つ. ゆえに, ある実数 $\delta > 0$ と $\{n\}$ のある部分列 $\{n_i\}$ と点列 $x_{n_i} \in \mathcal{L}_{n_i}$ $(i = 1, 2, \dots)$ が存在して, $d_{\mathcal{L}_{n_i}}(x_{n_i}, q_{n_i}(\mathcal{L})) \geq \delta$ が任意の i に対して成り立つ. $\lim_{n \to \infty} d_{\mathrm{GH}}(\mathcal{L}_n, \mathcal{L}) = 0$ より, ある実数列 $\varepsilon'_n \to 0+$ と ε'_n-等長写像 $q'_n : \mathcal{L}_n \to \mathcal{L}$ が存在する. i が十分大きいとき,

$$d_{\mathcal{L}}(q'_{n_i}(x_{n_i}), q'_{n_i} \circ q_{n_i}(\mathcal{L})) \geq \frac{\delta}{2}$$

が成り立つ. 補題 5.40 より, $\{n_i\}$ を部分列に置き換えることで, $i \to \infty$ のとき $q'_{n_i} \circ q_{n_i}$ と $q'_{n_i}(x_{n_i})$ は両方とも収束する. $q'_{n_i} \circ q_{n_i}$ の極限を $f : \mathcal{L} \to \mathcal{L}$ とおくと, これは等長同型写像である. 他方で像 $f(\mathcal{L})$ は $\lim_{i \to \infty} q'_{n_i}(x_{n_i})$ を含まないので, 矛盾である. 補題が示された. □

補題 5.42 定理 5.25 の条件 (2) を仮定するとき, 0 へ収束するような正の実数列 $\{\varepsilon_n\}_{n=1}^{\infty}$ および, ε_n-集中を誘導するようなあるボレル可測写像の列 $p_n : X_n \to Y$ $(n = 1, 2, \dots)$ が存在して, 任意の n に対して

$$d_{\mathrm{P}}((p_n)_* \mu_{X_n}, \mu_Y) \leq \varepsilon_n$$

をみたす.

証明 定理 5.25 の条件 (2) と補題 5.35 より, 任意の n に対して, 誤差 α_n で 1-リップシッツなボレル可測写像 $p_n : X_n \to Y$ が存在して, $\alpha_n \to 0$ $(n \to \infty)$ かつ $d_{\mathrm{P}}((p_n)_* \mu_{X_n}, \mu_Y) \leq \alpha_n$ をみたす. 補題 5.34(2) より, $p_n^* \mathcal{L}ip_1(Y) \subset B_{\alpha_n}(\mathcal{L}ip_1(X_n))$ が成り立つ. $\mathcal{L} := \mathcal{L}_1(Y)$, $\mathcal{L}_n := \mathcal{L}_1(X_n)$ とおくと, 補題 5.39(1) より $p_n^* \mathcal{L} \subset B_{\alpha_n}(\mathcal{L}_n)$ が成り立つ. 補題 5.38(2) より, $p_n^* : \mathcal{L} \to B_{\alpha_n}(\mathcal{L}_n)$ は d_{KF} に関して $2\alpha_n$-等長写像である. $\pi_n : B_{\alpha_n}(\mathcal{L}_n) \to \mathcal{L}_n$ を最近点写像とすると, これは $2\alpha_n$-等長同型である. 従って $\pi_n \circ p_n^* : \mathcal{L} \to \mathcal{L}_n$ は $4\alpha_n$-等長写像である. 定理 5.25 の条件 (2) と補題 5.37 より, 任意の N に対して

$$\lim_{n \to \infty} (\|\cdot\|_\infty)_{\mathrm{H}}(K_N(\mathcal{L}_n), K_N(\mathcal{L})) = 0$$

が成り立つ．補題 2.35 より，$n \to \infty$ のとき $\mathcal{L}_n$ は $\mathcal{L}$ へグロモフ–ハウスドルフ収束する．補題 5.41 より，ある実数列 $\alpha'_n \to 0+$ が存在して，$\pi_n \circ p_n^*(\mathcal{L})$ が $\mathcal{L}_n$ において α'_n-稠密となる．従って，$\varepsilon_n := 2\alpha_n + \alpha'_n$ とおくと，$p_n^*\mathcal{L}$ は $B_{\alpha_n}(\mathcal{L}_n)$ において ε_n-稠密である．よって $d_{\mathrm{H}}(p_n^*\mathcal{L}, \mathcal{L}_n) \le \varepsilon_n$ が成り立つ．補題 5.39 より

$$(d_{\mathrm{KF}})_{\mathrm{H}}(p_n^*\mathcal{L}ip_1(Y), \mathcal{L}ip_1(X_n)) \le \varepsilon_n.$$

つまり，$p_n : X_n \to Y$ が ε_n-集中を誘導する．証明終わり．$\qquad\square$

定理 5.25 の証明　「(1) $\Longrightarrow$ (2)」は補題 5.15 から従う．「(2) $\Longrightarrow$ (1)」は補題 5.42 と補題 5.28 から従う．証明終わり．$\qquad\square$

系 5.43　X_n $(n = 1, 2, \dots)$, Y を mm 空間とするとき，以下の (1) と (2) は互いに同値である．

(1) $n \to \infty$ のとき，X_n は Y へ集中する．

(2) あるボレル可測写像の列 $\{p_n : X_n \to Y\}_{n=1}^{\infty}$ と 0 へ収束する正の実数列 $\{\varepsilon_n\}_{n=1}^{\infty}$ が存在して，各 p_n は ε_n-集中を誘導し，$d_{\mathrm{P}}((p_n)_*\mu_{X_n}, \mu_Y) \le \varepsilon_n$ をみたす．

証明　「(1) $\Longrightarrow$ (2)」は定理 5.25 と補題 5.42 から従う．「(2) $\Longrightarrow$ (1)」は補題 5.28 から従う．証明終わり．$\qquad\square$

5.4　(N, R)-メジャーメント

この節では，(N, R)-メジャーメントを定義し，任意の $R > 0$ に対して (N, R)-メジャーメントが収束することと，N-メジャーメントが収束することの同値性を証明する．

定義 5.44 ((N, R)-メジャーメント)　mm 空間 X, 整数 $N \ge 1$, 実数 $R > 0$ に対して

$$B_R^N := \{\, x \in \mathbb{R}^N \mid \|x\|_\infty \le R \,\},$$
$$\mathcal{M}(N, R) := \{\, \mu \in \mathcal{M}(N) \mid \mathrm{supp}(\mu) \subset B_R^N \,\},$$
$$\mathcal{M}(X; N, R) := \mathcal{M}(X; N) \cap \mathcal{M}(N, R)$$

と定める．$\mathcal{M}(X; N, R)$ を X の (N, R)-メジャーメント ((N, R)-measurement) と呼ぶ．

$\mathcal{M}(N, R)$ および $\mathcal{M}(X; N, R)$ は $\mathcal{M}(N)$ のコンパクト部分集合である（補題 1.42(3) を見よ）．

定義 5.45 ($\pi_{\xi,R}$) 1点 $\xi \in \mathbb{R}^N$ と実数 $R \geq 0$ に対して，写像 $\pi_{\xi,R} : \mathbb{R}^N \to \mathbb{R}^N$ を以下のように定義する．与えられた点 $x = (x_1, \ldots, x_N) \in \mathbb{R}^N$ に対して，$y_i \in \mathbb{R}$ $(i = 1, \ldots, N)$ を x_i の区間 $[\xi_i - R, \xi_i + R]$ 上の最近点と定める．すなわち

$$
y_i := \begin{cases}
\xi_i + R & (x_i > \xi_i + R), \\
\xi_i - R & (x_i < \xi_i - R), \\
x_i & (\xi_i - R \leq x_i \leq \xi_i + R).
\end{cases}
$$

そして $\pi_{\xi,R}(x) := y := (y_1, \ldots, y_N) \in \mathbb{R}^N$ と定義する．

定義より $\pi_{\xi,R}(\mathbb{R}^N) = B_R^N(\xi) := \{ x \in \mathbb{R}^N \mid \|x - \xi\|_\infty \leq R \}$ が成り立つ．$\pi_{\xi,R}$ は $\|\cdot\|_\infty$ に関して $B_R^N(\xi)$ への最近点写像である．$\pi_R := \pi_{o,R}$ とおくと，

$$
\pi_{\xi,R}(x) = \pi_R(x - \xi) + \xi \quad (x \in \mathbb{R}^N)
$$

が成り立つ．

補題 5.46 $\pi_{\xi,R} : \mathbb{R}^N \to \mathbb{R}^N$ は $\|\cdot\|_\infty$ に関して 1-リップシッツ写像である．

証明 任意の 2 点 $x, x' \in \mathbb{R}^N$ を取り，$y := \pi_{\xi,R}(x)$, $y' := \pi_{\xi,R}(x')$ とおく．$\pi_{\xi,R}$ の定義より，$|y_i - y_i'| \leq |x_i - x_i'|$ $(i = 1, \ldots, N)$ が成り立つので，$\|y - y'\|_\infty \leq \|x - x'\|_\infty$ となる．証明終わり． $\square$

補題 5.47 $N \geq 1$ を整数，$R > 0$ を実数，μ を $\mathbb{R}^N$ 上のボレル確率測度とする．このとき，任意の 2 点 $\xi, \eta \in \mathbb{R}^N$ に対して次の (1), (2) が成り立つ．

$$
(1) \quad \sup_{x \in \mathbb{R}^N} \|\pi_{\xi,R}(x) - \pi_{\eta,R}(x)\|_\infty \leq \|\xi - \eta\|_\infty. \tag{5.8}
$$

$$
(2) \quad d_{\mathrm{P}}((\pi_{\xi,R})_*\mu, (\pi_{\eta,R})_*\mu) \leq \|\xi - \eta\|_\infty. \tag{5.9}
$$

証明 (1) を示す．任意の点 $x \in \mathbb{R}^N$ を取り，$y := \pi_{\xi,R}(x)$, $y' := \pi_{\eta,R}(x)$ とおく．$\pi_{\xi,R}$ の定義より，$|y_i - y_i'| \leq |\xi_i - \eta_i|$ $(i = 1, \ldots, N)$ となるから，$\|y - y'\|_\infty \leq \|\xi - \eta\|_\infty$ が成り立つ．よって，(1) が示された．

(2) を示す．(1) より

$$
d_{\mathrm{P}}((\pi_{\xi,R})_*\mu, (\pi_{\eta,R})_*\mu) \leq d_{\mathrm{KF}}^\mu(\pi_{\xi,R}, \pi_{\eta,R}) \leq \|\xi - \eta\|_\infty.
$$

証明終わり． $\square$

定義 5.48（測度の集合の完全性） $N \geq 1$ を整数とする．集合 $\mathcal{A} \subset \mathcal{M}(N)$ が**完全**（perfect）であるとは，任意の $\mu \in \mathcal{A}$ と $\nu \in \mathcal{M}(N)$ に対して，

$$
(\mathbb{R}^N, \|\cdot\|_\infty, \nu) \prec (\mathbb{R}^N, \|\cdot\|_\infty, \mu) \implies \nu \in \mathcal{A}
$$

が成り立つときをいう．集合 $\mathcal{A} \subset \mathcal{M}(N, R)$ が B_R^N 上で**完全**であるとは，任

意の $\mu \in \mathcal{A}$ と $\nu \in \mathcal{M}(N, R)$ に対して,

$$(B_R^N, \|\cdot\|_\infty, \nu) \prec (B_R^N, \|\cdot\|_\infty, \mu) \implies \nu \in \mathcal{A}$$

が成り立つときをいう.

$\mathcal{M}(X; N)$ は完全であり, $\mathcal{M}(X; N, R)$ は B_R^N 上で完全である. また, $(\pi_R)_* \mathcal{M}(X; N) = \mathcal{M}(X; N, R)$ が成り立っていることに注意する.

補題 5.49 任意の完全集合 $\mathcal{A}, \mathcal{B} \subset \mathcal{M}(N)$ と任意の実数 $R > 0$ に対して

$$(d_{\mathrm{P}})_{\mathrm{H}}((\pi_R)_* \mathcal{A}, (\pi_R)_* \mathcal{B}) \leq 2\,(d_{\mathrm{P}})_{\mathrm{H}}(\mathcal{A}, \mathcal{B}).$$

証明 $(d_{\mathrm{P}})_{\mathrm{H}}(\mathcal{A}, \mathcal{B}) < \varepsilon$ をみたすような実数 ε を任意にとる. $\mathcal{A}$ の完全性より, $(\pi_R)_* \mathcal{A} \subset \mathcal{A}$ が成り立つ. 任意の $\mu \in (\pi_R)_* \mathcal{A}$ に対して, ある $\nu \in \mathcal{B}$ が存在して $d_{\mathrm{P}}(\mu, \nu) < \varepsilon$ をみたす.

$$\nu(B_\varepsilon(B_R^N)) \geq \mu(B_R^N) - \varepsilon = 1 - \varepsilon \tag{5.10}$$

かつ $\pi_R|_{B_R^N} = \mathrm{id}_{B_R^N}$ より, $d_{\mathrm{P}}((\pi_R)_* \nu, \nu) \leq d_{\mathrm{KF}}^\nu(\pi_R, \mathrm{id}_{\mathbb{R}^N}) \leq \varepsilon$. ゆえに

$$d_{\mathrm{P}}(\mu, (\pi_R)_* \nu) \leq d_{\mathrm{P}}(\mu, \nu) + d_{\mathrm{P}}(\nu, (\pi_R)_* \nu) \leq 2\varepsilon.$$

従って $(\pi_R)_* \mathcal{A} \subset B_{2\varepsilon}((\pi_R)_* \mathcal{B})$ が成り立つ. $\mathcal{A}$ と $\mathcal{B}$ を交換して $(\pi_R)_* \mathcal{B} \subset B_{2\varepsilon}((\pi_R)_* \mathcal{A})$ も得るから

$$(d_{\mathrm{P}})_{\mathrm{H}}((\pi_R)_* \mathcal{A}, (\pi_R)_* \mathcal{B}) \leq 2\varepsilon$$

が成り立つ. 証明終わり. $\qquad\square$

補題 5.50 $\varepsilon > 0, 0 < \theta < \pi/2$ を実数として, V を $\mathbb{R}^N$ 上の連続とは限らない単位ベクトル場で, $\|x - y\|_2 \leq \varepsilon$ なる任意の 2 点 $x, y \in \mathbb{R}^N$ に対して, $\angle(V_x, V_y) \leq \theta$ をみたすとする. このとき, $\mathbb{R}^N$ 上のある C^∞ 級の単位ベクトル場 $\tilde{V}$ が存在して, 任意の点 $x \in \mathbb{R}^N$ に対して

$$\angle(V_x, \tilde{V}_x) \leq \theta$$

をみたす. ここで, $\angle(\cdot, \cdot)$ は 2 つのベクトルの間の角度とする.

証明 ある可算集合 $\{x_i\}_{i=1}^\infty \subset \mathbb{R}^N$ が存在して, 中心が x_i で半径が ε の閉距離球体を B_i をおくとき, $\{B_i\}_{i=1}^\infty$ が局所有限な $\mathbb{R}^N$ の被覆となる. さらに, C^∞ 級関数 $\varphi_i : \mathbb{R}^N \to [0, +\infty)$ $(i = 1, 2, \ldots)$ が存在して, $\mathrm{supp}(\varphi_i) = B_i$ かつ, $\mathbb{R}^N$ 上で $\sum_{i=1}^\infty \varphi_i = 1$ をみたす. ベクトル場 $\tilde{V}$ を

$$\tilde{V}_x := \frac{\sum_i \varphi_i(x) V_{x_i}}{\|\sum_i \varphi_i(x) V_{x_i}\|_2} \quad (x \in \mathbb{R}^N)$$

と定義する. $x \in B_i$ のとき $\angle(V_x, V_{x_i}) \leq \theta < \pi/2$ が成り立つので,

$\sum_i \varphi_i(x) V_{x_i} \neq 0$ かつ $\angle(V_x, \tilde{V}_x) \leq \theta$ となる. 証明終わり. $\qquad\square$

補題 5.51 $\mathcal{A}, \mathcal{A}_n \subset \mathcal{M}(N)$ $(n = 1, 2, \dots)$ を完全集合とし, 任意の実数 $0 < \kappa < 1$ に対して

$$\sup_{\mu \in \mathcal{A}} \operatorname{diam}(\mu; 1 - \kappa) < +\infty$$

をみたすと仮定する. ここで, 部分直径 $\operatorname{diam}(\mu; 1 - \kappa)$ は $\mathbb{R}^N$ 上の l^∞ ノルムにより定義されるものとする. このとき, 以下の (1) と (2) は互いに同値である.

(1) $n \to \infty$ のとき $\mathcal{A}_n$ が $\mathcal{A}$ へハウスドルフ収束する.

(2) 任意の実数 $R > 0$ に対して, $n \to \infty$ のとき $(\pi_R)_* \mathcal{A}_n$ が $(\pi_R)_* \mathcal{A}$ へハウスドルフ収束する.

証明 「(1) $\Longrightarrow$ (2)」は補題 5.49 から従う.

「(2) $\Longrightarrow$ (1)」を示す. 任意の実数 $\varepsilon > 0$ をとり固定する. まず, 十分大きな n に対して

$$\mathcal{A} \subset B_\varepsilon(\mathcal{A}_n) \tag{5.11}$$

が成り立つことを示そう.

実数 R を

$$R > 2 \sup_{\mu \in \mathcal{A}} \operatorname{diam}\left(\mu; 1 - \frac{\varepsilon}{2}\right)$$

をみたすようにとる. 任意の $\mu \in \mathcal{A}$ に対して, あるボレル集合 $A \subset \mathbb{R}^N$ が存在して, $\mu(A) \geq 1 - \varepsilon/2$ かつ $\operatorname{diam}(A) < R/2$ をみたす. さらに, 1 点 $a \in \mathbb{R}^N$ をとり $\iota(x) := x - a$ とおけば, $\iota(A) \subset B_R^N$ なので $\iota_* \mu(B_R^N) \geq 1 - \varepsilon/2$ が成り立つ. よって

$$d_{\mathrm{P}}((\pi_R)_* \iota_* \mu, \iota_* \mu) \leq d_{\mathrm{KF}}^{\iota_* \mu}(\pi_R, \operatorname{id}_{\mathbb{R}^N}) \leq \frac{\varepsilon}{2}$$

を得る. $\mathcal{A}$ と $\mathcal{A}_n$ の完全性より, $\iota_* \mathcal{A} = \mathcal{A}$ かつ $\iota_* \mathcal{A}_n = \mathcal{A}_n$ が成り立つことに注意すると, 条件 (2) より, 十分大きな n に対して

$$(\pi_R)_* \iota_* \mu \in (\pi_R)_* \mathcal{A} \subset B_{\varepsilon/2}((\pi_R)_* \mathcal{A}_n) \subset B_{\varepsilon/2}(\mathcal{A}_n).$$

ゆえに $\iota_* \mu \in B_\varepsilon(\mathcal{A}_n)$ となるから, $\mu \in B_\varepsilon(\mathcal{A}_n)$ が成り立つ. (5.11) が示された.

$0 < \varepsilon < 1/6$ なる任意の ε をとり固定する. (1) を示すためには, n が十分大きいときに $\mathcal{A}_n \subset B_{3\varepsilon}(\mathcal{A})$ が成り立つことを示せばよい. 任意の列 $\mu_n \in \mathcal{A}_n$ $(n = 1, 2, \dots)$ をとる.

$$R := \sup_{\mu \in \mathcal{A}} \operatorname{diam}(\mu; 1 - \varepsilon) \vee 1, \quad R' := 100 R \sqrt{N}$$

とおく. 条件 (2) より, 十分大きな n に対して

$$d_{\mathrm{H}}((\pi_{R'})_*\mathcal{A}_n, (\pi_{R'})_*\mathcal{A}) < \frac{\varepsilon}{2} \tag{5.12}$$

が成り立つ. 以下, n は (5.12) をみたすと仮定する. 次の主張を示そう.

主張 5.52

$$\mathrm{diam}(\mu_n; 1 - 2\varepsilon) \le R + \varepsilon. \tag{5.13}$$

証明 $x \in \mathbb{R}^N$ を任意の点として, 写像 $\iota_x : \mathbb{R}^N \to \mathbb{R}^N$ を $\iota_x(y) = y - x$ $(y \in \mathbb{R}^N)$ により定義する. $(\iota_x)_*(\pi_{x,R'})_*\mu_n = (\pi_{R'})_*\mu_n \in (\pi_{R'})_*\mathcal{A}_n$ が成り立つ. これと (5.12) より, n と x に従属するある測度 $\nu \in (\pi_{R'})_*\mathcal{A}$ が存在して, $d_{\mathrm{P}}((\iota_x)_*(\pi_{x,R'})_*\mu_n, \nu) < \varepsilon/2$ をみたす. よって, ι_x が等長同型写像であることに注意すれば, 補題 3.25 より

$$\mathrm{diam}((\pi_{x,R'})_*\mu_n; 1 - 2\varepsilon) < \mathrm{diam}(\nu; 1 - \varepsilon) + \varepsilon \le R + \varepsilon.$$

ここで, 部分直径は l^∞ 距離に関するものとする. 従って, あるボレル集合 $A_x \subset B_{R'}^N(x)$ が存在して

$$(\pi_{x,R'})_*\mu_n(A_x) \ge 1 - 2\varepsilon > \frac{1}{2}, \quad \mathrm{diam}(A_x, \|\cdot\|_\infty) \le R + \varepsilon < 2R$$

をみたす. 特に, ユークリッドノルム $\|\cdot\|_2$ に関して $\|\cdot\|_2 \le \sqrt{N}\|\cdot\|_\infty$ より

$$\mathrm{diam}(A_x, \|\cdot\|_2) \le 2R\sqrt{N}$$

が成り立つ. もし, ある点 $x_0 \in \mathbb{R}^N$ が存在して A_{x_0} が $B_{R'}^N(x_0)$ の内部 ($U_{R'}^N(x_0)$ とおく) に含まれるならば, $\mu_n(A_{x_0}) \ge 1 - 2\varepsilon$ となるので (5.13) が成り立つ. 以下に, そのような x_0 が存在することを背理法で示す.

そのような x_0 が存在しない, つまり, 任意の点 $x \in \mathbb{R}^N$ に対して A_x が $U_{R'}^N(x)$ に含まれないと仮定する. すると, $\mathrm{diam}(A_x, \|\cdot\|_\infty) < 2R$ より, 集合 A_x は $U_{R'-2R}^N(x)$ と交わらず, x と A_x のユークリッド距離は $R' - 2R$ 以上である. 各 $x \in \mathbb{R}^N$ に対して A_x から 1 点 $a_x \in \mathbb{R}^N$ をとる. このとき,

$$\|a_x - x\|_2 \ge R' - R \ge 96R\sqrt{N} \tag{5.14}$$

が成り立つ. $\mathbb{R}^N$ 上の単位ベクトル場 V を

$$V_x := \frac{1}{\|a_x - x\|_2}(a_x - x).$$

により定めると, V は連続とは限らない.

$$\|x - y\|_2 \le \varepsilon \tag{5.15}$$

をみたすような任意の 2 点 $x, y \in \mathbb{R}^N$ をとる. 補題 5.47(2) より,

138　第 5 章　オブザーバブル距離とメジャーメント

$$d_{\mathrm{P}}((\pi_{x,R'})_*\mu_n, (\pi_{y,R'})_*\mu_n) \leq \|x-y\|_\infty \leq \varepsilon$$

だから

$$(\pi_{y,R'})_*\mu_n(U_\varepsilon(A_x)) \geq (\pi_{x,R'})_*\mu_n(A_x) - \varepsilon \geq 1 - 3\varepsilon > \frac{1}{2}.$$

ただし，$U_\varepsilon(A_x)$ は l^∞ 距離に関する ε-近傍とする．よって $U_\varepsilon(A_x)$ と A_y は交わるので，$\mathbb{R}^N$ 上の l^p ノルムから定義される距離を d_{l^p} とすると，$d_{l^\infty}(A_x, A_y) \leq \varepsilon$ となり，ゆえに

$$d_{l^2}(A_x, A_y) \leq \sqrt{N}\, d_{l^\infty}(A_x, A_y) \leq \varepsilon\sqrt{N} \leq R\sqrt{N}$$

が成り立つ．従って

$$\|a_x - a_y\|_2 \leq 5R\sqrt{N}.$$

これと (5.14) および (5.15) から，V_x と V_y はほとんど平行なので，特に $\angle(V_x, V_y) \leq \pi/4$ が成り立つ．補題 5.50 より，$\mathbb{R}^N$ 上の C^∞ 級の単位ベクトル場 $\tilde{V}$ が存在して，任意の $x \in \mathbb{R}^n$ に対して

$$\angle(V_x, \tilde{V}_x) \leq \frac{\pi}{4}$$

をみたす．

$\mu_n(K) > 2\varepsilon$ をみたすようなコンパクト集合 $K \subset \mathbb{R}^N$ をとる．もし $\|x\|_2$ が十分大きければ $\pi_{x,R'}(K)$ は $\pi_{x,R'}(\mathbf{o})$ を含むような $\partial B_{R'}^N(x)$ の $(N-1)$ 次元の面に含まれる．ここで，$\mathbf{o}$ は $\mathbb{R}^N$ の原点である．集合 A_x は $\pi_{x,R'}(K)$ と交わるので，a_x はそのような面の $2R$-近傍に含まれる．このことから，

$$\limsup_{\|x\|_2 \to +\infty} \angle\left(V_x, -\frac{x}{\|x\|_2}\right) \leq \frac{\pi}{2}$$

が成り立つことが分かる．従って，ある実数 $C > 0$ が存在して，$\|x\|_2 \geq C$ ならば

$$\angle\left(V_x, -\frac{x}{\|x\|_2}\right) < \frac{3\pi}{4}$$

が成り立ち，ゆえに $\tilde{V}_x \neq \frac{x}{\|x\|_2}$ となる．$\mathbb{R}^N$ の原点を中心とする半径 r のユークリッド球面を $S^{N-1}(r)$ とすると，このことから，写像 $S^{N-1}(C) \ni x \mapsto \tilde{V}_x \in S^{N-1}(1)$ は写像 $S^{N-1}(C) \ni x \mapsto -\frac{x}{\|x\|_2} \in S^{N-1}(1)$ へホモトピックである．この写像の写像度は $(-1)^N$ であるが，$\tilde{V}$ は特異点をもたないので，ポアンカレ-ホップの定理（[46, §6] を参照）に矛盾する．主張が示された． $\square$

(5.13) より，ある点 $x_n \in \mathbb{R}^N$ が存在して $\mu_n(B_{2R}^N(x_n)) \geq 1 - 2\varepsilon$ をみたす．平行移動 $\iota_{-x_n} : \mathbb{R}^N \ni x \mapsto x + x_n \in \mathbb{R}^N$ に対して，$\mu_n' := (\iota_{-x_n})_*\mu_n$ とおくと，$\mu_n'(B_{2R}^N) \geq 1 - 2\varepsilon$ が成り立つ．ゆえに

5.4 (N, R)-メジャーメント **139**

$$d_{\mathrm{P}}(\mu_n', (\pi_{R'})_*\mu_n') \le d_{\mathrm{KF}}^{\mu_n'}(\pi_{R'}, \mathrm{id}_{\mathbb{R}^N}) \le 2\varepsilon.$$

(5.12) より，ある測度 $\nu_n \in (\pi_{R'})_*\mathcal{A}$ が存在して

$$d_{\mathrm{P}}((\pi_{R'})_*\mu_n', \nu_n) < \varepsilon$$

をみたす．三角不等式より

$$d_{\mathrm{P}}(\mu_n, (\iota_{-x_n}^{-1})_*\nu_n) = d_{\mathrm{P}}(\mu_n', \nu_n) < 3\varepsilon.$$

$(\iota_{-x_n}^{-1})_*\nu_n \in \mathcal{A}$ なので，$\mu_n \in B_{3\varepsilon}(\mathcal{A})$ となる．従って $\mathcal{A}_n \subset B_{3\varepsilon}(\mathcal{A})$ が成り立つ．補題が示された． $\square$

mm 空間 X に対して $\mathcal{A} := \mathcal{M}(X; N)$ は補題 5.51 の仮定をみたすので，定理 5.25 と補題 5.51 から以下が従う．

系 5.53 X_n $(n = 1, 2, \dots)$ と Y を mm 空間とするとき，以下の (1) と (2) は互いに同値である．

(1) 列 $\{X_n\}$ は Y へ集中する．

(2) 任意の整数 $N \ge 1$ と実数 $R > 0$ に対して，$n \to \infty$ のとき (N, R)-メジャーメント $\mathcal{M}(X_n; N, R)$ は $\mathcal{M}(Y; N, R)$ へハウスドルフ収束する．

演習問題 5.54 X, Y を mm 空間とするとき，任意の $R > 0$ に対して $\mathcal{M}(X; N, R) = \mathcal{M}(Y; N, R)$ ならば $\mathcal{M}(X; N) = \mathcal{M}(Y; N)$ が成り立つことを示せ．

5.5 ノート

グロモフ [21] によるオブザーバブル距離の記号は $\underline{H}_1\mathcal{L}\iota_1(X, Y)$ という面倒なものであった．本書で用いた記号 $d_{\mathrm{conc}}(X, Y)$ はペストフ [65] による．本書のオブザーバブル距離の定義と三角不等式の証明は中島 [48, 50] による．非退化性についてはいくつかの証明が知られているが，本書では筆者 [68] による明瞭な証明を説明した．メジャーメントの概念はグロモフが導入したが，命名は筆者 [68] による．命題 5.20 は船野の結果 [16] を少し一般化したものである．補題 5.34 は [19] による．完全集合の概念は [68] で定義された．定理 5.25 の証明のアイディアは [21] によるが，細部は [68] による．系 5.53 の主張は [21] に述べられているが，証明について触れられていない．本書の証明は [68] による．

第 6 章

ピラミッド

ピラミッドは mm 空間の mm 同型類全体の空間 $\mathcal{X}$ のある条件をみたす部分集合として定義される．ピラミッド全体の空間が $\mathcal{X}$ の集中位相に関する一つの自然なコンパクト化を与えるので，ピラミッドは重要である．

6.1 ピラミッドの弱収束

この節では，ピラミッドの概念を定義し，ピラミッド全体の空間が弱ハウスドルフ収束に関して点列コンパクトであることを示す．

定義 6.1（ピラミッド） mm 空間の mm 同型類全体からなる族を $\mathcal{X}$ と書いた．集合 $\mathcal{P} \subset \mathcal{X}$ が**ピラミッド**（pyramid）であるとは，以下の 3 条件が成り立つことで定義する．

(i) $X \in \mathcal{P}$ かつ $Y \prec X$ ならば $Y \in \mathcal{P}$．

(ii) 任意の $X, X' \in \mathcal{P}$ に対して，ある $Y \in \mathcal{P}$ が存在して $X \prec Y$ かつ $X' \prec Y$ をみたす．

(iii) $\mathcal{P}$ は空ではなくボックス位相に関して閉集合である．

ピラミッド全体からなる族を Π と書き，$\mathcal{X}$ の**ピラミッダルコンパクト化**（pyramidal compactification）と呼ぶ．

明らかに 1 点 mm 空間 $*$ のみからなる族 $\{*\}$ はピラミッドである．

与えられた 2 つの mm 空間に対して，それらを支配する mm 空間は常に存在する．例えば積空間を考えればよい．よって，$\mathcal{X}$ 自身はピラミッドである．$\mathcal{X}$ をピラミッドとして捉えるとき，**クフピラミッド**（Khufu pyramid）と呼ぶ．

条件 (ii) はムーア–スミス性質と呼ばれていて，これをみたす集合は有向集合と呼ばれる．

定義 6.2（mm 空間に付随するピラミッド）　mm 空間 X に付随するピラミッド $\mathcal{P}_X$ を

$$\mathcal{P}_X := \{\, X' \in \mathcal{X} \mid X' \prec X \,\}$$

により定義する.

　定理 4.49 より $\mathcal{P}_X$ はボックス位相に関して閉集合であることが従い，$\mathcal{P}_X$ は実際にピラミッドであることが分かる.

　$X \prec Y$ と $\mathcal{P}_X \subset \mathcal{P}_Y$ は同値である.

定義 6.3（ピラミッドの弱収束）　ピラミッドの列に対して，$\mathcal{X}$ のボックス距離に関する弱ハウスドルフ収束のことを**弱収束**（weak convergence）と呼ぶことにする.

　当面の目標は，ピラミッドの列の弱収束極限がまたピラミッドになることを示すことである. そのために以下が必要となる.

補題 6.4　　(1) mm 空間列 $\{X_n\}_{n=1}^{\infty}$ が mm 空間 X へボックス収束して，かつ X が mm 空間 Y を支配するならば，Y へボックス収束するようなある mm 空間列 $\{Y_n\}_{n=1}^{\infty}$ が存在して，任意の n に対して X_n は Y_n を支配する.

　　(2) もし 2 つの mm 空間列 $\{X_n\}_{n=1}^{\infty}$, $\{Y_n\}_{n=1}^{\infty}$ がそれぞれ mm 空間 X, Y へボックス収束して，任意の n に対して X_n と Y_n が mm 空間 $\tilde{Z}_n$ に支配されるならば，ある mm 空間列 $\{Z_n\}_{n=1}^{\infty}$ が存在して，$X_n, Y_n \prec Z_n \prec \tilde{Z}_n$ かつ $\{Z_n\}$ はボックス距離に関してプレコンパクトである.

　(2) の $\{Z_n\}$ はボックス位相に関する収束部分列をもつが，定理 4.49 より，その極限は X と Y を支配することに注意する.

証明　(1) を示す. 系 4.61 より，Y は $\underline{Y}_N = (\mathbb{R}^N, \|\cdot\|_{\infty}, \underline{\mu}_N)$ によりボックス位相に関して近似される. ここで，ある 1-リプシッツ写像 $\Phi_N : Y \to (\mathbb{R}^N, \|\cdot\|_{\infty})$ に対して $\underline{\mu}_N = (\Phi_N)_* \mu_Y$ である. $X \succ Y$ より，$F_* \mu_X = \mu_Y$ をみたすような 1-リプシッツ写像 $F : X \to Y$ が存在する. ある正の実数列 $\varepsilon_n \to 0$ と ε_n-mm 同型写像 $p_n : X_n \to X$ が存在する. このとき，合成写像 $f_n := \Phi_N \circ F \circ p_n : X_n \to \mathbb{R}^N$ は誤差 ε_n の 1-リプシッツ写像である. 補題 5.31 より，1-リプシッツ写像 $\tilde{f}_n : X_n \to (\mathbb{R}^N, \|\cdot\|_{\infty})$ が存在して，

$$d_{\mathrm{KF}}(\tilde{f}_n, f_n) \leq \varepsilon_n$$

をみたす. 系 5.33 より

$$d_{\mathrm{P}}((f_n)_* \mu_{X_n}, \underline{\mu}_N) = d_{\mathrm{P}}((\Phi_N \circ F)_* (p_n)_* \mu_{X_n}, (\Phi_N \circ F)_* \mu_X)$$

$$\leq d_{\mathrm{P}}((p_n)_*\mu_{X_n}, \mu_X) \leq \varepsilon_n.$$

$N := n$ とおいて,

$$\lim_{n\to\infty} d_{\mathrm{P}}((f_n)_*\mu_{X_n}, \underline{\mu}_n) = 0.$$

ゆえに, $Y_n' := (\mathbb{R}^n, \|\cdot\|_\infty, (f_n)_*\mu_{X_n})$ とおくと, 命題 4.18 より

$$\lim_{n\to\infty} \Box(Y_n', \underline{Y}_n) = 0.$$

$\underline{Y}_n$ は Y へボックス収束するから, Y_n' は Y へボックス収束する. $Y_n := (\mathbb{R}^n, \|\cdot\|_\infty, (\tilde{f}_n)_*\mu_{X_n})$ とおくと, 命題 4.18 と補題 1.58 より,

$$\Box(Y_n, Y_n') \leq 2\, d_{\mathrm{P}}((\tilde{f}_n)_*\mu_{X_n}, (f_n)_*\mu_{X_n}) \leq 2\, d_{\mathrm{KF}}(\tilde{f}_n, f_n) \leq 2\varepsilon_n.$$

よって Y_n は Y へボックス収束する. $\tilde{f}_n : X_n \to Y_n$ は 1-リップシッツ連続なので, $Y_n \prec X_n$ が成り立つ. (1) が示された.

(2) を示す. $X_n, Y_n \prec \tilde{Z}_n$ より, ある 1-リップシッツ写像 $\tilde{f}_n : \tilde{Z}_n \to X_n$ と $\tilde{g}_n : \tilde{Z}_n \to Y_n$ が存在して, $(\tilde{f}_n)_*\mu_{\tilde{Z}_n} = \mu_{X_n}$ かつ $(\tilde{g}_n)_*\mu_{\tilde{Z}_n} = \mu_{Y_n}$ をみたす. 2 点 $x, y \in \tilde{Z}_n$ に対して

$$d_n(x,y) := d_{X_n}(\tilde{f}_n(x), \tilde{f}_n(y)) \vee d_{Y_n}(\tilde{g}_n(x), \tilde{g}_n(y))$$

と定める. d_n は $\tilde{Z}_n$ 上の擬距離である. $\hat{Z}_n$ を $\tilde{Z}_n$ の $d_n = 0$ による商空間とすると, d_n から $\hat{Z}_n$ 上の距離が導入される. 距離空間 $\hat{Z}_n$ の完備化を (Z_n, d_{Z_n}) とおく. $\hat{Z}_n$ は自然に Z_n へ埋め込まれることに注意する. もし 2 点 $x, y \in \tilde{Z}_n$ が $d_n(x,y) = 0$ をみたすならば, $\tilde{f}_n(x) = \tilde{f}_n(y)$ かつ $\tilde{g}_n(x) = \tilde{g}_n(y)$ が成り立つので, 同値類 $[x] \in \hat{Z}_n$ に対して $f_n([x]) := \tilde{f}_n(x)$ かつ $g_n([x]) := \tilde{g}_n(x)$ と定義することで, 写像 $f_n : \hat{Z}_n \to X_n$ および $g_n : \hat{Z}_n \to Y_n$ が定まる. これらの写像 f_n, g_n は共に 1-リップシッツ連続であり, それぞれ 1-リップシッツ写像 $f_n : Z_n \to X_n$, $g_n : Z_n \to Y_n$ へ拡張される. $\pi_n : \tilde{Z}_n \to Z_n$ を自然な射影として, $\mu_{Z_n} := (\pi_n)_*\mu_{\tilde{Z}_n}$ とおくと, $Z_n = (Z_n, d_{Z_n}, \mu_{Z_n})$ は mm 空間で $\tilde{Z}_n$ に支配される. さらに,

$$(f_n)_*\mu_{Z_n} = (\tilde{f}_n)_*\mu_{\tilde{Z}_n} = \mu_{X_n}, \quad (g_n)_*\mu_{Z_n} = (\tilde{g}_n)_*\mu_{\tilde{Z}_n} = \mu_{Y_n}$$

だから, $X_n, Y_n \prec Z_n$ が成り立つ. また, 任意の $x, y \in Z_n$ に対して

$$d_{Z_n}(x,y) = d_{X_n}(f_n(x), f_n(y)) \vee d_{Y_n}(g_n(x), g_n(y))$$

が成り立つ.

$\{X_n\}$ と $\{Y_n\}$ はボックス位相に関してプレコンパクトなので, 補題 4.36 より, 任意の $\varepsilon > 0$ に対してある整数 $\Delta(\varepsilon) \geq 1$ が存在して, 任意の n に対してボレル集合 $K_{nj} \subset X_n$ $(j = 1, \ldots, N)$ および $K_{nj}' \subset Y_n$ $(j = 1, \ldots, N')$ が存

6.1 ピラミッドの弱収束 **143**

在して，$N, N' \leq \Delta(\varepsilon)$ かつ

$$\mathrm{diam}(K_{nj}),\ \mathrm{diam}(K'_{nj}) \leq \varepsilon,$$

$$\mathrm{diam}\left(\bigcup_{j=1}^{N} K_{nj}\right),\ \mathrm{diam}\left(\bigcup_{j=1}^{N'} K'_{nj}\right) \leq \Delta(\varepsilon),$$

$$\mu_{X_n}\left(X_n \setminus \bigcup_{j=1}^{N} K_{nj}\right),\ \mu_{Y_n}\left(Y_n \setminus \bigcup_{j=1}^{N'} K_{nj}\right) \leq \varepsilon$$

をみたす．$K_{njk} := f_n^{-1}(K_{nj}) \cap g_n^{-1}(K'_{nk})$ $(j = 1, \ldots, N,\ k = 1, \ldots, N')$ とおく．$\{Z_n\}$ のプレコンパクト性を示すために，補題 4.36 の条件 (4) を確かめる．

まず $\mathrm{diam}(K_{njk}) \leq \varepsilon$ を示す．実際，任意の 2 点 $x, y \in K_{njk}$ に対して，$f_n(x), f_n(y) \in K_{nj}$ かつ $g_n(x), g_n(y) \in K'_{nk}$ だから，$d_{X_n}(f_n(x), f_n(y)), d_{Y_n}(g_n(x), g_n(y)) \leq \varepsilon$ が成り立つので，$d_{Z_n}(x, y) \leq \varepsilon$ となる．

次に $\mathrm{diam}(\bigcup_{1 \leq j \leq N, 1 \leq k \leq N'} K_{njk}) \leq \Delta(\varepsilon)$ を示す．任意の 2 点 $x, y \in \bigcup_{1 \leq j \leq N, 1 \leq k \leq N'} K_{njk}$ に対して，ある番号 $j(x),\ k(x),\ j(y),\ k(y)$ が存在して，$x \in K_{nj(x)k(x)}$ かつ $y \in K_{nj(y)k(y)}$ をみたす．$f_n(x) \in K_{nj(x)}$, $g_n(x) \in K'_{nk(x)}$, $f_n(y) \in K_{nj(y)}$, $g_n(y) \in K'_{nk(y)}$ だから，

$$d_{X_n}(f_n(x), f_n(y)) \leq \mathrm{diam}\left(\bigcup_{j=1}^{N} K_{nj}\right) \leq \Delta(\varepsilon),$$

$$d_{Y_n}(g_n(x), g_n(y)) \leq \mathrm{diam}\left(\bigcup_{k=1}^{N'} K'_{nk}\right) \leq \Delta(\varepsilon).$$

これより $d_{Z_n}(x, y) \leq \Delta(\varepsilon)$ が従う．

$\mu_{Z_n}(Z_n \setminus \bigcup_{j,k} K_{njk}) \leq 2\varepsilon$ を示す．実際，

$$Z_n \setminus \bigcup_{j,k} K_{njk} = f_n^{-1}\left(X_n \setminus \bigcup_{j} K_{nj}\right) \cup g_n^{-1}\left(Y_n \setminus \bigcup_{k} K'_{nk}\right)$$

だから，

$$\mu_{Z_n}\left(Z_n \setminus \bigcup_{j,k} K_{njk}\right) \leq \mu_{X_n}\left(X_n \setminus \bigcup_{j} K_{nj}\right) + \mu_{Y_n}\left(Y_n \setminus \bigcup_{k} K'_{nk}\right)$$

$$\leq 2\varepsilon.$$

以上により，補題 4.36 の条件 (4) が確かめられたので，ボックス距離に関して $\{Z_n\}$ はプレコンパクトである．証明終わり．　　　□

補題 6.4 と定理 4.49 を用いて以下を証明する．

144　第 6 章　ピラミッド

定理 6.5 弱収束するピラミッドの列の極限はピラミッドである.

証明 ピラミッドの列 $\{\mathcal{P}_n\}_{n=1}^{\infty}$ が集合 $\mathcal{P} \subset \mathcal{X}$ へ弱収束したとする.$\mathcal{P}$ がピラミッドの定義 6.1 の条件 (i)〜(iii) をみたすことを確かめればよい.

(i) は補題 6.4(1) から従う.

(ii) を確かめる.任意の $X, Y \in \mathcal{P}$ をとる.すると,ある $X_n, Y_n \in \mathcal{P}_n$ ($n = 1, 2, \dots$) が存在して,X_n, Y_n はそれぞれ X, Y へボックス収束する.$\mathcal{P}_n$ がピラミッドであることから,$X_n, Y_n \prec \tilde{Z}_n$ なる $\tilde{Z}_n \in \mathcal{P}_n$ が存在するので,補題 6.4(2) より,ある $Z_n \in \mathcal{P}_n$ が存在して,$X_n, Y_n \prec Z_n$ をみたし,$\{Z_n\}$ はボックス距離に関してプレコンパクトである.$\{Z_n\}$ のある部分列がボックス収束するので,その極限を Z とおくと,$Z \in \mathcal{P}$ であり,定理 4.49 より,$X, Y \prec Z$ が成り立つ.(ii) が示された.

(iii) を確かめる.$\mathcal{P}_n$ は 1 点 mm 空間 $*$ を含むので,$\mathcal{P}$ も $*$ を含み,特に空でない.命題 2.37 より $\mathcal{P}$ は閉集合である.証明終わり. $\qquad \square$

この定理と補題 2.39 から以下が従う.

定理 6.6 ピラミッド全体の族 Π は点列コンパクトである.すなわち,任意のピラミッドの列はピラミッドへ弱収束するような部分列をもつ.

mm 空間の増大列

$$X_1 \prec X_2 \prec \cdots \prec X_n \prec \cdots$$

に対して,

$$\mathcal{P}_{X_1} \subset \mathcal{P}_{X_2} \subset \cdots \subset \mathcal{P}_{X_n} \subset \cdots$$

となるから,以下が成り立つ.証明は読者へ任せる.

命題 6.7 mm 空間の増大列 $\{X_n\}_{n=1}^{\infty}$ に対して,$n \to \infty$ のとき $\mathcal{P}_{X_n}$ は $\overline{\bigcup_{n=1}^{\infty} \mathcal{P}_{X_n}}^{\square}$ のボックス距離に関する閉包 $\overline{\bigcup_{n=1}^{\infty} \mathcal{P}_{X_n}}^{\square}$ へ弱収束する.

$1 \le p \le +\infty$ を拡張実数,$\{F_n\}_{n=1}^{\infty}$ を mm 空間列とする.

$$X_n := F_1 \times_p F_2 \times_p \cdots \times_p F_n$$

を l^p 積空間(l^p 距離と直積測度を備えた mm 空間)とすると,これは増大列であり,命題 6.7 より $\mathcal{P}_{X_n}$ は $\overline{\bigcup_{n=1}^{\infty} \mathcal{P}_{X_n}}^{\square}$ へ弱収束する.ここで,l^p 無限積 $\prod_{n=1}^{\infty} F_n$ は一般に mm 空間とはならないことに注意する(注意 4.69 を参照).

n 次元標準ガウス測度 γ^n は γ^1 の直積測度として得られるので,標準ガウス空間 Γ^n は Γ^1 の l^2 積空間である.

定義 6.8(無限次元仮想標準ガウス空間) ピラミッド

6.1 ピラミッドの弱収束　**145**

$$\mathcal{P}_{\Gamma^\infty} := \overline{\bigcup_{n=1}^{\infty} \mathcal{P}_{\Gamma^n}}^{\,\square}$$

を**無限次元仮想標準ガウス空間**（infinite-dimensional virtual standard Gaussian space）と呼ぶ．

$n \to \infty$ のとき $\mathcal{P}_{\Gamma^n}$ は $\mathcal{P}_{\Gamma^\infty}$ へ弱収束する．

注意 4.69 より，l^2 無限積空間 $\Gamma^\infty := (\mathbb{R}^\infty, \|\cdot\|_2, \gamma^\infty)$ は可分ではないので，mm 空間ではない．さらに，γ^∞ は $\mathbb{R}^\infty$ 上の l^2 距離に関してボレル測度にならないことが知られている（[6, §2.3] を見よ）．以上の理由から Γ^∞ の替わりに $\mathcal{P}_{\Gamma^\infty}$ を考えるのである．

次の命題は後で必要となる．

命題 6.9 任意の mm 空間 X に対して，X に付随するピラミッド $\mathcal{P}_X$ はボックス位相に関してコンパクトである．

証明 まず $\mathcal{P}_X$ がプレコンパクトであることを示す．そのためには補題 4.36 の (3) をみたすことを示せばよい．任意の $\varepsilon > 0$ に対して，X のある ε-支持する有限ネット $\mathcal{N}$ が存在する．任意の $Y \in \mathcal{P}_X$ をとる．$Y \prec X$ なので支配写像 $f : X \to Y$ が存在する．明らかに $\mathrm{diam}(f(\mathcal{N})) \leq \mathrm{diam}(\mathcal{N})$ かつ $\#f(\mathcal{N}) \leq \#\mathcal{N}$ が成り立つ．後は $f(\mathcal{N})$ が Y の ε-支持ネットであることを示せばよい．実際，$f(B_\varepsilon(\mathcal{N})) \subset B_\varepsilon(f(\mathcal{N}))$ より，$B_\varepsilon(\mathcal{N}) \subset f^{-1}(f(B_\varepsilon(\mathcal{N}))) \subset f^{-1}(B_\varepsilon(f(\mathcal{N})))$ なので，

$$\mu_Y(B_\varepsilon(f(\mathcal{N}))) = \mu_X(f^{-1}(B_\varepsilon(f(\mathcal{N})))) \geq \mu_X(B_\varepsilon(\mathcal{N})) \geq 1 - \varepsilon.$$

よって $f(\mathcal{N})$ は Y の ε-支持ネットである．従って補題 4.36 より $\mathcal{P}_X$ はプレコンパクトである．

$\mathcal{X}$ はボックス距離に関して完備で，$\mathcal{P}_X$ は $\mathcal{X}$ の閉集合なので，$\mathcal{P}_X$ はコンパクトである．証明終わり． $\square$

演習問題 6.10 (1) 命題 6.7 を示せ．

(2) 任意の mm 空間 X に対して $\mathcal{P}_X$ は集中位相に関してコンパクトであることを示せ．

(3) 実数 $\delta \geq 0$ に対して，直径が δ 以下の mm 空間全体の集合がピラミッドであることを示せ．

6.2 ピラミッドの空間の距離構造

この節では，ピラミッド全体の族 Π に弱収束と適合する距離を導入する．

146 第 6 章 ピラミッド

定義 6.11(ピラミッドのメジャーメント) ピラミッド $\mathcal{P}$,整数 $N \geq 1$,拡張実数 $0 \leq R \leq +\infty$ に対して,

$$\mathcal{M}(\mathcal{P}; N, R) := \{\, \mu \in \mathcal{M}(N, R) \mid (B_R^N, \|\cdot\|_\infty, \mu) \in \mathcal{P} \,\}$$
$$\mathcal{M}(\mathcal{P}; N) := \mathcal{M}(\mathcal{P}; N, +\infty)$$

と定義する.ただし,$\mathcal{M}(N, +\infty) := \mathcal{M}(N)$ とおく.$\mathcal{M}(\mathcal{P}; N, R)$ を $\mathcal{P}$ の (N, R)-メジャーメント,$\mathcal{M}(\mathcal{P}; N)$ を $\mathcal{P}$ の N-メジャーメントと呼ぶ.

$\mathcal{M}(\mathcal{P}; N)$ は $\mathcal{M}(N, R)$ の閉集合であり,$R < +\infty$ のとき $\mathcal{M}(\mathcal{P}; N, R)$ はコンパクトである.任意の mm 空間 X に対して,$\mathcal{M}(\mathcal{P}_X; N, R) = \mathcal{M}(X; N, R)$ が成り立つ.$\mathcal{M}(\mathcal{P}; N, R)$ は B_R^N 上で完全集合である.

補題 6.12 任意の mm 空間 X に対して,ある正の実数の列 $\{R_N\}_{N=1}^\infty$ と測度 $\mu_N \in \mathcal{M}(X; N, R_N)$ $(N = 1, 2, \dots)$ が存在して,$N \to \infty$ のとき $(B_{R_N}^N, \|\cdot\|_\infty, \mu_N)$ は X へボックス収束する.

証明 定理 4.60 より,ある $\underline{\mu}_N \in \mathcal{M}(X; N)$ が存在して,$N \to \infty$ のとき $(\mathbb{R}^N, \|\cdot\|_\infty, \underline{\mu}_N)$ は X へボックス収束する.$\pi_R : \mathbb{R}^N \to B_R^N$ を 5.4 節で定義した最近点写像とすると,$R \to +\infty$ のとき $(\pi_R)_* \underline{\mu}_N$ は $\underline{\mu}_N$ へ弱収束するので,$(B_R^N, \|\cdot\|_\infty, (\pi_R)_* \underline{\mu}_N)$ は $(\mathbb{R}^N, \|\cdot\|_\infty, \underline{\mu}_N)$ へボックス収束する.従って,ある正の実数の列 $R_N \to +\infty$ が存在して,$(B_{R_N}^N, \|\cdot\|_\infty, (\pi_{R_N})_* \underline{\mu}_N)$ は X へボックス収束する.補題が示された. $\square$

補題 6.13 $N \geq 1$ を整数とし,$0 \leq R \leq +\infty$ を拡張実数とする.mm 空間列 $\{X_n\}_{n=1}^\infty$ が $\mu \in \mathcal{M}(N, R)$ をみたす mm 空間 $(B_R^N, \|\cdot\|_\infty, \mu)$ へボックス収束するならば,μ へ弱収束するようなある測度の列 $\mu_n \in \mathcal{M}(X_n; N, R)$ $(n = 1, 2, \dots)$ が存在する.特に,$X_n' := (B_R^N, \|\cdot\|_\infty, \mu_n)$ とおくと,$X_n' \prec X_n$ および

$$\lim_{n \to \infty} \square(X_n', (B_R^N, \|\cdot\|_\infty, \mu)) = 0$$

が成り立つ.

証明 $\mu \in \mathcal{M}(N, R)$ とし,mm 空間列 $\{X_n\}$ が $(B_R^N, \|\cdot\|_\infty, \mu)$ へボックス収束すると仮定する.すると,ある実数列 $\varepsilon_n \to 0$ および ε_n-mm 同型写像 $f_n : X_n \to (B_R^N, \|\cdot\|_\infty, \mu)$ が存在する.このとき,$d_{\mathrm{P}}((f_n)_* \mu_{X_n}, \mu) \leq \varepsilon_n$ が成り立つ.補題 5.31 より,ある 1-リップシッツ写像 $\tilde{f}_n : X_n \to (\mathbb{R}^N, \|\cdot\|_\infty)$ が存在して,$d_{\mathrm{KF}}(\tilde{f}_n, f_n) \leq \varepsilon_n$ をみたす.従って

$$d_{\mathrm{P}}((\tilde{f}_n)_* \mu_{X_n}, \mu) \leq d_{\mathrm{P}}((\tilde{f}_n)_* \mu_{X_n}, (f_n)_* \mu_{X_n}) + d_{\mathrm{P}}((f_n)_* \mu_{X_n}, \mu)$$
$$\leq d_{\mathrm{KF}}(\tilde{f}_n, f_n) + \varepsilon_n \leq 2\varepsilon_n.$$

$R = +\infty$ のときは，$\mu_n := (\tilde{f}_n)_* \mu_{X_n}$ が求める測度である．

$R < +\infty$ のとき，$\mathrm{supp}(\mu) \subset B_R^N$ なので，$\pi_R : \mathbb{R}^N \to B_R^N$ を l^∞ 距離に関する最近点写像とすると，$\mu_n := (\pi_R)_* (\tilde{f}_n)_* \mu_{X_n}$ は $\mathcal{M}(X_n; N, R)$ の元であり，$n \to \infty$ のとき μ へ弱収束する．

「特に…」の部分は命題 4.18 より従う．証明終わり． $\qquad\square$

補題 6.14 与えられたピラミッド $\mathcal{P}, \mathcal{P}_n$ $(n = 1, 2, \dots)$ に対して，以下の (1), (2) は互いに同値である．

(1) $n \to \infty$ のとき $\mathcal{P}_n$ は $\mathcal{P}$ へ弱収束する．

(2) 任意の整数 $N \geq 1$ と実数 $R \geq 0$ に対して，$n \to \infty$ のとき $\mathcal{M}(\mathcal{P}_n; N, R)$ は $\mathcal{M}(\mathcal{P}; N, R)$ へプロホロフ距離に関してハウスドルフ収束する．

証明 「$(1) \Longrightarrow (2)$」を背理法で示す．(1) が成り立つが，(2) が成り立たないと仮定する．すると，ある部分列 $\{\mathcal{P}_{n_i}\}_{i=1}^\infty$ が存在して，

$$\liminf_{i \to \infty} (d_{\mathrm{P}})_{\mathrm{H}} (\mathcal{M}(\mathcal{P}_{n_i}; N, R), \mathcal{M}(\mathcal{P}; N, R)) > 0$$

をみたす．$\mathcal{M}(N, R)$ は d_{P} に関してコンパクトなので，ブラシュケの定理 2.10 より，$\{\mathcal{M}(\mathcal{P}_{n_i}; N, R)\}$ は $(d_{\mathrm{P}})_{\mathrm{H}}$ に関して収束部分列をもつ．$\{\mathcal{M}(\mathcal{P}_{n_i}; N, R)\}$ をそのような収束部分列に取り替えておく．極限を $\mathcal{M}_\infty$ とおくと，これは $\mathcal{M}(\mathcal{P}; N, R)$ とは異なる．

$\mathcal{M}_\infty \subset \mathcal{M}(\mathcal{P}; N, R)$ を示す．任意の $\mu \in \mathcal{M}_\infty$ に対して，μ へ弱収束するような $\mu_i \in \mathcal{M}(\mathcal{P}_{n_i}; N, R)$ が存在する．このとき，$(B_R^N, \|\cdot\|_\infty, \mu_i)$ は $\mathcal{P}_{n_i}$ の元であり，$i \to \infty$ のとき $(B_R^N, \|\cdot\|_\infty, \mu)$ へボックス収束するので，$(B_R^N, \|\cdot\|_\infty, \mu)$ は $\mathcal{P}$ の元である．ゆえに μ は $\mathcal{M}(\mathcal{P}; N, R)$ の元である．よって $\mathcal{M}_\infty \subset \mathcal{M}(\mathcal{P}; N, R)$ が成り立つ．

次に $\mathcal{M}(\mathcal{P}; N, R) \subset \mathcal{M}_\infty$ を示す．任意の $\mu \in \mathcal{M}(\mathcal{P}; N, R)$ をとると，(1) より，$(B_R^N, \|\cdot\|_\infty, \mu)$ へ収束するようなある $X_i \in \mathcal{P}_{n_i}$ が存在する．補題 6.13 より，μ へ弱収束するような $\mu_i \in \mathcal{M}(X_i; N, R)$ が存在する．従って μ は $\mathcal{M}_\infty$ の元である．$\mathcal{M}(\mathcal{P}; N, R) \subset \mathcal{M}_\infty$ が示された．

以上により，$\mathcal{M}(\mathcal{P}; N, R) = \mathcal{M}_\infty$ となるが，これは矛盾である．「$(1) \Longrightarrow (2)$」が示された．

「$(2) \Longrightarrow (1)$」を示す．(2) を仮定する．$\{\mathcal{P}_n\}$ の弱ハウスドルフ上極限，下極限をそれぞれ $\overline{\mathcal{P}}_\infty, \underline{\mathcal{P}}_\infty$ とおく．命題 2.42 より，$\underline{\mathcal{P}}_\infty = \overline{\mathcal{P}}_\infty = \mathcal{P}$ を示せばよい．

まず，$\mathcal{P} \subset \underline{\mathcal{P}}_\infty$ を示す．任意の $X \in \mathcal{P}$ をとる．補題 6.12 より，正の実数の列 $\{R_N\}_{N=1}^\infty$ と $\mu_N \in \mathcal{M}(X; N, R_N)$ が存在して，$N \to \infty$ のとき $(B_{R_N}^N, \|\cdot\|_\infty, \mu_N)$ は X へボックス収束する．$\mu_N \in \mathcal{M}(\mathcal{P}; N, R_N)$ だから，(2) より μ_N へ弱収束するような $\mu_{N,n} \in \mathcal{M}(\mathcal{P}_n; N, R_N)$ が存在する．（ゆっくり無限大へ発散するような）ある整数列 $\{N(n)\}_{n=1}^\infty$ が存在して，$n \to \infty$ の

148 第 6 章 ピラミッド

とき $(B_{R_{N(n)}}^{N(n)}, \|\cdot\|_\infty, \mu_{N(n),n})$ は X へ収束する. $(B_{R_{N(n)}}^{N(n)}, \|\cdot\|_\infty, \mu_{N(n),n})$ は $\mathcal{P}_n$ の元なので, X は $\underline{\mathcal{P}}_\infty$ の元である. $\mathcal{P} \subset \underline{\mathcal{P}}_\infty$ が示された.

後は $\overline{\mathcal{P}}_\infty \subset \mathcal{P}$ を示せばよい. 任意の $X \in \overline{\mathcal{P}}_\infty$ をとる. 系 4.61 より, X は $\underline{X}_N = (\mathbb{R}^N, \|\cdot\|_\infty, \underline{\mu}_N)$ $(\underline{\mu}_N \in \mathcal{M}(X; N))$ でボックス距離に関して近似される. $\pi_R \colon \mathbb{R}^N \to B_R^N$ を l^∞ 距離に関する最近点写像とすると, $R \to +\infty$ のとき $(\pi_R)_* \underline{\mu}_N$ は $\underline{\mu}_N$ へ弱収束するので, X は $X' \prec X$ をみたすある mm 空間 $X' = (B_R^N, \|\cdot\|_\infty, \mu)$ で近似される. $\mathcal{P}$ はボックス位相に関して閉集合なので, X' が $\mathcal{P}$ に属することを示せばよい. $X \in \overline{\mathcal{P}}_\infty$ より, 列 $n_i \to \infty$ と $X_i \in \mathcal{P}_{n_i}$ が存在して, X_i は X へボックス収束する. 補題 6.4(1) より, $X_i' \prec X_i$ をみたし X' へボックス収束するような mm 空間列 $\{X_i'\}_{i=1}^\infty$ が存在する. 補題 6.13 より, X' の測度 μ へ弱収束するような $\mu_i \in \mathcal{M}(X_i'; N, R)$ が存在する. $X_i' \in \mathcal{P}_{n_i}$ だから $\mu_i \in \mathcal{M}(\mathcal{P}_{n_i}; N, R)$ であり, (2) より $\mu \in \mathcal{M}(\mathcal{P}; N, R)$ が成り立つ. ゆえに X' は $\mathcal{P}$ の元である. 以上により, $\overline{\mathcal{P}}_\infty \subset \mathcal{P}$ が示された. 証明終わり. $\qquad\square$

補題 6.15 $\mathcal{P}, \mathcal{P}_n$ $(n = 1, 2, \dots)$ をピラミッドとし, $N, N' \geq 1$ を整数, $R, R' \geq 0$ を実数とする. このとき, もし $N \leq N'$, $R \leq R'$ かつ $n \to \infty$ のとき, $\mathcal{M}(\mathcal{P}_n; N', R')$ が $\mathcal{M}(\mathcal{P}; N', R')$ へプロホロフ距離に関してハウスドルフ収束するならば, $\mathcal{M}(\mathcal{P}_n; N, R)$ は $\mathcal{M}(\mathcal{P}; N, R)$ へハウスドルフ収束する.

証明 $\mathcal{M}(\mathcal{P}_n; N', R')$ が $\mathcal{M}(\mathcal{P}; N', R')$ へハウスドルフ収束すると仮定する. $\mathcal{M}_n := \mathcal{M}(\mathcal{P}_n; N, R)$, $\mathcal{M} := \mathcal{M}(\mathcal{P}; N, R)$ とおく. $\mathcal{M}(N, R)$ のコンパクト性より, $\mathcal{M}_n$ が $\mathcal{M}$ へ弱ハウスドルフ収束することを示せば十分である. そのためには, $\mathcal{M} \subset \underline{\mathcal{M}}_\infty$ および $\overline{\mathcal{M}}_\infty \subset \mathcal{M}$ を示せばよい. ここで, $\underline{\mathcal{M}}_\infty$ $(\overline{\mathcal{M}}_\infty)$ は弱ハウスドルフ下 (上) 極限である.

$\mathcal{M} \subset \underline{\mathcal{M}}_\infty$ を示す. 任意の $\mu \in \mathcal{M}$ をとる. 仮定より, μ へ弱収束するようなある $\mu_n \in \mathcal{M}(\mathcal{P}_n; N', R')$ が存在する. $X_n := (B_{R'}^{N'}, \|\cdot\|_\infty, \mu_n)$ に対して補題 6.13 を適用すると, μ へ弱収束するような $\mu_n' \in \mathcal{M}(\mathcal{P}_n; N, R)$ が存在する. 従って μ は $\underline{\mathcal{M}}_\infty$ の元である. $\mathcal{M} \subset \underline{\mathcal{M}}_\infty$ が示された.

$\overline{\mathcal{M}}_\infty \subset \mathcal{M}$ を示す. 任意の $\mu \in \overline{\mathcal{M}}_\infty$ をとる. ある部分列 $\{\mathcal{M}_{n_i}\}$ と $\mu_i \in \mathcal{M}_{n_i}$ が存在して, μ_i は μ へ弱収束する. $\mu_i \in \mathcal{M}(\mathcal{P}_{n_i}; N', R')$ かつ $\mathcal{M}(\mathcal{P}_n; N', R')$ が $\mathcal{M}(\mathcal{P}; N', R')$ へハウスドルフ収束するので, μ は $\mathcal{M}(\mathcal{P}; N', R')$ の元である. 一方, $\mu \in \mathcal{M}(N, R)$ なので μ は $\mathcal{M}$ の元である. $\overline{\mathcal{M}}_\infty \subset \mathcal{M}$ が示された. 補題の証明終わり. $\qquad\square$

補題 6.14 と補題 6.15 より以下が従う.

系 6.16 与えられたピラミッド $\mathcal{P}, \mathcal{P}_n$ $(n = 1, 2, \dots)$ に対して, 以下の (1), (2) は互いに同値である.

(1) $n \to \infty$ のとき $\mathcal{P}_n$ は $\mathcal{P}$ へ弱収束する.

(2) 任意の整数 $N \geq 1$ に対して，$n \to \infty$ のとき $\mathcal{M}(\mathcal{P}_n; N, N)$ は $\mathcal{M}(\mathcal{P}; N, N)$ へプロホロフ距離に関してハウスドルフ収束する．

定義 6.17（ピラミッドの空間の距離）　整数 $N \geq 1$ とピラミッド $\mathcal{P}, \mathcal{Q}$ に対して，

$$\rho_N(\mathcal{P}, \mathcal{Q}) := \frac{1}{2N}(d_{\mathrm{P}})_{\mathrm{H}}(\mathcal{M}(\mathcal{P}; N, N), \mathcal{M}(\mathcal{Q}; N, N)),$$

$$\rho(\mathcal{P}, \mathcal{Q}) := \sum_{N=1}^{\infty} \frac{1}{2^N} \rho_N(\mathcal{P}, \mathcal{Q})$$

と定義する．

このとき以下が成り立つ．

定理 6.18　ρ は弱収束と適合するようなピラミッド全体の集合 Π 上の距離であり，(Π, ρ) はコンパクト距離空間である．

証明　ρ が距離であることを示す．$d_{\mathrm{P}} \leq 1$ より $\rho_N \leq 1/(2N)$ となるので $\rho \leq 1/2$ が成り立ち，ρ は有限値である．各 ρ_N は対称性と三角不等式をみたすので，ρ もそれらをみたす．

ρ の非退化性を示す．もし $\rho(\mathcal{P}, \mathcal{Q}) = 0$ ならば，任意の $N \geq 1$ に対して $\rho_N(\mathcal{P}, \mathcal{Q}) = 0$，ゆえに $\mathcal{M}(\mathcal{P}; N, N) = \mathcal{M}(\mathcal{Q}; N, N)$ が成り立つ．補題 6.12 より，任意の $X \in \mathcal{P}$ は $(B_{R_N}^N, \|\cdot\|_\infty, \mu_N)$ $(\mu_N \in \mathcal{M}(X; N, R_N))$ で近似される．整数 $N' \geq N \vee R_N$ に対して $\mu_N \in \mathcal{M}(X; N', N') \subset \mathcal{M}(\mathcal{P}; N', N') = \mathcal{M}(\mathcal{Q}; N', N')$ だから，$(B_{R_N}^N, \|\cdot\|_\infty, \mu_N)$ は $\mathcal{Q}$ の元である．よって，X は $\mathcal{Q}$ の元である．従って $\mathcal{P} \subset \mathcal{Q}$ が成り立つ．同様に $\mathcal{Q} \subset \mathcal{P}$ も成り立つので，$\mathcal{P} = \mathcal{Q}$ である．

以上により，ρ は Π 上の距離である．

ρ が弱収束と適合することは，系 6.16 から従う．

定理 6.6 より Π は点列コンパクトなので，(Π, ρ) はコンパクトである．証明終わり．　　　　　　　　　　　　　　　　　　　　　　　　　　　　　$\square$

定義 6.19（ピラミッドの近似列）　$\mathcal{P}$ をピラミッドとし，$\{Y_m\}_{m=1}^{\infty}$ を mm 空間列とする．$\{Y_m\}_{m=1}^{\infty}$ が $\mathcal{P}$ の近似列（approximation sequence）であるとは，

$$Y_1 \prec Y_2 \prec \cdots \prec Y_m \prec \cdots, \qquad \overline{\bigcup_{m=1}^{\infty} \mathcal{P}_{Y_m}} = \mathcal{P}$$

が成り立つことで定義する．

$\{Y_m\}_{m=1}^{\infty}$ がピラミッド $\mathcal{P}$ の近似列ならば，命題 6.7 より $m \to \infty$ のとき $\mathcal{P}_{Y_m}$ は $\mathcal{P}$ へ弱収束する．$\{\Gamma^n\}_{n=1}^{\infty}$ は $\mathcal{P}_{\Gamma^\infty}$ の近似列である．

補題 6.20　任意のピラミッド $\mathcal{P}$ に対して，$\mathcal{P}$ の近似列は存在する．

証明 $\mathcal{X}$ はボックス位相に関して可分（命題 4.33）なので，稠密可算集合 $\{Y'_m\}_{m=1}^{\infty} \subset \mathcal{P}$ が存在する．$Y_1 := Y'_1$ とおく．ピラミッドの定義より，ある mm 空間 $Y_2 \in \mathcal{P}$ が存在して Y_2 は Y_1 と Y'_2 を支配する．さらに，$Y_3 \in \mathcal{P}$ が存在して Y_3 は Y_2 と Y'_3 を支配する．これを繰り返すことで，mm 空間列 $\{Y_m\}_{m=1}^{\infty} \subset \mathcal{P}$ が得られて，$Y_1 \prec Y_2 \prec \cdots \prec Y_m \prec \cdots$ かつ $Y'_m \prec Y_m \in \mathcal{P}$ $(m = 1, 2, \ldots)$ をみたす．このとき，

$$\{Y'_m\}_{m=1}^{\infty} \subset \bigcup_{m=1}^{\infty} \mathcal{P}_{Y_m} \subset \mathcal{P}$$

となるので，補題が成り立つ．証明終わり． $\qquad\square$

定理 6.21 写像

$$\iota : \mathcal{X} \ni X \longmapsto \mathcal{P}_X \in \Pi$$

は d_{conc} と ρ に関して 1-リプシッツ連続な位相的埋め込み写像であり，その像 $\iota(\mathcal{X})$ は Π で稠密である．特に Π は $\mathcal{X}$ のコンパクト化である．

証明 まず，ι が 1-リプシッツ連続であること，つまり，任意の mm 空間 X, Y に対して

$$\rho(\mathcal{P}_X, \mathcal{P}_Y) \leq d_{\mathrm{conc}}(X, Y) \tag{6.1}$$

が成り立つことを示す．補題 5.49 と補題 5.15 より

$$d_{\mathrm{H}}(\mathcal{M}(X; N, R), \mathcal{M}(Y; N, R)) \leq 2 d_{\mathrm{H}}(\mathcal{M}(X; N), \mathcal{M}(Y; N))$$
$$\leq 2N d_{\mathrm{conc}}(X, Y).$$

ゆえに $\rho_N(\mathcal{P}_X, \mathcal{P}_Y) \leq d_{\mathrm{conc}}(X, Y)$ が成り立つ．これより (6.1) が従う．

次に $\iota^{-1} : \iota(\mathcal{X}) \to \mathcal{X}$ の連続性を示す．そのためには，$\mathcal{P}_{X_n}$ が $\mathcal{P}_Y$ へ弱収束するならば X_n が Y へ集中することを示せばよい．$\mathcal{P}_{X_n}$ が $\mathcal{P}_Y$ へ弱収束すると仮定すると，補題 6.14 より，任意の $N \geq 1$ と $R \geq 0$ に対して $\mathcal{M}(X_n; N, R)$ が $\mathcal{M}(Y; N, R)$ へハウスドルフ収束する．従って系 5.53 より X_n は Y へ集中する．よって，ι^{-1} は連続である．

以上により ι が 1-リプシッツ連続な位相的埋め込み写像であることが示された．

像 $\iota(\mathcal{X})$ が Π で稠密であることを示す．任意のピラミッド $\mathcal{P} \in \Pi$ に対して，補題 6.20 より，$\mathcal{P}$ の近似列 $\{Y_m\}$ が存在するが，$m \to \infty$ のとき $\iota(Y_m) = \mathcal{P}_{Y_m}$ は $\mathcal{P}$ へ弱収束するので，$\iota(\mathcal{X})$ は Π で稠密である．証明終わり． $\qquad\square$

定理 6.21 より，特に以下が成り立つ．mm 空間 X_n $(n = 1, 2, \ldots)$, Y に対して，$n \to \infty$ のとき，

6.2 ピラミッドの空間の距離構造 **151**

$$X_n \text{ が } Y \text{ へ集中する } \Longleftrightarrow \mathcal{P}_{X_n} \text{ が } \mathcal{P}_Y \text{ へ弱収束する}.$$

命題 6.22 任意のピラミッドは d_{conc} に関して閉集合である.

証明 mm 空間 X へ集中するような mm 空間列 $\{X_n\}_{n=1}^{\infty}$ をピラミッド $\mathcal{P}$ からとる. X が $\mathcal{P}$ の元であることを示せばよい. 定理 6.21 より, $n \to \infty$ のとき $\mathcal{P}_{X_n}$ は $\mathcal{P}_X$ へ弱収束するが, $\mathcal{P}_{X_n} \subset \mathcal{P}$ なので, $\mathcal{P}_X \subset \mathcal{P}$ である. よって X は $\mathcal{P}$ の元である. 証明終わり. $\qquad\qquad\square$

演習問題 6.23 ピラミッド $\mathcal{P}$ が集中位相に関してコンパクトならば, ある mm 空間が存在して $\mathcal{P} = \mathcal{P}_X$ となることを示せ.

6.3 漸近的集中

この節では $(\mathcal{X}, d_{\mathrm{conc}})$ の完備化のコンパクト化について知られている結果を証明なしに紹介する. 証明については [68] を参照のこと.

定理 6.21 において, 写像

$$\iota : \mathcal{X} \ni X \longmapsto \mathcal{P}_X \in \Pi$$

が d_{conc} と ρ に関して 1-リプシッツ連続な位相的埋め込み写像であることを示したが, この写像 ι は $\mathcal{X}$ の d_{conc} に関する完備化 ($\bar{\mathcal{X}}$ と書く) へ 1-リプシッツ連続な写像として拡張される. その拡張を

$$\iota : \bar{\mathcal{X}} \ni \bar{X} \longmapsto \mathcal{P}_{\bar{X}} \in \Pi$$

と表すことにする.

定理 6.24 写像

$$\iota : \bar{\mathcal{X}} \ni \bar{X} \longmapsto \mathcal{P}_{\bar{X}} \in \Pi$$

は位相的埋め込み写像であり, 特に Π は完備化 $\bar{\mathcal{X}}$ のコンパクト化である.

定義 6.25 (漸近的集中) mm 空間列が**漸近的に集中する** (asymptotically concentrate) とは, それが d_{conc} に関してコーシー列であることをいう.

定理 6.24 から以下が分かる.

系 6.26 漸近的に集中する任意の mm 空間列 $\{X_n\}_{n=1}^{\infty}$ に対して, $\mathcal{P}_{X_n}$ は弱収束する.

次に像 $\iota(\bar{\mathcal{X}})$ の元の特徴付けについての結果を紹介する.

定義 6.27 (集中するピラミッド) ピラミッド $\mathcal{P}$ が**集中する** (concentrated)

とは，$\{\mathcal{L}_1(X)\}_{X \in \mathcal{P}}$ がグロモフ–ハウスドルフ位相でプレコンパクトであることをいう．

定理 6.28 ピラミッド $\mathcal{P}$ に対して以下の (1), (2) は互いに同値である．

(1) $\mathcal{P}$ は $\iota(\bar{\mathcal{X}})$ の元である．つまり，ある $\bar{X} \in \bar{\mathcal{X}}$ が存在して $\mathcal{P} = \mathcal{P}_{\bar{X}}$ をみたす．

(2) $\mathcal{P}$ は集中する．

定理 6.26 と定理 6.28 から以下が導かれる．

系 6.29 $\{X_n\}_{n=1}^{\infty}$ を mm 空間列とする．$n \to \infty$ のとき $\mathcal{P}_{X_n}$ が集中するピラミッド $\mathcal{P}$ へ弱収束するならば，$\{X_n\}$ は漸近的に集中して，その極限を $\bar{X} \in \bar{\mathcal{X}}$ とすると，$\mathcal{P} = \mathcal{P}_{\bar{X}}$ となる．

系 6.30 $\{Y_n\}_{n=1}^{\infty}$ をピラミッド $\mathcal{P}$ の近似列とするとき，以下の (1) と (2) は互いに同値である．

(1) $\mathcal{P}$ は集中する．

(2) $\{Y_n\}$ は漸近的に集中する．

注意 6.31 後（系 6.41）で示すように無限次元仮想標準ガウス空間は集中しないピラミッドなので，$\iota(\bar{\mathcal{X}})$ の元ではない．特に $\iota(\bar{\mathcal{X}})$ は Π と一致しない．後の例 6.39 で見るように，$\mathcal{X}$ は $\bar{\mathcal{X}}$ と一致しない．すなわち

$$\iota(\mathcal{X}) \subsetneq \iota(\bar{\mathcal{X}}) \subsetneq \Pi$$

が成り立つ．$\iota(\bar{\mathcal{X}})$ は Π で閉集合ではない．

演習問題 6.32 系 6.29 と系 6.30 を示せ．

6.4　無限積空間への収束，その 2

この節では，積空間の漸近的集中について調べる．

定義 6.33（レビ半径） X を mm 空間とし，$\kappa > 0$ を実数とする．X のレビ半径（Lévy radius）を

$$\mathrm{LeRad}(X; -\kappa) := \inf\{\, \varepsilon > 0 \mid \text{任意の 1-リップシッツ関数 } f : X \to \mathbb{R}$$
$$\text{に対して } \mu_X(|f - m_f| > \varepsilon) \leq \kappa \,\}$$

で定義する．ここで，m_f は f のレビ平均である．

以下の証明は読者へ任せる．

補題 6.34 任意の mm 空間 X と実数 $0 < \kappa < 1/2$ に対して

$$\mathrm{LeRad}(X; -\kappa) \le \mathrm{ObsDiam}(X; -\kappa).$$

命題 6.35 Y, Z を mm 空間とし，$1 \le p \le +\infty$ を拡張実数とする．l^p 積空間 $X := Y \times_p Z$ に直積測度を導入しておく．このとき，もし $\mathrm{ObsDiam}(Z) < 1/2$ ならば

$$d_{\mathrm{conc}}(X, Y) \le \mathrm{ObsDiam}(Z).$$

証明 $\mathrm{ObsDiam}(Z) < 1/2$ と仮定する．$\mathrm{ObsDiam}(Z) < \varepsilon < 1/2$ なる実数 ε をとる．$p : X \to Y$ を射影とするとき，p が ε-集中を誘導することを示そう．

p は 1-リップシッツ連続なので，$p^* \mathcal{L}ip_1(Y) \subset \mathcal{L}ip_1(X)$ が成り立つ．$\mathcal{L}ip_1(X) \subset B_\varepsilon(p^* \mathcal{L}ip_1(Y))$ を示せばよい．任意の関数 $f \in \mathcal{L}ip_1(X)$ をとる．任意の点 $y \in Y$ に対して関数 $f(y, \cdot) : Z \to \mathbb{R}$ は 1-リップシッツ連続である．$\underline{m}(y)$ を $f(y, \cdot)$ の最小のメディアンとするとき，関数 $\underline{m} : Y \to \mathbb{R}$ が 1-リップシッツ連続であることを示す．任意の 2 点 $y_1, y_2 \in Y$ に対して，$f(y_2, \cdot) - d_Y(y_1, y_2) \le f(y_1, \cdot)$ なので，

$$\mu_Z(f(y_2, \cdot) \le \underline{m}(y_1) + d_Y(y_1, y_2)) \ge \mu_Z(f(y_1, \cdot) \le \underline{m}(y_1)) \ge \frac{1}{2}.$$

これと $\underline{m}(y_2)$ の最小性から $\underline{m}(y_1) + d_Y(y_1, y_2) \ge \underline{m}(y_2)$ が成り立つ．y_1 と y_2 を交換することで $\underline{m}(y_2) + d_Y(y_1, y_2) \ge \underline{m}(y_1)$ も得られるので，$\underline{m}$ は 1-リップシッツ連続である．

同じ方法で，$f(y, \cdot)$ の最大のメディアンを $\overline{m}(y)$ とおくとき，$\overline{m} : Y \to \mathbb{R}$ もまた 1-リップシッツ連続であることが分かる．

写像 $\bar{f} : X = Y \times_p Z \to \mathbb{R}$ を

$$\bar{f}(y, z) := \frac{\overline{m}(y) + \underline{m}(y)}{2} \qquad ((y, z) \in Y \times Z)$$

で定義すると，$\bar{f}$ は l^p 距離に関して 1-リップシッツ連続であり，$p^* \mathcal{L}ip_1(Y)$ に属する．$\mathrm{ObsDiam}(Z) < \varepsilon < 1/2$ より，$\mathrm{ObsDiam}(Z; -\varepsilon) < \varepsilon < 1/2$ となるので，補題 6.34 から $\mathrm{LeRad}(Z; -\varepsilon) < \varepsilon$ となる．従って

$$\mu_Z(|f(y, \cdot) - \bar{f}(y, \cdot)| > \varepsilon) \le \mathrm{LeRad}(Z; -\varepsilon) < \varepsilon.$$

フビニの定理 1.22 より

$$\mu_X(|f - \bar{f}| > \varepsilon) = \int_Y \mu_Z(|f(y, \cdot) - \bar{f}(y, \cdot)| > \varepsilon)\, d\mu_Y(y) \le \varepsilon.$$

よって $d_{\mathrm{KF}}(f, \bar{f}) \le \varepsilon$ となるから，$\mathcal{L}ip_1(X) \subset B_\varepsilon(p^* \mathcal{L}ip_1(Y))$ が成り立つ．p が ε-集中を誘導することが示された．

$p_* \mu_X = \mu_Y$ なので，補題 5.28 より $d_{\mathrm{conc}}(X, Y) \le \varepsilon$ が成り立つ．証明終わり． $\square$

系 6.36 X, Y を mm 空間とし，$1 \le p \le +\infty$ を拡張実数とする．このとき，

もし $\mathrm{ObsDiam}(X) \wedge \mathrm{ObsDiam}(Y) < 1/2$ ならば

$$\mathrm{ObsDiam}(X \times_p Y) \le 2(\mathrm{ObsDiam}(X) + \mathrm{ObsDiam}(Y)).$$

特に，もし $\{X_n\}_{n=1}^\infty$ と $\{Y_n\}_{n=1}^\infty$ が両方ともレビ族ならば，$\{X_n \times_p Y_n\}_{n=1}^\infty$ もレビ族である．

証明 命題 6.35, 命題 5.9, および d_{conc} に関する三角不等式から従う． $\square$

命題 6.37 mm 空間列 $\{F_n\}_{n=1}^\infty$ と拡張実数 $1 \le p \le +\infty$ に対して l^p 積空間

$$X_n := F_1 \times_p F_2 \times_p \cdots \times_p F_n, \quad \Phi_{ij} := F_i \times_p F_{i+1} \times_p \cdots \times_p F_j \quad (i \le j)$$

を考える．このとき，もし $\mathrm{ObsDiam}(\Phi_{ij}) \to 0 \ (i,j \to \infty)$ ならば $\{X_n\}_{n=1}^\infty$ は漸近的に集中する．

証明 $i < j$ とする．$X_j = X_i \times_p \Phi_{i+1,j}$ なので，命題 6.35 より i,j が十分大きければ $d_{\mathrm{conc}}(X_i, X_j) \le \mathrm{ObsDiam}(\Phi_{i+1,j})$ が成り立つ．証明終わり． $\square$

X, Y をコンパクトなリーマン多様体とし，$X \times Y$ をそれらのリーマン積空間とする．リーマン積空間のリーマン距離は l^2 距離と一致して，体積測度は直積測度に一致する．X 上のラプラシアン Δ_X のスペクトルを $\sigma(\Delta_X)$ とおくと，

$$\sigma(\Delta_{X \times Y}) = \{ \lambda + \mu \mid \lambda \in \sigma(\Delta_X),\ \mu \in \sigma(\Delta_Y) \}$$

が成り立つことが知られている（例えば [3, p.144] を見よ）．特に

$$\lambda_1(X \times Y) = \lambda_1(X) \wedge \lambda_1(Y) \tag{6.2}$$

が成り立つ．これを用いると以下が分かる．

系 6.38 $\{F_n\}_{n=1}^\infty$ をコンパクトリーマン多様体の列で，$n \to \infty$ のとき $\lambda_1(F_n)$ が無限大へ発散するとする．$X_n := F_1 \times F_2 \times \cdots \times F_n$ をリーマン積空間とする．このとき，$\{X_n\}_{n=1}^\infty$ は漸近的に集中する．

証明 $i < j$ とする．$i,j \to \infty$ のとき，$\lambda_1(\Phi_{ij}) = \min_{k=i}^{j} \lambda_1(F_k)$ は無限大へ発散する．系 3.64 より，$\mathrm{ObsDiam}(\Phi_{ij}) \to 0 \ (i,j \to \infty)$ が成り立つ．命題 6.37 より $\{X_n\}_{n=1}^\infty$ は漸近的に集中する．証明終わり． $\square$

例 6.39 整数 $n \ge 1$ に対して

$$X_n := S^1(1) \times S^2(1) \times \cdots \times S^n(1)$$

を単位球面のリーマン積空間とする．$\lambda_1(S^n) = n$ なので，系 6.38 より，$\{X_n\}$ は漸近的に集中する．

一方，$n \to \infty$ のとき上の X_n はどんな mm 空間へも集中しないことが分かる．実際，もし X_n がある mm 空間 Y へ集中したとすると，X_n はリップシッツ順序に関して単調増加なので，X_n は $\mathcal{P}_Y$ の元である．さらに $S^n(1) \prec X_n$ なので，$S^n(1)$ も $\mathcal{P}_Y$ の元である．$\mathcal{P}_Y$ はボックス位相に関してコンパクト（命題 6.9）なので，$\{S^n(1)\}$ のある部分列はボックス収束するが，これは系 5.22 に矛盾する．従って，X_n は集中しない．

この例から，$\mathcal{X}$ は d_{conc} に関して完備でないことが分かる．

命題 6.40 F を mm 空間とし，$1 \le p \le +\infty$ を拡張実数とする．このとき，もし F が 1 点 mm 空間でないならば，$\{F_p^n\}_{n=1}^\infty$ は漸近的に集中しない．

証明 mm 空間 F が 1 点 mm 空間でないとすると，定数でない 1-リップシッツ関数 $\varphi : F \to \mathbb{R}$ が存在する．関数 $\varphi_{n,i} : F_p^n \to \mathbb{R}$ $(i = 1, 2, \ldots, n)$ を

$$\varphi_{n,i}(x_1, x_2, \ldots, x_n) := \varphi(x_i) \qquad ((x_1, x_2, \ldots, x_n) \in F^n)$$

で定義する．各 $\varphi_{n,i}$ は l^p 距離に関して 1-リップシッツ連続である．任意の $i \ne j$ に対して

$$d_{\mathrm{KF}}^{\mu_F^{\otimes n}}([\varphi_{n,i}], [\varphi_{n,j}]) = d_{\mathrm{KF}}^{\mu_F^{\otimes 2}}([\varphi_{2,1}], [\varphi_{2,2}]) = d_{\mathrm{KF}}^{\mu_F^{\otimes 2}}(\varphi_{2,1}, \varphi_{2,2} + c).$$

ここで，c はある定数である（補題 4.55 を用いた）．もし $d_{\mathrm{KF}}^{\mu_F^{\otimes 2}}(\varphi_{2,1}, \varphi_{2,2} + c) = 0$ だったとしたら，$\varphi_{2,1} = \varphi_{2,2} + c$ $\mu_F^{\otimes 2}$-a.e. となるので，φ の連続性より，任意の $x_1, x_2 \in F$ に対して $\varphi(x_1) = \varphi(x_2) + c$ が成り立つが，これは φ が定数関数でないことに矛盾する．以上により，$d_{\mathrm{KF}}^{\mu_F^{\otimes n}}([\varphi_{n,i}], [\varphi_{n,j}])$ は n, i, j によらない正の定数である．$\varepsilon_0 := d_{\mathrm{KF}}^{\mu_F^{\otimes n}}([\varphi_{n,i}], [\varphi_{n,j}])$ とおくと，$\mathrm{Cap}_{\varepsilon_0/2}(\mathcal{L}_1(F_p^n)) \ge n$ なので，$\{\mathcal{L}_1(F_p^n)\}_{n=1}^\infty$ はグロモフ–ハウスドルフ距離に関してプレコンパクトでない．$\{F_p^n\}_{n=1}^\infty$ はピラミッド $\mathcal{P} := \overline{\bigcup_{n=1}^\infty \mathcal{P}_{F_p^n}}^{\square}$ の近似列になっているが，上で示したことより $\mathcal{P}$ は集中しない．よって補題 6.30 より $\{F_p^n\}_{n=1}^\infty$ は漸近的に集中しない．証明終わり． $\square$

命題 6.40 と系 6.30 から以下が導かれる．

系 6.41 標準ガウス空間の列 $\{\Gamma^n\}_{n=1}^\infty$ は漸近的に集中しない．無限次元仮想標準ガウス空間 $\mathcal{P}_{\Gamma^\infty}$ は集中しない．

$\{\mathcal{L}_1(X)\}_{X \in \mathcal{P}_{\Gamma^\infty}}$ は $\{\mathcal{L}_1(X)\}_{X \in \mathcal{X}}$ に含まれるので，以下が成り立つ．

系 6.42 クフピラミッドは集中しない．

注意 6.43 自然な疑問として，$\varphi(0+) = 0$ をみたすようなある関数 $\varphi : [0, +\infty) \to [0, +\infty)$ が存在して，任意の mm 空間 X, Y に対して

$$d_{\mathrm{conc}}(X,Y) \le \varphi(\rho(\mathcal{P}_X, \mathcal{P}_Y)) \tag{6.3}$$

が成り立つか？という問題が考えられる．しかし，これは成り立たないことが以下のように分かる．集中しないピラミッド $\mathcal{P}$ をとり，mm 空間列 $\{X_n\}_{n=1}^{\infty}$ を $\mathcal{P}_{X_n}$ が $\mathcal{P}$ へ弱収束するようにとる．例えば，$\mathcal{P} := \mathcal{P}_{\Gamma^\infty}$, $X_n := \Gamma^n$ とすればよい．$\{X_n\}$ は漸近的に集中しないので，$m, n \to \infty$ のとき $d_{\mathrm{conc}}(X_m, X_n)$ は 0 へ収束しないが，$\rho(\mathcal{P}_{X_m}, \mathcal{P}_{X_n})$ は 0 へ収束する．よって (6.3) は成り立たない．同じ理由により，d_{conc} は Π 上へ連続的に拡張不可能であることが分かる．

演習問題 6.44 (C, d_C) をコンパクト距離空間，(X, d_X) を非コンパクトな完備距離空間とする．C が X のコンパクト化であるとき，$d_C|_{X \times X}$ は d_X と一致しないことを示せ．

6.5 球面とガウス空間

この節の目標は以下の定理を証明することである．この節では球面 $S^n(\sqrt{n})$ の距離は $\mathbb{R}^{n+1}$ のユークリッド距離の制限と仮定する．

定理 6.45 球面 $S^n(\sqrt{n})$ に付随するピラミッド $\mathcal{P}_{S^n(\sqrt{n})}$ は $n \to \infty$ のとき無限次元仮想標準ガウス空間 $\mathcal{P}_{\Gamma^\infty}$ へ弱収束する．

定理の証明のため以下の補題が必要となる．

補題 6.46 任意の実数 $0 < \theta < 1$ に対して

$$\lim_{n \to \infty} \gamma^{n+1}(\{\, x \in \mathbb{R}^{n+1} \mid \|x\|_2 \le \theta\sqrt{n} \,\}) = 0.$$

証明 $\mathbb{R}^n$ 上の極座標による計算から

$$\gamma^{n+1}(\{\, x \in \mathbb{R}^{n+1} \mid \|x\|_2 \le r \,\}) = \frac{\int_0^r t^n e^{-t^2/2}\,dt}{\int_0^\infty t^n e^{-t^2/2}\,dt}$$

が分かる．$(\log(t^n e^{-t^2/2}))'' = -n/t^2 - 1 \le -1$ の両辺を区間 $[t, \sqrt{n}]$ $(0 < t \le \sqrt{n})$ 上で積分して

$$-(\log(t^n e^{-t^2/2}))' = (\log(t^n e^{-t^2/2}))'|_{t=\sqrt{n}} - (\log(t^n e^{-t^2/2}))' \le t - \sqrt{n}.$$

さらにこれを区間 $[t, \sqrt{n}]$ 上で積分して

$$\log(t^n e^{-t^2/2}) - \log(n^{n/2} e^{-n/2}) \le -\frac{(t - \sqrt{n})^2}{2}.$$

ゆえに $t^n e^{-t^2/2} \le n^{n/2} e^{-n/2} e^{-(t-\sqrt{n})^2/2}$ が成り立つので，任意の実数 $0 \le r \le \sqrt{n}$ に対して

$$\int_0^{\sqrt{n}-r} t^n e^{-t^2/2}\, dt \leq n^{n/2} e^{-n/2} \int_r^{\sqrt{n}} e^{-t^2/2}\, dt$$

$$\leq \frac{\sqrt{2\pi}}{2} n^{n/2} e^{-n/2} e^{-r^2/2}.$$

ここで，最後の不等式で補題 3.58 を用いた．

$$I_n := \int_0^\infty t^n e^{-t^2/2}\, dt$$

とおくと，スターリングの近似公式から

$$I_n = 2^{\frac{n-1}{2}} \int_0^\infty s^{\frac{n-1}{2}} e^{-s}\, ds \approx \sqrt{\pi}(n-1)^{\frac{n}{2}} e^{-\frac{n-1}{2}}.$$

ここで $\approx$ は $n \to \infty$ のとき両辺の比が 1 へ収束することを意味する．従って

$$\gamma^{n+1}(\{\, x \in \mathbb{R}^{n+1} \mid \|x\|_2 \leq \theta\sqrt{n}\,\}) \leq \frac{\sqrt{2\pi}\, n^{n/2} e^{-n/2} e^{-(1-\theta)^2 n/2}}{2I_n}$$

$$\to 0 \quad (n \to \infty).$$

証明終わり． □

定理 6.45 の証明 背理法で示す．$n \to \infty$ のとき $\mathcal{P}_{S^n(\sqrt{n})}$ が $\mathcal{P}_{\Gamma^\infty}$ へ弱収束しないと仮定する．すると，Π のコンパクト性より，ある部分列 $\{\mathcal{P}_{S^{n_i}(\sqrt{n_i})}\}$ があるピラミッド $\mathcal{P} \neq \mathcal{P}_{\Gamma^\infty}$ へ収束する．

$\Gamma^\infty \subset \mathcal{P}$ を示す．3.1 節のように $\pi_{n,k} : S^n(\sqrt{n}) \to \mathbb{R}^k$ を射影とすると，これは 1-リプシッツ連続だから，任意の整数 $k \geq 1$ に対して $(\mathbb{R}^k, \|\cdot\|_2, (\pi_{n,k})_*\sigma^n)$ は $S^n(\sqrt{n})$ に支配される．マックスウェル–ボルツマン分布則（命題 3.1）より，$n \to \infty$ のとき $(\pi_{n,k})_*\sigma^n$ が γ^k へ弱収束するから，$(\mathbb{R}^k, \|\cdot\|_2, (\pi_{n,k})_*\sigma^n)$ は Γ^k へボックス収束する．ゆえに，任意の整数 $k \geq 1$ に対して Γ^k は $\mathcal{P}$ の元である．従って $\mathcal{P}_{\Gamma^\infty} \subset \mathcal{P}$ が成り立つ．

次に $\mathcal{P} \subset \mathcal{P}_{\Gamma^\infty}$ を示す．任意の $0 < \theta < 1$ をとり固定する．$\theta\mathcal{P} := \{\, \theta X \mid X \in \mathcal{P}\,\}$ とおくと，$i \to \infty$ のとき $\mathcal{P}_{S^{n_i}(\theta\sqrt{n_i})}$ は $\theta\mathcal{P}$ へ弱収束する．写像 $f_{\theta,n} : \mathbb{R}^{n+1} \to \mathbb{R}^{n+1}$ を

$$f_{\theta,n}(x) := \begin{cases} \dfrac{\theta\sqrt{n}}{\|x\|_2} x & (\|x\|_2 > \theta\sqrt{n}) \\ x & (\|x\|_2 \leq \theta\sqrt{n}) \end{cases} \quad (x \in \mathbb{R}^{n+1})$$

で定めると，これはユークリッドノルムに関して 1-リプシッツ連続である．$S^n(\theta\sqrt{n})$ 上の正規化された体積測度を σ_θ^n とおく．自然な埋め込み $S^n(\theta\sqrt{n}) \subset \mathbb{R}^{n+1}$ により，σ_θ^n を $\mathbb{R}^{n+1}$ 上の測度と見なす．補題 6.46 より

$$d_{\mathrm{P}}((f_{\theta,n})_*\gamma^{n+1}, \sigma_\theta^n) \leq d_{\mathrm{TV}}((f_{\theta,n})_*\gamma^{n+1}, \sigma_\theta^n)$$

$$\leq \gamma^{n+1}(\{\, x \in \mathbb{R}^{n+1} \mid \|x\|_2 < \theta\sqrt{n}\,\}) \to 0 \quad (n \to \infty).$$

ゆえに, $S_{\theta,n} := (\mathbb{R}^{n+1}, \|\cdot\|_2, (f_{\theta,n})_* \gamma^{n+1})$ と $S^n(\theta\sqrt{n})$ の間のボックス距離は $n \to \infty$ のとき 0 へ収束する. よって, 命題 5.2 と定理 6.21 より, $i \to \infty$ のとき $\mathcal{P}_{S_{\theta,n_i}}$ は $\theta\mathcal{P}$ へ弱収束する. $S_{\theta,n} \prec (\mathbb{R}^{n+1}, \|\cdot\|_2, \gamma^{n+1})$ なので, $\mathcal{P}_{S_{\theta,n}} \subset \mathcal{P}_{\Gamma^{n+1}} \subset \mathcal{P}_{\Gamma\infty}$ が成り立つ. 従って $\theta\mathcal{P} \subset \mathcal{P}_{\Gamma\infty}$ が任意の $0 < \theta < 1$ に対して成り立つ. $\theta \to 1-$ のとき $\theta\mathcal{P}$ は $\mathcal{P}$ へ弱収束するので, $\mathcal{P} \subset \mathcal{P}_{\Gamma\infty}$ が成り立つ.

以上により $\mathcal{P} = \mathcal{P}_{\Gamma\infty}$ が成り立つが, これは背理法の仮定に矛盾する. 定理の証明終わり. $\qquad\square$

$\mathcal{P}_{\Gamma\infty}$ は集中しない (系 6.41) ので, 以下が成り立つ.

系 6.47 $\{S^n(\sqrt{n})\}_{n=1}^{\infty}$ は漸近的に集中するような部分列をもたない.

演習問題 6.48 $B^n(r)$ を n 次元ユークリッド空間の原点を中心とした半径 r の閉距離球体とし, それにユークリッド距離と正規化されたルベーグ測度を考える. このとき, $n \to \infty$ において $\mathcal{P}_{B^n(\sqrt{n})}$ が $\mathcal{P}_{\Gamma\infty}$ へ弱収束することを示せ. (ヒント: 演習問題 3.8(2) を用いる. また, 任意の $0 < \theta < 1$ に対して $B^n(\sqrt{n}) \setminus B^n(\theta\sqrt{n})$ の測度が 1 へ収束することを用いる.)

6.6 ノート

ピラミッドとその弱収束の概念はグロモフの本 [21] で導入されたが, そこではピラミッダルコンパクト化 Π の上に位相が定義されることは述べられていなかった. その後, 筆者が [68,69] において Π 上の距離を導入し, Π が $\mathcal{X}$ のコンパクト化であることを厳密に証明した. 本書の距離 ρ の定義は原論文 [68,69] とは少し異なり, [61] のアイディアを元に定義しなおした. それに伴い本書では [68] の議論を修正して簡略化した.

6.5 節の球面 $S^n(\sqrt{n})$ の弱収束は筆者 [68,69] による. [69] では射影空間の弱収束極限も求めている. また, 高津と筆者 [71] は (射影) スティーフェル多様体と旗多様体の弱収束極限を求めた. さらに数川 [25] は距離変換のテクニックを用いて球面と射影空間についてリーマン距離の場合にも同様の結果を示した. また, 数川と筆者 [29] は楕円面と楕円体の弱収束極限を求めた. このときの極限は 1 点でない mm 空間になり得るため, 非自明な集中の最初の例となる.

mm 空間全体 $\mathcal{X}$ とピラミッダルコンパクト化 Π のさらなる研究として [13, 26, 27] がある.

第 7 章
極限公式とその応用

　この章では，セパレーション距離とオブザーバブル直径をピラミッドへと拡張して，それらがある弱い意味でピラミッドに関して連続であることを証明する．応用として，積空間のオブザーバブル直径の評価を行い，N-レビ族について調べる．また，測度の集中現象と正反対の現象である「消散現象」を導入して，相転移性質について論ずる．

7.1　セパレーション距離の極限公式

　この節では，弱収束するピラミッドの列に対して，そのセパレーション距離の極限と極限ピラミッドのセパレーション距離との関係式を証明する．

定義 7.1（ピラミッドのセパレーション距離）
ピラミッド $\mathcal{P}$ と実数 $\kappa_0, \kappa_1, \ldots, \kappa_N > 0 \ (N \geq 1)$ に対して，

$$\mathrm{Sep}(\mathcal{P}; \kappa_0, \kappa_1, \ldots, \kappa_N) := \lim_{\varepsilon \to 0+} \sup_{X \in \mathcal{P}} \mathrm{Sep}(X; \kappa_0 - \varepsilon, \kappa_1 - \varepsilon, \ldots, \kappa_N - \varepsilon)$$

$$(\leq +\infty)$$

と定義する．

　$\mathrm{Sep}(X; \kappa_0, \kappa_1, \ldots, \kappa_N)$ の κ_i に関する単調性より，

$$\mathrm{Sep}(\mathcal{P}; \kappa_0, \kappa_1, \ldots, \kappa_N) = \lim_{\varepsilon_0, \ldots, \varepsilon_N \to 0+} \sup_{X \in \mathcal{P}} \mathrm{Sep}(X; \kappa_0 - \varepsilon_0, \ldots, \kappa_N - \varepsilon_N)$$

が成り立つ．これより $\mathrm{Sep}(\mathcal{P}; \kappa_0, \kappa_1, \ldots, \kappa_N)$ が κ_i に関して左連続であることが分かる．$\mathrm{Sep}(\mathcal{P}; \kappa_0, \kappa_1, \ldots, \kappa_N)$ は κ_i に関して単調非増加である．
　命題 3.43 と命題 3.41 より以下が従う．

命題 7.2　X を mm 空間とするとき，任意の実数 $\kappa_0, \ldots, \kappa_N > 0$ に対して

$$\mathrm{Sep}(\mathcal{P}_X; \kappa_0, \kappa_1, \ldots, \kappa_N) = \mathrm{Sep}(X; \kappa_0, \kappa_1, \ldots, \kappa_N).$$

命題 3.42 から以下が従う. 実数 $t > 0$ とピラミッド $\mathcal{P}$ に対して,

$$t\mathcal{P} := \{\, tX \mid X \in \mathcal{P} \,\}$$

と定める.

命題 7.3 $\mathcal{P}$ をピラミッドとするとき, 任意の実数 $t, \kappa_0, \kappa_1, \ldots, \kappa_N > 0$ に対して

$$\mathrm{Sep}(t\mathcal{P}; \kappa_0, \kappa_1, \ldots, \kappa_N) = t\,\mathrm{Sep}(\mathcal{P}; \kappa_0, \kappa_1, \ldots, \kappa_N).$$

補題 7.4 $\mathcal{P}, \mathcal{Q}$ をピラミッド, $\kappa_0, \kappa_1, \ldots, \kappa_N > \varepsilon > 0$, $R > 0$ を実数とする. このとき, もし $\mathcal{M}(\mathcal{P}; N+1, R) \subset U_\varepsilon(\mathcal{M}(\mathcal{Q}; N+1, R))$ が成り立つならば,

$$\mathrm{Sep}(\mathcal{P}; \kappa_0, \kappa_1, \ldots, \kappa_N) \wedge R \le \mathrm{Sep}(\mathcal{Q}; \kappa_0 - \varepsilon, \kappa_1 - \varepsilon, \ldots, \kappa_N - \varepsilon) + 2\varepsilon$$

が成り立つ.

証明 $\mathrm{Sep}(\mathcal{P}; \kappa_0, \ldots, \kappa_N)$ が 0 のときは明らかなので, 正と仮定する. $\mathcal{M}(\mathcal{P}; N+1, R) \subset U_\varepsilon(\mathcal{M}(\mathcal{Q}; N+1, R))$ を仮定する. 十分小さい任意の $\delta > 0$ と mm 空間 $X \in \mathcal{P}$ をとり, 実数 r を

$$0 < r < \mathrm{Sep}(X; \kappa_0 - \delta, \ldots, \kappa_N - \delta) \wedge R$$

をみたすようにとる. このとき, ボレル集合 $A_0, \ldots, A_N \subset X$ が存在して, $\mu_X(A_i) \ge \kappa_i - \delta$ $(i = 0, 1, \ldots, N)$ かつ $d_X(A_i, A_j) \ge r$ $(i \ne j)$ をみたす. 関数 $f_i : X \to \mathbb{R}$ を $f_i(x) := d_X(x, A_i) \wedge r$ $(x \in X)$ により定義して, $F := (f_0, \ldots, f_N) : X \to \mathbb{R}^{N+1}$ とおく. $r < R$ より f_i の値は $[0, R]$ に含まれるので, $F_*\mu_X$ は $\mathcal{M}(\mathcal{P}; N+1, R)$ の元となる. $\mathcal{M}(\mathcal{P}; N+1, R) \subset U_\varepsilon(\mathcal{M}(\mathcal{Q}; N+1, R))$ より, ある測度 $\mu \in \mathcal{M}(\mathcal{Q}; N+1, R)$ が存在して, $d_P(F_*\mu_X, \mu) < \varepsilon$ をみたす. $i = 0, 1, \ldots, N$ に対して

$$B_i := \{\, x_i < \varepsilon, \ x_j > r - \varepsilon, \ \forall\, j \ne i \,\} \subset \mathbb{R}^{N+1}$$

とおくと,

$$
\begin{aligned}
\mu(B_i) &= \mu(U_\varepsilon(\{x_i \le 0, \ x_j \ge r, \ \forall\, j \ne i\})) \\
&\ge F_*\mu_X(x_i \le 0, \ x_j \ge r, \ \forall\, j \ne i) - \varepsilon \\
&= \mu_X(f_i \le 0, \ f_j \ge r, \ \forall\, j \ne i) - \varepsilon \\
&= \mu_X(\bar{A}_i) - \varepsilon \ge \kappa_i - \varepsilon - \delta.
\end{aligned}
$$

$i \ne j$ のとき, 任意の点 $x \in B_i$, $x' \in B_j$ に対して $\|x - x'\|_\infty > r - 2\varepsilon$ が成り立つので,

$$\mathrm{Sep}((B_R^{N+1}, \|\cdot\|_\infty, \mu); \kappa_0 - \varepsilon - \delta, \ldots, \kappa_N - \varepsilon - \delta) \geq r - 2\varepsilon.$$

よって，r の任意性から

$$\mathrm{Sep}(X; \kappa_0 - \delta, \ldots, \kappa_N - \delta) \wedge R$$
$$\leq \mathrm{Sep}((B_R^{N+1}, \|\cdot\|_\infty, \mu); \kappa_0 - \varepsilon - \delta, \ldots, \kappa_N - \varepsilon - \delta) + 2\varepsilon.$$

ゆえに

$$\sup_{X \in \mathcal{P}} \mathrm{Sep}(X; \kappa_0 - \delta, \ldots, \kappa_N - \delta) \wedge R$$
$$\leq \sup_{Y \in \mathcal{Q}} \mathrm{Sep}(Y; \kappa_0 - \varepsilon - \delta, \ldots, \kappa_N - \varepsilon - \delta) + 2\varepsilon.$$

$\delta \to 0+$ とすれば目的の式が得られる．証明終わり． $\qquad\square$

定理 7.5（セパレーション距離の極限公式（**limit formula for separation distance**）） $\mathcal{P}$ をピラミッドとし，$\{\mathcal{P}_n\}_{n=1}^\infty$ をピラミッドの列とする．もし $n \to \infty$ のとき $\mathcal{P}_n$ が $\mathcal{P}$ へ弱収束するならば，任意の実数 $\kappa_0, \ldots, \kappa_N > 0$ に対して

$$\mathrm{Sep}(\mathcal{P}; \kappa_0, \kappa_1, \ldots, \kappa_N)$$
$$= \lim_{\varepsilon \to 0+} \liminf_{n \to \infty} \mathrm{Sep}(\mathcal{P}_n; \kappa_0 - \varepsilon, \kappa_1 - \varepsilon, \ldots, \kappa_N - \varepsilon)$$
$$= \lim_{\varepsilon \to 0+} \limsup_{n \to \infty} \mathrm{Sep}(\mathcal{P}_n; \kappa_0 - \varepsilon, \kappa_1 - \varepsilon, \ldots, \kappa_N - \varepsilon)$$

が成り立つ．

証明 任意の $\kappa_0, \ldots, \kappa_N, R > 0$ をとる．補題 6.14 より，$\mathcal{M}(\mathcal{P}_n; N + 1, R)$ は $\mathcal{M}(\mathcal{P}; N + 1, R)$ へハウスドルフ収束するので，任意の $\varepsilon > 0$ に対して n が十分大きければ $\mathcal{M}(\mathcal{P}; N + 1, R) \subset U_\varepsilon(\mathcal{M}(\mathcal{P}_n; N + 1, R))$ となるから，補題 7.4 より

$$\mathrm{Sep}(\mathcal{P}; \kappa_0, \ldots, \kappa_N) \wedge R \leq \mathrm{Sep}(\mathcal{P}_n; \kappa_0 - \varepsilon, \ldots, \kappa_N - \varepsilon) + 2\varepsilon.$$

$n \to \infty, \varepsilon \to 0+, R \to +\infty$ の順番で極限をとれば

$$\mathrm{Sep}(\mathcal{P}; \kappa_0, \ldots, \kappa_N) \leq \liminf_{\varepsilon \to 0+} \liminf_{n \to \infty} \mathrm{Sep}(\mathcal{P}_n; \kappa_0 - \varepsilon, \ldots, \kappa_N - \varepsilon). \quad (7.1)$$

同様に補題 7.4 より，n が十分大きいとき

$$\mathrm{Sep}(\mathcal{P}_n; \kappa_0 - \varepsilon, \ldots, \kappa_N - \varepsilon) \wedge R \leq \mathrm{Sep}(\mathcal{P}; \kappa_0 - 2\varepsilon, \ldots, \kappa_N - 2\varepsilon).$$

$n \to \infty, \varepsilon \to 0+, R \to +\infty$ の順番で極限をとれば

$$\limsup_{\varepsilon \to 0+} \limsup_{n \to \infty} \mathrm{Sep}(\mathcal{P}_n; \kappa_0 - \varepsilon, \ldots, \kappa_N - \varepsilon) \leq \mathrm{Sep}(\mathcal{P}; \kappa_0, \ldots, \kappa_N). \quad (7.2)$$

(7.1), (7.2) より定理が従う．証明終わり． $\qquad\square$

演習問題 7.6 定理 7.5 と同じ仮定の下で以下を示せ.

$$\mathrm{Sep}(\mathcal{P}; \kappa_0, \kappa_1, \ldots, \kappa_N) = \lim_{\varepsilon_0, \ldots \varepsilon_N \to 0+} \liminf_{n \to \infty} \mathrm{Sep}(\mathcal{P}_n; \kappa_0 - \varepsilon_0, \ldots, \kappa_N - \varepsilon_N).$$

7.2 オブザーバブル直径の極限公式

この節では, 弱収束するピラミッドの列に対して, そのオブザーバブル直径の極限と極限ピラミッドのオブザーバブル直径との関係式を証明する.

定義 7.7（ピラミッドのオブザーバブル距離） ピラミッド $\mathcal{P}$ と実数 $\kappa \geq 0$ に対して,

$$\mathrm{ObsDiam}(\mathcal{P}; -\kappa) := \sup_{X \in \mathcal{P}} \mathrm{ObsDiam}(X; -\kappa) \quad (\leq +\infty)$$

と定義する.

以下は命題 3.24(2) と補題 3.23 から従う.

命題 7.8 $\mathrm{ObsDiam}(\mathcal{P}; -\kappa)$ は κ に関して単調非増加かつ右連続である.

以下も簡単に分かる.

命題 7.9 X を mm 空間, $\kappa \geq 0$ を実数とするとき,

$$\mathrm{ObsDiam}(\mathcal{P}_X; -\kappa) = \mathrm{ObsDiam}(X; -\kappa).$$

極限公式を示すためにいくつか補題を準備する.

補題 7.10 $0 < \kappa < 1$ を実数とし, μ を $\mathbb{R}$ 上のボレル確率測度で $\mathrm{diam}(\mu, 1 - \kappa) = 1$ をみたすとする. このとき, ある 1-リップシッツ関数 $f : \mathbb{R} \to \left[-(1-\kappa)^{-1}, (1-\kappa)^{-1}\right]$ が存在して

$$\mathrm{diam}(f_* \mu; 1 - \kappa) = 1$$

をみたす.

証明 $x_\infty := \inf\{x \in \mathbb{R} \mid \mu((x, +\infty)) < 1 - \kappa\}$ とおくと, $-\infty < x_\infty < +\infty$ かつ $\mu([x_\infty, +\infty)) \geq 1 - \kappa$ が成り立つ. 数列 $\{x_n\}_{n=0}^N \subset [-\infty, +\infty)$ を以下のように帰納的に定める. $x_0 := -\infty$ とおき, $x_n < x_\infty$ である限り

$$x_{n+1} := \sup\{x \in \mathbb{R} \mid \mu((x_n, x)) < 1 - \kappa\}$$

と定める. $n \geq 0$ に対して $\mu((x_n, x_{n+1}]) \geq 1 - \kappa$ となるので, $\mathrm{diam}(\mu; 1 - \kappa) = 1$ より $x_{n+1} - x_n \geq 1$ が成り立つ. よって, ある番号 N が存在して, $x_{N-1} < x_\infty \leq x_N$ をみたす. また,

7.2 オブザーバブル直径の極限公式 **163**

$$1 \geq \sum_{n=1}^{N} \mu((x_{n-1}, x_n]) \geq N(1-\kappa)$$

だから，$N \leq (1-\kappa)^{-1}$ が成り立つ．区間 $I_n := (x_n - 1, x_n + 1)$ $(n = 1, 2, \ldots, N)$ に対して，$A := \bigcup_{n=1}^{N} I_n$ とおき，求める関数 $f : \mathbb{R} \to \mathbb{R}$ を

$$f(x) := -N + \int_{-\infty}^{x} I_A \, d\mathcal{L}^1 \quad (x \in \mathbb{R})$$

と定義する．ここで，I_A は A の特性関数である．定義から，f は $X \setminus A$ 上では変化せず，A 上では傾き 1 で増加するから

$$-N \leq f \leq -N + \mathcal{L}^1(A) \leq N$$

が成り立ち，f の値は区間 $[-(1-\kappa)^{-1}, (1-\kappa)^{-1}]$ に含まれる．

f の 1-リップシッツ連続性から $\mathrm{diam}(f_*\mu; 1-\kappa) \leq \mathrm{diam}(\mu; 1-\kappa) = 1$ が成り立つ．後は $\mathrm{diam}(f_*\mu; 1-\kappa) \geq 1$ を示せばよい．

まず，$x, x+a \in I_n$ のとき

$$f(x+a) = f(x) + a \tag{7.3}$$

が成り立つ．また，f の単調性から，$x \in A$ のとき

$$f^{-1}((-\infty, f(x))) = (-\infty, x), \quad f^{-1}((f(x), +\infty)) = (x, +\infty) \tag{7.4}$$

が成り立つことに注意する．

$\mathrm{diam}(f_*\mu; 1-\kappa) \geq 1$ を示すために，$0 < b - a < 1$ をみたす任意の実数 a, b をとる．このとき，$f_*\mu([a,b]) < 1-\kappa$ を示せばよい．a と b の値によって以下の 4 つの場合分けを考える．

(i) $b < f(x_1)$.

(ii) ある $n \in \{1, 2, \ldots, N\}$ が存在して $a \leq f(x_n) \leq b$.

(iii) ある $n \in \{1, 2, \ldots, N-1\}$ が存在して $f(x_n) < a < b < f(x_{n+1})$.

(vi) $f(x_N) < a$.

(i) のとき，$b < f(x_1) - \varepsilon$ なる $0 < \varepsilon < 1$ をとる．$x_1, x_1 - \varepsilon \in I_1$ および (7.3) より，$f(x_1 - \varepsilon) = f(x_1) - \varepsilon$. よって (7.4) より

$$f_*\mu([a,b]) \leq \mu(f^{-1}((-\infty, f(x_1 - \varepsilon)))) = \mu((-\infty, x_1 - \varepsilon)) < 1 - \kappa.$$

(ii) のとき，$a' := a - f(x_n)$, $b' := b - f(x_n)$ とおくと，$-1 < a' \leq 0$ かつ $0 \leq b' < 1$. よって $a' + x_n, x_n, b' + x_n \in I_n$ となるので，(7.3) から $f(x_n + a') = f(x_n) + a' = a$ および $f(x_n + b') = f(x_n) + b' = b$ が成り立つ．従って (7.4) より

$$f^{-1}([a,b]) = f^{-1}([f(x_n + a'), f(x_n + b')]) = [x_n + a', x_n + b'],$$

164 第 7 章　極限公式とその応用

ゆえに

$$\mathrm{diam}(f^{-1}([\,a,b\,])) = b' - a' = b - a < 1.$$

$\mathrm{diam}(\mu; 1-\kappa) = 1$ だから,

$$f_* \mu([\,a,b\,]) = \mu(f^{-1}([\,a,b\,])) < 1 - \kappa.$$

(iii) のとき, $b < f(x_{n+1}) - \varepsilon$ をみたす $0 < \varepsilon < 1$ をとる. $x_{n+1} - \varepsilon, x_{n+1} \in I_{n+1}$ だから (7.3) より $f(x_{n+1} - \varepsilon) = f(x_{n+1}) - \varepsilon$ となり, (7.4) より

$$f^{-1}([\,a,b\,]) \subset f^{-1}((\,f(x_n), f(x_{n+1} - \varepsilon)\,)) = (\,x_n, x_{n+1} - \varepsilon\,).$$

x_{n+1} の定義から

$$f_* \mu([\,a,b\,]) \le \mu((\,x_n, x_{n+1} - \varepsilon\,)) < 1 - \kappa.$$

(iv) のとき, $f(x_N) + \varepsilon < a$ をみたす $0 < \varepsilon < 1$ をとる. $x_N, x_N + \varepsilon \in I_N$ と (7.3) より $f(x_N + \varepsilon) = f(x_N) + \varepsilon$. ゆえに, (7.4) より

$$f_* \mu([\,a,b\,]) \le \mu(f^{-1}((\,f(x_N + \varepsilon), +\infty\,))) = \mu((\,x_N + \varepsilon, +\infty\,))$$
$$\le \mu((\,x_\infty + \varepsilon, +\infty\,)) < 1 - \kappa.$$

以上により, $\mathrm{diam}(f_* \mu; 1 - \kappa) = 1$ が示された. 証明終わり. □

補題 7.11 任意の実数 $0 < \kappa < 1$, $R > 0$ と $\mathbb{R}$ 上の任意のボレル確率測度 μ に対して, ある 1-リップシッツ関数 $f : \mathbb{R} \to [\,-(1-\kappa)^{-1} R, (1-\kappa)^{-1} R\,]$ が存在して,

$$\mathrm{diam}(f_* \mu; 1 - \kappa) = \mathrm{diam}(\mu; 1 - \kappa) \wedge R$$

をみたす.

証明 $r := \mathrm{diam}(\mu; 1-\kappa)$ とおく. $r = 0$ のときは明らか. $r > 0$ とする. 実数 a に対して $s_a(x) := ax$ $(x \in \mathbb{R})$ とおくと, $\mathrm{diam}((s_{r^{-1}})_* \mu; 1-\kappa) = 1$ が成り立つ. 補題 7.10 より, ある 1-リップシッツ関数 $g : \mathbb{R} \to [\,-(1-\kappa)^{-1}, (1-\kappa)^{-1}\,]$ が存在して $\mathrm{diam}(g_*(s_{r^{-1}})_* \mu; 1 - \kappa) = 1$ をみたす. $(r \wedge R)/r \le 1$ より, $f := s_{r \wedge R} \circ g \circ s_{r^{-1}}$ は 1-リップシッツ連続であり,

$$\mathrm{diam}(f_* \mu; 1 - \kappa) = (r \wedge R) \,\mathrm{diam}(g_*(s_{r^{-1}})_* \mu; 1 - \kappa) = r \wedge R.$$

また, f の値は $[\,-(1-\kappa)^{-1} R, (1-\kappa)^{-1} R\,]$ に含まれる. 証明終わり. □

補題 7.12 ピラミッド $\mathcal{P}, \mathcal{Q}$ と $\kappa + \varepsilon < 1$ なる実数 $\varepsilon, \kappa > 0$, $R \ge 0$ が

$$\mathcal{M}\left(\mathcal{P}; 1, \frac{R}{1 - (\kappa + \varepsilon)}\right) \subset U_\varepsilon(\mathcal{M}(\mathcal{Q}; 1))$$

7.2 オブザーバブル直径の極限公式 **165**

をみたすならば，

$$\mathrm{ObsDiam}(\mathcal{P}; -(\kappa + \varepsilon)) \wedge R \leq \mathrm{ObsDiam}(\mathcal{Q}; -\kappa) + 2\varepsilon$$

が成立する．

証明 任意の $X \in \mathcal{P}$ と 1-リップシッツ関数 $f : X \to \mathbb{R}$ に対して，補題 7.11 より，ある 1-リップシッツ関数 $g : \mathbb{R} \to \mathbb{R}$ が存在して，

$$\mathrm{diam}\,(f_* \mu_X; 1 - (\kappa + \varepsilon)) \wedge R = \mathrm{diam}(g_* f_* \mu_X; 1 - (\kappa + \varepsilon)),$$
$$g(\mathbb{R}) \subset \left[-\frac{R}{1 - (\kappa + \varepsilon)}, \frac{R}{1 - (\kappa + \varepsilon)} \right]$$

をみたす．$g_* f_* \mu_X \in \mathcal{M}(\mathcal{P}; 1, (1 - (\kappa + \varepsilon))^{-1} R)$ だから，仮定よりある $\mu \in \mathcal{M}(\mathcal{Q}; 1)$ が存在して $d_\mathrm{P}(g_* f_* \mu_X, \mu) < \varepsilon$ をみたす．ゆえに，補題 3.25 を用いると，

$$\mathrm{diam}(f_* \mu_X; 1 - (\kappa + \varepsilon)) \wedge R = \mathrm{diam}(g_* f_* \mu_X; 1 - (\kappa + \varepsilon))$$
$$\leq \mathrm{diam}(\mu; 1 - \kappa) + 2\varepsilon \leq \mathrm{ObsDiam}(\mathcal{Q}; -\kappa) + 2\varepsilon.$$

これから補題が得られる．証明終わり． $\square$

定理 7.13（オブザーバブル直径の極限公式（**limit formula for observable diameter**）） $\mathcal{P}$ をピラミッドとし，$\{\mathcal{P}_n\}_{n=1}^{\infty}$ をピラミッドの列とする．もし $n \to \infty$ のとき $\mathcal{P}_n$ が $\mathcal{P}$ へ弱収束するならば，任意の実数 $\kappa > 0$ に対して，

$$\mathrm{ObsDiam}(\mathcal{P}; -\kappa) = \lim_{\varepsilon \to 0+} \liminf_{n \to \infty} \mathrm{ObsDiam}(\mathcal{P}_n; -(\kappa + \varepsilon))$$
$$= \lim_{\varepsilon \to 0+} \limsup_{n \to \infty} \mathrm{ObsDiam}(\mathcal{P}_n; -(\kappa + \varepsilon))$$

が成り立つ．

証明 $\kappa \geq 1$ のときは明らかなので，$0 < \kappa < 1$ を仮定する．$\kappa + 2\varepsilon < 1$ なる任意の $\varepsilon > 0$ をとる．さらに任意の $R \geq 0$ をとり，$R' := (1 - (\kappa + 2\varepsilon))^{-1} R$ とおく．補題 6.14 より，$\mathcal{M}(\mathcal{P}_n; 1, R')$ は $\mathcal{M}(\mathcal{P}; 1, R')$ へハウスドルフ収束するので，十分大きな n に対して $\mathcal{M}(\mathcal{P}; 1, R') \subset U_\varepsilon(\mathcal{M}(\mathcal{P}_n; 1))$ となり，補題 7.12 より，

$$\mathrm{ObsDiam}(\mathcal{P}; -(\kappa + 2\varepsilon)) \wedge R \leq \mathrm{ObsDiam}(\mathcal{P}_n; -(\kappa + \varepsilon)) + 2\varepsilon$$

が成り立つ．$n \to \infty, \varepsilon \to 0+, R \to +\infty$ の順番で極限をとれば

$$\mathrm{ObsDiam}(\mathcal{P}; -\kappa) \leq \liminf_{\varepsilon \to 0+} \liminf_{n \to \infty} \mathrm{ObsDiam}(\mathcal{P}_n; -(\kappa + \varepsilon))$$

を得る．同様に補題 7.12 より，n が十分大きければ

$$\mathrm{ObsDiam}(\mathcal{P}_n; -(\kappa + \varepsilon)) \wedge R \leq \mathrm{ObsDiam}(\mathcal{P}; -\kappa) + 2\varepsilon.$$

ゆえに

$$\limsup_{\varepsilon \to 0+} \limsup_{n \to \infty} \mathrm{ObsDiam}(\mathcal{P}_n; -(\kappa + \varepsilon)) \leq \mathrm{ObsDiam}(\mathcal{P}; -\kappa).$$

よって定理が従う. □

演習問題 7.14 (1) 命題 7.9 を示せ.

(2) $\mathcal{P}$ をピラミッドとする. 任意の $\kappa > \kappa' > 0$ に対して以下が成り立つことを示せ.

(a) $\mathrm{ObsDiam}(\mathcal{P}; -2\kappa) \leq \mathrm{Sep}(\mathcal{P}; \kappa, \kappa)$.

(b) $\mathrm{Sep}(\mathcal{P}; \kappa, \kappa) \leq \mathrm{ObsDiam}(\mathcal{P}; -\kappa')$.

7.3 l^p 積空間のオブザーバブル直径

mm 空間 X の直積空間 X^n に l^p 距離と直積測度を備えた mm 空間を X_p^n と書くことにする. X_1^n のオブザーバブル直径については既に 3.8 節で上下から評価を与えた. この節では $p > 1$ の場合に X_p^n のオブザーバブル直径を評価する. 特に以下を証明する.

定理 7.15 X を直径が有限な mm 空間とする. このとき, 任意の実数 $1 < p < +\infty, 0 < \kappa < 1$ に対して

$$\mathrm{ObsDiam}(X_p^n; -\kappa) \leq \left(4 + 2\sqrt{-2\log\frac{\kappa}{2}}\right) \mathrm{diam}(X)\, n^{\frac{1}{2p}}$$

が成り立つ.

この定理の証明のために, k-正則 mm 空間について調べる.

定義 7.16（k-**正則 mm 空間**） $k \geq 1$ を整数とする. k-**正則 mm 空間**（k-regular mm-space）とは, ちょうど k 個の元からなる mm 空間 X で, 任意の異なる 2 点 $x, y \in X$ に対して $d_X(x, y) = 1$ をみたし, μ_X が一様測度, つまり $\mu_X = \frac{1}{k}\sum_{x \in X} \delta_x$ が成り立つような空間である.

任意の整数 $k \geq 1$ に対して, k-正則 mm 空間は mm 同型なものを除いて一意である.

補題 7.17 X を k-正則 mm 空間とするとき, 任意の実数 $1 < p < +\infty$, $0 < \kappa < 1$ に対して

$$\mathrm{ObsDiam}(X_p^n; -\kappa) \leq n^{\frac{1}{2p}-\frac{1}{2}} \mathrm{ObsDiam}(X_1^n; -\kappa) + 4n^{\frac{1}{2p}}.$$

証明 任意の 1-リプシッツ関数 $f : X_p^n \to \mathbb{R}$ をとる. $\delta := n^{\frac{1}{2p}}$ に対して, 極大な δ-離散ネット $Y \subset X_p^n$ をとる. このとき, l^1 距離 $d_{X_1^n}$ に関して $f|_Y$ が

δ^{1-p}-リプシッツ連続であることを示す．実際，任意の異なる2点 $x, x' \in Y$ に対して，$d_{X_p^n}(x, x') \geq \delta$ より

$$|f(x) - f(x')| \leq d_{X_p^n}(x, x') = d_{X_p^n}(x, x')^{1-p} d_{X_p^n}(x, x')^p$$
$$\leq \delta^{1-p} d_{X_p^n}(x, x')^p = \delta^{1-p} d_{X_1^n}(x, x').$$

ここで，最後の等号は X の k-正則性から従う．

$f|_Y$ のマクシェーン-ホイットニー拡張を $f' : X_1^n \to \mathbb{R}$ とおくと，f' は δ^{1-p}-リプシッツなので $\delta^{p-1} f'$ が 1-リプシッツとなる．ゆえに

$$\delta^{p-1} \operatorname{diam}(f'_* \mu_{X_1^n}; 1 - \kappa) = \operatorname{diam}((\delta^{p-1} f')_* \mu_{X_1^n}; 1 - \kappa)$$
$$\leq \operatorname{ObsDiam}(X_1^n; -\kappa).$$

従って

$$\operatorname{diam}(f'_* \mu_{X_1^n}; 1 - \kappa) \leq n^{\frac{1}{2p} - \frac{1}{2}} \operatorname{ObsDiam}(X_1^n; -\kappa).$$

次に f と f' の差を評価する．任意の $x \in X_1^n$ に対してある $x' \in Y$ が存在して $d_{X_p^n}(x, x') \leq \delta$ をみたす．$d_{X_1^n}(x, x') = d_{X_p^n}(x, x')^p \leq \delta^p$ なので，

$$|f(x) - f'(x)| \leq |f(x) - f(x')| + |f(x') - f'(x')| + |f'(x') - f'(x)|$$
$$\leq d_{X_p^n}(x, x') + \delta^{1-p} d_{X_1^n}(x, x')$$
$$\leq \delta + \delta^{1-p} \delta^p = 2\delta.$$

よって，任意のボレル集合 $A \subset \mathbb{R}$ に対して，$(f')^{-1}(A) \subset f^{-1}(B_{2\delta}(A))$ が成り立つから，$f'_* \mu_{X_1^n}(A) \leq f_* \mu_{X_p^n}(B_{2\delta}(A))$ となり，$\operatorname{diam}(B_{2\delta}(A)) \leq \operatorname{diam}(A) + 4\delta$ だから

$$\operatorname{diam}(f_* \mu_{X_p^n}; 1 - \kappa) \leq \operatorname{diam}(f'_* \mu_{X_1^n}; 1 - \kappa) + 4\delta$$
$$\leq n^{\frac{1}{2p} - \frac{1}{2}} \operatorname{ObsDiam}(X_1^n; -\kappa) + 4n^{\frac{1}{2p}}.$$

補題が示された． $\square$

補題 7.18 X, Y を mm 空間とする．任意の整数 $n \geq 1$ と拡張実数 $1 \leq p \leq +\infty$ に対して，

$$\square(X_p^n, Y_p^n) \leq n\,\square(X, Y).$$

証明 $1 \leq p < +\infty$ のときのみ示す．$p = +\infty$ のときも同様に示せる．

$\varepsilon := \square(X, Y)$ とおくと，ある輸送計画 $\pi \in \Pi(X, Y)$ とボレル集合 $S \subset X \times Y$ が存在して，$\pi(S) \geq 1 - \varepsilon$ かつ $\operatorname{dis}(S) \leq \varepsilon$ をみたす．$(X \times Y)^n$ と $X^n \times Y^n$ の間の自然な同型により，$\pi^{\otimes n}$ を $X^n \times Y^n$ 上のボレル確率測度と見なし，$S^n \subset X^n \times Y^n$ と見なす．

$\pi^{\otimes n}$ が $\mu_X^{\otimes n}$ と $\mu_Y^{\otimes n}$ の間の輸送計画であることを示す．$p_1 : X^n \times Y^n \to X^n$, $p_2 : X^n \times Y^n \to Y^n$ を射影とする．任意のボレル集合 $A_1, \ldots, A_n \subset X$ に対して

$$(p_1)_* \pi^{\otimes n}(A_1 \times \cdots \times A_n) = \pi^{\otimes n}((A_1 \times \cdots \times A_n) \times Y^n)$$
$$= \pi(A_1 \times Y) \cdots \pi(A_n \times Y) = \mu_X(A_1) \cdots \mu_X(A_n)$$
$$= \mu_X^{\otimes n}(A_1 \times \cdots \times A_n)$$

だから，定理 1.14(1) と系 1.33 を用いると $(p_1)_* \pi^{\otimes n} = \mu_X^{\otimes n}$ が分かる．同様に $(p_2)_* \pi^{\otimes n} = \mu_Y^{\otimes n}$ となるので，$\pi^{\otimes n}$ は $\mu_X^{\otimes n}$ と $\mu_Y^{\otimes n}$ の間の輸送計画である．さらに

$$\pi^{\otimes n}(S^n) = \pi(S)^n \geq (1 - \varepsilon)^n \geq 1 - n\varepsilon.$$

次に $\mathrm{dis}(S^n)$ を評価する．

任意の $(x_1, \ldots, x_n, y_1, \ldots, y_n), (x'_1, \ldots, x'_n, y'_1, \ldots, y'_n) \in S^n$ に対して，$\mathrm{dis}(S) \leq \varepsilon$ より

$$\mid d_{X_p^n}((x_1, \ldots, x_n), (x'_1, \ldots, x'_n)) - d_{Y_p^n}((y_1, \ldots, y_n), (y'_1, \ldots, y'_n)) \mid$$
$$= \left| \left(\sum_{i=1}^n d_X(x_i, x'_i)^p \right)^{\frac{1}{p}} - \left(\sum_{i=1}^n d_Y(y_i, y'_i)^p \right)^{\frac{1}{p}} \right|$$
$$\leq \left(\sum_{i=1}^n \mid d_X(x_i, x'_i) - d_Y(y_i, y'_i) \mid^p \right)^{\frac{1}{p}} \leq n^{\frac{1}{p}} \varepsilon \leq n\varepsilon.$$

よって $\mathrm{dis}(S^n) \leq n\varepsilon$ が成り立つ．

以上により，$\square(X_p^n, Y_p^n) \leq n\varepsilon$．証明終わり． $\square$

定理 7.15 の証明 $1 < p < +\infty$ とする．X が 1 点 mm 空間でないとき

$$\mathrm{ObsDiam}(X_p^n; -\kappa) = \mathrm{diam}(X)\, \mathrm{ObsDiam}((\mathrm{diam}(X)^{-1}X)_p^n; -\kappa)$$

なので，$\mathrm{diam}(X) = 1$ と仮定して定理を証明すればよい．

$\mathrm{diam}(X) = 1$ と仮定すると，X へボックス収束し直径が 1 以下の有限 mm 空間の列 $\{Y_k\}_{k=1}^\infty$ が存在する．さらに，Y_k の各点の μ_{Y_k} による測度が $1/k$ の倍数であると仮定してよい．すると，Y_k は高々 k 個の点からなる．ゆえに，Z_k を k-正則 mm 空間とすると，Y_k は Z_k に支配される．$(Y_k)_p^n \prec (Z_k)_p^n$ となるので，補題 7.17 と定理 3.67 より，任意の $0 < \kappa < 1$ に対して

$$\mathrm{ObsDiam}((Y_k)_p^n; -\kappa) \leq \mathrm{ObsDiam}((Z_k)_p^n; -\kappa)$$
$$\leq n^{\frac{1}{2p} - \frac{1}{2}} \mathrm{ObsDiam}((Z_k)_1^n; -\kappa) + 4n^{\frac{1}{2p}}$$
$$\leq 2\sqrt{-2\log \frac{\kappa}{2}}\, n^{\frac{1}{2p}} + 4n^{\frac{1}{2p}}.$$

補題 7.18 より，$k \to \infty$ のとき $(Y_k)_p^n$ は X_p^n へボックス収束するので，オブザーバブル直径の極限定理より

$$
\begin{aligned}
\operatorname{ObsDiam}(X_p^n; -\kappa) &= \lim_{\varepsilon \to 0+} \liminf_{k \to \infty} \operatorname{ObsDiam}((Y_k)_p^n; -(\kappa + \varepsilon)) \\
&\leq \left(4 + 2\sqrt{-2 \log \frac{\kappa}{2}} \right) n^{\frac{1}{2p}}.
\end{aligned}
$$

証明終わり． $\qquad\qquad\qquad\qquad\qquad\qquad\qquad\qquad\qquad\qquad\qquad\qquad\square$

l^p 積空間のオブザーバブル直径の下からの評価として以下が成り立つ．

命題 7.19 X を mm 空間で，あるボレル集合 $A \subset X$ が存在して

$$
\delta := d_X(A, X \setminus A) > 0, \quad 0 < s := \mu_X(A) < 1
$$

をみたすと仮定する．このとき，任意の実数 $1 < p < +\infty$, $0 < \kappa < 1$ に対して

$$
\liminf_{n \to \infty} \frac{\operatorname{ObsDiam}(X_p^n; -\kappa)}{n^{\frac{1}{2p}}} \geq \delta(s(1-s))^{\frac{1}{2p}} \operatorname{diam}(\varphi_p \mathcal{L}^1; 1 - \kappa)
$$

が成り立つ．ここで，

$$
\varphi_p(t) := \begin{cases} \sqrt{\dfrac{2}{\pi}} \, p \, t^{p-1} e^{-\frac{t^{2p}}{2}} & (t \geq 0) \\ 0 & (t < 0) \end{cases}
$$

とおく．

例えば，コンパクトで非連結な mm 空間や離散的な mm 空間はこの命題の仮定をみたす．この命題を示すためにまず特別な場合を考えよう．

補題 7.20 実数 $0 < s < 1$ に対して mm 空間 H を

$$
H := (\{0, 1\}, |\cdot|, s\delta_0 + (1-s)\delta_1)
$$

と定める．このとき，任意の実数 $1 < p < +\infty$, $0 < \kappa < 1$ に対して，

$$
\liminf_{n \to \infty} \frac{\operatorname{ObsDiam}(H_p^n; -\kappa)}{n^{\frac{1}{2p}}} \geq (s(1-s))^{\frac{1}{2p}} \operatorname{diam}(\varphi_p \mathcal{L}^1; 1 - \kappa).
$$

証明 関数 $f_n : H_p^n \to \mathbb{R}$ を

$$
f_n(x) := \sum_{i=1}^n x_i \quad (x = (x_1, \ldots, x_n) \in H_p^n)
$$

と定める． f_n は二項分布に従う確率変数である． f_n の標準化を

$$
F_n := \frac{f_n - ns}{\sqrt{ns(1-s)}}
$$

とおく．任意の 2 点 $x, y \in H_p^n$ に対して，

$$| F_n(x) - F_n(y) | = \frac{1}{\sqrt{ns(1-s)}} | f_n(x) - f_n(y) |$$

$$\leq \frac{1}{\sqrt{ns(1-s)}} \sum_{i=1}^{n} | x_i - y_i | = \frac{1}{\sqrt{ns(1-s)}} \sum_{i=1}^{n} | x_i - y_i |^p.$$

ゆえに

$$\left| | F_n(x) |^{\frac{1}{p}} - | F_n(y) |^{\frac{1}{p}} \right| \leq \left| | F_n(x) | - | F_n(y) | \right|^{\frac{1}{p}} \leq | F_n(x) - F_n(y) |^{\frac{1}{p}}$$

$$\leq (ns(1-s))^{-\frac{1}{2p}} d_{H_p^n}(x, y).$$

つまり，$| F_n |^{\frac{1}{p}}$ は $(ns(1-s))^{-\frac{1}{2p}}$-リップシッツ連続である．よって，$G_n := (ns(1-s))^{\frac{1}{2p}} | F_n |^{\frac{1}{p}}$ は 1-リップシッツ連続となるので，

$$\mathrm{ObsDiam}(H_p^n; -\kappa) \geq \mathrm{diam}((G_n)_* \mu_X^{\otimes n}; 1 - \kappa)$$

$$= (ns(1-s))^{\frac{1}{2p}} \mathrm{diam}((| F_n |^{\frac{1}{p}})_* \mu_X^{\otimes n}; 1 - \kappa).$$

ラプラスの定理より $(F_n)_* \mu_X^{\otimes n}$ は γ^1 へ弱収束するので，$(| F_n |^{\frac{1}{p}})_* \mu_X^{\otimes n}$ は $(| \cdot |^{\frac{1}{p}})_* \gamma^1 = \varphi_p \mathcal{L}^1$ へ弱収束する．従って，系 3.26 より補題が従う．証明終わり．$\square$

命題 7.19 の証明　A の点を 0 へ写し，$X \setminus A$ の点を 1 へ写す写像 $f : \delta^{-1} X \to H$ は支配写像となるので，$H \prec \delta^{-1} X$ であるから，$H_p^n \prec (\delta^{-1} X)_p^n$ が成り立つ．また，$(\delta^{-1} X)_p^n$ は $\delta^{-1} X_p^n$ に mm 同型であるから，

$$\mathrm{ObsDiam}(X_p^n; -\kappa) = \delta \, \mathrm{ObsDiam}((\delta^{-1} X)_p^n; -\kappa)$$

$$\geq \delta \, \mathrm{ObsDiam}(H_p^n; -\kappa).$$

これと補題 7.20 から命題が従う．証明終わり．$\square$

定理 7.15 と命題 7.19 から以下が従う．

系 7.21　X を直径が有限の mm 空間で，あるボレル集合 $A \subset X$ が存在して

$$d_X(A, X \setminus A) > 0, \quad 0 < \mu_X(A) < 1$$

をみたすと仮定する．このとき，任意の実数 $1 < p < +\infty$, $0 < \kappa < 1$ に対して

$$\mathrm{ObsDiam}(X_p^n; -\kappa) \sim n^{\frac{1}{2p}}.$$

l^∞ 積空間について以下が成り立つ．

命題 7.22　X を mm 空間とするとき，任意の整数 $n \geq 1$ と実数 $0 < \kappa < 1$ に対して次の (1), (2) が成り立つ．

(1) $\mathrm{ObsDiam}(X_\infty^n; -\kappa) \geq \mathrm{ObsDiam}(X; -\kappa)$.

(2) X の直径が有限のとき，$\mathrm{ObsDiam}(X^n_\infty; -\kappa) \leq \mathrm{diam}(X)$.

証明　(1) は $X \prec X^n_\infty$ より従う．

(2) を示す．命題 3.31 より

$$\mathrm{ObsDiam}(X^n_\infty; -\kappa) \leq \mathrm{diam}(X^n_\infty; 1-\kappa) \leq \mathrm{diam}(X^n_\infty) = \mathrm{diam}(X).$$

証明終わり．　　　　　　　　　　　　　　　　　　　　　　　　　　　□

定義 7.23（非アトム的）　mm 空間 X が**非アトム的**（non-atomic）であるとは，任意の $0 < \kappa < 1$ に対して，$\mathrm{ObsDiam}(X; -\kappa) > 0$ が成り立つときをいう．

　例えば，体積が有限な完備リーマン多様体は非アトム的である．実際，完備リーマン多様体の 1 点からの距離関数の分布はアトムをもたないので，κ-オブザーバブル直径（$0 < \kappa < 1$）は 0 にならない．

　命題 7.22 より以下が従う．

系 7.24　X を直径が有限で非アトム的な mm 空間とするとき，任意の実数 $0 < \kappa < 1$ に対して

$$\mathrm{ObsDiam}(X^n_\infty; -\kappa) \sim 1.$$

　ラプラシアンの正の第 1 固有値を見ることで，以下を得る．

命題 7.25　X を 1 点でないコンパクトで連結なリーマン多様体とする．このとき，積リーマン多様体の列 $\{X^n\}_{n=1}^\infty$ は任意の実数 $0 < \kappa < 1$ に対して，

$$\mathrm{ObsDiam}(X^n; -\kappa) \sim 1$$

をみたす．

証明　(6.2) より，$\lambda_1(X^n) = \lambda_1(X)$ が成り立つので，系 3.64 より

$$\mathrm{ObsDiam}(X^n; -\kappa) \leq \frac{2\sqrt{2}}{\sqrt{\lambda_1(X^n)\kappa}} = \frac{2\sqrt{2}}{\sqrt{\lambda_1(X)\kappa}}.$$

一方，X は非アトム的なので

$$\mathrm{ObsDiam}(X^n; -\kappa) \geq \mathrm{ObsDiam}(X; -\kappa) > 0$$

が成り立つ．証明終わり．　　　　　　　　　　　　　　　　　　　　　□

注意 7.26　系 7.21 の $p = 2$ の場合と命題 7.25 は両方ともに l^2 積空間だが，それらのオブザーバブル直径のオーダーが異なる．これは不思議な現象であるが，連結性が決定的な条件である．

　ガウス空間のオブザーバブル直径は以下をみたす．

定理 7.27 任意の整数 $n \geq 1$ と実数 $0 < \kappa < 1$ に対して

$$\mathrm{ObsDiam}(\mathcal{P}_{\Gamma^\infty}; -\kappa) = \mathrm{ObsDiam}(\Gamma^n; -\kappa)$$
$$= \mathrm{diam}(\gamma^1; 1 - \kappa) = -2F_{\gamma^1}^{-1}\left(\frac{\kappa}{2}\right).$$

証明 $\Gamma^1 \prec \Gamma^n \in \mathcal{P}_{\Gamma^\infty}$ より

$$\mathrm{ObsDiam}(\mathcal{P}_{\Gamma^\infty}; -\kappa) \geq \mathrm{ObsDiam}(\Gamma^n; -\kappa) \geq \mathrm{ObsDiam}(\Gamma^1; -\kappa)$$
$$= \mathrm{diam}(\gamma^1; 1 - \kappa) = -2F_{\gamma^1}^{-1}\left(\frac{\kappa}{2}\right).$$

一方, $S^n(\sqrt{n})$ 上でユークリッド距離はリーマン距離より小さいか等しいので, 定理 6.45, オブザーバブル直径の極限公式 (定理 7.13), および定理 3.35 より

$$\mathrm{ObsDiam}(\mathcal{P}_{\Gamma^\infty}; -\kappa) \leq \lim_{\varepsilon \to 0+} \liminf_{n \to \infty} \mathrm{ObsDiam}(S^n(\sqrt{n}); -(\kappa + \varepsilon))$$
$$\leq \mathrm{diam}(\gamma^1; 1 - \kappa).$$

証明終わり. $\qquad\qquad\qquad\qquad\qquad\qquad\qquad\qquad\qquad\qquad\qquad\qquad\square$

演習問題 7.28 mm 空間 X, Y が $X \prec Y$ をみたすとき, $X_p^n \prec Y_p^n$ $(1 \leq p \leq +\infty,\ n = 1, 2, \dots)$ が成り立つことを示せ.

7.4 N-レビ族

N-レビ族はレビ族の一般化であり, 直感的には N 個のレビ族の和のようなものである. ラプラシアンの固有値と関係して重要な概念である.

定義 7.29 (N-レビ族) $N \geq 1$ を整数とする. mm 空間列 $\{X_n\}_{n=1}^\infty$ が N-レビ族 (N-Lévy family) であるとは, $\sum_{i=0}^N \kappa_i < 1$ をみたすような任意の実数 $\kappa_0, \kappa_1, \dots, \kappa_N > 0$ に対して

$$\lim_{n \to \infty} \mathrm{Sep}(X_n; \kappa_0, \kappa_1, \dots, \kappa_N) = 0$$

が成り立つときをいう.

命題 3.44(1) より, 1-レビ族であることはレビ族であることにほかならない. 命題 3.63 より以下が従う.

命題 7.30 $\{X_n\}_{n=1}^\infty$ をコンパクトなリーマン多様体の列とする. もしラプラシアンの正の N 番目の固有値 $\lambda_N(X_n)$ が $n \to \infty$ のとき無限大へ発散するならば, $\{X_n\}$ は N-レビ族である.

定義 7.31 ($\#\mathcal{P}$) ピラミッド $\mathcal{P}$ に対して

$$\#\mathcal{P} := \sup_{X \in \mathcal{P}} \#X \quad (\leq +\infty)$$

と定義する．ここで，$\#X$ は X の元の個数を表す．

補題 7.32 X を mm 空間，$\mathcal{P}$ をピラミッド，$N \geq 1$ を整数とする．このとき以下が成り立つ．

(1) $\sum_{i=0}^{N} \kappa_i < 1$ をみたすような任意の実数 $\kappa_0, \kappa_1, \ldots, \kappa_N > 0$ に対して

$$\mathrm{Sep}(X; \kappa_0, \kappa_1, \ldots, \kappa_N) = 0$$

が成り立つことの必要十分条件は $\#X \leq N$ である．

(2) $\sum_{i=0}^{N} \kappa_i < 1$ をみたすような任意の実数 $\kappa_0, \kappa_1, \ldots, \kappa_N > 0$ に対して

$$\mathrm{Sep}(\mathcal{P}; \kappa_0, \kappa_1, \ldots, \kappa_N) = 0$$

が成り立つことの必要十分条件は $\#\mathcal{P} \leq N$ である．

証明 (1) を示す．$\#X \leq N$ のとき，X のセパレーション距離が 0 であることは簡単に分かるので，読者へ任せる．

逆の命題の対偶を示す．すなわち，$\#X \geq N+1$ と仮定して，ある実数 $\kappa_0, \ldots, \kappa_N > 0$ が存在して，$\sum_{i=1}^{N} \kappa_i < 1$ かつ $\mathrm{Sep}(X; \kappa_0, \ldots, \kappa_N) > 0$ をみたすことを示そう．

まず $\#X \geq N+2$ のときを考える．このとき，$(N+2)$ 個の互いに異なる点 $x_0, x_1, \ldots, x_{N+1} \in X$ が存在する．

$$r := \min_{i \neq j} d_X(x_i, x_j), \quad A_i := U_{r/3}(x_i), \quad \kappa_i := \mu_X(A_i)$$

とおくと，κ_i は正であり，$\sum_{i=0}^{N} \kappa_i \leq 1 - \kappa_{N+1} < 1$ をみたす．三角不等式より $\min_{i \neq j} d_X(A_i, A_j) \geq r/3$ が成り立つので，

$$\mathrm{Sep}(X; \kappa_0, \ldots, \kappa_N) \geq \frac{r}{3} > 0.$$

目標の命題が示された．

次に $\#X = N+1$ のときを考える．このとき，$\{x_0, x_1, \ldots, x_N\} := X$ とおき，$0 < \kappa_i < \min_j \mu_X(\{x_j\})$ $(i = 0, 1, \ldots, N)$ をみたすような実数 $\kappa_0, \ldots, \kappa_N$ をとる．$\sum_{i=0}^{N} \kappa_i < 1$ が成り立つ．$x_0, x_1, \ldots, x_N$ は互いに異なる点なので，

$$\mathrm{Sep}(X; \kappa_0, \kappa_1, \ldots, \kappa_N) > 0$$

が成り立つ．(1) が示された．

(2) を示す．$\#\mathcal{P} \leq N$ のときは (1) を用いることで $\mathcal{P}$ のセパレーション距離が 0 であることが分かる．

逆を示そう．$\sum_{i=0}^{N} \kappa_i < 1$ をみたすような任意の実数 $\kappa_0, \kappa_1, \ldots, \kappa_N > 0$ に

対して

$$\mathrm{Sep}(\mathcal{P}; \kappa_0, \kappa_1, \ldots, \kappa_N) = 0$$

を仮定する．すると，任意の mm 空間 $X \in \mathcal{P}$ に対して，命題 3.41 より，

$$\begin{aligned}
\mathrm{Sep}(X; \kappa_0, \ldots, \kappa_N) &= \lim_{\delta \to 0+} \mathrm{Sep}(X; \kappa_0 - \delta, \ldots, \kappa_N - \delta) \\
&\leq \lim_{\delta \to 0+} \sup_{Y \in \mathcal{P}} \mathrm{Sep}(Y; \kappa_0 - \delta, \ldots, \kappa_N - \delta) \\
&= \mathrm{Sep}(\mathcal{P}; \kappa_0, \kappa_1, \ldots, \kappa_N) = 0.
\end{aligned}$$

ゆえに (1) から $\#X \leq N$ が成り立つので，$\#\mathcal{P} \leq N$ が得られる．補題の証明
終わり． $\qquad \square$

定義 7.33（拡張 mm 空間に付随するピラミッド）　拡張 mm 空間についても
リップシッツ順序を同様に定義し，拡張 mm 空間 X に付随するピラミッド
$\mathcal{P}_X$ を

$$\mathcal{P}_X := \{\, X' \in \mathcal{X} \mid X' \prec X \,\}$$

で定義する．

　$\mathcal{P}_X$ は（拡張でない）mm 空間からなることを注意する．拡張 mm 空間に付
随するピラミッドは通常の意味でピラミッドである．

定義 7.34（X^D）　拡張 mm 空間 X と実数 $D > 0$ に対して，$d_{X^D} := d_X \wedge D$
とおき，mm 空間 X^D を $X^D := (X, d_{X^D}, \mu_X)$ と定める．

　このとき，X^D は $\mathcal{P}_X$ に含まれるような mm 空間である．$\mathcal{P}_X$ は
$\bigcup_{0 < D < +\infty} \mathcal{P}_{X^D}$ のボックス距離に関する閉包に一致する．

命題 7.35　$\mathcal{P}$ をピラミッドとする．このとき，$\#\mathcal{P} < +\infty$ であることの必要
十分条件は，ある有限拡張 mm 空間 X が存在して $\mathcal{P} = \mathcal{P}_X$ をみたすことであ
る．さらにこのとき，$\#X = \#\mathcal{P}$ が成り立つ．

証明　拡張 mm 空間 X の元の個数 $\#X$ はリップシッツ順序に関して単調非
減少であることに注意すると，任意の拡張 mm 空間 X に対して $\#X = \#\mathcal{P}_X$
が成り立つことが分かる．特に，有限拡張 mm 空間 X が $\mathcal{P} = \mathcal{P}_X$ をみたすな
らば，$\#\mathcal{P} < +\infty$ が成り立つ．

　逆を示す．$\#\mathcal{P} < +\infty$ と仮定する．$\mathcal{P}$ の近似列 $\{X_n\}_{n=1}^{\infty}$ をとる．$\#X_n$ は
n に関して単調非減少で，$\#X_n \leq \#\mathcal{P} < +\infty$ をみたすので，ある番号 n_0 が
存在して，$n \geq n_0$ ならば $\#X_n = \#X_{n_0}$ が成り立つ．$f_n : X_{n+1} \to X_n$ を支
配写像とする．以下，$n \geq n_0$ と仮定する．このとき，f_n は全単射で測度を保
つので，測度同型写像である．$N := \#X_{n_0}$，$\{x_1^n, x_2^n, \ldots, x_N^n\} := X_n$ とおき，

7.4　N-レビ族　**175**

$f_n(x_i^{n+1}) = x_i^n$ $(i = 1, 2, \ldots, N)$ とする．このとき，$\mu_{X_n}(\{x_i^n\})$ は n によらず，$d_{X_n}(x_i^n, x_j^n)$ は n に関して単調非減少である．$X = \{x_1, x_2, \ldots, x_N\}$ を N 点集合とし，X 上に拡張 mm 構造を

$$d_X(x_i, x_j) := \lim_{n \to \infty} d_{X_n}(x_i^n, x_j^n) \leq +\infty,$$

$$\mu_X(\{x_i\}) := \mu_{X_n}(\{x_i^n\}) \qquad (i, j = 1, 2, \ldots, N)$$

により定義する．すると，任意の $n \geq 1$ に対して $X_n \prec X$ なので，$\mathcal{P} \subset \mathcal{P}_X$ が成り立つ．次に $\mathcal{P}_X \subset \mathcal{P}$ を示そう．任意の実数 $D > 0$ をとる．$\lim_{n \to \infty} d_{X_n^D}(x_i^n, x_j^n) = d_{X^D}(x_i, x_j)$ $(i, j = 1, 2, \ldots, N)$ なので，$n \to \infty$ のとき X_n^D は X^D へボックス収束する．このことと $X_n^D \in \mathcal{P}$ より $X^D \in \mathcal{P}$ となり，$\mathcal{P}_{X^D} \subset \mathcal{P}$ が成り立つ．$\mathcal{P}_X$ は $\bigcup_{0 < D < +\infty} \mathcal{P}_{X^D}$ のボックス距離に関する閉包と一致するので，$\mathcal{P}_X \subset \mathcal{P}$ が成り立つ．以上により $\mathcal{P} = \mathcal{P}_X$ が示された．

一般に $\#X = \#\mathcal{P}_X$ が成り立つので，$\mathcal{P} = \mathcal{P}_X$ ならば $\#X = \#\mathcal{P}$ が成り立つ．命題の証明終わり． $\square$

今までに示したことを組み合わせると以下が分かる．

定理 7.36 $\{X_n\}_{n=1}^{\infty}$ を mm 空間列で $n \to \infty$ のとき $\mathcal{P}_{X_n}$ がピラミッド $\mathcal{P}$ へ弱収束すると仮定する．$N \geq 1$ を整数とするとき，以下の (1), (2) は互いに同値である．

(1) $\{X_n\}$ は N-レビ族である．

(2) ある有限拡張 mm 空間 X が存在して，$\#X \leq N$ かつ $\mathcal{P} = \mathcal{P}_X$ をみたす．

証明 セパレーション距離の極限公式（定理 7.5）より，(1) と以下は同値である．$\sum_{i=0}^{N} \kappa_i < 1$ をみたすような任意の実数 $\kappa_0, \kappa_1, \ldots, \kappa_N > 0$ に対して

$$\mathrm{Sep}(\mathcal{P}; \kappa_0, \kappa_1, \ldots, \kappa_N) = 0$$

が成り立つ．補題 7.32(2) より，これは $\#\mathcal{P} \leq N$ と同値である．さらに命題 7.35 より，これは (2) と同値である．証明終わり． $\square$

有限拡張 mm 空間 X に対して

$$w(X) := \min_{x \in X} \mu_X(\{x\})$$

と定義する．

補題 7.37 X を有限拡張 mm 空間とする．もし $0 < \kappa \leq w(X)$ ならば $\mathrm{Sep}(\mathcal{P}_X; \kappa, \kappa) = \mathrm{diam}(X)$ が成り立つ．

証明 任意の $X' \in \mathcal{P}_X$ をとる．簡単な議論から $w(X') \geq w(X)$ が分かる

ので，任意の $0 < \varepsilon < \kappa \leq w(X)$ に対して，$\kappa - \varepsilon \leq w(X')$ となるから，$\mathrm{Sep}(X'; \kappa - \varepsilon, \kappa - \varepsilon) = \mathrm{diam}(X')$ が成り立つ．よって，

$$\sup_{X' \in \mathcal{P}_X} \mathrm{Sep}(X'; \kappa - \varepsilon, \kappa - \varepsilon) = \sup_{X' \in \mathcal{P}_X} \mathrm{diam}(X') = \mathrm{diam}(X).$$

$\varepsilon \to 0+$ とすれば，補題が得られる． $\qquad\square$

系 7.38 $N \geq 1$ を整数とし，$\{X_n\}_{n=1}^{\infty}$ を N-レビ族で，任意の実数 $\kappa > 0$ に対して

$$\limsup_{n \to \infty} \mathrm{ObsDiam}(X_n; -\kappa) < +\infty$$

をみたすとする．このとき，$\{X_n\}$ のある部分列は元の個数が N 以下の有限 mm 空間へ集中する．

証明 Π のコンパクト性より，$\{\mathcal{P}_{X_n}\}$ のある部分列は弱収束する．定理 7.36 より，$\#Y \leq N$ をみたすある拡張 mm 空間 Y が存在して，その部分列の極限ピラミッドは $\mathcal{P}_Y$ に一致する．このとき，Y の直径が有限であることを示せばよい．X_n のオブザーバブル直径の一様有界性の仮定と命題 3.44(2) より，任意の $\kappa > 0$ に対してセパレーション距離 $\mathrm{Sep}(X_n; \kappa, \kappa)$ は一様に有界である．ゆえに，セパレーション距離の極限公式（定理 7.5）より $\mathrm{Sep}(\mathcal{P}_Y; \kappa, \kappa)$ は有限値である．補題 7.37 より，系が成り立つ． $\qquad\square$

以下は後の 8.4 節で必要となる．

系 7.39 $\{X_n\}_{n=1}^{\infty}$ を N-レビ族とするとき，以下の (1) または (2) の少なくとも一方が成り立つ．

(1) $\{X_n\}$ はレビ族である．

(2) $\{X_n\}$ のある部分列 $\{X_{n_i}\}_{i=1}^{\infty}$ と $0 < t_i \leq 1$ $(i = 1, 2, \dots)$ をみたすようなある実数列 $\{t_i\}_{i=1}^{\infty}$ と $2 \leq \#X \leq N$ をみたすある有限 mm 空間 X が存在して，$i \to \infty$ のとき $t_i X_{n_i}$ が X へ集中する．

証明 $\{X_n\}_{n=1}^{\infty}$ を N-レビ族（$N \geq 2$）でレビ族でないと仮定する．部分列をとって，$\mathcal{P}_{X_n}$ があるピラミッド $\mathcal{P}$ へ弱収束すると仮定する．定理 7.36 より，ある有限拡張 mm 空間 Y が存在して，$\mathcal{P} = \mathcal{P}_Y$ かつ $\#Y \leq N$ をみたす．$\{X_n\}$ はレビ族でないので $\#Y \geq 2$ である．$\kappa_0 := w(Y)$ とおき，$0 < \kappa < \kappa_0$ なる実数 κ をとり固定する．

もし $\mathrm{Sep}(X_n; \kappa, \kappa)$ が上に有界ならば，セパレーション距離の極限公式（定理 7.5）より $\mathrm{Sep}(\mathcal{P}_Y; \kappa_0, \kappa_0)$ は有限値であり，補題 7.37 より Y は（拡張でない）mm 空間となり，$t_i = 1$ に対して (2) が成り立つ．

$\mathrm{Sep}(X_n; \kappa, \kappa)$ が上に有界でないときを考える．このとき，部分列に取り替えることにより，任意の n に対して $\mathrm{Sep}(X_n; \kappa, \kappa) \geq 1$ と仮定してよい．

$0 < \kappa' < \kappa$ をみたす実数 κ' をとる. $\mathrm{Sep}(X_n; \kappa', \kappa') \geq \mathrm{Sep}(X_n; \kappa, \kappa) \geq 1$ なので,$t_n := \mathrm{Sep}(X_n; \kappa', \kappa')^{-1}$ とおけば,$0 < t_n \leq 1$ $(n = 1, 2, \dots)$ が成り立つ.$t_n X_n \prec X_n$ より,$\{t_n X_n\}$ は N-レビ族である.さらに部分列に取り替えて,$\mathcal{P}_{t_n X_n}$ が弱収束すると仮定してよい.すると,定理 7.36 より,ある有限拡張 mm 空間 X が存在して,$n \to \infty$ のとき $\mathcal{P}_{t_n X_n}$ は $\mathcal{P}_X$ へ弱収束する.$t_n X_n \prec X_n$ だから,$\mathcal{P}_X \subset \mathcal{P}_Y$ となり,$X \prec Y$ が成り立つ.特に $\kappa < \kappa_0 = w(Y) \leq w(X)$ となる.セパレーション距離の極限公式(定理 7.5)より,

$$\mathrm{Sep}(\mathcal{P}_X; \kappa, \kappa) = \lim_{\varepsilon \to 0+} \liminf_{n \to \infty} \mathrm{Sep}(t_n X_n; \kappa - \varepsilon, \kappa - \varepsilon)$$
$$= \lim_{\varepsilon \to 0+} \liminf_{n \to \infty} \frac{\mathrm{Sep}(X_n; \kappa - \varepsilon, \kappa - \varepsilon)}{\mathrm{Sep}(X_n; \kappa', \kappa')} \leq 1.$$

よって,補題 7.37 より X は(拡張でない)mm 空間である.$\mathrm{Sep}(t_n X_n; \kappa', \kappa') = 1$ なので,$\{t_n X_n\}$ はレビ族ではないから,X は少なくとも 2 点以上の異なる点をもつ.証明終わり. $\qquad\square$

演習問題 7.40 $\{X_n\}_{n=1}^{\infty}$ を mm 空間列とし,$X_{n1}, \dots, X_{nN} \subset X_n$ を互いに交わらない開かつ閉の集合で $\bigcup_{i=1}^{N} X_{ni} = X_n$ をみたすとする.このとき,$i = 1, 2, \dots, N$ に対して $\{X_{ni}\}_{n=1}^{\infty}$ がレビ族ならば $\{X_n\}$ は N-レビ族であることを示せ.ただし,各 X_{ni} は μ_{X_n} の制限を正規化した測度をもつとする.

7.5 消散現象

まず,消散現象を定義しよう.

定義 7.41(消散) $\{X_n\}_{n=1}^{\infty}$ を mm 空間の列とし,$\delta > 0$ を実数とする.$\{X_n\}$ が δ-**消散する**(δ-dissipate)とは,$\sum_{i=0}^{N} \kappa_i < 1$ をみたすような任意の実数 $\kappa_0, \kappa_1, \dots, \kappa_N > 0$ に対して

$$\liminf_{n \to \infty} \mathrm{Sep}(X_n; \kappa_0, \kappa_1, \dots, \kappa_N) \geq \delta$$

が成り立つことをいう.任意の実数 $\delta > 0$ に対して $\{X_n\}$ が δ-消散するとき,$\{X_n\}$ は**無限消散する**(infinitely dissipate)という.$\{X_n\}$ が**消散しない**とは,どんな $\delta > 0$ に対しても $\{X_n\}$ が δ-消散しないときをいう.

次の命題は命題 3.43 より従う.

命題 7.42 $\{X_n\}_{n=1}^{\infty}$,$\{Y_n\}_{n=1}^{\infty}$ を mm 空間の列で,任意の n に対して $X_n \prec Y_n$ をみたすとする.このとき,実数 $\delta > 0$ に対して,もし $\{X_n\}$ が δ-消散(無限消散)するならば,$\{Y_n\}$ も δ-消散(無限消散)する.

以下の補題は消散現象を確かめるのに役立つ.

補題 7.43 $\delta > 0$ を実数とする. mm 空間列 $\{X_n\}$ が δ-消散することと以下の条件は同値である. 任意の整数 $n \geq 1$ に対して, X_n のボレル部分集合からなるある有限列 $\{A_{ni}\}_{i=1}^{k_n}$ が存在して, 以下の (1)〜(3) をみたす.

(1) $\quad \displaystyle\lim_{n\to\infty} \mu_{X_n}\left(\bigcup_{i=1}^{k_n} A_{ni}\right) = 1.$

(2) $\quad \displaystyle\liminf_{n\to\infty} \min_{i\neq j} d_{X_n}(A_{ni}, A_{nj}) \geq \delta.$

(3) $\quad \displaystyle\lim_{n\to\infty} \max_{i=1}^{k_n} \mu_{X_n}(A_{ni}) = 0.$

証明 $\{X_n\}$ が δ-消散したとする. 任意の整数 $N \geq 1$ に対して, ある整数 $m(N) \geq 1$ が存在して, $n \geq m(N)$ ならば $\kappa_{Ni} := 1/(N+2)$ に対して

$$\mathrm{Sep}(X_n; \kappa_{N0}, \ldots, \kappa_{NN}) > \delta - \frac{1}{N} \tag{7.5}$$

が成り立つ. $m(N)$ は N に関して単調増加で $N \to \infty$ のとき無限大へ発散するとしてよい. 任意に与えられた整数 $n \geq 1$ に対して, $n \geq m(N)$ をみたす最大の N を $N(n)$ とおく. $n \to \infty$ のとき $N(n) \to \infty$ となる. $N = N(n)$ に対して (7.5) が成り立つので, あるボレル集合 $A_{ni} \subset X_n$ $(i = 1, 2, \ldots, N(n)+1)$ が存在して $\mu_{X_n}(A_{ni}) \geq 1/(N(n)+2)$ かつ $d_{X_n}(A_{ni}, A_{nj}) > \delta - 1/N(n)$ $(i \neq j)$ をみたす. 特に (2) が成り立つ. また

$$1 \geq \sum_{i=1}^{N(n)+1} \mu_{X_n}(A_{ni}) \geq \frac{N(n)+1}{N(n)+2}$$

より (1) が成り立つ. さらに

$$\mu_{X_n}(A_{ni}) - \frac{1}{N(n)+2} \leq \sum_{i=1}^{N(n)+1} \left(\mu_{X_n}(A_{ni}) - \frac{1}{N(n)+2} \right)$$
$$\leq 1 - \frac{N(n)+1}{N(n)+2}$$

より (3) が成り立つ.

逆に (1)〜(3) をみたすような $\{A_{ni}\}_{i=1}^{k_n}$ が存在したとする. $\sum_{j=0}^{N} \kappa_j < 1$ をみたすような $\kappa_0, \ldots, \kappa_N > 0$ $(N \geq 1)$ を任意にとり,

$$\varepsilon := \frac{1}{2(N+1)} \left(1 - \sum_{i=0}^{N} \kappa_i \right)$$

とおく. n を十分大きくとって $\mu_{X_n}(A_{ni}) < \varepsilon$ かつ $\sum_{i=1}^{k_n} \mu_{X_n}(A_{ni}) > 1 - \varepsilon$ が成り立つとしてよい. $\{A_{ni}\}_{i=1}^{k_n}$ を $(N+1)$ 個の部分列

$$\{A_{ni}\}_{i=1,\ldots,l_1}, \{A_{ni}\}_{i=l_1+1,\ldots,l_2}, \ldots, \{A_{ni}\}_{i=l_N+1,\ldots,l_{N+1}}$$

7.5 消散現象 **179**

へ分割し，$l_0 := 1$ および

$$B_{nj} := A_{nl_j} \cup \cdots \cup A_{nl_{j+1}} \quad (j = 0, 1, \ldots, N)$$

とおいたとき，$\kappa_j \leq \mu_{X_n}(B_{nj}) < \kappa_j + \varepsilon$ をみたすように分割をとることができる．実際，$j = 0, 1, 2, \ldots$ と順番に B_{nj} に A_{ni} を詰めていったとき，$j = N$ に到達する前に A_{nk_n} まで使い切ったとすると，

$$\sum_{i=1}^{k_n} \mu_{X_n}(A_{ni}) < \sum_{j=0}^{N} (\kappa_j + \varepsilon) = 1 - (N+1)\varepsilon < 1 - \varepsilon$$

となり，これは矛盾である．

(2) より

$$\liminf_{n \to \infty} \min_{j \neq j'} d_{X_n}(B_{nj}, B_{nj'}) \geq \delta$$

なので，

$$\liminf_{n \to \infty} \mathrm{Sep}(X_n; \kappa_0, \ldots, \kappa_N) \geq \delta$$

が成り立つ．証明終わり． □

例 7.44 (1) X をコンパクトリーマン多様体とし，$\{t_n\}_{n=1}^{\infty}$ を無限大へ発散する正の実数列とする．このとき，$\{t_n X\}$ は無限消散する．実際，X の 1 点 o からの距離関数 $f := d_X(o, \cdot)$ を考え，与えられた $\kappa_0, \ldots, \kappa_N > 0$ ($\sum_{i=0}^{N} \kappa_i < 1$) に対して，$[0, +\infty)$ の互いに交わらない $(N+1)$ 個の部分閉区間 $I_0, \ldots, I_N$ を $\mu_X(f^{-1}(I_i)) \geq \kappa_i$ $(i = 0, 1, \ldots, N)$ をみたすようにとれるから，$\mathrm{Sep}(X; \kappa_0, \ldots, \kappa_N) > 0$ である．よって，$n \to \infty$ のとき

$$\mathrm{Sep}(t_n X; \kappa_0, \ldots, \kappa_N) = t_n \mathrm{Sep}(X; \kappa_0, \ldots, \kappa_N)$$

は無限大へ発散する．

(2) T_n を深さ n の完全二分木で根を o とする．つまり，T_n は閉路をもたない有限グラフであり，すべての頂点は o からグラフ距離が n 以内にあり，o の次数は 2 で，o からグラフ距離がちょうど n の頂点の次数は 1，それ以外の頂点の次数は 3 である．ただし，頂点の次数とはそこへ繋がっている辺の本数を意味する．グラフ距離 d_{T_n} と正規化された数え上げ測度 μ_{T_n} に対して，$\{(T_n, d_{T_n}, \mu_{T_n})\}$ は無限消散し，$\{(T_n, (1/n)d_{T_n}, \mu_{T_n})\}$ は 2-消散する．これは，任意の $0 < t < 1$ に対して閉距離球体 $B_{tn}(o)$ の測度 $\mu_{T_n}(B_{tn}(o))$ が $n \to \infty$ のとき 0 へ収束することおよび，$0 < s < t < 1$ のとき $V_n \setminus B_{sn}(o)$ (T_n の頂点集合を V_n とする）の連結成分の数が無限大へ発散すること，異なる連結成分 C, D に対して，$C \setminus B_{tn}(o)$ と $D \setminus B_{tn}(o)$ の間の距離を下から評価す

180 第 7 章 極限公式とその応用

ることで示せる．詳細は読者へ任せる．

(3) H を完備単連結な双曲空間とし，$\{t_n\}_{n=1}^{\infty}$ を無限大へ発散する正の実数列，B_n を H の半径 t_n の閉球体とする．このとき，$\{B_n\}$ は無限消散して，$\{(1/t_n)B_n\}$ は 2-消散する．これも (2) と同じアイディアで示せる．

命題 7.45 $\{X_n\}_{n=1}^{\infty}$ を mm 空間列とし，$\delta > 0$ を実数とする．

(1) $\{X_n\}$ が δ-消散することと，$\{\mathcal{P}_{X_n}\}$ の任意の弱収束する部分列の極限が直径 δ 以下の mm 空間をすべて含むことは同値である．

(2) $\{X_n\}$ が無限消散することと，$\{\mathcal{P}_{X_n}\}$ がクフピラミッド $\mathcal{X}$ へ弱収束することは同値である．

証明 (1) を示す．$\mathcal{X}^{\delta}$ を直径が δ 以下の mm 空間の同型類全体の集合とする．$\{X_n\}$ が δ-消散すると仮定して，$\mathcal{P}$ を $\{\mathcal{P}_{X_n}\}$ の弱収束する部分列の極限とする．以下，その弱収束する部分列を同じ記号 $\{\mathcal{P}_{X_n}\}$ で表すとする．このとき，$\mathcal{X}^{\delta} \subset \mathcal{P}$ を示そう．直径が δ 未満の有限 mm 空間の同型類全体の集合はボックス距離に関して $\mathcal{X}^{\delta}$ で稠密なので，直径が δ 未満の任意の有限 mm 空間が $\mathcal{P}$ に含まれることを示せばよい．Y をそのような mm 空間とする．$0 < \varepsilon < \delta - \mathrm{diam}(Y)$ なる任意の実数 ε をとる．$\{y_0, y_1, \ldots, y_N\} := Y$ とおき，実数 $\kappa_0, \kappa_1, \ldots, \kappa_N$ を $0 < \kappa_i \le \mu_Y(\{y_i\})$ $(i = 0, 1, \ldots, N)$ かつ

$$1 - \varepsilon < \sum_{i=0}^{N} \kappa_i < 1$$

をみたすようにとる．仮定より，ある番号 $n(\varepsilon)$ が存在して，$n \ge n(\varepsilon)$ のとき $\mathrm{Sep}(X_n; \kappa_0, \ldots, \kappa_N) > \delta - \varepsilon$ が成り立つ．$\varepsilon \to 0$ のとき $n(\varepsilon) \to \infty$ と仮定しておく．以下 $n \ge n(\varepsilon)$ と仮定する．すると，あるボレル集合 $A_{n0}, \ldots, A_{nN} \subset X_n$ が存在して，$\mu_{X_n}(A_{ni}) \ge \kappa_i$, $d_{X_n}(A_{ni}, A_{nj}) > \delta - \varepsilon > \mathrm{diam}(Y)$ $(i \ne j)$ をみたす．$B(Y)$ を Y 上の有界関数全体の空間で，一様ノルムを備えたものとする．クラトフスキ埋め込み $Y \ni y \mapsto d_Y(y, \cdot) \in B(Y)$ により，Y は $B(Y)$ へ等長的に埋め込まれる．$M := N + 1$ とおくとき，$B(Y)$ は $(\mathbb{R}^M, \|\cdot\|_{\infty})$ に等長同型である．よって，Y は $\mathbb{R}^M$ の部分集合と仮定してよい．写像 $f_n : \bigcup_{i=0}^{N} A_{ni} \to \mathbb{R}^M$ を $f_n|_{A_{ni}} := y_i$ $(i = 0, 1, \ldots, N)$ で定義する．f_n は 1-リップシッツ連続であり，マクシェーン–ホイットニー拡張により 1-リップシッツ写像 $f_n : X_n \to \mathbb{R}^M$ へ拡張される（f_n の各成分関数のマクシェーン–ホイットニー拡張（系 1.7）をとればよい）．このとき，$(f_n)_* \mu_{X_n}(\{y_i\}) = \mu_{X_n}(f_n^{-1}(y_i)) \ge \mu_{X_n}(A_{ni}) \ge \kappa_i$ が成り立つ．$\nu := \sum_{i=0}^{N} \kappa_i \delta_{y_i}$ とおくと，$\nu \le \mu_Y$, $\nu \le (f_n)_* \mu_{X_n}$ かつ $\nu(\mathbb{R}^M) = \sum_{i=0}^{N} \kappa_i > 1 - \varepsilon$ が成り立つ．ストラッセンの定理 1.53 より，$d_{\mathrm{P}}((f_n)_* \mu_{X_n}, \mu_Y) < \varepsilon$ が得られる．ゆえに，$\varepsilon \to 0$ のとき $(f_{n(\varepsilon)})_* \mu_{X_{n(\varepsilon)}}$ は μ_Y へ弱収束する．よって，

$$X_{n(\varepsilon)} \succ (\mathbb{R}^M, \|\cdot\|_{\infty}, (f_{n(\varepsilon)})_* \mu_{X_{n(\varepsilon)}}) \overset{\square}{\longrightarrow} Y \quad (\varepsilon \to 0)$$

となり，Y は $\mathcal{P}$ に含まれる．

次に逆を示そう．$\{\mathcal{P}_{X_n}\}$ の任意の弱収束する部分列の極限が直径 δ 以下の任意の mm 空間を含むと仮定する．任意の $\kappa_0,\ldots,\kappa_N > 0$ $(\sum_{i=0}^{N}\kappa_i < 1)$ をとり，

$$\varepsilon_0 := \frac{1}{N+1}\left(1 - \sum_{i=0}^{N}\kappa_i\right)$$

とおく．すると $\sum_{i=0}^{N}(\kappa_i + \varepsilon_0) = 1$ が成り立つ．有限集合 $Y = \{y_0,\ldots,y_N\}$ 上に距離 d_Y を $d_Y(y_i,y_j) = \delta$ $(i \neq j)$ で定め，確率測度を $\mu_Y := \sum_{i=0}^{N}(\kappa_i + \varepsilon_0)\delta_{y_i}$ と定めると，Y は mm 空間になる．$\mathcal{P}$ を $\{\mathcal{P}_{X_n}\}$ の弱収束する部分列の極限とする．仮定より Y は $\mathcal{P}$ に含まれるので，ある mm 空間列 $\{Y_n\}$ が存在して，$X_n \succ Y_n \overset{\square}{\to} Y$ $(n \to \infty)$ が成り立つ．補題 4.30 より，ε_n-mm 同型写像 $f_n : Y \to Y_n$ $(\varepsilon_n \to 0)$ が存在する．各 n について，$d_{\mathrm{P}}((f_n)_*\mu_Y, \mu_{Y_n}) \leq \varepsilon_n$ が成り立ち，ある部分集合 $\tilde{Y}_n \subset Y$ が存在して，$\mu_Y(\tilde{Y}_n) \geq 1 - \varepsilon_n$ かつ，任意の $y_i, y_j \in \tilde{Y}_n$ に対して

$$|d_Y(y_i,y_j) - d_{Y_n}(f_n(y_i),f_n(y_j))| \leq \varepsilon_n \tag{7.6}$$

が成り立つ．ある番号 m が存在して，$n \geq m$ のとき $\varepsilon_n < \delta \wedge \varepsilon_0$ が成り立つ．以下，$n \geq m$ とする．$\mu_Y(\tilde{Y}_n) \geq 1 - \varepsilon_n > 1 - \varepsilon_0$ かつ $\mu_Y(\{y_i\}) > \varepsilon_0$ より，$\tilde{Y}_n = Y$ となる．$d_Y(y_i,y_j) = \delta$ $(i \neq j)$ および (7.6) より $d_{Y_n}(f_n(y_i),f_n(y_j)) > 0$ $(i \neq j)$ となるから，f_n は単射である．$\{\varepsilon'_n\}_{n=m}^{\infty}$ を正の実数列で，$\lim_{n\to\infty}\varepsilon'_n = 0$ かつ $\varepsilon_n < \varepsilon'_n < \varepsilon_0$ $(n \geq m)$ をみたすものとする．$A_{ni} := B_{\varepsilon'_n}(f_n(y_i))$ とおく．$(f_n)_*\mu_Y = \sum_{i=0}^{N}(\kappa_i + \varepsilon_0)\delta_{f_n(y_i)}$ なので，$d_{\mathrm{P}}((f_n)_*\mu_Y, \mu_{Y_n}) \leq \varepsilon_n$ から

$$\mu_{Y_n}(A_{ni}) \geq (f_n)_*\mu_Y(\{f_n(y_i)\}) - \varepsilon'_n = \kappa_i + \varepsilon_0 - \varepsilon'_n > \kappa_i$$

が成り立つ．さらに，任意の $i \neq j$ に対して

$$\begin{aligned}
d_{Y_n}(A_{ni}, A_{nj}) &\geq d_{Y_n}(f_n(y_i),f_n(y_j)) - 2\varepsilon'_n \\
&\geq d_Y(y_i,y_j) - \varepsilon_n - 2\varepsilon'_n = \delta - \varepsilon_n - 2\varepsilon'_n
\end{aligned}$$

となる．従って，$\mathrm{Sep}(Y_n; \kappa_0,\ldots,\kappa_N) \geq \delta - \varepsilon_n - 2\varepsilon'_n$ となり，命題 3.43 より $\mathrm{Sep}(X_n; \kappa_0,\ldots,\kappa_N) \geq \delta - \varepsilon_n - 2\varepsilon'_n$ を得る．(1) が示された．

(2) を示す．$\{X_n\}$ が無限消散するならば，(1) より $\{\mathcal{P}_{X_n}\}$ の部分列の極限 $\mathcal{P}$ は直径が有限の任意の mm 空間を含む．直径が有限の mm 空間全体の集合はボックス距離に関して $\mathcal{X}$ で稠密なので，$\mathcal{P} = \mathcal{X}$ が成り立つ．従って $\{\mathcal{P}_{X_n}\}$ は $\mathcal{X}$ へ弱収束する．逆も (1) から従う．証明終わり．　　　　$\square$

演習問題 7.46　　(1) X を mm 空間，$1 \leq p \leq +\infty$ を拡張実数とする．あるボレル集合 $A \subset X$ が存在して，$0 < \mu_X(A) < 1$ かつ

$\delta := d_X(A, X \setminus A) > 0$ をみたすとき，l^p 直積空間の列 $\{X_p^n\}_{n=1}^\infty$ は δ-消散することを示せ．

(2) $\{X_n\}_{n=1}^\infty$ を mm 空間列とする．もし $\inf_n \sup_{x \in X_n} \mu_{X_n}(\{x\}) > 0$ ならば $\{X_n\}$ は消散しないことを示せ．

7.6 相転移性質

この節では，mm 空間列があるスケールのオーダーを境目に集中現象と消散現象に分かれるような性質を考察する．

定義 7.47（**相転移性質**） mm 空間の列 $\{X_n\}_{n=1}^\infty$ が**相転移性質**（phase transition property）をもつとは，ある正の実数列 $\{c_n\}_{n=1}^\infty$ が存在して，任意の正の実数列 $\{t_n\}_{n=1}^\infty$ に対して以下の条件 (i), (ii) がみたされるときをいう．

(i) $\displaystyle \lim_{n\to\infty} \frac{t_n}{c_n} = 0 \iff \{t_n X_n\}_{n=1}^\infty$ はレビ族である．

(ii) $\displaystyle \lim_{n\to\infty} \frac{t_n}{c_n} = +\infty \iff \{t_n X_n\}_{n=1}^\infty$ は無限消散する．

相転移性質の下で数列 $\{c_n\}$ のオーダーを**臨界スケールオーダー**（critical scale order）と呼ぶ．ただし，数列のオーダーとは $\sim$ に関する同値類のことを指す．

この節では以下の定理を証明する．この定理は相転移性質を確かめるのに役立つ．

定理 7.48 非アトム的 mm 空間の列 $\{X_n\}_{n=1}^\infty$ に対して，以下の条件 (1) と (2) は同値である．

(1) $\{X_n\}_{n=1}^\infty$ は相転移性質をもつ．

(2) $0 < \kappa < 1$ に対して，κ-オブザーバブル直径 $\mathrm{ObsDiam}(X_n; -\kappa)$ のオーダーは κ によらない．

上が成り立つとき，$\{1/\mathrm{ObsDiam}(X_n; -\kappa)\}_{n=1}^\infty$ が臨界スケールオーダーを与える．

例 7.49 (1) X を非アトム的 mm 空間とし，$X_n := X$ とおくとき，定理 7.48 より $\{X_n\}_{n=1}^\infty$ は相転移性質をもち，臨界スケールオーダーは 1 である．特に，$t_n \to +\infty$ ならば $\{t_n X\}$ は無限消散する．

(2) X をアトムをもつような mm 空間とし，$X_n := X$ とおくとき，$\{X_n\}_{n=1}^\infty$ は相転移性質をもたない．なぜなら正の実数の列 $\{t_n\}$ をどのようにとっても $\{t_n X\}$ は無限消散しないからである．X はアトム的である（つまり非アトム的でない）．

(3) $X_n = S^n(1) \vee S^n(1/n)$ を $S^n(1)$ と $S^n(1/n)$ を 1 点で貼り合わせたものとし，自然な測地距離を考え，$\mu_{X_n} := (1/2)\mu_{S^n(1)} + (1/2)\mu_{S^n(1/n)}$

とする．このとき，$\{X_n\}_{n=1}^{\infty}$ は相転移性質をもたない．これの証明の詳細は長くなるので省略するが，後で証明する定理 8.9 を用いると X_n が 2 点 mm 空間へ集中することが分かり，$c_n = 1$ に対して定義 7.47(i) が成り立つ．一方で，$c_n = n\sqrt{n}$ に対して (ii) が成り立つことが分かり，相転移性質をもたない．

定理 3.35，系 3.61 と定理 7.48 より以下が従う．

系 7.50 $\{S^n(1)\}_{n=1}^{\infty}$, $\{SO(n)\}_{n=1}^{\infty}$, $\{SU(n)\}_{n=1}^{\infty}$, $\{Sp(n)\}_{n=1}^{\infty}$ はすべて相転移性質をもち，それらの臨界スケールオーダーは $\sqrt{n}$ である．

系 3.73，系 7.21，系 7.24，命題 7.25，および定理 7.48 より以下が従う．

系 7.51 (1) X を 1 点でない直径が有限の mm 空間とするとき，$\{X_1^n\}_{n=1}^{\infty}$ は相転移性質をもち，臨界スケールオーダーは $1/\sqrt{n}$ である．

(2) X を直径が有限の mm 空間で，あるボレル集合 $A \subset X$ が存在して

$$d_X(A, X \setminus A) > 0, \quad 0 < \mu_X(A) < 1$$

をみたすと仮定する．このとき，任意の実数 $1 < p < +\infty$ に対して $\{X_p^n\}_{n=1}^{\infty}$ は相転移性質をもち，臨界スケールオーダーは $n^{-\frac{1}{2p}}$ である．

(3) X を直径が有限で非アトム的な mm 空間とするとき，$\{X_{\infty}^n\}_{n=1}^{\infty}$ は相転移性質をもち，臨界スケールオーダーは 1 である．

(4) X を 1 点でないコンパクトで連結なリーマン多様体とするとき，積リーマン多様体の列 $\{X^n\}_{n=1}^{\infty}$ は相転移性質をもち，その臨界スケールオーダーは 1 である．

定理 7.48 を示すために以下の補題を示す．

補題 7.52 実数 $\kappa, \kappa_0, \kappa_1, \ldots, \kappa_N > 0$ $(N \geq 1)$ が

$$1 - \frac{1}{N}\left(1 - \sum_{i=0}^{N} \kappa_i\right) \leq \kappa < 1$$

をみたすとき，任意の mm 空間に対して

$$\mathrm{ObsDiam}(X; -\kappa) \leq \mathrm{Sep}(X; \kappa_0, \kappa_1, \ldots, \kappa_N)$$

が成り立つ．

証明 $0 < r < \mathrm{ObsDiam}(X; -\kappa)$ をみたす任意の実数 r をとり固定する．すると，$\mathrm{diam}(f_*\mu_X; 1 - \kappa) > r$ をみたすようなある 1-リップシッツ関数 $f : X \to \mathbb{R}$ が存在する．このとき以下が成り立つ．

(*) $\mathrm{diam}(A) \leq r$ なる任意のボレル集合 $A \subset \mathbb{R}$ は $f_*\mu_X(A) < 1 - \kappa$ をみたす．

単調増加な有限数列 $a_0, a_1, \ldots, a_N$ を以下のように帰納的に定める.

$$a_0 := \inf\{\, a \in \mathbb{R} \mid f_* \mu_X((-\infty, a]) \geq \kappa_0 \,\},$$

$$a_i := \inf\{\, a \geq a_{i-1} + r \mid f_* \mu_X([a_{i-1} + r, a]) \geq \kappa_i \,\} \ (i = 1, 2, \ldots, N).$$

a_i たちが(有限値の)実数として定義されることを示そう. $0 < \kappa_0 < 1$ より, a_0 は実数として定義される. ある $k \leq N - 1$ に対して $a_0, a_1, \ldots, a_k$ が実数として定義されたとして, a_{k+1} が実数として定義されることを示す. そのためには

$$f_* \mu_X([a_k + r, +\infty)) > \kappa_{k+1} \tag{7.7}$$

を示せば十分である. a_i の定義より, $f_* \mu_X((-\infty, a_0)) \leq \kappa_0$ および $f_* \mu_X([a_{i-1} + r, a_i)) \leq \kappa_i$ $(i = 1, 2, \ldots, k)$ が成り立つ(例えば, もし $f_* \mu_X((-\infty, a_0)) > \kappa_0$ だったとすると, a_0 より小さい a_0' が存在して $f_* \mu_X((-\infty, a_0')) > \kappa_0$ をみたすので, a_0 が下限であることに反する). また, $(*)$ より $f_* \mu_X([a_i, a_i + r]) < 1 - \kappa$ $(i = 0, 1, \ldots, k)$ が成り立つ. 従って,

$$f_* \mu_X((-\infty, a_k + r))$$
$$\leq \sum_{i=0}^{k} f_* \mu_X([a_i, a_i + r]) + f_* \mu_X((-\infty, a_0)) + \sum_{i=1}^{k} f_* \mu_X([a_{i-1} + r, a_i))$$
$$< N(1 - \kappa) + \sum_{i=0}^{k} \kappa_i \leq 1 - \sum_{i=k+1}^{N} \kappa_i \leq 1 - \kappa_{k+1}.$$

ここで, 最後から2番目の不等式では κ, κ_i の条件式を用いた. ゆえに (7.7) が成り立つ.

$\mathbb{R}$ の区間 A_i を以下のように定める.

$$A_0 := (-\infty, a_0], \quad A_i := [a_{i-1} + r, a_i] \quad (i = 1, 2, \ldots, N).$$

すると, $f_* \mu_X(A_i) \geq \kappa_i$ かつ $d_{\mathbb{R}}(A_i, A_j) \geq r$ $(i \neq j)$ となるので,

$$\mathrm{Sep}((\mathbb{R}, f_* \mu_X); \kappa_0, \kappa_1, \ldots, \kappa_N) \geq r$$

が成り立つ. よって, $(\mathbb{R}, f_* \mu_X) \prec X$ と命題 3.43 より,

$$\mathrm{Sep}(X; \kappa_0, \kappa_1, \ldots, \kappa_N) \geq r$$

が成り立つ. 証明終わり. $\qquad\square$

定理 7.53 $\{X_n\}_{n=1}^{\infty}$ を mm 空間列とするとき, 以下の (1), (2) は同値である.

(1) $\{X_n\}$ は無限消散する.

(2) 任意の $0 < \kappa < 1$ に対して,

$$\lim_{n \to \infty} \mathrm{ObsDiam}(X_n; -\kappa) = +\infty.$$

7.6 相転移性質 **185**

証明 「(1) $\Longrightarrow$ (2)」を示す. (1) ならば, 命題 7.45 より $n \to \infty$ のとき $\mathcal{P}_{X_n}$ がクフピラミッド $\mathcal{X}$ へ弱収束する. 任意の $0 < \kappa < 1$ に対して $\mathcal{X}$ の κ-オブザーバブル直径は無限大なので, オブザーバブル直径の極限公式 (定理 7.13) より (2) が成り立つ.

「(2) $\Longrightarrow$ (1)」を示す. $\sum_{i=0}^{N} \kappa_i < 1$ なる任意の実数 $\kappa_0, \ldots, \kappa_N > 0$ をとる.

$$\kappa := 1 - \frac{1}{N}\left(1 - \sum_{i=0}^{N} \kappa_i\right)$$

とおくと, $0 < \kappa < 1$ をみたす. (2) と補題 7.52 より, $n \to \infty$ のとき $\mathrm{Sep}(X_n; \kappa_0, \ldots, \kappa_N)$ は無限大へ発散して, (1) が成り立つ. 証明終わり. $\square$

定理 7.53 より以下が従う.

系 7.54 X を mm 空間とし, $\{t_n\}_{n=1}^{\infty}$ を無限大へ発散するような正の実数列とするとき, 以下の (1), (2) は互いに同値である.

(1) X は非アトム的である.

(2) $\{t_n X\}$ は無限消散する.

以下の補題は後で必要となるが, 証明は読者へ任せる.

補題 7.55 相転移性質をもつ非アトム的な mm 空間列の部分列はまた相転移性質をもつ.

定理 7.48 の証明 「(2) $\Longrightarrow$ (1)」を示す. 実数 $0 < \kappa_0 < 1$ を固定して,

$$c_n := \frac{1}{\mathrm{ObsDiam}(X_n; -\kappa_0)}$$

とおく. これが臨界スケールオーダーを与えることを示そう. $\{t_n\}$ を正の実数列とする. 任意の $0 < \kappa < 1$ に対して

$$\mathrm{ObsDiam}(t_n X_n; -\kappa) = \frac{t_n}{c_n} \cdot \frac{\mathrm{ObsDiam}(X_n; -\kappa)}{\mathrm{ObsDiam}(X_n; -\kappa_0)}$$

が成り立つ. (2) より, これが 0 へ収束するための必要十分条件は $t_n/c_n \to 0$ $(n \to \infty)$ なので, 定義 7.47 の条件 (i) が成り立つ. また, 上式が無限大へ発散するための必要十分条件は $t_n/c_n \to +\infty$ $(n \to \infty)$ なので, 定理 7.53 より条件 (ii) が成り立つ. よって $\{X_n\}$ は相転移性質をもつ.

「(1) $\Longrightarrow$ (2)」を示す. $\{X_n\}$ が相転移性質をもつとして, $\{c_n\}$ を臨界スケールオーダーの数列とする.

任意の $0 < \kappa < 1$ に対して

$$\inf_n \mathrm{ObsDiam}(c_n X_n; -\kappa) > 0 \tag{7.8}$$

が成り立つことを背理法で示そう. ある $0 < \kappa < 1$ が存在して

$\inf_n \mathrm{ObsDiam}(c_n X_n; -\kappa) = 0$ と仮定する. 部分列に取り替えれば, $\lim_{n\to\infty} \mathrm{ObsDiam}(c_n X_n; -\kappa) = 0$ となる. ここで, 補題 7.55 より部分列も相転移性質をもつことに注意する. $t_n := \mathrm{ObsDiam}(X_n; -\kappa)^{-1}$ とおくと, $t_n/c_n = \mathrm{ObsDiam}(c_n X_n; -\kappa)^{-1}$ は無限大へ発散するが, $\mathrm{ObsDiam}(t_n X_n; -\kappa) = 1$ なので, 定理 7.53 より $\{t_n X_n\}$ は無限消散しない. これは相転移性質に矛盾する. (7.8) が示された.

同様の方法により, 任意の $0 < \kappa < 1$ に対して,

$$\sup_n \mathrm{ObsDiam}(c_n X_n; -\kappa) < +\infty \tag{7.9}$$

が成り立つことが分かる.

(7.8) と (7.9) より, 任意の $0 < \kappa < 1$ に対して

$$c_n \sim \frac{1}{\mathrm{ObsDiam}(X_n; -\kappa)}$$

が成り立つ. 証明終わり. $\qquad\qquad\qquad\qquad\qquad\qquad\qquad\qquad\qquad\qquad\square$

定義 7.56(**臨界スケール極限**) 非アトム的な mm 空間列 $\{X_n\}_{n=1}^{\infty}$ が相転移性質をもつとして, $\{c_n\}_{n=1}^{\infty}$ を臨界スケールオーダーの数列とする. $n \to \infty$ のとき $\mathcal{P}_{c_n X_n}$ がピラミッド $\mathcal{P}$ へ弱収束するとき, $\mathcal{P}$ を**臨界スケール極限**(critical scale limit) と呼ぶ.

定理 7.57 $\{X_n\}_{n=1}^{\infty}$ を非アトム的な mm 空間列とする.

(1) $\{X_n\}_{n=1}^{\infty}$ が相転移性質をもち, その臨界スケール極限 $\mathcal{P}$ が存在するならば, 任意の実数 $0 < \kappa < 1$ に対して

$$0 < \mathrm{ObsDiam}(\mathcal{P}; -\kappa) < +\infty$$

が成り立つ.

(2) ある正の実数列 $\{c_n\}_{n=1}^{\infty}$ が存在して, $n \to \infty$ のとき $\mathcal{P}_{c_n X_n}$ があるピラミッド $\mathcal{P}$ へ弱収束して, 任意の実数 $0 < \kappa < 1$ に対して

$$0 < \mathrm{ObsDiam}(\mathcal{P}; -\kappa) < +\infty$$

をみたすならば, $\{X_n\}_{n=1}^{\infty}$ は相転移性質をもち, $\{c_n\}_{n=1}^{\infty}$ は臨界スケールオーダーの数列で, $\mathcal{P}$ は臨界スケール極限である.

証明 (1) を示す. $\{c_n\}$ を臨界スケールオーダーの数列で $n \to \infty$ のとき $\mathcal{P}_{c_n X_n}$ が $\mathcal{P}$ へ弱収束したと仮定する. 定理 7.48 より, 任意の $0 < \kappa < 1$ に対して

$$c_n \sim \frac{1}{\mathrm{ObsDiam}(X_n; -\kappa)} \tag{7.10}$$

なので,

7.6 相転移性質 **187**

$$\mathrm{ObsDiam}(c_n X_n; -\kappa) \sim 1 \tag{7.11}$$

である．オブザーバブル直径の極限公式（定理 7.13）より (1) の結論が成り立つ．

(2) を示す．仮定とオブザーバブル直径の極限公式（定理 7.13）より (7.11) が成り立ち，(7.10) が成り立つので，$\mathrm{ObsDiam}(X_n; -\kappa)$ のオーダーは κ によらない．従って定理 7.48 より相転移性質をもつ．証明終わり． □

演習問題 7.58 補題 7.55 を示せ．

7.7 ノート

極限公式は小澤と筆者 [61] によるが，そこでのオブザーバブル直径の極限公式の証明は間違っていた．本書の証明は横田滋亮 [77] による（同じ分野の研究者の横田巧と区別せよ）．関連して，集中関数の極限公式が小澤 [60] によって示された．N-レビ族の研究は船野，小澤と筆者 [19,61] による．

7.5 節の消散現象はグロモフ [21] による．

7.6 節の相転移性質は小澤と筆者 [61] による．[61,69] では，本書で述べたことに加えて，射影空間とスティーフェル多様体の列が相転移性質をもつことを示している．また，高津と筆者 [69,71] は，射影空間，（射影）スティーフェル多様体，旗多様体の列が相転移性質をもつことを示し，それらの臨界極限を求めている（これについては 6.6 節でも述べた）．

mm 空間（ピラミッド）がアトム的であることと実際にアトムをもつことが同値であることが，最近，大島 [57] によって証明された．

第 8 章
曲率と集中

　この章では，リッチ曲率の下限条件の測度距離空間への一般化である曲率次元条件を解説し，曲率次元条件が集中位相での収束で保たれることを証明する．さらに応用としてラプラシアンの固有値の挙動を調べる．

8.1　集中に対するファイブレーション定理

　この節では，mm 空間列の集中 $X_n \to Y$ に対して，あるボレル可測写像 $p_n : X_n \to Y$ が存在して，以下をみたすことを示す．

(1) p_n は小さい誤差付きの 1-リップシッツ写像である．

(2) p_n のファイバーは 1 点に集中する．

(3) p_n のすべてのファイバーはほとんど互いに平行である．

ここで，p_n のファイバーとは p_n による 1 点の逆像のことをいう．上の (2), (3) は厳密な条件ではない．

　mm 空間 X のボレル部分集合 B に対して，d_X と μ_X を B へ制限することで，B を mm 空間と考えることができる．ただし，このとき B は完備とは限らず，また測度は確率測度とは限らない．そのような B に対して，**オブザーバブル直径** $\mathrm{ObsDiam}(B; -\kappa)$ $(\kappa > 0)$ を

$$\mathrm{ObsDiam}(B; -\kappa) := \sup\{\, \mathrm{diam}(f_*(\mu_X|_B); \mu_X(B) - \kappa) \mid$$
$$f : B \to \mathbb{R} : \text{1-リップシッツ} \,\}.$$

により定義する．

定義 8.1（相対的集中の引き起こし）　$\{X_n\}_{n=1}^{\infty}$ を mm 空間列，Y を mm 空間，$p_n : X_n \to Y$ $(n = 1, 2, \dots)$ をボレル可測写像とする．$\{p_n\}$ が Y 上に X_n の**相対的集中を引き起こす**（effectuates relative concentration）とは，任意の実数 $\kappa > 0$ とボレル集合 $B \subset Y$ に対して

$$\limsup_{n\to\infty} \mathrm{ObsDiam}(p_n^{-1}(B); -\kappa) \le \mathrm{diam}(B)$$

をみたすことをいう.

$\{p_n\}$ が相対的集中を引き起こすことは, 大雑把にいって, p_n のすべての ファイバーが 1 点に集中することを意味する.

補題 8.2 $p : X \to Y$ を mm 空間 X, Y の間のボレル可測写像とする. もし ある実数 $\varepsilon > 0$ に対して $\mathcal{L}ip_1(X) \subset B_\varepsilon(p^*\mathcal{L}ip_1(Y))$ が成り立つならば, 任意 の $\kappa \ge \varepsilon$ とボレル集合 $B \subset Y$ に対して

$$\mathrm{ObsDiam}(p^{-1}(B); -\kappa) \le \mathrm{diam}(B) + 2\varepsilon$$

が成り立つ.

証明 $f : p^{-1}(B) \to \mathbb{R}$ を任意の 1-リップシッツ関数とする. f のマクシェー ン-ホイットニー拡張を $\tilde{f} : X \to \mathbb{R}$ とすると, 仮定より, ある 1-リップシッツ 関数 $g : Y \to \mathbb{R}$ が存在して, $d_{\mathrm{KF}}(\tilde{f}, g \circ p) \le \varepsilon$ をみたす. さらに,

$$A := \{ x \in p^{-1}(B) \mid |\tilde{f}(x) - (g \circ p)(x)| \le \varepsilon \}$$

とおくと, $\mu_X(p^{-1}(B)) - \mu_X(A) \le \varepsilon \le \kappa$ となり, ゆえに

$$f_*(\mu_X|_{p^{-1}(B)})(\overline{f(A)}) \ge \mu_X(A) \ge \mu_X(p^{-1}(B)) - \kappa$$

が成り立つ. 任意の 2 点 $x, x' \in A$ に対して,

$$
\begin{aligned}
|f(x) - f(x')| &= |\tilde{f}(x) - \tilde{f}(x')| \\
&\le |\tilde{f}(x) - (g \circ p)(x)| + |(g \circ p)(x) - (g \circ p)(x')| \\
&\quad + |(g \circ p)(x') - \tilde{f}(x')| \\
&\le d_Y(p(x), p(x')) + 2\varepsilon \le \mathrm{diam}(B) + 2\varepsilon.
\end{aligned}
$$

よって $\mathrm{diam}(f(A)) \le \mathrm{diam}(B) + 2\varepsilon$ が成り立つ. 証明終わり. $\qquad\square$

以下は補題 8.2 の直接的帰結である.

系 8.3 $\{X_n\}_{n=1}^\infty$ を mm 空間列とし, Y を mm 空間とする. ある正の実数列 $\varepsilon_n \to 0$ $(n \to \infty)$ に対して, ボレル可測写像 $p_n : X_n \to Y$ $(n = 1, 2, \dots)$ が ε_n-集中を誘導するならば, $\{p_n\}$ は相対的集中を引き起こす.

定義 8.4 (κ-距離) X を mm 空間, $\kappa > 0$ を実数, $A_1, A_2 \subset X$ をボレル集 合とする. このとき, A_1 と A_2 の間の κ-距離 (κ-distance) $d_+(A_1, A_2; +\kappa)$ を $\mu_X(B_1) \ge \kappa$, $\mu_X(B_2) \ge \kappa$ をみたすボレル集合 $B_1 \subset A_1$, $B_2 \subset A_2$ を動か したときの $d_X(B_1, B_2)$ の上限と定義する. $\mu_X(A_1) \wedge \mu_X(A_2) < \kappa$ のときは, $d_+(A_1, A_2; +\kappa) := 0$ と定義する.

補題 8.5 $p : X \to Y$ を mm 空間 X と Y の間のボレル可測写像で，ある実数 $\varepsilon > 0$ に対して $\mathcal{L}ip_1(X) \subset B_\varepsilon(p^* \mathcal{L}ip_1(Y))$ をみたすものとする．このとき，任意のボレル集合 $A_1, A_2 \subset X$ と任意の実数 $\kappa > \varepsilon$ に対して，

$$d_+(A_1, A_2; +\kappa) \le d_Y(p(A_1), p(A_2)) + \mathrm{diam}(p(A_1)) + \mathrm{diam}(p(A_2)) + 2\varepsilon$$

が成り立つ．

証明 $\mu_X(A_1') \ge \kappa$, $\mu_X(A_2') \ge \kappa$ をみたすような任意のボレル部分集合 $A_1' \subset A_1$, $A_2' \subset A_2$ をとり，

$$f(x) := d_X(x, A_1') \wedge d_X(A_1', A_2') \quad (x \in X)$$

とおく．f は X 上の 1-リップシッツ関数だから，仮定より，ある 1-リップシッツ関数 $g : Y \to \mathbb{R}$ が存在して $d_{\mathrm{KF}}(f, g \circ p) \le \varepsilon$ をみたす．

$$B := \{\, x \in X \mid |f(x) - (g \circ p)(x)| \le \varepsilon \,\}$$

とおくと，$\mu_X(B) \ge 1 - \varepsilon$ が成り立つ．$\mu_X(A_i') \ge \kappa > \varepsilon$ なので，A_i' $(i = 1, 2)$ と B は交わる．点 $x \in A_1' \cap B$ および $x' \in A_2' \cap B$ をとる．A_1' 上で $f \equiv 0$ かつ A_2' 上で $f \equiv d_X(A_1', A_2')$ だから

$$|g(p(x))| = |(g \circ p)(x) - f(x)| \le \varepsilon,$$
$$|g(p(x')) - d_X(A_1', A_2')| = |(g \circ p)(x') - f(x')| \le \varepsilon.$$

従って

$$d_X(A_1', A_2') - 2\varepsilon \le g(p(x')) - g(p(x)) \le d_Y(p(x), p(x'))$$
$$\le d_Y(p(A_1), p(A_2)) + \mathrm{diam}(p(A_1)) + \mathrm{diam}(p(A_2)).$$

証明終わり． $\qquad\square$

補題 8.6 μ_1, μ_2 を距離空間 X 上のボレル確率測度とし，$\rho > 0, 0 < \kappa < 1/2$ とする．μ_1, μ_2 の間のある ρ-部分輸送計画 π が存在して，$\mathrm{def}\, \pi < 1 - 2\kappa$ をみたすとする．このとき，任意の 1-リップシッツ関数 $f : X \to \mathbb{R}$ に対して，

$$|\mathrm{lm}(f; \mu_1) - \mathrm{lm}(f; \mu_2)| \le \rho + \mathrm{ObsDiam}(\mu_1; -\kappa) + \mathrm{ObsDiam}(\mu_2; -\kappa)$$

が成り立つ．ただし，$\mathrm{lm}(f; \mu_i)$ は μ_i に関する f のレビ平均である．

証明 $f : X \to \mathbb{R}$ を 1-リップシッツ関数とする．$D_i := \mathrm{ObsDiam}(\mu_i; -\kappa)$ $(i = 1, 2)$ とおくと，補題 6.34 から $\mathrm{LeRad}(\mu_i; -\kappa) \le D_i$ を得るので，

$$\mu_i(|f - \mathrm{lm}(f; \mu_i)| \le D_i) \ge 1 - \kappa \quad (i = 1, 2)$$

が成り立つ．

8.1 集中に対するファイブレーション定理 **191**

$$I_i := \{\, s \in \mathbb{R} \mid |s - \mathrm{lm}(f; \mu_i)| \le D_i \,\}$$

とおくと，$\mu_i(f^{-1}(I_i)) \ge 1 - \kappa$ が成り立つ．$\pi(f^{-1}(I_1) \times f^{-1}(I_2)) > 0$ が成り立つことを示そう．実際，

$$\begin{aligned}
1 - \kappa - \pi(f^{-1}(I_1) \times X) &\le \mu_1(f^{-1}(I_1)) - \pi(f^{-1}(I_1) \times X) \\
&\le \mu_1(f^{-1}(I_1)) - \pi(f^{-1}(I_1) \times X) \\
&\quad + \mu_1(X \setminus f^{-1}(I_1)) - \pi((X \setminus f^{-1}(I_1)) \times X) \\
&= 1 - \pi(X \times X)
\end{aligned}$$

だから

$$\pi(f^{-1}(I_1) \times X) \ge \pi(X \times X) - \kappa.$$

同様に

$$\pi(X \times f^{-1}(I_2)) \ge \pi(X \times X) - \kappa.$$

従って，

$$\begin{aligned}
\pi(f^{-1}(I_1) \times f^{-1}(I_2)) &\ge \pi(f^{-1}(I_1) \times X) + \pi(X \times f^{-1}(I_2)) - \pi(X \times X) \\
&\ge \pi(X \times X) - 2\kappa = 1 - 2\kappa - \mathrm{def}\,\pi > 0.
\end{aligned}$$

よって，ある点 $(x_1, x_2) \in (f^{-1}(I_1) \times f^{-1}(I_2)) \cap \mathrm{supp}(\pi)$ が存在する．$\mathrm{supp}\,\pi \subset \{d_X \le \rho\}$ より，$|f(x_1) - f(x_2)| \le d_X(x_1, x_2) \le \rho$ が成り立つ．$i = 1, 2$ に対して $f(x_i)$ は I_i に含まれるので，

$$|\mathrm{lm}(f; \mu_1) - \mathrm{lm}(f; \mu_2)| \le |f(x_1) - f(x_2)| + D_1 + D_2 \le \rho + D_1 + D_2.$$

証明終わり． $\qquad\qquad\qquad\qquad\qquad\qquad\qquad\qquad\qquad\qquad\qquad\qquad\square$

補題 8.7 X を mm 空間，$C \subset X$ をコンパクト集合とする．このとき，任意の実数 $\varepsilon > 0$ に対して，互いに交わらない有限個のボレル集合 $B_i \subset X$ $(i = 1, 2, \ldots, N)$ が存在して，

$$C \subset \bigcup_{i=1}^{N} B_i,$$

$$\mathrm{diam}(B_i) < \varepsilon, \quad \mu_X(B_i^\circ) > 0, \quad \mu_X(\partial B_i) = 0 \quad (i = 1, 2, \ldots, N)$$

をみたす．

証明 $x \in X, r > 0$ に対して

$$S_r(x) := \{\, y \in X \mid d_X(x, y) = r \,\}$$

とおくとき，μ_X が有限測度なので，$\mu_X(S_r(x)) > 0$ をみたすような $r \ge 0$ は

192 第 8 章 曲率と集中

高々可算個であることに注意しておく.

任意の $\varepsilon > 0$ をとり固定する. 1 点 $x_1 \in C$ をとる. $\mu_X(S_{r_1}(x_1)) = 0$ となるような $r_1 \in (\varepsilon/4, \varepsilon/2)$ をとり, $B_1 := B_{r_1}(x_1)$ と定める. B_1 は閉集合で, $\mathrm{diam}(B_1) < \varepsilon$ かつ $\mu_X(B_1^\circ) > 0$ をみたす. また, $\partial B_1 \subset S_{r_1}(x_1)$ より $\mu_X(\partial B_1) = 0$ である. もし $C \subset B_1$ ならば補題が成り立つ.

$C \not\subset B_1$ とする. 1 点 $x_2 \in C \setminus B_1$ と $\mu_X(S_{r_2}(x_2)) = 0$ となるような $r_2 \in (\varepsilon/4, \varepsilon/2)$ をとり, $B_2 := B_{r_2}(x_2) \setminus B_1$ と定める. B_2 はボレル集合であり, $\mathrm{diam}(B_2) < \varepsilon$ をみたす. x_2 が B_2° の元なので, $\mu_X(B_2^\circ) > 0$ が成り立つ. $\partial B_2 \subset S_{r_1}(x_1) \cup S_{r_2}(x_2)$ より, $\mu(\partial B_2) = 0$ が得られる. $B_1 \cup B_2$ は閉集合である. もし $C \subset B_1 \cup B_2$ ならば補題が成り立つ.

以下これを繰り返す. B_n まで定義されたとして, $C \not\subset \bigcup_{i=1}^n B_i$ のとき, B_{n+1} を以下のように定める. 1 点 $x_{n+1} \in C \setminus \bigcup_{i=1}^n B_i$ と $\mu_X(S_{r_{n+1}}(x_{n+1})) = 0$ となるような $r_{n+1} \in (\varepsilon/4, \varepsilon/2)$ をとり,

$$B_{n+1} := B_{r_{n+1}}(x_{n+1}) \setminus \bigcup_{i=1}^n B_i$$

と定める. B_{n+1} はボレル集合で, $\mathrm{diam}(B_{n+1}) < \varepsilon$, $\mu(\partial B_{n+1}) = 0$ をみたす. $\bigcup_{i=1}^n B_i$ が閉集合であることから, $x_{n+1} \in B_{n+1}^\circ$ となり, $\mu_X(B_{n+1}^\circ) > 0$ が成り立つ. また, $\bigcup_{i=1}^{n+1} B_i$ は閉集合である.

点列 $\{x_i\}$ は $(\varepsilon/4)$-離散なので, C のコンパクト性からある N が存在して $C \subset \bigcup_{i=1}^N B_i$ となる. 証明終わり. $\qquad\square$

定義 8.8（λ-プロホロフ距離） X を距離空間とし, $\lambda > 0$ を実数とする. X 上の 2 つのボレル確率測度 μ と ν の間の λ-プロホロフ距離 $d_\mathrm{P}^{(\lambda)}(\mu, \nu)$ を, 任意のボレル集合 $A \subset X$ に対して

$$\mu(B_\varepsilon(A)) \geq \nu(A) - \lambda\varepsilon$$

をみたすような実数 $\varepsilon > 0$ の下限と定義する.

定義より, スケールされた距離 λd_X に関するプロホロフ距離が $\lambda d_\mathrm{P}^{(\lambda)}$ と一致することが分かる.

定理 8.9（集中に関するファイブレーション定理（**fibration theorem for concentration**）） $\{X_n\}_{n=1}^\infty$ を mm 空間列, Y を mm 空間とする. $p_n : X_n \to Y$ $(n = 1, 2, \ldots)$ をボレル可測写像で, $n \to \infty$ のとき $(p_n)_* \mu_{X_n}$ が μ_Y へ弱収束すると仮定する. このとき, ある正の実数列 $\varepsilon_n \to 0$ に対して p_n が X_n から Y へ ε_n-集中を誘導することは, 以下の (1)〜(3) が同時に成り立つことと同値である.

(1) ある正の実数列 $\varepsilon_n' \to 0$ が存在して, p_n は誤差 ε_n' の 1-リップシッツ関数である.

8.1 集中に対するファイブレーション定理　**193**

(2) $\{p_n\}$ は相対的集中を引き起こす.

(3) 任意のボレル集合 $A_1, A_2 \subset Y$ と実数 $\kappa > 0$ に対して

$$\limsup_{n \to \infty} d_+(p_n^{-1}(A_1), p_n^{-1}(A_2); +\kappa)$$
$$\leq d_Y(A_1, A_2) + \mathrm{diam}(A_1) + \mathrm{diam}(A_2).$$

(2) は p_n のすべてのファイバーが 1 点へ集中することを意味し, (3) はすべてのファイバーが互いにほとんど平行であることを意味する.

証明 $p_n : X_n \to Y$ を定理の主張のような写像とする. もし $\varepsilon_n \to 0$ かつ p_n が X_n から Y への ε_n-集中を誘導するならば, 補題 5.34, 系 8.3, 補題 8.5 がそれぞれ定理の (1), (2), (3) を導く.

逆に (1)〜(3) を仮定する. 補題 5.34 より, ある $\varepsilon'_n \to 0$ に対して $p_n^* \mathcal{L}ip_1(Y) \subset B_{\varepsilon'_n}(\mathcal{L}ip_1(X_n))$ が成り立つ. 任意の $\varepsilon > 0$ をとる. 十分大きな n に対して $\mathcal{L}ip_1(X_n) \subset B_{12\varepsilon}(p_n^* \mathcal{L}ip_1(Y))$ を示せばよい. 任意の 1-リプシッツ関数 $f_n : X_n \to \mathbb{R}$ $(n = 1, 2, \dots)$ をとる. 十分大きな n に対して

$$d_{\mathrm{KF}}(f_n, g_n \circ p_n) \leq 12\varepsilon \tag{8.1}$$

をみたすような 1-リプシッツ関数 $g_n : Y \to \mathbb{R}$ を構成すればよい. 構成の大雑把なアイディアは, p_n の各ファイバー上での f_n のレビ平均により g_n を定めることである.

μ_Y の内正則性と補題 8.7 より, 互いに交わらない有限個のボレル集合 $B_1, B_2, \dots, B_N \subset Y$ で, $\mathrm{diam}(B_i) < \varepsilon$, $\mu_Y(B_i^\circ) > 0$, $\mu_Y(\partial B_i) = 0$ $(i = 1, 2, \dots, N)$ かつ $\mu_Y\left(Y \setminus \bigcup_{i=1}^N B_i\right) < \varepsilon$ をみたすものが存在する. 各 $i = 1, 2, \dots, N$ に対して点 $y_i \in B_i$ をとる. $A_{in} := p_n^{-1}(B_i)$ とおくと, 補題 1.37 より $n \to \infty$ のとき $\mu_{X_n}(A_{in})$ は $\mu_Y(B_i)$ へ収束するので, 十分大きな n に対して $\mu_{X_n}(A_{in}) > 0$ である. そのような n に対して $\nu_{in} := \mu_{X_n}(A_{in})^{-1} \mu_{X_n}|_{A_{in}}$ とおく. $\rho_{ij} := d_Y(y_i, y_j) + 5\varepsilon$ とおき, 任意の i, j に対して $0 < \lambda \rho_{ij} < 1/4$ をみたすような実数 λ をとる. 以下を示そう.

主張 8.10 任意の i, j と十分大きなすべての n に対して,

$$d_{\mathrm{P}}^{(\lambda)}(\nu_{in}, \nu_{jn}) \leq \rho_{ij}.$$

証明 任意に i と j をとり固定する. $C_n \subset X_n$ を任意のボレル集合とする. このとき, 十分大きなすべての n に対して

$$\nu_{jn}(B_{\rho_{ij}}(C_n)) \geq \nu_{in}(C_n) - \lambda \rho_{ij} \tag{8.2}$$

が成り立つことを示せばよい. $C'_n := C_n \cap A_{in}$ とおき,

$$\nu_{jn}(B_{\rho_{ij}}(C'_n)) \geq \nu_{in}(C'_n) - \lambda \rho_{ij} \tag{8.3}$$

を示そう. これは (8.2) より強い. 実数 κ を

$$0 < \kappa \le \lambda\rho_{ij} \inf_n \mu_{X_n}(A_{in}) \wedge \mu_{X_n}(A_{jn})$$

をみたすようにとる. もし $\mu_{X_n}(C'_n) < \kappa$ ならば $\nu_{in}(C'_n) < \lambda\rho_{ij}$ なので (8.3) は成り立つ. $\mu_{X_n}(C'_n) \ge \kappa$ と仮定する. 関数 $F_n : A_{jn} \to \mathbb{R}$ を $F_n(x) := d_{X_n}(x, C'_n)$ $(x \in A_{jn})$ で定義し,

$$D_n := \{ x \in A_{jn} \mid |F_n(x) - \operatorname{lm}(F_n; \nu_{jn})| \le \varepsilon \}$$

とおく. 条件 (2) と補題 6.34 より, 十分大きなすべての n と任意の $0 < \kappa' < 1/2$ に対して $\operatorname{LeRad}(A_{jn}; -\kappa') < \varepsilon$ が成り立つ. ゆえに, $n \to \infty$ のとき $\mu_{X_n}(A_{jn} \setminus D_n)$ が 0 へ収束する. $\kappa < \mu_{X_n}(A_{jn})/4$ に注意すると, 十分大きなすべての n に対して

$$\mu_{X_n}(D_n) \ge \kappa, \quad \nu_{jn}(D_n) \ge 1 - \lambda\rho_{ij}$$

が成り立つことが分かる. 以下, n は十分大きいと仮定する. $\operatorname{diam}(B_i) < \varepsilon$ と条件 (3) より,

$$d_{X_n}(C'_n, D_n) \le d_+(A_{in}, A_{jn}; +\kappa) < d_Y(y_i, y_j) + 2\varepsilon.$$

1 点 $a \in D_n$ を $F_n(a) < d_{X_n}(C'_n, D_n) + \varepsilon$ をみたすようにとる. すると,

$$\operatorname{lm}(F_n; \nu_{jn}) \le F_n(a) + \varepsilon < d_{X_n}(C'_n, D_n) + 2\varepsilon < d_Y(y_i, y_j) + 4\varepsilon.$$

任意の点 $x \in D_n$ に対して

$$d_{X_n}(x, C'_n) = F_n(x) \le \operatorname{lm}(F_n; \nu_{jn}) + \varepsilon < \rho_{ij}.$$

ゆえに $B_{\rho_{ij}}(C'_n) \supset D_n$ となり,

$$\nu_{jn}(B_{\rho_{ij}}(C'_n)) \ge \nu_{jn}(D_n) \ge 1 - \lambda\rho_{ij} \ge \nu_{in}(C'_n) - \lambda\rho_{ij}.$$

主張が示された. $\qquad\square$

関数 $\tilde{g}_n : Y \to \mathbb{R}$ を

$$\tilde{g}_n(y) := \begin{cases} \operatorname{lm}(f_n|_{A_{in}}; \nu_{in}) & (y \in B_i), \\ 0 & (y \in Y \setminus \bigcup_{i=1}^N B_i) \end{cases}$$

で定義する. 以下, n は十分大きいと仮定する. このとき, $\tilde{g}_n$ が小さい誤差の 1-リップシッツ関数であることを示そう. $\lambda d_{\mathrm{P}}^{(\lambda)}$ が λd_{X_n} に関するプロホロフ距離に一致すること, 主張 8.10, およびストラッセンの定理 1.53 より, ν_{in} と ν_{jn} の間のある ρ_{ij}-部分輸送計画 π_{ijn} が存在して, $\pi_{ijn}(X_n \times X_n) \ge 1 - \lambda\rho_{ij} > 3/4$ をみたす. 条件 (2) と $\operatorname{diam}(B_l) < \varepsilon$ から,

任意の l に対して $\mathrm{ObsDiam}(\nu_{ln}; -1/4) < \varepsilon$ が成り立つ．補題 8.6 を適用すると，任意の点 $y \in B_i$, $y' \in B_j$ に対して

$$
\begin{aligned}
|\tilde{g}_n(y) - \tilde{g}_n(y')| &= |\mathrm{lm}(f_n|_{A_{in}}; \nu_{in}) - \mathrm{lm}(f_n|_{A_{jn}}; \nu_{jn})| \\
&\leq \rho_{ij} + 2\varepsilon = d_Y(y_i, y_j) + 7\varepsilon < d_Y(y, y') + 9\varepsilon.
\end{aligned}
$$

さらに，補題 1.37(1) より

$$
\lim_{n \to \infty} (p_n)_* \mu_{X_n} \left(\bigcup_{i=1}^N B_i \right) = \mu_Y \left(\bigcup_{i=1}^N B_i \right) \geq 1 - \varepsilon
$$

だから，$\tilde{g}_n$ は $(p_n)_* \mu_{X_n}$ に関して誤差 9ε の 1-リプシッツ関数である．

補題 5.31 より，ある 1-リプシッツ関数 $g_n : Y \to \mathbb{R}$ が存在して

$$
d_{\mathrm{KF}}(g_n \circ p_n, \tilde{g}_n \circ p_n) \leq 9\varepsilon \tag{8.4}
$$

をみたす．$\kappa := (\varepsilon/N) \wedge (1/4)$ とおくと，

$$
\mathrm{LeRad}(\nu_{in}; -\kappa) \leq \mathrm{ObsDiam}(\nu_{in}; -\kappa) < \varepsilon
$$

だから

$$
\begin{aligned}
&\mu_{X_n}(|f_n - \tilde{g}_n \circ p_n| > \varepsilon) \\
&\leq \sum_{i=1}^N \mu_{X_n}(\{\, x \in A_{in} \mid |f_n(x) - \mathrm{lm}(f_n|_{A_{in}}; \nu_{in})| > \varepsilon \,\}) \\
&\quad + \mu_{X_n}\left(X_n \setminus \bigcup_{i=1}^N A_{in} \right) \\
&\leq N\kappa + 2\varepsilon = 3\varepsilon.
\end{aligned}
$$

ゆえに $d_{\mathrm{KF}}(f_n, \tilde{g}_n \circ p_n) \leq 3\varepsilon$ が成り立つ．これと (8.4) から (8.1) が従う．定理の証明終わり． $\square$

演習問題 8.11 集中に関するファイブレーション定理 8.9 を用いて，2 つの単位球面を 1 点で貼り合わせた mm 空間 $S^n(1) \vee S^n(1)$ は，$n \to \infty$ のとき 2 点からなる空間へ集中すること示せ．

8.2 ワッサーシュタイン距離と曲率次元条件

この節では，mm 空間上の 2 つのボレル確率測度の間のワッサーシュタイン距離を導入し，曲率次元条件を定義する．曲率次元条件とは，リーマン多様体におけるリッチ曲率の下限条件の測度距離空間への一般化である．

(X, μ), (Y, ν) を測度空間とし，$c : X \times Y \to [0, +\infty]$ を可測関数とするとき，関数

196　第 8 章　曲率と集中

$$\mathcal{C}(\pi) := \int_{X \times Y} c \, d\pi \quad (\pi \in \Pi(\mu, \nu))$$

の最小値をとる $\pi \in \Pi(\mu, \nu)$ を見つけよ，というのがカントロビッチの最適
輸送問題である．$\mathcal{C}$ の最小値をとる $\pi \in \Pi(\mu, \nu)$ を**最適輸送計画**（optimal
transport plan）と呼ぶ．

命題 8.12 X, Y を完備可分距離空間，μ を X 上のボレル確率測度，ν を
Y 上のボレル確率測度，$c : X \times Y \to [0, +\infty)$ を連続関数とするとき，$\mathcal{C}$ は
$\Pi(\mu, \nu)$ 上で最小値をとる．

証明 $\{\pi_n\}_{n=1}^{\infty} \subset \Pi(\mu, \nu)$ を $\mathcal{C}$ の最小化列とする．$\Pi(\mu, \nu)$ のコンパクト性
（補題 1.51）より，$\{\pi_n\}$ は弱収束する部分列をもつので，$\{\pi_n\}$ をそのような
部分列に取り替えて，ある $\pi \in \Pi(\mu, \nu)$ に弱収束するとしてよい．任意の整数
$k \geq 1$ に対して $c \wedge k$ は有界連続関数なので

$$\liminf_{n \to \infty} \mathcal{C}(\pi_n) \geq \liminf_{n \to \infty} \int_{X \times Y} c \wedge k \, d\pi_n = \int_{X \times Y} c \wedge k \, d\pi.$$

単調収束定理より，$k \to \infty$ のとき上式右辺は $\mathcal{C}(\pi)$ へ収束するので，

$$\liminf_{n \to \infty} \mathcal{C}(\pi_n) \geq \mathcal{C}(\pi)$$

が成り立つ．従って π は $\mathcal{C}$ の最小値である．証明終わり． $\square$

X を完備可分距離空間とし，$1 \leq p \leq +\infty$ を拡張実数とする．$P(X)$ を X
上のボレル確率測度全体の集合とする．

定義 8.13（L^p ワッサーシュタイン距離） 2 つのボレル確率測度 $\mu, \nu \in P(X)$
の間の **L^p ワッサーシュタイン距離**[*1)]（L^p Wasserstein distance）または
L^p カントロビッチ–ルービンシュタイン距離（L^p Kantorovich–Rubinstein
distance）を

$$W_p(\mu, \nu) := \inf_{\pi \in \Pi(\mu, \nu)} \|d_X\|_{L^p(\pi)} \quad (\leq +\infty)$$

で定義する．ただし，$\|d_X\|_{L^p(\pi)}$ は d_X の π に関する L^p ノルム，すなわち

$$\|d_X\|_{L^p(\pi)} = \begin{cases} \left(\displaystyle\int_{X \times X} d_X{}^p \, d\pi \right)^{\frac{1}{p}} & (1 \leq p < +\infty), \\ \displaystyle\sup_{\mathrm{supp}(\pi)} d_X & (p = +\infty) \end{cases}$$

である．

注意 8.14 L^∞ ノルムの本来の定義によると

[*1)] ワッサースタインと表記することもある．

$$\|d_X\|_{L^\infty(\pi)} := \operatorname{ess\,sup} |d_X| := \inf\{\, r \geq 0 \mid |d_X| \leq r \ \pi\text{-a.e} \,\}$$

だが，今の場合 d_X の連続性から $\sup_{\operatorname{supp}(\pi)} d_X$ に一致する．

ヘルダーの不等式より，$1 \leq p \leq q$ のとき，$W_p(\mu, \nu) \leq W_q(\mu, \nu)$ が成り立つ．

命題 8.12 より，$\|d_X\|_{L^p(\pi)}$ を最小にする $\pi \in \Pi(\mu, \nu)$ が存在するが，それを $W_p(\mu, \nu)$ に関する**最適輸送計画**（optimal transport plan for $W_p(\mu, \nu)$）という．

定理 8.15 W_p は $P(X)$ 上の拡張距離関数である．

証明 $\mu, \nu, \omega \in P(X)$ とする．

$\pi := (\operatorname{id}_X, \operatorname{id}_X)_* \mu$ とおくと，$\|d_X\|_{L^p(\pi)} = 0$ となるので，$W_p(\mu, \mu) = 0$ である．

$W_p(\mu, \nu) = 0$ のとき，これに関する最適輸送計画を π とおくと，$\|d_X\|_{L^p(\pi)} = 0$ だから，$\operatorname{supp}(\pi)$ 上で $d_X = 0$ となるので，任意の有界ボレル可測関数 $f : X \to \mathbb{R}$ に対して

$$\int_X f\, d\mu = \int_{X \times X} f(x)\, d\pi(x, x') = \int_{X \times X} f(x')\, d\pi(x, x') = \int_X f\, d\nu.$$

ゆえに $\mu = \nu$ が成り立つ．

対称性：$W_p(\mu, \nu) = W_p(\nu, \mu)$ は明らかである．

三角不等式：$W_p(\mu, \omega) \leq W_p(\mu, \nu) + W_p(\nu, \omega)$ を示す．$p < +\infty$ と仮定する．任意の $\pi_1 \in \Pi(\mu, \nu)$, $\pi_2 \in \Pi(\nu, \omega)$ に対して

$$
\begin{aligned}
W_p(\mu, \omega) &\leq \|d_X\|_{L^p(\pi_2 \circ \pi_1)} \\
&= \left(\int_{X \times X \times X} d_X(x, z)^p\, d(\pi_2 \bullet \pi_1)(x, y, z) \right)^{\frac{1}{p}} \\
&\leq \left(\int_{X \times X \times X} (d_X(x, y) + d_X(y, z))^p\, d(\pi_2 \bullet \pi_1)(x, y, z) \right)^{\frac{1}{p}} \\
&\leq \left(\int_{X \times X \times X} d_X(x, y)^p\, d(\pi_2 \bullet \pi_1)(x, y, z) \right)^{\frac{1}{p}} \\
&\quad + \left(\int_{X \times X \times X} d_X(y, z)^p\, d(\pi_2 \bullet \pi_1)(x, y, z) \right)^{\frac{1}{p}} \\
&= \|d_X\|_{L^p(\pi_1)} + \|d_X\|_{L^p(\pi_2)}.
\end{aligned}
$$

$\pi_1 \in \Pi(\mu, \nu)$, $\pi_2 \in \Pi(\nu, \omega)$ を動かして右辺の下限をとると三角不等式が得られる．$p = +\infty$ のときも同様である．証明終わり． $\square$

任意の 2 点 $x, y \in X$ に対して $W_p(\delta_x, \delta_y) = d_X(x, y)$ が成り立つので，写像 $X \ni x \mapsto \delta_x \in P(X)$ は W_p に関して等長写像である．

定義 8.16 (p 次モーメント, $P_p(X)$) 1 点 $x_0 \in X$ をとり固定する. 測度 $\mu \in P(X)$ の p 次モーメント (p^{th} moment) を

$$\begin{cases} \displaystyle\int_X d_X(x_0, x)^p \, d\mu(x) & (1 \le p < +\infty), \\ \displaystyle\sup_{x \in \mathrm{supp}(\mu)} d_X(x_0, x) & (p = +\infty) \end{cases}$$

と定義する. p 次モーメントが有限であるような $\mu \in P(X)$ 全体の集合を $P_p(X)$ とおく.

$\Pi(\delta_{x_0}, \mu) = \{\delta_{x_0} \otimes \mu\}$ かつ $\|d_X(x_0, \cdot)\|_{L^p(\mu)} = W_p(\delta_{x_0}, \mu)$ だから, $\mu \in P(X)$ の p 次モーメントの有限性は $W_p(\delta_{x_0}, \mu) < +\infty$ と同値であり, W_p の三角不等式よりこれは x_0 によらない条件である. よって $P_p(X)$ は x_0 によらない.

定理 8.15 より以下が従う.

系 8.17 W_p は $P_p(X)$ 上の距離関数である.

補題 8.18 $\{\mu_n\}_{n=1}^{\infty}$, $\{\nu_n\}_{n=1}^{\infty}$ を X 上のボレル確率測度の列で, それぞれボレル確率測度 μ, ν へ弱収束すると仮定する. このとき, 任意の $1 \le p < +\infty$ に対して

$$W_p(\mu, \nu) \le \liminf_{n \to \infty} W_p(\mu_n, \nu_n)$$

が成り立つ.

証明 目標の不等式の右辺が無限大のときは明らかなので, 有限と仮定してよい. さらに, $\{n\}$ を部分列に取り替えて, $n \to \infty$ のとき $W_p(\mu_n, \nu_n)$ が (有限値に) 収束するとしてよい. π_n を $W_p(\mu_n, \nu_n)$ に関する最適輸送計画とする. 補題 1.51 と同じ証明により, $\{\pi_n\}$ は緊密であることが分かる. プロホロフの定理 1.44 より, $\{\pi_n\}$ は弱収束する部分列をもつ. そのような部分列に取り替えて, π_n はある測度 $\pi \in P(X \times X)$ へ弱収束するとすると, 任意の整数 $k \ge 1$ に対して

$$\lim_{n \to \infty} W_p(\mu_n, \nu_n)^p \ge \lim_{n \to \infty} \int_{X \times X} d_X{}^p \wedge k \, d\pi_n = \int_{X \times X} d_X{}^p \wedge k \, d\pi.$$

単調収束定理より, $k \to \infty$ のとき上式右辺は $\int_{X \times X} d_X^p \, d\pi$ へ収束する. これより補題が従う. $\qquad\square$

補題 8.19 $1 \le p < +\infty$ と仮定して, $\mu, \mu_n \in P_p(X)$ $(n = 1, 2, \dots)$ とする. このとき, 以下の (1), (2) は互いに同値である.

(1) $\lim_{n \to \infty} W_p(\mu_n, \mu) = 0$.

(2) $n \to \infty$ のとき μ_n は μ へ弱収束して, ある点 (任意の点) $x_0 \in X$ に対して

$$\lim_{R \to +\infty} \limsup_{n \to \infty} \int_{X \setminus B_R(x_0)} d_X(x_0, x)^p \, d\mu_n(x) = 0.$$

この補題の証明は [75, Theorem 7.12] を見よ.

X の完備性と可分性から以下が成り立つ.

定理 8.20　$(P_2(X), W_2)$ は完備可分距離空間である.

この定理の証明は [76, Theorem 6.18] を見よ.

定理 8.21（カントロビッチ–ルービンシュタイン双対性（**Kantorovich–Rubinstein duality**））　任意の $\mu, \nu \in P_1(X)$ に対して

$$W_1(\mu, \nu) = \sup_{f \in \mathcal{L}ip_1(X)} \left(\int_X f \, d\mu - \int_X f \, d\nu \right).$$

証明は [76, Remark 6.5] を参照.

定義 8.22（相対エントロピー）　$\mu, \nu \in P(X)$ とするとき, μ に関する ν の相対エントロピー（relative entropy）$\mathrm{Ent}(\nu | \mu)$ を以下で定義する. ν が μ に絶対連続のとき,

$$\mathrm{Ent}(\nu | \mu) := \int_X U\left(\frac{d\nu}{d\mu}\right) d\mu \quad (\leq +\infty).$$

そうでないとき, $\mathrm{Ent}(\nu | \mu) := +\infty$ と定義する. ここで,

$$U(r) := \begin{cases} 0 & (r = 0), \\ r \log r & (r > 0) \end{cases}$$

とおく.

補題 8.23　$p : X \to Y$ を完備可分距離空間 X, Y の間のボレル可測写像とし, $\mu, \nu \in P(X)$ とする. もし ν が μ に絶対連続ならば, $p_* \nu$ は $p_* \mu$ に絶対連続で, $\mathrm{Ent}(p_* \nu | p_* \mu) \leq \mathrm{Ent}(\nu | \mu)$ をみたす.

証明　$\{\mu_y\}_{y \in Y}$ を $p : X \to Y$ に関する μ の測度分解として,

$$\rho := \frac{d\nu}{d\mu}, \quad \tilde{\rho}(y) := \int_{p^{-1}(y)} \rho \, d\mu_y$$

とおく. 任意の有界連続関数 $f : Y \to \mathbb{R}$ に対して,

$$\begin{aligned}
\int_Y f \, dp_* \nu &= \int_X f \circ p \, d\nu = \int_X (f \circ p) \rho \, d\mu \\
&= \int_Y \int_{p^{-1}(y)} (f \circ p) \rho \, d\mu_y \, dp_* \mu(y) \\
&= \int_Y f(y) \int_{p^{-1}(y)} \rho \, d\mu_y \, dp_* \mu(y) = \int_Y f \tilde{\rho} \, dp_* \mu
\end{aligned}$$

なので, $\frac{dp_*\nu}{dp_*\mu} = \tilde{\rho}$ が成り立つ. U は凸関数なのでイェンセンの不等式から

$$\mathrm{Ent}(p_*\nu|p_*\mu) = \int_Y U(\tilde{\rho})\,dp_*\mu \le \int_Y \int_{p^{-1}(y)} U(\rho)\,d\mu_y\,dp_*\mu(y)$$

$$= \int_X U(\rho)\,d\mu = \mathrm{Ent}(\nu|\mu).$$

証明終わり. $\qquad\square$

補題 8.24 $\mu, \nu, \mu_n, \nu_n \in P(X)$ $(n = 1, 2, \dots)$ とする. もし $n \to \infty$ のとき μ_n が μ へ弱収束して ν_n が ν へ弱収束するならば,

$$\mathrm{Ent}(\nu|\mu) \le \liminf_{n\to\infty} \mathrm{Ent}(\nu_n|\mu_n)$$

が成り立つ.

この補題の証明は [76, Theorem 29.20(i)] を参照のこと.

補題 8.25 X 上のボレル確率測度の列 $\{\mu_n\}_{n=1}^\infty, \{\nu_n\}_{n=1}^\infty \subset P(X)$ に対して, もし $\{\mu_n\}$ が緊密で $\sup_n \mathrm{Ent}(\nu_n|\mu_n) < +\infty$ ならば $\{\nu_n\}$ も緊密である.

証明 仮定から ν_n は μ_n に絶対連続である. $\rho_n := \frac{d\nu_n}{d\mu_n}$ とおく. 関数 U は凸なのでイェンセンの不等式から, $\mu_n(A) > 0$ をみたす任意のボレル集合 $A \subset X$ に対して,

$$U\left(\frac{\nu_n(A)}{\mu_n(A)}\right) \le \frac{1}{\mu_n(A)} \int_A U(\rho_n)\,d\mu_n.$$

また, $U \ge -1/e$ より

$$\mathrm{Ent}(\nu_n|\mu_n) - \int_A U(\rho_n)\,d\mu_n = \int_{X\setminus A} U(\rho_n)\,d\mu_n \ge -\frac{1}{e}.$$

ゆえに, $\nu_n(A) > 0$ のとき

$$\nu_n(A) \log \frac{\nu_n(A)}{\mu_n(A)} = U\left(\frac{\nu_n(A)}{\mu_n(A)}\right)\mu_n(A) \le \sup_n \mathrm{Ent}(\nu_n|\mu_n) + \frac{1}{e}. \quad (8.5)$$

$\{\mu_n\}$ が緊密と仮定すると, X のコンパクト集合の列 $\{K_i\}_{i=1}^\infty$ が存在して, $A_i := X \setminus K_i$ とおくとき, $\lim_{i\to\infty} \sup_n \mu_n(A_i) = 0$ をみたす. このとき, もし $\limsup_{i\to\infty} \sup_n \nu_n(A_i) > 0$ ならば (8.5) に矛盾するので, $\lim_{i\to\infty} \sup_n \nu_n(A_i) = 0$ である. よって $\{\nu_n\}$ は緊密である. 証明終わり. $\qquad\square$

定義 8.26(曲率次元条件) X を mm 空間とし,

$$\mathcal{D}_2(X) := \{\, \nu \in P_2(X) \mid \mathrm{Ent}(\nu|\mu_X) < +\infty \,\}$$

とおく. 実数 K に対して, X が**曲率次元条件**(curvature-dimension condition)CD(K, ∞) をみたすとは, 任意の測度 $\nu_0, \nu_1 \in \mathcal{D}_2(X)$ と実数 $0 < t < 1$

8.2 ワッサーシュタイン距離と曲率次元条件 **201**

に対して，ある測度 $\nu_t \in \mathcal{D}_2(X)$ が存在して，次の (i), (ii) をみたすときを
いう．

$$\text{(i)} \quad W_2(\nu_t, \nu_i) \leq t^{1-i}(1-t)^i W_2(\nu_0, \nu_1) \quad (i = 0, 1).$$

$$\text{(ii)} \quad \text{Ent}(\nu_t | \mu_X) \leq (1-t)\,\text{Ent}(\nu_0 | \mu_X) + t\,\text{Ent}(\nu_1 | \mu_X)$$
$$- \frac{1}{2}Kt(1-t)W_2(\nu_0, \nu_1)^2.$$

X が $\text{CD}(K, \infty)$ をみたすならば，任意の実数 $t > 0$ に対して tX が
$\text{CD}(t^{-2}K, \infty)$ をみたすことが簡単に分かる．

以下が成り立つが，証明は略す．

定理 8.27 ([10, 11, 38, 67, 72]) X を完備リーマン多様体とし，K を実数とす
る．このとき，X が $\text{CD}(K, \infty)$ をみたすことと，X のリッチ曲率が $\text{Ric}_X \geq K$
をみたすことは同値である．

定義 8.28 ($P^{cb}(X)$) mm 空間 X に対して $P^{cb}(X)$ を X 上のコンパクトサ
ポートをもつボレル確率測度 ν で μ_X に絶対連続かつ $\text{ess}\sup \frac{d\nu}{d\mu_X} < +\infty$ を
みたすもの全体の集合とする．

明らかに，$P^{cb}(X) \subset \mathcal{D}_2(X) \cap P_p(X)$ $(1 \leq p \leq +\infty)$ が成り立つ．

補題 8.29 X を mm 空間とする．$1 \leq p < +\infty$ のとき W_p に関して $P^{cb}(X)$
は $P_p(X)$ で稠密である．

証明 まず最初に，コンパクトサポートをもつボレル確率測度全体の集合
($P^c(X)$ とおく) が $P_p(X)$ で稠密であることを示す．任意の測度 $\nu \in P_p(X)$
をとる．ν の内正則性より，任意の整数 $n \geq 2$ に対してあるコンパクト集合
$K_n \subset \text{supp}(\nu)$ が存在して，$\nu(K_n) \geq 1 - 1/n$ をみたす．$\nu_n := \nu(K_n)^{-1}\nu|_{K_n}$
とおくと，$\nu_n \in P^c(X)$ であり，1 点 $x_0 \in X$ に対して

$$\int_{X \setminus B_R(x_0)} d_X(x_0, x)^p \, d\nu_n(x) = \frac{1}{\nu(K_n)} \int_{K_n \setminus B_R(x_0)} d_X(x_0, x)^p \, d\nu(x)$$
$$\leq \frac{1}{1 - 1/n} \int_{X \setminus B_R(x_0)} d_X(x_0, x)^p \, d\nu(x).$$

よって

$$\lim_{R \to \infty} \limsup_{n \to \infty} \int_{X \setminus B_R(x_0)} d_X(x_0, x)^p \, d\nu_n(x) = 0.$$

さらに，$n \to \infty$ のとき ν_n は ν へ弱収束するので，補題 8.19 より，
$\lim_{n \to \infty} W_p(\nu_n, \nu) = 0$ が成り立つ．従って $P^c(X)$ は $P_p(X)$ で稠密である．

後は $P^{cb}(X)$ が $P^c(X)$ で稠密であることを示せばよい．任意の $\nu \in P^c(X)$
をとる．$\text{supp}(\nu)$ はコンパクトだから，補題 8.7 より，任意の $\varepsilon > 0$ に
対して互いに交わらない有限個のボレル集合 $B'_1, \ldots, B'_{N'} \subset X$ が存在し

て，$\mathrm{supp}(\nu) = \bigcup_{i=1}^{N'} B_i'$ かつ $\mathrm{diam}(B_i') < \varepsilon$ $(i = 1, 2, \ldots, N')$ をみたす．$B_1', \ldots, B_{N'}'$ の内で μ_X-測度が正のものを取り出してそれを $B_1, \ldots, B_N$ とおき，

$$\nu_\varepsilon := \sum_{i=1}^N \frac{\nu(B_i)}{\mu_X(B_i)} I_{B_i} \mu_X$$

と定めると，これは $P^{cb}(X)$ の元である．$\nu_\varepsilon(B_i) = \nu(B_i)$ なので，$\pi_i := \nu(B_i)^{-1} \nu_\varepsilon|_{B_i} \otimes \nu|_{B_i}$ は $\nu_\varepsilon|_{B_i}$ と $\nu|_{B_i}$ の間の輸送計画であり，$\pi := \sum_{i=1}^N \pi_i$ は ν_ε と ν の間の輸送計画である．$\mathrm{diam}(B_i) < \varepsilon$ より

$$W_p(\nu_\varepsilon, \nu)^p \le \int_{X \times X} d_X^p \, d\pi = \sum_{i=1}^N \int_{B_i \times B_i} d_X^p \, d\pi_i$$

$$\le \varepsilon^p \sum_{i=1}^N \pi_i(B_i \times B_i) = \varepsilon^p \sum_{i=1}^N \nu(B_i) = \varepsilon^p.$$

よって $P^{cb}(X)$ は $P^c(X)$ で稠密である．証明終わり．$\qquad\square$

補題 8.30 X を mm 空間，$1 \le p < +\infty$ を実数とし，測度 $\nu \in P_p(X)$ は $\mathrm{Ent}(\nu|\mu_X) < +\infty$ をみたすとする．このとき，次の (1), (2) をみたすようなある測度の列 $\{\nu_n\}_{n=1}^\infty \subset P^{cb}(X)$ が存在する．

(1) $\displaystyle \lim_{n \to \infty} W_p(\nu_n, \nu) = 0.$

(2) $\displaystyle \lim_{n \to \infty} \mathrm{Ent}(\nu_n|\mu_X) = \mathrm{Ent}(\nu|\mu_X).$

証明 μ_X の内正則性から，ある単調非減少な X のコンパクト集合の列 $\{K_n\}_{n=1}^\infty$ が存在して，$\lim_{n \to \infty} \mu_X(X \setminus K_n) = 0$ をみたす．$\rho := \frac{d\nu}{d\mu_X}$ とおき，

$$\rho_n(x) := \begin{cases} \dfrac{\rho(x) \wedge n}{c_n} & (x \in K_n) \\ 0 & (x \in X \setminus K_n) \end{cases}$$

と定める．ただし，$c_n := \int_{K_n} \rho(x) \wedge n \, d\mu_X(x)$ とおく．測度 $\nu_n := \rho_n \mu_X$ は $P^{cb}(X)$ の元である．

(1) を示す．$\lim_{n \to \infty} c_n = 1$ かつ $\mu_X(\bigcup_{n=1}^\infty K_n) = 1$ なので，$n \to \infty$ のとき μ_X-a.e. $x \in X$ に対して $\rho_n(x)$ は $\rho(x)$ へ収束し，ν_n は ν へ弱収束する．さらに，1 点 $x_0 \in X$ に対して

$$\limsup_{R \to \infty} \limsup_{n \to \infty} \int_{X \setminus B_R(x_0)} d_X(x_0, x)^p \, d\nu_n(x)$$

$$= \limsup_{R \to \infty} \limsup_{n \to \infty} \frac{1}{c_n} \int_{X \setminus B_R(x_0)} d_X(x_0, x)^p \, (\rho(x) \wedge n) \, I_{K_n}(x) \, d\mu_X(x)$$

$$\le \limsup_{R \to \infty} \int_{X \setminus B_R(x_0)} d_X(x_0, x)^p \, d\nu(x) = 0.$$

よって，補題 8.19 より (1) が成り立つ.

(2) を示す.

$$I_n := \int_{\{0 < \rho \leq 1\}} U(\rho_n) \, d\mu_X, \quad J_n := \int_{\{\rho > 1\}} U(\rho_n) \, d\mu_X$$

とおくと，$\mathrm{Ent}(\nu_n | \mu_X) = I_n + J_n$ である．優収束定理から

$$\lim_{n \to \infty} I_n = \int_{\{0 < \rho \leq 1\}} \rho \log \rho \, d\mu_X.$$

n が十分大きいとき，$c_n \geq 1/2$ なので $\rho_n \leq 2\rho$ となり，$\{\rho > 1\}$ 上で $0 \leq U(\rho_n) \leq 2\rho \log(2\rho)$ が成り立つ．関数 $2\rho \log(2\rho)$ は $\{\rho > 1\}$ 上で μ_X に関して可積分なので，優収束定理より

$$\lim_{n \to \infty} J_n = \int_{\{\rho > 1\}} \rho \log \rho \, d\mu_X.$$

従って (2) が従う．証明終わり． $\square$

補題 8.31 曲率次元条件 $\mathrm{CD}(K, \infty)$ の定義 8.26 において，$\nu_0, \nu_1 \in P^{cb}(X)$ と仮定しても条件は同値である.

証明 任意の $\nu_0, \nu_1 \in P^{cb}(X)$ に対して曲率次元条件 $\mathrm{CD}(K, \infty)$ が成り立つと仮定する．任意の測度 $\nu_0, \nu_1 \in \mathcal{D}_2(X)$ をとる．補題 8.30 より，ある測度の列 $\{\nu_0^n\}_{n=1}^{\infty}, \{\nu_1^n\}_{n=1}^{\infty} \subset P^{cb}(X)$ が存在して $\lim_{n \to \infty} W_2(\nu_i^n, \nu_i) = 0$ かつ $\lim_{n \to \infty} \mathrm{Ent}(\nu_i^n | \mu_X) = \mathrm{Ent}(\nu_i | \mu_X)$ $(i = 0, 1)$ をみたす．曲率次元条件の仮定より，任意の $0 < t < 1$ に対してある測度 $\nu_t^n \in P_2(X)$ が存在して，$\nu_0^n, \nu_1^n,$ ν_t^n が曲率次元条件の (i), (ii) をみたす．$\mathrm{Ent}(\nu_t^n | \mu_X)$ は上に有界なので，補題 8.25 より $\{\nu_t^n\}_{n=1}^{\infty}$ は緊密であり，プロホロフの定理 1.44 より弱収束する部分列をもつ．部分列の弱収束極限を ν_t とおく．補題 8.18 より，ν_0, ν_1, ν_t に対して曲率次元条件の (i) が成り立つ．補題 8.24 より ν_0, ν_1, ν_t に対して曲率次元条件の (ii) が成り立つ．補題が示された． $\square$

命題 8.32 ある実数 K に対して mm 空間 X が $\mathrm{CD}(K, \infty)$ をみたすならば，$(\mathcal{D}_2(X), W_2)$ は測地距離空間であり，$(P_2(X), W_2)$ および X は内部距離空間である.

証明 mm 空間 X が $\mathrm{CD}(K, \infty)$ をみたすと仮定する.

曲率次元条件の (i) より，$\mathcal{D}_2(X)$ の任意の 2 つの測度に対して W_2 に関する中点が存在するので，定理 8.20 と補題 2.53(2) より $(\mathcal{D}_2(X), W_2)$ は測地距離空間である.

任意の $\nu_0, \nu_1 \in P_2(X)$ に対して，補題 8.29 よりそれらはそれぞれ $P^{cb}(X)$ の元 ν_0^n, ν_1^n $(n = 1, 2, \dots)$ で近似され，ν_0^n と ν_1^n は中点をもつ．よって，任意の $\varepsilon > 0$ に対して ν_0 と ν_1 は ε-中点をもつから，補題 2.53(1) より $(P_2(X), W_2)$

は内部距離空間である.

最後に X が内部距離空間であることを示す. 任意の 2 点 $x_0, x_1 \in X$ に対して, ディラック測度 δ_{x_i} $(i = 0,1)$ は $P_2(X)$ の元だから, 任意の $\varepsilon > 0$ に対して, W_2 に関するそれらの ε-中点 $\nu \in P_2(X)$ が存在する. $W_2(\delta_{x_i}, \nu) \leq 2^{-1} W_2(\delta_{x_0}, \delta_{x_1}) + \varepsilon = 2^{-1} d_X(x_0, x_1) + \varepsilon$ より

$$\int_X (d_X(x_0, y)^2 + d_X(x_1, y)^2) \, d\nu(y) = W_2(\delta_{x_0}, \nu)^2 + W_2(\delta_{x_1}, \nu)^2$$
$$\leq \frac{1}{2} d_X(x_0, x_1)^2 + 2 d_X(x_0, x_1)\varepsilon + 2\varepsilon^2.$$

ゆえにある点 $y \in X$ が存在して

$$d_X(x_0, y)^2 + d_X(x_1, y)^2 \leq \frac{1}{2} d_X(x_0, x_1)^2 + 2 d_X(x_0, x_1)\varepsilon + 2\varepsilon^2.$$

をみたす. 以下簡単のため $a := d_X(x_0, y)$, $b := d_X(x_1, y)$, $c := d_X(x_0, x_1)$ とおく. 任意の $\varepsilon' > 0$ に対して ε を小さくとれば, $2c\varepsilon + 2\varepsilon^2 \leq 2(\varepsilon')^2$ が成り立つので, 上式から,

$$a^2 + b^2 \leq \frac{1}{2}c^2 + 2(\varepsilon')^2.$$

これと $c \leq a + b$ から $(a - b)^2 \leq 4(\varepsilon')^2$. ゆえに

$$a - \frac{c}{2} \leq \frac{a - b}{2} \leq \varepsilon', \quad \text{同様に} \quad b - \frac{c}{2} \leq \varepsilon'.$$

よって, y は x_0 と x_1 の ε'-中点である. 補題 2.53(1) より X は内部距離空間である. 証明終わり. $\square$

さらに, 次が成り立つが, 証明は演習問題とする.

命題 8.33 K を実数とする. mm 空間 X が曲率次元条件 CD(K, ∞) をみたすことと, 以下の条件は同値である. 任意の測度 $\nu_0, \nu_1 \in \mathcal{D}_2(X)$ に対して, それらを結ぶ W_2 に関する最短測地線 $[0,1] \ni t \mapsto \nu_t \in \mathcal{D}_2(X)$ が存在して, 曲率次元条件の (ii) をみたす.

命題 8.34 $K > 0$ を実数とし, X を CD(K, ∞) をみたす mm 空間とするとき, $\kappa_0 + \kappa_1 < 1$ をみたす任意の実数 $\kappa, \kappa_0, \kappa_1 > 0$ に対して, 次の (1), (2) が成り立つ.

(1) $\quad \mathrm{Sep}(X; \kappa_0, \kappa_1) \leq \sqrt{\dfrac{4}{K} \log \dfrac{1}{\kappa_0 \kappa_1}}.$

(2) $\quad \mathrm{ObsDiam}(X; -\kappa) \leq \sqrt{\dfrac{8}{K} \log \dfrac{2}{\kappa}}.$

証明 (2) は (1) と命題 3.44 から従う.

(1) を示す. X のコンパクト集合の単調非減少な列 $\{C_n\}_{n=1}^{\infty}$ が存在して, $\lim_{n \to \infty} \mu_X(C_n) = 1$ をみたす. $\mu_X(A_i) \geq \kappa_i$ $(i = 0,1)$ をみたすような任意

のボレル集合 $A_0, A_1 \subset X$ をとり,

$$A_i^n := A_i \cap C_n, \quad \nu_i^n := \frac{1}{\mu_X(A_i^n)} \mu_X|_{A_i^n}$$

とおく. このとき, $\nu_i^n \in P^{cb}(X) \subset \mathcal{D}_2(X)$ が成り立つ. $\mathrm{CD}(K, \infty)$ より, ある測度 $\nu_{1/2}^n \in \mathcal{D}_2(X)$ が存在して,

$$\mathrm{Ent}(\nu_{1/2}^n|\mu_X) \le \frac{1}{2} \mathrm{Ent}(\nu_0^n|\mu_X) + \frac{1}{2} \mathrm{Ent}(\nu_1^n|\mu_X) - \frac{K}{8} W_2(\nu_0^n, \nu_1^n)^2$$

をみたす. ここで, $\mathrm{Ent}(\nu_i^n|\mu_X) = \log(1/\mu_X(A_i^n))$ $(i = 0, 1)$ が成り立つ. また, イェンセンの不等式より $\mathrm{Ent}(\nu_{1/2}^n|\mu_X) \ge U(1) = 0$. 従って

$$0 \le \frac{1}{2} \log \frac{1}{\mu_X(A_0^n)} + \frac{1}{2} \log \frac{1}{\mu_X(A_1^n)} - \frac{K}{8} W_2(\nu_0^n, \nu_1^n)^2.$$

ゆえに

$$\begin{aligned} d_X(A_0, A_1)^2 &\le d_X(A_0^n, A_1^n)^2 \le W_2(\nu_0^n, \nu_1^n)^2 \\ &\le \frac{4}{K} \log \frac{1}{\mu_X(A_0^n)\mu_X(A_1^n)} \\ &\xrightarrow{n \to \infty} \frac{4}{K} \log \frac{1}{\mu_X(A_0)\mu_X(A_1)} \le \frac{4}{K} \log \frac{1}{\kappa_0 \kappa_1}. \end{aligned}$$

証明終わり. $\qquad\qquad\qquad\qquad\qquad\qquad\qquad\qquad\qquad\qquad\qquad$ □

以下の系は命題 8.34 の直接の帰結である.

系 8.35 $\{X_n\}_{n=1}^\infty$ を mm 空間列とする. $K_n \to +\infty$ $(n \to \infty)$ となるようなある実数列 $\{K_n\}$ が存在して, 各 X_n が $\mathrm{CD}(K_n, \infty)$ をみたすとき, $\{X_n\}$ はレビ族である.

演習問題 8.36 (1) X をコンパクト距離空間とするとき, 任意の $1 \le p < +\infty$ に対して, $P_p(X)$ 上で W_p から誘導される位相とプロホロフ距離から誘導される位相は同じであることを示せ.

(2) X を完備可分距離空間とする. 任意の $1 \le p < +\infty$ に対して, サポートが有限集合であるような X 上の確率測度全体の集合は W_p に関して $P_p(X)$ で稠密であることを示せ.

(3) 命題 8.33 を示せ.

8.3 曲率次元条件の安定性

この節では, 以下の安定性定理を証明する.

定理 8.37(曲率次元条件の安定性(**Stability of curvature-dimension condition**)) K を実数とし, $\{X_n\}_{n=1}^\infty$ を $\mathrm{CD}(K, \infty)$ をみたす mm 空間列

とする．もし $n \to \infty$ のとき X_n が mm 空間 Y へ集中するならば，Y も CD(K, ∞) をみたす．

以下に定理の証明に必要な補題や命題を準備する．

補題 8.38 X を mm 空間，Y を距離空間，$p, q : X \to Y$ をボレル可測写像とするとき，

$$d_{\mathrm{H}}(p^* \mathcal{L}ip_1(Y), q^* \mathcal{L}ip_1(Y)) \le d_{\mathrm{KF}}(p, q).$$

証明 任意の関数 $f \in \mathcal{L}ip_1(Y)$ をとる．$|f(p(x)) - f(q(x))| \le d_Y(p(x), q(x))$ $(x \in X)$ より，任意の $\varepsilon \ge 0$ に対して

$$\mu_X(|f \circ p - f \circ q| > \varepsilon) \le \mu_X(d_Y(p, q) > \varepsilon).$$

ゆえに

$$d_{\mathrm{KF}}(f \circ p, f \circ q) \le d_{\mathrm{KF}}(p, q).$$

これから補題が従う． $\square$

命題 8.39 $n = 1, 2, \ldots$ に対して，X_n, Y を mm 空間とし，$p_n, q_n : X_n \to Y$ をボレル可測写像で $\lim_{n \to \infty} d_{\mathrm{KF}}(p_n, q_n) = 0$ をみたすとする．このとき，以下の (1), (2) が成り立つ．

(1) ある正の実数列 $\varepsilon_n \to 0$ が存在して，各 p_n が X_n から Y への ε_n-集中を誘導するならば，ある正の実数列 $\varepsilon_n' \to 0$ が存在して，各 q_n が X_n から Y への ε_n'-集中を誘導する．

(2) もし $n \to \infty$ のとき $(p_n)_* \mu_{X_n}$ が μ_Y へ弱収束するならば，$(q_n)_* \mu_{X_n}$ も μ_Y へ弱収束する．

証明 (1) は補題 8.38 から従い，(2) は補題 1.58 から従う． $\square$

定義 8.40（除外領域上で有界値） $n = 1, 2, \ldots$ に対して，X_n, Y を mm 空間とし，$p_n : X_n \to Y$ をボレル可測写像で誤差 ε_n の 1-リップシッツ写像とする．ただし，$\{\varepsilon_n\}$ は正の実数列で $\varepsilon_n \to 0$ $(n \to \infty)$ をみたすものとする．このとき，$\{p_n\}$ が**除外領域上で有界値をもつ**とは，ある点 $y_0 \in Y$ に対して

$$\sup_n \sup_{x \in X_n \setminus \tilde{X}_n} d_Y(p_n(x), y_0) < +\infty$$

が成り立つことである．ここで，$\tilde{X}_n$ は p_n の非除外領域である．

$\mathrm{diam}(Y) < +\infty$ のときは，$\{p_n\}$ は常に除外領域上で有界値をもつ．

命題 8.41 mm 空間列 $\{X_n\}_{n=1}^\infty$ が mm 空間 Y へ集中すると仮定する．このとき，以下の (1)〜(3) をみたすようなあるボレル可測写像の列

$\{p_n : X_n \to Y\}_{n=1}^{\infty}$ が存在する.

(1) ある正の実数列 $\varepsilon_n \to 0$ に対して,各 p_n は X_n から Y への ε_n-集中を誘導する.

(2) $n \to \infty$ のとき $(p_n)_* \mu_{X_n}$ は μ_Y へ弱収束する.

(3) 各 p_n の非除外領域はコンパクトである.

(4) $\{p_n\}$ は除外領域上で有界値をもつ.

条件 (1) と (2) から p_n は誤差付き 1-リプシッツ写像となり,そこから条件 (3), (4) の除外領域が定義される.

証明 系 5.43 より,ボレル可測写像 $p_n' : X_n \to Y$ $(n = 1, 2, \dots)$ が存在して X_n から Y への ε_n'-集中を誘導し,$(p_n')_* \mu_{X_n}$ が μ_Y へ弱収束する.ただし,$\varepsilon_n' \to 0$ はある正の実数列である.定理 8.9 より,ある正の実数列 $\varepsilon_n'' \to 0$ に対して,p_n' は誤差 ε_n'' の 1-リプシッツ写像である.p_n' の非除外領域を $\tilde{X}_n' \subset X_n$ とすると,あるコンパクト部分集合 $\tilde{X}_n \subset \tilde{X}_n'$ が存在して,$\mu_n(\tilde{X}_n) \geq 1 - 2\varepsilon_n''$ をみたす.よって,$\varepsilon_n := 2\varepsilon_n''$ とおくと,p_n' の非除外領域として $\tilde{X}_n$ を選ぶとすると,p_n' は誤差 ε_n の 1-リプシッツ写像となる.1 点 $y_0 \in Y$ を固定し,写像 $p_n : X_n \to Y$ を

$$p_n(x) := \begin{cases} p_n'(x) & (x \in \tilde{X}_n), \\ y_0 & (x \in X_n \setminus \tilde{X}_n) \end{cases}$$

で定義する.p_n はボレル可測な誤差 ε_n の 1-リプシッツ関数で,$\tilde{X}_n$ を非除外領域にもち,$d_{\mathrm{KF}}(p_n, p_n') \leq \varepsilon_n$ をみたす.(1), (2) は命題 8.39 から従う.(3), (4) は p_n の定義から従う.証明終わり. $\square$

mm 空間 X の $\mu_X(B) > 0$ なるボレル集合 B に対して,

$$\mu_B := \frac{\mu_X|_B}{\mu_X(B)}$$

とおく.

補題 8.42 $n = 1, 2, \dots$ に対して,X_n, Y を mm 空間とし,$p_n : X_n \to Y$ をボレル可測写像で X_n から Y への ε_n'-集中を誘導し,$n \to \infty$ のとき $(p_n)_* \mu_{X_n}$ は μ_Y へ弱収束すると仮定する.ここで,$\varepsilon_n' \to 0$ とする.実数 $0 < \delta < 1$ とボレル集合 $B_i \subset Y$ $(i = 0, 1)$ が $\operatorname{diam}(B_i) \leq \delta$, $\mu_Y(B_i^\circ) > 0$ をみたすとし,

$$\tilde{B}_i := p_n^{-1}(B_i) \cap \tilde{X}_n$$

とおく.ここで,$\tilde{X}_n$ は p_n の非除外領域,B_i° は B_i の内部である.このとき,ある正の実数列 $\varepsilon_n \to 0$ と X_n 上のボレル確率測度 $\tilde{\mu}_0^n, \tilde{\mu}_1^n$ と輸送計画 $\tilde{\pi}^n \in \Pi(\tilde{\mu}_0^n, \tilde{\mu}_1^n)$ が存在して,任意の $n = 1, 2, \dots$ に対して以下をみたす.

(1) $\tilde{\mu}_i^n \leq (1 + O(\delta^{1/2}))\mu_{\tilde{B}_i}$ が成り立つ．ここで，$O(\cdots)$ はランダウ記号である．

(2) 任意の点 $x_i \in \tilde{B}_i$ $(i = 0, 1)$ に対して，

$$d_{X_n}(x_0, x_1) \geq d_Y(B_0, B_1) - \varepsilon_n.$$

(3) $\mathrm{supp}\,\tilde{\pi}^n \subset \{d_{X_n} \leq d_Y(B_0, B_1) + \delta^{1/2}\}$.

(4) $-\varepsilon_n \leq W_p(\tilde{\mu}_0^n, \tilde{\mu}_1^n) - d_Y(B_0, B_1) \leq \delta^{1/2}$ $(1 \leq p \leq +\infty)$.

証明 p_n はある誤差 $\varepsilon_n \to 0$ の 1-リップシッツ写像なので，$\mu_{X_n}(X_n \setminus \tilde{X}_n) \leq \varepsilon_n$ かつ，任意の $x, x' \in \tilde{X}_n$ に対して

$$d_Y(p_n(x), p_n(x')) \leq d_{X_n}(x, x') + \varepsilon_n$$

が成り立つ．これから (2) が従う．

$$D := \sup_{y_0 \in B_0,\, y_1 \in B_1} d_Y(y_0, y_1) + \delta^{1/2}$$

とおき，$f \in \mathcal{L}ip_1(X_n^D)$ を任意の関数とする．ここで，X_n^D は X_n と D に対して定義 7.34 で定義されるものである．$\delta < D$ かつ $f \in \mathcal{L}ip_1(X_n)$ が成り立つ．任意の $\kappa > 0$ をとる．定理 8.9 より，$\{p_n\}$ は Y 上に X_n の相対的集中を引き起こすから，n が大きいとき $\mathrm{ObsDiam}(p_n^{-1}(B_i); -\kappa) < 2\delta$．ゆえに

$$\mathrm{diam}(f_*(\mu_{X_n}|_{p_n^{-1}(B_i)}); \mu_{X_n}(p_n^{-1}(B_i)) - \kappa) < 2\delta$$

が十分大きな任意の n と $i = 0, 1$ に対して成り立つ．よって，ある実数 c_i が存在して

$$\mu_{X_n}(\{|f - c_i| \leq \delta\} \cap p_n^{-1}(B_i)) \geq \mu_{X_n}(p_n^{-1}(B_i)) - \kappa.$$

ここで，$\inf f < c_i < \sup f$ と仮定してよい．$(p_n)_*\mu_{X_n}$ が μ_Y へ弱収束するから，ポートマントー定理（補題 1.38）より

$$\liminf_{n\to\infty} \mu_{X_n}(\tilde{B}_i) = \liminf_{n\to\infty} \mu_{X_n}(p_n^{-1}(B_i)) \geq \mu_Y(B_i^\circ) > 0.$$

$\mu_{X_n}(X_n \setminus \tilde{X}_n) \leq \varepsilon_n$ より

$$\mu_{X_n}(\{|f - c_i| \leq \delta\} \cap \tilde{B}_i) \geq \mu_{X_n}(\tilde{B}_i) - \kappa - 2\varepsilon_n$$

となり，$\mu_Y(B_i^\circ)$, D, δ に対して $\kappa > 0$ を十分小さくとれば，十分大きな n に対して

$$\mu_{\tilde{B}_i}(|f - c_i| \leq \delta) \geq 1 - \frac{\kappa + 2\varepsilon_n}{\mu_{X_n}(\tilde{B}_i)} > 1 - \frac{\delta}{D}$$

が成り立つ．$f \in \mathcal{L}ip_1(X_n^D)$ より X_n 上で $|f - c_i| \leq D$ だから，

$$\left| \int_{X_n} f \, d\mu_{\tilde{B}_i} - c_i \right|$$

$$\leq \int_{\{|f-c_i| \leq \delta\}} |f - c_i| \, d\mu_{\tilde{B}_i} + \int_{\{\delta < |f-c_i| \leq D\}} |f - c_i| \, d\mu_{\tilde{B}_i}$$

$$\leq \delta + D \cdot \frac{\delta}{D} = 2\delta. \tag{8.6}$$

$\{p_n\}$ が X_n から Y への集中を引き起こすので,$d_{\mathrm{H}}(\mathcal{L}ip_1(X_n), p_n^* \mathcal{L}ip_1(Y)) < \varepsilon_n$ と仮定してよい.ゆえに,f に対してある $g \in \mathcal{L}ip_1(Y)$ が存在して $d_{\mathrm{KF}}(g \circ p_n, f) \leq \varepsilon_n$ をみたす.$A := \{|g \circ p_n - f| \leq \varepsilon_n\}$ とおくと,$\mu_{X_n}(A) \geq 1 - \varepsilon_n$ が成り立つ.

$$\mu_{X_n}(\{|f - c_i| \leq \delta\} \cap \tilde{B}_i) \geq \mu_{X_n}(\tilde{B}_i)\left(1 - \frac{\delta}{D}\right) > \varepsilon_n$$

だから,$i = 0, 1$ について $A \cap \{|f - c_i| \leq \delta\} \cap \tilde{B}_i$ は空でない.この集合から 1 点 x_i をとり,$y_i := p_n(x_i)$ とおくと,$|g(y_i) - f(x_i)| \leq \varepsilon_n$,$|f(x_i) - c_i| \leq \delta$,$y_i \in B_i$ が成り立つ.従って,$d_{01} := d_Y(B_0, B_1)$ とおくと,十分大きな n に対して

$$\left| \int_{X_n} f \, d\mu_{\tilde{B}_0} - \int_{X_n} f \, d\mu_{\tilde{B}_1} \right| \leq |c_0 - c_1| + 4\delta \leq |f(x_0) - f(x_1)| + 6\delta$$

$$\leq |g(y_0) - g(y_1)| + 2\varepsilon_n + 6\delta \leq d_Y(y_0, y_1) + 2\varepsilon_n + 6\delta$$

$$\leq d_{01} + 2\varepsilon_n + 8\delta < d_{01} + 9\delta$$

が成り立つ.この評価は $f \in \mathcal{L}ip_1(X_n^D)$ に対して一様であることに注意しておく.$\hat{W}_1$ を $P_1(X_n^D)$ 上の L^1 ワッサーシュタイン距離とすると,カントロビッチ–ルービンシュタイン双対性(定理 8.21)より,

$$\hat{W}_1(\mu_{\tilde{B}_0}, \mu_{\tilde{B}_1}) \leq d_{01} + 9\delta. \tag{8.7}$$

$\hat{W}_1(\mu_{\tilde{B}_0}, \mu_{\tilde{B}_1})$ に関する最適輸送計画 π をとる.$d_{01} + \delta^{1/2} \leq D$ に注意しておく.$\xi := d_{X_n^D} - d_{01}$ とおくと,(8.7) と (2) より,

$$9\delta \geq \hat{W}_1(\mu_{\tilde{B}_0}, \mu_{\tilde{B}_1}) - d_{01} = \int_{X_n \times X_n} \xi \, d\pi$$

$$= \int_{\{\xi < \delta^{1/2}\}} \xi \, d\pi + \int_{\{\xi \geq \delta^{1/2}\}} \xi \, d\pi \geq -\varepsilon_n + \delta^{1/2} \pi(\xi \geq \delta^{1/2}).$$

ゆえに,$\pi(d_{X_n} \geq d_{01} + \delta^{1/2}) = \pi(\xi \geq \delta^{1/2}) \leq 10\delta^{1/2}$.$\mathrm{proj}_0 : X_n \times X_n \to X_n$ を最初の成分への射影,$\mathrm{proj}_1 : X_n \times X_n \to X_n$ を 2 番目の成分への射影として,

$$V_n := \pi(d_{X_n} \leq d_{01} + \delta^{1/2}), \quad \tilde{\pi}^n := V_n^{-1} \pi|_{\{d_{X_n} \leq d_{01} + \delta^{1/2}\}},$$

$$\tilde{\mu}_i^n := (\mathrm{proj}_i)_* \tilde{\pi}^n$$

とおく．$\tilde{\pi}^n$ の定義より (3) が従う．また，$\tilde{\pi}^n \le V_n^{-1}\pi$ より，

$$\tilde{\mu}_i^n \le V_n^{-1}\mu_{\tilde{B}_i} \le (1 - 10\delta^{1/2})^{-1}\mu_{\tilde{B}_i}$$

となり，(1) が成り立つ．(4) は (2) と (3) から従う．証明終わり． $\square$

$\theta(\cdot) : \mathbb{R} \to \mathbb{R}$ を $\lim_{\varepsilon \to 0} \theta(\varepsilon) = 0$ をみたす関数とし，$\theta(\cdot | \alpha_1, \alpha_2, \dots) : \mathbb{R} \to \mathbb{R}$ を $\lim_{\varepsilon \to 0} \theta(\varepsilon | \alpha_1, \alpha_2, \dots) = 0$ をみたし，$\alpha_1, \alpha_2, \dots$ に依存する関数とする．$\theta(\cdots)$ をランダウ記号のように用いる．

補題 8.43 K を実数，$\{X_n\}_{n=1}^\infty$ を $\mathrm{CD}(K, \infty)$ をみたす mm 空間列，Y を mm 空間とする．$p_n : X_n \to Y$ $(n = 1, 2, \dots)$ をボレル可測写像で，命題 8.41 の条件 (1)〜(4) をみたすとする．このとき，任意の測度 $\nu_0, \nu_1 \in P^{cb}(Y)$ と実数 $0 < t < 1$ に対して，ある測度の列 $\{\tilde{\nu}_t^n\} \subset \mathcal{D}_2(X_n)$ が存在して，$i = 0, 1$ に対して以下の (1), (2) をみたす．

(1) $\displaystyle\limsup_{n \to \infty} W_2((p_n)_* \tilde{\nu}_t^n, \nu_i) \le t^{1-i}(1 - t)^i W_2(\nu_0, \nu_1).$

(2) $\displaystyle\limsup_{n \to \infty} \mathrm{Ent}((p_n)_* \tilde{\nu}_t^n | (p_n)_* \mu_{X_n})$
$$\le (1 - t)\mathrm{Ent}(\nu_0 | \mu_Y) + t\,\mathrm{Ent}(\nu_1 | \mu_Y) - \frac{1}{2}Kt(1 - t)W_2(\nu_0, \nu_1)^2.$$

証明 任意の測度 $\nu_0, \nu_1 \in P^{cb}(Y)$ をとり固定する．任意の整数 $m \ge 1$ に対して，補題 8.7 より，互いに交わらない有限個のボレル集合 $B_j \subset Y$ $(j = 1, 2, \dots, J)$ が存在して，

$$\mathrm{supp}(\nu_0) \cup \mathrm{supp}(\nu_1) \subset \bigcup_{j=1}^J B_j,$$
$$\mathrm{diam}(B_j) \le m^{-1}, \quad \mu_Y(B_j^\circ) > 0, \quad \mu_Y(\partial B_j) = 0 \quad (j = 1, 2, \dots, J)$$

をみたす．各 j に対して点 $y_j \in B_j$ をとる．任意の $j, k = 1, 2, \dots, J$ に対して，B_j と B_k について補題 8.42 を適用すると，測度 $\tilde{\mu}_{jk}^{mn} \in P^{cb}(X_n)$ $(n = 1, 2, \dots)$ が存在して，十分大きな任意の n に対して

$$\tilde{\mu}_{jk}^{mn} \le (1 + \theta(m^{-1}))\mu_{\tilde{B}_j}, \tag{8.8}$$
$$|W_2(\tilde{\mu}_{jk}^{mn}, \tilde{\mu}_{kj}^{mn}) - d_Y(y_j, y_k)| \le \theta(m^{-1}) \tag{8.9}$$

が成り立つ．ただし，$\tilde{B}_j := p_n^{-1}(B_j) \cap \tilde{X}_n$ とおく．$(p_n)_* \mu_{X_n}$ が μ_Y へ弱収束することと，$\mu_{X_n}(X_n \setminus \tilde{X}_n) \to 0$ $(n \to \infty)$ および $\mu_Y(\partial B_j) = 0$ より，$(p_n)_* (\mu_{X_n}|_{\tilde{B}_j})$ は $\mu_Y|_{B_j}$ へ弱収束する．従って $(p_n)_* \mu_{\tilde{B}_j}$ は μ_{B_j} へ弱収束する．(8.8) より，$(p_n)_* \tilde{\mu}_{jk}^{mn} \le (1 + \theta(m^{-1}))(p_n)_* \mu_{\tilde{B}_j}$ となるので，$\{(p_n)_* \mu_{\tilde{B}_j}\}_{n=1}^\infty$ が緊密であることから，$\{(p_n)_* \tilde{\mu}_{jk}^{mn}\}_{n=1}^\infty$ も緊密となる．よって，$\{n\}$ を部分列に置き換えて，$n \to \infty$ のとき $(p_n)_* \tilde{\mu}_{jk}^{mn}$ が弱収束すると仮

定してよい．その極限を $\tilde{\mu}_{jk}^m$ とおくと，

$$\tilde{\mu}_{jk}^m \leq (1 + \theta(m^{-1}))\mu_{B_j}$$

が成り立つ．対角線論法により，このような $\{n\}$ の部分列は j, k, m によらず共通にとることができる．π を $W_2(\nu_0, \nu_1)$ に関する最適輸送計画とし，

$$w_{jk} := \pi(B_j \times B_k),$$

$$\tilde{\nu}_0^{mn} := \sum_{j,k=1}^{J} w_{jk}\tilde{\mu}_{jk}^{mn}, \quad \tilde{\nu}_1^{mn} := \sum_{j,k=1}^{J} w_{kj}\tilde{\mu}_{jk}^{mn},$$

$$\tilde{\nu}_0^{m} := \sum_{j,k=1}^{J} w_{jk}\tilde{\mu}_{jk}^{m}, \quad \tilde{\nu}_1^{m} := \sum_{j,k=1}^{J} w_{kj}\tilde{\mu}_{jk}^{m}$$

と定める．すると，任意の m と $i = 0, 1$ に対して，$n \to \infty$ のとき $(p_n)_*\tilde{\nu}_i^{mn}$ は $\tilde{\nu}_i^m$ へ弱収束する．また，

$$\tilde{\nu}_0^m \leq (1 + \theta(m^{-1}))\sum_{j,k=1}^{J} w_{jk}\mu_{B_j} = (1 + \theta(m^{-1}))\sum_{j=1}^{J} \nu_0(B_j)\mu_{B_j}$$

が成り立ち，同様に

$$\tilde{\nu}_1^m \leq (1 + \theta(m^{-1}))\sum_{j=1}^{J} \nu_1(B_j)\mu_{B_j}.$$

$m \to \infty$ のとき $\sum_{j=1}^{J} \nu_i(B_j)\mu_{B_j} \to \nu_i$ なので，$\{\tilde{\nu}_i^m\}_m$ の弱収束する任意の部分列の極限は ν_i 以下である．さらに，$\tilde{\nu}_i^m$ と ν_i は確率測度なので，$i = 0, 1$ に対して $m \to \infty$ のとき $\tilde{\nu}_i^m$ は ν_i へ弱収束する．

次に

$$\lim_{m\to\infty} \liminf_{n\to\infty} W_2(\tilde{\nu}_0^{mn}, \tilde{\nu}_1^{mn}) = \lim_{m\to\infty} \limsup_{n\to\infty} W_2(\tilde{\nu}_0^{mn}, \tilde{\nu}_1^{mn})$$

$$= W_2(\nu_0, \nu_1) \tag{8.10}$$

を示す．$W_2(\tilde{\mu}_{jk}^{mn}, \tilde{\mu}_{kj}^{mn})$ に関する最適輸送計画 $\tilde{\pi}_{jk}$ をとり，$\tilde{\pi}' := \sum_{j,k} w_{jk}\tilde{\pi}_{jk}$ とおく．$\tilde{\pi}'$ は $\tilde{\nu}_0^{mn}$ と $\tilde{\nu}_1^{mn}$ の間の（必ずしも最適とは限らない）輸送計画である．(8.9) より，十分大きな任意の n に対して，

$$W_2(\tilde{\nu}_0^{mn}, \tilde{\nu}_1^{mn})^2 \leq \int_{X_n \times X_n} d_{X_n}^2 \, d\tilde{\pi}' = \sum_{j,k} w_{jk} \int_{X_n \times X_n} d_{X_n}^2 \, d\tilde{\pi}_{jk}$$

$$= \sum_{j,k} w_{jk} W_2(\tilde{\mu}_{jk}^{mn}, \tilde{\mu}_{kj}^{mn})^2$$

$$\leq \sum_{j,k} w_{jk}(d_Y(y_j, y_k) + \theta(m^{-1}))^2$$

$$\leq \sum_{j,k} w_{jk}(d_Y(y_j, y_k)^2 + \theta(m^{-1})d_Y(y_j, y_k)) + \theta(m^{-1})$$

212　第 8 章　曲率と集中

$$\leq W_2(\nu_0, \nu_1)^2 + \theta(m^{-1})W_2(\nu_0, \nu_1) + \theta(m^{-1}).$$

ここで，最後の不等式は $\mathrm{diam}(B_j) \leq m^{-1}$ と w_{jk} の定義とシュワルツの不等式から従う．

次に反対側の不等式評価を示そう．$W_2(\tilde{\nu}_0^{mn}, \tilde{\nu}_1^{mn})$ に関する最適輸送計画 $\tilde{\pi}$ をとる．$\tilde{\nu}_i^{mn}(X_n \setminus \tilde{X}_n) = 0$ なので，

$$W_2((p_n)_* \tilde{\nu}_0^{mn}, (p_n)_* \tilde{\nu}_1^{mn})^2 \leq \int_{Y \times Y} d_Y^2 \, d(p_n \times p_n)_* \tilde{\pi}$$

$$= \int_{X_n \times X_n} d_Y(p_n(x), p_n(x'))^2 \, d\tilde{\pi}(x, x')$$

$$\leq \int_{X_n \times X_n} (d_{X_n}(x, x') + \varepsilon_n)^2 \, d\tilde{\pi}(x, x')$$

$$\leq W_2(\tilde{\nu}_0^{mn}, \tilde{\nu}_1^{mn})^2 + 2\varepsilon_n W_2(\tilde{\nu}_0^{mn}, \tilde{\nu}_1^{mn}) + \varepsilon_n^2.$$

ここで，$\sup_{m,n} W_2(\tilde{\nu}_0^{mn}, \tilde{\nu}_1^{mn}) < +\infty$ である．$\lim_{m \to \infty} \lim_{n \to \infty} (p_n)_* \tilde{\nu}_i^{mn} = \lim_{m \to \infty} \tilde{\nu}_i^m = \nu_i$ だから，

$$\lim_{m \to \infty} \lim_{n \to \infty} W_2((p_n)_* \tilde{\nu}_0^{mn}, (p_n)_* \tilde{\nu}_1^{mn}) = W_2(\nu_0, \nu_1)$$

が成り立つ．(8.10) が示された．

(8.8) より，

$$\tilde{\nu}_0^{mn} = \sum_{j,k} w_{jk} \tilde{\mu}_{jk}^{mn} \leq (1 + \theta(m^{-1})) \sum_j \nu_0(B_j) \mu_{\tilde{B}_j}.$$

これと $v(r) := U(r)/r \, (= \log r)$ の単調性から

$$\mathrm{Ent}(\tilde{\nu}_0^{mn} | \mu_{X_n}) = \int_{X_n} v\left(\frac{d\tilde{\nu}_0^{mn}}{d\mu_{X_n}}\right) d\tilde{\nu}_0^{mn}$$

$$\leq \int_{X_n} v\left((1 + \theta(m^{-1})) \sum_j \frac{\nu_0(B_j)}{\mu_{X_n}(\tilde{B}_j)} 1_{\tilde{B}_j}\right) d\tilde{\nu}_0^{mn}$$

$$= \sum_j v\left((1 + \theta(m^{-1})) \frac{\nu_0(B_j)}{\mu_{X_n}(\tilde{B}_j)}\right) \tilde{\nu}_0^{mn}(\tilde{B}_j)$$

$$\leq (1 + \theta(m^{-1})) \sum_j v\left((1 + \theta(m^{-1})) \frac{\nu_0(B_j)}{\mu_{X_n}(\tilde{B}_j)}\right) \nu_0(B_j)$$

$$= (1 + \theta(m^{-1})) \sum_j U\left((1 + \theta(m^{-1})) \frac{\nu_0(B_j)}{\mu_{X_n}(\tilde{B}_j)}\right) \mu_{X_n}(\tilde{B}_j).$$

$n \to \infty$ のとき，上の最後の式は

$$(1 + \theta(m^{-1})) \sum_j U\left((1 + \theta(m^{-1})) \frac{\nu_0(B_j)}{\mu_Y(B_j)}\right) \mu_Y(B_j)$$

へ収束する．$\nu_0(B_j)/\mu_Y(B_j)$ は $\rho_0 := \frac{d\nu_0}{d\mu_Y}$ の本質的上限 $\mathrm{ess\,sup}\, \rho_0$ で上から評価されるので，上式は以下に変形される．

$$\sum_j U\left(\frac{\nu_0(B_j)}{\mu_Y(B_j)}\right)\mu_Y(B_j) + \theta(m^{-1}|\operatorname{ess\,sup}\rho_0)$$

$$= \operatorname{Ent}(\bar{\nu}_0^m|\mu_Y) + \theta(m^{-1}|\operatorname{ess\,sup}\rho_0).$$

ただし,

$$\bar{\nu}_i^m := \sum_j \nu_i(B_j)\mu_{B_j}$$

とおく. イェンセンの不等式より $\operatorname{Ent}(\bar{\nu}_0^m|\mu_Y) \leq \operatorname{Ent}(\nu_0|\mu_Y)$ が成り立つ. 同様に $\operatorname{Ent}(\tilde{\nu}_1^{mn}|\mu_{X_n})$ の不等式評価も成り立つので,結局,$i = 0, 1$ に対して

$$\limsup_{n\to\infty} \operatorname{Ent}(\tilde{\nu}_i^{mn}|\mu_{X_n}) \leq \operatorname{Ent}(\nu_i|\mu_Y) + \theta(m^{-1}|\operatorname{ess\,sup}\rho_i) \tag{8.11}$$

が成り立つ. $\operatorname{CD}(K,\infty)$ から任意の $0 < t < 1$ を固定すると,ある測度 $\tilde{\nu}_t^{mn} \in \mathcal{D}_2(X_n)$ が存在して,$i = 0, 1$ に対して

$$W_2(\tilde{\nu}_t^{mn}, \tilde{\nu}_i^{mn}) \leq t^{1-i}(1-t)^i W_2(\tilde{\nu}_0^{mn}, \tilde{\nu}_1^{mn}), \tag{8.12}$$

$$\operatorname{Ent}(\tilde{\nu}_t^{mn}|\mu_{X_n}) \leq (1-t)\operatorname{Ent}(\tilde{\nu}_0^{mn}|\mu_{X_n}) + t\operatorname{Ent}(\tilde{\nu}_1^{mn}|\mu_{X_n})$$
$$- \frac{1}{2}Kt(1-t)W_2(\tilde{\nu}_0^{mn}, \tilde{\nu}_1^{mn})^2 \tag{8.13}$$

をみたす. 補題 8.23 より,$\operatorname{Ent}((p_n)_*\tilde{\nu}_t^{mn}|(p_n)_*\mu_{X_n}) \leq \operatorname{Ent}(\tilde{\nu}_t^{mn}|\mu_{X_n})$. これと (8.13), (8.11), (8.10) から

$$\limsup_{m\to\infty}\limsup_{n\to\infty} \operatorname{Ent}((p_n)_*\tilde{\nu}_t^{mn}|(p_n)_*\mu_{X_n})$$
$$\leq (1-t)\operatorname{Ent}(\nu_0|\mu_Y) + t\operatorname{Ent}(\nu_1|\mu_Y) - \frac{1}{2}Kt(1-t)W_2(\nu_0, \nu_1)^2. \tag{8.14}$$

次に $W_2((p_n)_*\tilde{\nu}_t^{mn}, \nu_i)$ を評価しよう. $W_2(\tilde{\nu}_t^{mn}, \tilde{\nu}_i^{mn})$ に関する最適輸送計画 π をとると,

$$W_2((p_n)_*\tilde{\nu}_t^{mn}, (p_n)_*\tilde{\nu}_i^{mn})^2 \leq \int_{Y\times Y} d_Y^2 \, d(p_n\times p_n)_*\pi$$
$$= \int_{X_n\times X_n} d_Y(p_n(x), p_n(x'))^2 \, d\pi(x, x')$$

($\tilde{\nu}_i^{mn}(X_n\setminus\tilde{X}_n) = 0$ より)

$$\leq \int_{\tilde{X}_n\times\tilde{X}_n} (d_{X_n}(x, x') + \varepsilon_n)^2 \, d\pi(x, x')$$
$$+ \int_{(X_n\setminus\tilde{X}_n)\times\tilde{X}_n} d_Y(p_n(x), p_n(x'))^2 \, d\pi(x, x')$$
$$\leq W_2(\tilde{\nu}_t^{mn}, \tilde{\nu}_i^{mn})^2 + 2\varepsilon_n W_2(\tilde{\nu}_t^{mn}, \tilde{\nu}_i^{mn}) + \varepsilon_n^2$$
$$+ \int_{(X_n\setminus\tilde{X}_n)\times\tilde{X}_n} d_Y(p_n(x), p_n(x'))^2 \, d\pi(x, x').$$

$\{p_n\}$ は除外領域上で有界値をとり,

$$\tilde{\nu}_i^{mn}(X_n \setminus p_n^{-1}(\text{supp}(\nu_0) \cup \text{supp}(\nu_1))) = 0$$

だから,ある定数 $D > 0$ が存在して,π-a.e. $(x, x') \in (X_n \setminus \tilde{X}_n) \times \tilde{X}_n$ に対して $d_Y(p_n(x), p_n(x'))^2 \leq D$ が成り立つ. ゆえに

$$\int_{(X_n \setminus \tilde{X}_n) \times \tilde{X}_n} d_Y(p_n(x), p_n(x'))^2 \, d\pi(x, x')$$
$$\leq D\, \pi((X_n \setminus \tilde{X}_n) \times X_n) = D\, \tilde{\nu}_t^{mn}(X_n \setminus \tilde{X}_n).$$

従って

$$\limsup_{n \to \infty} W_2((p_n)_* \tilde{\nu}_t^{mn}, (p_n)_* \tilde{\nu}_i^{mn})^2$$
$$\leq \limsup_{n \to \infty} (W_2(\tilde{\nu}_t^{mn}, \tilde{\nu}_i^{mn})^2 + D\, \tilde{\nu}_t^{mn}(X_n \setminus \tilde{X}_n)). \tag{8.15}$$

次に

$$\lim_{n \to \infty} \tilde{\nu}_t^{mn}(X_n \setminus \tilde{X}_n) = 0 \tag{8.16}$$

を示そう. (8.13), (8.11), (8.10) より,$1 \ll m \ll n$ のとき,m, n によらないある定数 C が存在して,$\text{Ent}(\tilde{\nu}_t^{mn} | \mu_{X_n}) \leq C$ が成り立つ. $\tilde{\rho}_t := \frac{d\tilde{\nu}_t^{mn}}{d\mu_{X_n}}$ とおく. $U(r)/r$ は r に関して単調増加なので,任意の $r > 0$ に対して,

$$\tilde{\nu}_t^{mn}(X_n \setminus \tilde{X}_n) = \int_{\{\tilde{\rho}_t \geq r\} \setminus \tilde{X}_n} \tilde{\rho}_t \, d\mu_{X_n} + \int_{\{\tilde{\rho}_t < r\} \setminus \tilde{X}_n} \tilde{\rho}_t \, d\mu_{X_n}$$
$$\leq \frac{r}{U(r)} \int_{\{\tilde{\rho}_t \geq r\} \setminus \tilde{X}_n} U(\tilde{\rho}_t) \, d\mu_{X_n} + r\mu_{X_n}(X \setminus \tilde{X}_n).$$

$\int_{\{U(\tilde{\rho}_t) < 0\}} U(\tilde{\rho}_t) \, d\mu_{X_n} \geq \inf U$ だから,

$$\int_{\{U(\tilde{\rho}_t) > 0\}} U(\tilde{\rho}_t) \, d\mu_{X_n} \leq C - \inf U.$$

よって,$U(r) > 0$ をみたす任意の $r > 0$ に対して,

$$\tilde{\nu}_t^{mn}(X_n \setminus \tilde{X}_n) \leq \frac{(C - \inf U)r}{U(r)} + r\mu_{X_n}(X_n \setminus \tilde{X}_n).$$

$\lim_{r \to +\infty} r/U(r) = 0$ であることに注意すると,上式から (8.16) が導かれる.

(8.16) と (8.15) より,

$$\limsup_{n \to \infty} W_2((p_n)_* \tilde{\nu}_t^{mn}, (p_n)_* \tilde{\nu}_i^{mn}) \leq \limsup_{n \to \infty} W_2(\tilde{\nu}_t^{mn}, \tilde{\nu}_i^{mn}).$$

$(p_n)_* \tilde{\nu}_i^{mn} \overset{n \to \infty}{\to} \tilde{\nu}_i^m \overset{m \to \infty}{\to} \nu_i$ なので,

$$\limsup_{m \to \infty} \limsup_{n \to \infty} W_2((p_n)_* \tilde{\nu}_t^{mn}, \nu_i) \leq \limsup_{m \to \infty} \limsup_{n \to \infty} W_2(\tilde{\nu}_t^{mn}, \tilde{\nu}_i^{mn})$$

((8.12), (8.10) より)

$$\leq \limsup_{m\to\infty}\limsup_{n\to\infty} t^{1-i}(1-t)^i W_2(\tilde{\nu}_0^{mn},\tilde{\nu}_1^{mn}) = t^{1-i}(1-t)^i W_2(\nu_0,\nu_1).$$

これと (8.14) より，ある正の整数列 $m(n) \to \infty$ $(n \to \infty)$ が存在して，$\tilde{\nu}_t^n := \tilde{\nu}_t^{m(n)n}$ が (1) と (2) をみたす．証明終わり． $\square$

曲率次元条件の安定性定理 8.37 の証明 補題 8.43 の $(p_n)_*\tilde{\nu}_t^n$ に対して，補題 8.25 より $\{(p_n)_*\tilde{\nu}_t^n\}_n$ は緊密なので，プロホロフの定理 1.44 より弱収束する部分列をもつ．極限を ν_t とおくと，補題 8.18 と補題 8.43(1) より曲率次元条件の (i) が得られ，補題 8.24 と補題 8.43(2) より曲率次元条件の (ii) が得られる．証明終わり． $\square$

注意 8.44 相対エントロピーの定義の $U(r)$ は $r\log r$ $(r > 0)$ と定義したが，より一般に以下をみたすような関数へ一般化しても定理 8.37 は成り立つ．

(i) $U(r)$ $(r \geq 0)$ は連続で下に凸である．

(ii) $U(0) = 0$.

(iii) $r \to +\infty$ のとき $U(r)/r$ は $+\infty$ へ発散する．

[76, §17] の意味で displacement convexity class of infinite dimension に属する関数は上をみたす．

8.4 リッチ曲率とラプラシアンの固有値

この節では，系 7.38 と曲率次元条件の安定性定理 8.37 を応用して，ラプラシアンの固有値の挙動を調べる．主な目標は以下の定理の証明である．

定理 8.45 任意の整数 $N \geq 1$ に対して，ある定数 $C_N > 0$ が存在して，非負リッチ曲率をもつ任意の閉リーマン多様体 X のラプラシアンの固有値は

$$\lambda_N(X) \leq C_N \lambda_1(X).$$

をみたす．

まず次を示す．

定理 8.46 $N \geq 1$ を整数とし，$\{X_n\}_{n=1}^\infty$ を N-レビ族とするとき，以下が成り立つ．

(1) ある実数 K が存在して，各 X_n が曲率次元条件 $\mathrm{CD}(K,\infty)$ をみたし，任意の実数 $\kappa > 0$ に対して

$$\limsup_{n\to\infty} \mathrm{ObsDiam}(X_n; -\kappa) < +\infty$$

をみたすならば，$\{X_n\}$ はレビ族である．

(2) 各 X_n が曲率次元条件 $\mathrm{CD}(0,\infty)$ をみたすならば，$\{X_n\}$ はレビ族で

ある.

証明 (1) を背理法で示す. $\{X_n\}$ が (1) の仮定をみたすが, レビ族ではないとする. すると部分列をとることにより, $\mathcal{P}_{X_n}$ は $\mathcal{P}_*$ でないピラミッドへ弱収束する. 系 7.38 より, さらに部分列をとれば, $\{X_n\}$ は $2 \leq \#Y \leq N$ をみたすある有限 mm 空間 Y へ集中する. 一方で, X_n は $\mathrm{CD}(K, \infty)$ をみたすので, 曲率次元条件の安定性定理 8.37 より, Y も $\mathrm{CD}(K, \infty)$ をみたす. 特に Y は弧状連結となるが, これは矛盾である. (1) が示された.

(2) を背理法で示す. $\{X_n\}$ が (2) の仮定をみたすが, レビ族ではないとする. 系 7.39 より, $\{X_n\}$ のある部分列 $\{X_{n_i}\}_{i=1}^{\infty}$ と $0 < t_i \leq 1$ をみたすある実数列 $\{t_i\}_{i=1}^{\infty}$ が存在して, $t_i X_{n_i}$ はある非連結な有限 mm 空間 Y へ集中する. $t_i X_{n_i}$ は $\mathrm{CD}(0, \infty)$ をみたすので, 曲率次元条件の安定性定理 8.37 より Y も $\mathrm{CD}(0, \infty)$ をみたすが, これは矛盾である. 証明終わり. □

以下は非常に深い結果だが, 証明は略す.

定理 8.47 ([39,40]) $\{X_n\}_{n=1}^{\infty}$ を非負リッチ曲率をもつ閉リーマン多様体のレビ族とすると, $n \to \infty$ のとき, X_n のラプラシアンの第 1 固有値 $\lambda_1(X_n)$ は無限大へ発散する.

定理 8.46 と定理 8.47 から以下が導かれる.

系 8.48 $\{X_n\}_{n=1}^{\infty}$ を非負リッチ曲率をもつ閉リーマン多様体の列とするとき, 以下の条件 (1)～(3) は互いに同値である.

(1) $\{X_n\}$ はレビ族である.

(2) $\lambda_1(X_n) \to +\infty$ $(n \to \infty)$.

(3) ある整数 $N \geq 1$ が存在して, $\lambda_N(X_n) \to +\infty$ $(n \to \infty)$.

証明 「(1) $\Longrightarrow$ (2)」は定理 8.47 から従う.

「(2) $\Longrightarrow$ (3)」は明らか.

「(3) $\Longrightarrow$ (1)」は命題 7.30 と定理 8.46 から従う. 証明終わり. □

定理 8.45 の証明 背理法で示す. もし定理が成り立たなかったとすると, ある整数 $N \geq 1$ と非負リッチ曲率をもつようなある閉リーマン多様体の列 $\{X_n\}_{n=1}^{\infty}$ が存在して, $n \to \infty$ のとき $\lambda_N(X_n)/\lambda_1(X_n)$ が無限大へ発散する. X_n' を $\lambda_1(X_n') = 1$ となるように X_n をスケール変換したものとする. このとき,

$$\lambda_N(X_n') = \frac{\lambda_N(X_n')}{\lambda_1(X_n')} = \frac{\lambda_N(X_n)}{\lambda_1(X_n)} \to +\infty \quad (n \to \infty)$$

となるが, これは系 8.48 に矛盾する. 証明終わり. □

例 8.49 任意の整数 $N \geq 2$ に対して, 以下の (1)～(3) をみたすような閉リー

マン多様体の列 $\{X_n\}_{n=1}^{\infty}$ を構成しよう.

(1) $\lambda_{N-1}(X_n) \to 0$ $(n \to \infty)$.

(2) $\lambda_N(X_n) \to +\infty$ $(n \to \infty)$.

(3) $n \to \infty$ のとき X_n は N 点からなる有限 mm 空間へ集中する. 特に $\{X_n\}$ は N-レビ族だが, レビ族ではない.

$S_1^n, S_2^n, \ldots, S_N^n$ をユークリッド空間の n 次元単位球面の N 個のコピーとする. 2 点 $p_i^n, q_i^n \in S_i^n$ を互いに対蹠点であるような点とする. すなわち, p_i^n と q_i^n の間の測地距離は π である. 以下に, $S_1^n, \ldots, S_N^n$ の連結和を考えよう. 小さな実数 $\delta_n > 0$ をとる. 各 $i = 1, 2, \ldots, N-1$ について, S_i^n と S_{i+1}^n からそれぞれ開距離球体 $U_{\delta_n}(q_i^n)$, $U_{\delta_n}(p_{i+1}^n)$ を取り除き, リーマン積空間 $S^{n-1}(\sin \delta_n) \times [0, \delta_n]$ をそれらの境界に貼り合わせる. ここで, 境界の各成分は $S^{n-1}(\sin \delta_n)$ に等長同型であり, 貼り合わせ写像は等長同型写像とする. でき上がったリーマン多様体を X_n とおくと, これは球面に同相で C^0 級リーマン計量をもつ. このリーマン計量を滑らかなもので近似して, X_n は C^∞ 級リーマン多様体とする. また, $S_1^n, \ldots, S_N^n$ の非交和を $\hat{X}_n$ とおく. 無限大へ発散するような正の実数列 $\{C_n\}_{n=1}^{\infty}$ をとる. δ_n を十分小さくとると, X_n のラプラシアンの固有値 $\lambda_k(X_n)$ で C_n 以下のものは $\hat{X}_n$ のラプラシアンの固有値 $\lambda_k(\hat{X}_n)$ に近くなる (詳しい証明は [15, §9] を見よ). $\lambda_{N-1}(\hat{X}_n) = 0$ かつ $\lambda_N(\hat{X}_n) = n$ なので, $\{X_n\}$ は (1) と (2) をみたす. また, 定理 8.9 を用いると, $n \to \infty$ のとき X_n は N 点からなる有限 mm 空間 $Y = \{y_1, \ldots, y_N\}$ へ収束することが分かる. ここで, $d_Y(y_i, y_j) = \pi|i-j|$ かつ $\mu_Y(\{y_i\}) = 1/N$ $(i, j = 1, 2, \ldots, N)$ が成り立つ. $\{X_n\}$ は定理 8.46 と系 8.48 の結論をみたさず, X_n のリッチ曲率は下に有界ではない.

注意 8.50 この節のすべての結果は重み付きコンパクトリーマン多様体で境界が凸であるようなものとリッチ曲率に換えてバックリー–エメリー–リッチ曲率に対しても成り立つ. 証明は全く同じである.

演習問題 8.51 例 8.49 において, $n \to \infty$ のとき X_n が Y へ集中することを集中に関するファイブレーション定理 8.9 を用いて示せ.

8.5 ノート

この章の内容のほとんどは船野と筆者 [19] によるが, そこでは極限が固有であることが仮定されていた. 数川・小澤・鈴木 [28] においてその仮定が取り除かれ, ラフ曲率次元条件の安定性へ拡張された. リーマン的曲率次元条件の安定性が小澤・横田巧 [64] によって得られた. また, 大島 [56] により, 次元が負の曲率次元条件の安定性も証明された. 定理 8.45 の C_N はリュー (Liu) [35]

によってより精密に調べられている. 定理 8.45 は [36] によりグラフに対しても拡張された.

参考文献

[1] Dan Amir and Vitali D. Milman, *Unconditional and symmetric sets in n-dimensional normed spaces*, Israel J. Math. **37** (1980), no. 1-2, 3–20.

[2] Greg W. Anderson, Alice Guionnet, and Ofer Zeitouni, *An introduction to random matrices*, Cambridge Studies in Advanced Mathematics, vol. 118, Cambridge University Press, Cambridge, 2010.

[3] Marcel Berger, Paul Gauduchon, and Edmond Mazet, *Le spectre d'une variété riemannienne*, Lecture Notes in Mathematics, Vol. 194, Springer-Verlag, Berlin-New York, 1971 (French).

[4] Patrick Billingsley, *Convergence of probability measures*, 2nd ed., Wiley Series in Probability and Statistics: Probability and Statistics, John Wiley & Sons Inc., New York, 1999. A Wiley-Interscience Publication.

[5] Vladimir I. Bogachev, *Measure theory. Vol. I, II*, Springer-Verlag, Berlin, 2007.

[6] ———, *Gaussian measures*, Mathematical Surveys and Monographs, vol. 62, American Mathematical Society, Providence, RI, 1998.

[7] Dmitri Burago, Yuri Burago, and Sergei Ivanov, *A course in metric geometry*, Graduate Studies in Mathematics, vol. 33, American Mathematical Society, Providence, RI, 2001.

[8] Fan R. K. Chung, Alexander Grigor'yan, and Shing-Tung Yau, *Eigenvalues and diameters for manifolds and graphs*, Tsing Hua lectures on geometry & analysis (Hsinchu, 1990), Int. Press, Cambridge, MA, 1997, pp. 79–105.

[9] Bruno Colbois and Alessandro Savo, *Large eigenvalues and concentration*, Pacific J. Math. **249** (2011), no. 2, 271–290.

[10] Dario Cordero-Erausquin, Robert J. McCann, and Michael Schmuckenschläger, *Prékopa-Leindler type inequalities on Riemannian manifolds, Jacobi fields, and optimal transport*, Ann. Fac. Sci. Toulouse Math. (6) **15** (2006), no. 4, 613–635 (English, with English and French summaries).

[11] ———, *A Riemannian interpolation inequality à la Borell, Brascamp and Lieb*, Invent. Math. **146** (2001), no. 2, 219–257.

[12] Persi Diaconis and David Freedman, *A dozen de Finetti-style results in search of a theory*, Ann. Inst. H. Poincaré Probab. Statist. **23** (1987), no. 2, suppl., 397–423 (English, with French summary).

[13] Syota Esaki, Daisuke Kazukawa, and Ayato Mitsuishi, *Invariants for Gromov's pyramids and their applications*, Adv. Math. **442** (2024), Paper No. 109583.

[14] Tadeusz Figiel, Joram Lindenstrauss, and Vitali D. Milman, *The dimension of almost spherical sections of convex bodies*, Acta Math. **139** (1977), no. 1-2, 53–94.

[15] Kenji Fukaya, *Collapsing of Riemannian manifolds and eigenvalues of Laplace operator*, Invent. Math. **87** (1987), no. 3, 517–547.

[16] Kei Funano, *Estimates of Gromov's box distance*, Proc. Amer. Math. Soc. **136** (2008), no. 8, 2911–2920.

[17] ———, *Asymptotic behavior of mm-spaces*. Doctoral Thesis, Tohoku University, 2009.

[18] ———, *Eigenvalues of Laplacian and multi-way isoperimetric constants on weighted Riemannian manifolds*, preprint, arXiv:1307.3919v1.

[19] Kei Funano and Takashi Shioya, *Concentration, Ricci curvature, and eigenvalues of Laplacian*, Geom. Funct. Anal. **23** (2013), no. 3, 888–936.

[20] Mikhael Gromov, *Groups of polynomial growth and expanding maps*, Inst. Hautes Études Sci. Publ. Math. **53** (1981), 53–73.

[21] Misha Gromov, *Metric structures for Riemannian and non-Riemannian spaces*, Reprint of the 2001 English edition, Modern Birkhäuser Classics, Birkhäuser Boston Inc., Boston, MA, 2007. Based on the 1981 French original; With appendices by M. Katz, P. Pansu and S. Semmes; Translated from the French by Sean Michael Bates.

[22] Mikhael Gromov and Vitali D. Milman, *A topological application of the isoperimetric inequality*, Amer. J. Math. **105** (1983), no. 4, 843–854.

[23] Juha Heinonen, *Geometric embeddings of metric spaces* (2003). http://www.math.jyu.fi/research/reports /rep90.pdf.

[24] Daisuke Kazukawa, *Concentration of product spaces*, Anal. Geom. Metr. Spaces **9** (2021), no. 1, 186–218.

[25] ———, *Convergence of metric transformed spaces*, Israel J. Math. **252** (2022), no. 1, 243–290.

[26] Daisuke Kazukawa, Hiroki Nakajima, and Takashi Shioya, *Topological aspects of the space of metric measure spaces*, Geom. Dedicata **218** (2024), no. 3, Paper No. 68.

[27] ———, *Principal bundle structure of the space of metric measure spaces*, preprint, arXiv:2304.06880.

[28] Daisuke Kazukawa, Ryunosuke Ozawa, and Norihiko Suzuki, *Stabilities of rough curvature dimension condition*, J. Math. Soc. Japan **72** (2020), no. 2, 541–567.

[29] Daisuke Kazukawa and Takashi Shioya, *High-dimensional ellipsoids converge to Gaussian spaces*, J. Math. Soc. Japan **76** (2024), no. 2, 473–501.

[30] Daisuke Kazukawa and Takumi Yokota, *Boundedness of precompact sets of metric measure spaces*, Geom. Dedicata **215** (2021), 229–242.

[31] Alexander S. Kechris, *Classical descriptive set theory*, Graduate Texts in Mathematics, vol. 156, Springer-Verlag, New York, 1995.

[32] John L. Kelley, *General topology*, Springer-Verlag, New York, 1975. Reprint of the 1955 edition [Van Nostrand, Toronto, Ont.]; Graduate Texts in Mathematics, No. 27.

[33] Michel Ledoux, *The concentration of measure phenomenon*, Mathematical Surveys and Monographs, vol. 89, American Mathematical Society, Providence, RI, 2001.

[34] Paul Lévy, *Problèmes concrets d'analyse fonctionnelle. Avec un complément sur les fonctionnelles analytiques par F. Pellegrino*, Gauthier-Villars, Paris, 1951 (French). 2d ed.

[35] Shiping Liu, *An optimal dimension-free upper bound for eigenvalue ratios*, preprint, arXiv: 1405.2213.

[36] Shiping Liu and Norbert Peyerimhoff, *Eigenvalue ratios of non-negatively curved graphs*, Combin. Probab. Comput. **27** (2018), no. 5, 829–850.

[37] Wolfgang Löhr, *Equivalence of Gromov-Prokhorov- and Gromov's $\square_\lambda$-metric on the space of metric measure spaces*, Electron. Commun. Probab. **18** (2013), no. 17, 10.

[38] John Lott and Cédric Villani, *Ricci curvature for metric-measure spaces via optimal transport*, Ann. of Math. (2) **169** (2009), no. 3, 903–991.

[39] Emanuel Milman, *Isoperimetric and concentration inequalities: equivalence under curvature lower bound*, Duke Math. J. **154** (2010), no. 2, 207–239.

[40] ———, *On the role of convexity in isoperimetry, spectral gap and concentration*, Invent. Math. **177** (2009), no. 1, 1–43.

[41] Vitali D. Milman, *A new proof of A. Dvoretzky's theorem on cross-sections of convex bodies*, Funkcional. Anal. i Priložen. **5** (1971), no. 4, 28–37 (Russian).

[42] ———, *The heritage of P. Lévy in geometrical functional analysis*, Astérisque **157-158** (1988), 273–301. Colloque Paul Lévy sur les Processus Stochastiques (Palaiseau, 1987).

[43] ———, *A certain property of functions defined on infinite-dimensional manifolds*, Dokl. Akad. Nauk SSSR **200** (1971), 781–784 (Russian).

[44] ———, *Asymptotic properties of functions of several variables that are defined on homogeneous spaces*, Dokl. Akad. Nauk SSSR **199** (1971), 1247–1250 (Russian); English transl., Soviet Math. Dokl. **12** (1971), 1277–1281.

[45] Vitali D. Milman and Gideon Schechtman, *Asymptotic theory of finite-dimensional normed spaces*, Lecture Notes in Mathematics, vol. 1200, Springer-Verlag, Berlin, 1986. With an appendix by M. Gromov.

[46] John W. Milnor, *Topology from the differentiable viewpoint*, Princeton Landmarks in Mathematics, Princeton University Press, Princeton, NJ, 1997. Based on notes by David W. Weaver; Revised reprint of the 1965 original.

[47] Hiroki Nakajima, *Isoperimetric inequality on a metric measure space and Lipschitz order with an additive error*, J. Geom. Anal. **32** (2022), no. 1, Paper No. 35, 43.

[48] ———, *Isoperimetric inequality and Lipschitz order*. Doctral Thesis, Tohoku University, 2019.

[49] _____, *The maximum of the 1-measurement of a metric measure space*, J. Math. Soc. Japan **71** (2019), no. 2, 635–650.

[50] _____, *Box distance and observable distance via optimal transport*, preprint, arXiv: 2204.04893.

[51] _____, *Extension of Gromov's Lipschitz order to with additive errrors*, preprint, arXiv: 2409.02459.

[52] Hiroki Nakajima and Takashi Shioya, *Isoperimetric rigidity and distributions of 1-Lipschitz functions*, Adv. Math. **349** (2019), 1198–1233.

[53] _____, *A natural compactification of the Gromov-Hausdorff space*, Geom. Dedicata **218** (2024), no. 1, Paper No. 10.

[54] _____, *Convergence of group actions in metric measure geometry*. arXiv:2104.00187, to appear in Communications in Analysis and Geometry.

[55] Yann Ollivier, *Diamètre observable des sous-variétés de S^n et $\mathbb{C}P^n$* (1999). mémoire de DEA, université d'Orsay.

[56] Shun Oshima, *Stability of curvature-dimension condition for negative dimensions under concentration topology*, J. Geom. Anal. **33** (2023), no. 12, Paper No. 377.

[57] _____, *The observable diameter of metric measure spaces and the existence of points of positive measures*, preprint, arXiv:2406.18863.

[58] Felix Otto, *The geometry of dissipative evolution equations: the porous medium equation*, Comm. Partial Differential Equations **26** (2001), no. 1-2, 101–174.

[59] Ryunosuke Ozawa, *Pyramid and quantum metric measure space*. Doctoral Thesis, Tohoku University, 2015.

[60] _____, *Concentration function for pyramid and quantum metric measure space*, Proc. Amer. Math. Soc. **145** (2017), no. 3, 1301–1315.

[61] Ryunosuke Ozawa and Takashi Shioya, *Limit formulas for metric measure invariants and phase transition property*, Math. Z. **280** (2015), no. 3-4, 759–782.

[62] _____, *Estimate of observable diameter of l_p-product spaces*, Manuscripta Math. **147** (2015), no. 3-4, 501–509.

[63] Ryunosuke Ozawa and Norihiko Suzuki, *Stability of Talagrand's inequality under concentration topology*, Proc. Amer. Math. Soc. **145** (2017), no. 10, 4493–4501.

[64] Ryunosuke Ozawa and Takumi Yokota, *Stability of RCD condition under concentration topology*, Calc. Var. Partial Differential Equations **58** (2019), no. 4, Paper No. 151.

[65] Vladimir Pestov, *Dynamics of infinite-dimensional groups*, University Lecture Series, vol. 40, American Mathematical Society, Providence, RI, 2006. The Ramsey-Dvoretzky-Milman phenomenon; Revised edition of *Dynamics of infinite-dimensional groups and Ramsey-type phenomena* [Inst. Mat. Pura. Apl. (IMPA), Rio de Janeiro, 2005; MR2164572].

[66] Peter Petersen, *Riemannian geometry*, 2nd ed., Graduate Texts in Mathematics, vol. 171, Springer, New York, 2006.

[67] Max-K. von Renesse and Karl-Theodor Sturm, *Transport inequalities, gradient estimates, entropy, and Ricci curvature*, Comm. Pure Appl. Math. **58** (2005), no. 7, 923–940.

[68] Takashi Shioya, *Metric measure geometry*, IRMA Lectures in Mathematics and Theoretical Physics, vol. 25, EMS Publishing House, Zürich, 2016. Gromov's theory of convergence and concentration of metrics and measures.

[69] _____ , *Metric measure limits of spheres and complex projective spaces*, Measure theory in non-smooth spaces, Partial Differ. Equ. Meas. Theory, De Gruyter Open, Warsaw, 2017, pp. 261–287.

[70] _____ , *Problems in metric measure geometry*, to appear in Tohoku Series in Mathematical Sciences.

[71] Takashi Shioya and Asuka Takatsu, *High-dimensional metric-measure limit of Stiefel and flag manifolds*, Math. Z. **290** (2018), no. 3-4, 873–907.

[72] Karl-Theodor Sturm, *Convex functionals of probability measures and nonlinear diffusions on manifolds*, J. Math. Pures Appl. (9) **84** (2005), no. 2, 149–168 (English, with English and French summaries).

[73] _____ , *On the geometry of metric measure spaces. I*, Acta Math. **196** (2006), no. 1, 65–131.

[74] _____ , *On the geometry of metric measure spaces. II*, Acta Math. **196** (2006), no. 1, 133–177.

[75] Cédric Villani, *Topics in optimal transportation*, Graduate Studies in Mathematics, vol. 58, American Mathematical Society, Providence, RI, 2003.

[76] _____ , *Optimal transport. Old and new*, Grundlehren der Mathematischen Wissenschaften [Fundamental Principles of Mathematical Sciences], vol. 338, Springer-Verlag, Berlin, 2009.

[77] Shigeaki Yokota, *A complete proof of the limit formula for observable diameter*, preprint, arXiv:2407.08122.

[78] 小澤龍ノ介, 測度距離空間の間の距離と距離行列分布 (2013). 修士論文, 東北大学.

[79] 塩谷 隆, 測度距離幾何学, 数学 **71** (2019), no. 2, 159–177.

[80] 横田滋亮, Geometric data set の幾何学 (2023). 修士論文, 東北大学.

索　引

ア

一様全有界　35

一様族　99

押し出し測度　10

オブザーバブル距離　115

オブザーバブル直径　57, 189

オブザーバブル直径の極限公式　166

オブザーバブル直径の比較定理　71

重み付きリーマン多様体　55

カ

外正則測度　7

解析集合　62

カイファン距離　21

ガウス空間　55

ガウス測度　47

拡張 mm 空間　54

拡張 mm 空間に付随するピラミッド　175

拡張擬距離　1

拡張距離　1

確率収束　22

確率測度　6

可積分　9

可測写像　8

可測集合　6

片側ボックス距離　101

カップリング　19, 29

合併補題　90

完全　135

カントロビッチ–ルービンシュタイン双対性　200

完備　2

完備化　2

擬距離　1

曲線の弧長　41

曲線の長さ　41

曲率次元条件　201

曲率次元条件の安定性　206

距離　1

距離行列集合　36

緊密　7, 17

クフピラミッド　141

グラフ　54

グラフ距離　54

グロモフのプレコンパクト性定理　35

グロモフ–ハウスドルフ距離　28

グロモフ–ハウスドルフ空間　32

グロモフ–ハウスドルフ収束・極限　28

グロモフ–プロホロフ距離　91

欠損量　21

コーシー列　2

誤差付き 1-リップシッツ　123

固有距離空間　16

サ

最近点写像　25

最短測地線　42

最適輸送計画　197

サポート　7

支配写像　56

支配する　56

弱収束　13

弱ハウスドルフ収束　38

弱ハウスドルフ上（下）極限　40

弱ハウスドルフ収束の点列コンパクト性　39

集中　117

集中位相　117

集中関数　69

集中するピラミッド　152

集中に関するファイブレーション定理　193

商距離　2

消散　178

除外領域上で有界値　207

スクリーン　57
ストラッセンの定理　21

正規化された数え上げ測度　54
積分　8
積分分解　11
絶対連続　9
接着　84
セパレーション距離　65
セパレーション距離の極限公式　162
漸近的集中　152
全変動距離　18
全有界　24

相対エントロピー　200
相対的集中の引き起こし　189
相転移性質　183
測地（距離）空間　43
測度　6
測度空間　6
測度収束　21
測度付きグロモフ–ハウスドルフ収束　100
測度分解　11
測度分解定理　10

タ

対応　30
単関数　8

中央値　11
中点　43
頂点　54
調和関数　75
直積測度　7
直径　27

ディラック測度　6
ディンキンの π-λ 定理　11

等長写像　2
等長的　2
等長同型　2
等長同型写像　2
等長変換　2
特性関数　9

ナ

内正則測度　7
内部距離空間　42

ネット　24

ハ

ハウスドルフ距離　26
漠収束　13
ハミングキューブ　54
ハミング距離　54
パラメーター　113
パンルベ–クラトフスキ収束　38

非アトム的　172
非除外領域　93, 124
標準ガウス空間　55
標準ガウス測度　47
ピラミッダルコンパクト化　141
ピラミッド　141
ピラミッドの (N, R)-メジャーメント　147
ピラミッドの N-メジャーメント　147
ピラミッドのオブザーバブル距離　163
ピラミッドの近似列　150
ピラミッドの空間の距離　150
ピラミッドの弱収束　142
ピラミッドのセパレーション距離　160
ピラミッドのメジャーメント　147

フビニの定理　9
部分直径　57
部分輸送計画　20
ブラシュケの定理　28
プレコンパクト　24
プロホロフ距離　15
プロホロフの定理　18

閉多様体　71
辺　54
偏差不等式　69
変数変換公式　10

ポートマントー定理　15
ボックス位相・収束　89
ボックス距離　85

ボレル可測写像　8
ボレル集合　6
ボレル集合族　6
ボレル測度　6

マ

マクシェーン–ホイットニー拡張　5
マックスウェル–ボルツマン分布則　47

道　54
密度関数　10

無限次元仮想標準ガウス空間　145
無限消散　178

メジャーメント　118, 134, 147
メディアン　11

ヤ

有界距離空間　27
有限測度　6
歪み　3, 30
輸送計画　19

余面積公式　48

ラ

ラドン–ニコディムの定理　9
ラドン–ニコディム微分　10
ラプラス–ギブス関数　78

リップシッツ順序　56
臨界スケールオーダー　183
臨界スケール極限　187

累積分布関数　12

レイリー商　75
レビ–グロモフの等周不等式　72
レビ族　58
レビの正規分布則　49
レビの等周不等式　49
レビの補題　53
レビ半径　153
レビ平均　11

ワ

ワッサーシュタイン距離　197

欧数字

$*$　89
2倍条件　99
2倍定数　99

$\bar{A}$　14
A°　14
$\alpha_X(r,\kappa),\ \alpha_{\mu_X}(r,\kappa)$　69

$\|\cdot\|_2$　47
$\|\cdot\|_\infty$　34
$B_\varepsilon(A)$　16
B_R^N　134
$B_R^N(\xi)$　135
B_R^N 上で完全　135

$\mathrm{Cap}_\varepsilon(X)$　24
$\mathrm{CD}(K,\infty)$　201
(C,δ)-リップシッツ　3
$\mathrm{Cov}_\varepsilon(X)$　24

$\mathcal{D}_2(X)$　201
d_{conc}　115
$\mathrm{def}(\pi)$　21
δ-消散　178
d_{GH}　28
d_{GP}　91
d_{H}　26
$\mathrm{diam}(X)$　27
$\mathrm{diam}(X;1-\alpha)$　57
$\mathrm{diam}(\mu_X;1-\alpha)$　57
$\mathrm{dis}(f)$　30
$\mathrm{dis}(S)$　3
$\mathrm{dis}_\prec(S)$　101
$d_{\mathrm{KF}}([f],[g])$　103
$d_{\mathrm{KF}}(f,g)$　21
$d_{\mathrm{KF}}^\mu(f,g)$　21
d_{l^p}　108
$\frac{d\mu}{d\nu}$　10
$\mathrm{Dom}(S)$　85

227

d_{P} 15

$d_+(A_1, A_2; +\kappa)$ 190

Ent   200

ε-集中の誘導   123

ε-mm 同型   93

ε-キャパシティ   24

ε-近点写像   25

ε-支持ネット   92

ε-中点   43

ε-等長写像   30

ε-等長同型写像   30

ε-ネット   24

ε-被覆数   24

ε-部分輸送計画   20

ε-離散ネット   24

$\mathrm{Ex}_\beta(X)$ 78

$\tilde{f}_{C,S}$ 3

γ^k 47

$\mathcal{H}$ 32

h-等質測度   121

$\mathrm{Im}(S)$ 85

κ-距離   190

$K_N(X)$ 36

k-正則 mm 空間   167

$\mathcal{L}_1(X)$ 103

l^1 積空間   78

$L^2(X)$ 75

$\lambda_k(X)$ 75

λ-系   11

λ-プロホロフ距離   193

$\mathrm{LeRad}(X; -\kappa)$ 153

$L(\gamma)$ 41

l^∞ ノルム   34

$\mathcal{L}ip_1(X)$ 115

$\mathrm{lm}(f; \mu)$ 11

$\mathcal{L}^n$ 6

l^p 距離   108

L^p ワッサーシュタイン距離   197

$\mathcal{M}(\mathcal{P}; N)$ 147

$\mathcal{M}(\mathcal{P}; N, R)$ 147

m_f 11

mm 空間   54

mm 空間に付随するピラミッド   142

mm 同型   55

mm 同型写像   55

$\mathcal{M}(N)$ 118

$\mathcal{M}(N, R)$ 134

$\underline{\mu}_N$ 102

$\mathcal{M}(X; N)$ 118

$\mathcal{M}(X; N, R)$ 134

(N, R)-メジャーメント   134

N-メジャーメント   118

N-レビ族   173

$\mathrm{ObsDiam}(B; -\kappa)$ 189

$\mathrm{ObsDiam}(\mathcal{P}; -\kappa)$ 163

$\mathrm{ObsDiam}(X)$ 57

$\mathrm{ObsDiam}(X; -\kappa)$ 57

$\mathrm{ObsDiam}_Y(X)$ 57

$\mathrm{ObsDiam}_Y(X; -\kappa)$ 57

$P(X)$ 197

$P^{cb}(X)$ 202

$\mathcal{P}_{\Gamma\infty}$ 146

Π 141

π_R 135

$\pi_{\xi,R}$ 135

π-系   11

$P_p(X)$ 199

$\prec$ 56

$\mathcal{P}_X$ 142

p 次モーメント   199

ρ, ρ_N 150

Ric_X 71

$\mathrm{Sep}(\mathcal{P}; \kappa_0, \kappa_1, \ldots, \kappa_N)$ 160

$\mathrm{Sep}(X; \kappa_0, \kappa_1, \ldots, \kappa_N)$ 65

σ^n 47

σ-加法族   5

σ-有限測度   6

S^{-1} 85

$S^n(r)$ 47

$\square$ 85

$\square_o$ 113

$\square_\prec$ 101

supp   7

$T \bullet S$ 85

$T \circ S$ 85

$t\mathcal{P}$ 161

tX 63

$U_\varepsilon(A)$ 13

$U(r)$ 200

$U_r(x)$ 2

$\vee$ 8

$\wedge$ 8

W_p 197

$W_p(\mu, \nu)$ に関する最適輸送計画   198

X_1^n 78

$X_1 \times_1 \cdots \times_1 X_n$ 78

X^D 175

$\underline{X}_N$ 102

X_p^n 167

229

著者略歴

塩谷 隆
しお や　たかし

1963 年　東京都生まれ
1991 年　九州大学大学院理学研究科 数学専攻 博士後期課程修了
　　　　　博士（理学）
同　　年　日本学術振興会 特別研究員（PD）
　　　　　九州大学理学部数学科 助手
1994 年　九州大学大学院数理学研究科 助教授
2000 年　東北大学大学院理学研究科 助教授
2005 年　東北大学大学院理学研究科 教授
　　　　　現在に至る
専　　門　微分幾何学，Metric geometry
主要著書
The Geometry of Total Curvature on Complete Open Surfaces
（K. Shiohama, M. Tanaka との共著，Cambridge University
Press, 2003）
Metric Measure Geometry（European Mathematical Society,
2016）
重点解説 基礎微分幾何（サイエンス社，2009（電子版：2016））

SGC ライブラリ-195

測度距離空間の幾何学への招待
高次元および無限次元空間へのアプローチ

2024 年 11 月 25 日 ©　　　　　　　　　　初　版　発　行

著　者　塩谷　隆　　　　　　　　　発行者　森 平 敏 孝
　　　　　　　　　　　　　　　　　印刷者　山 岡 影 光

発行所　　　株式会社　サイエンス社

〒151–0051　東京都渋谷区千駄ヶ谷 1 丁目 3 番 25 号
営業　☎ (03) 5474–8500（代）　　振替 00170–7–2387
編集　☎ (03) 5474–8600（代）
FAX ☎ (03) 5474–8900　　　　　　　表紙デザイン：長谷部貴志

印刷・製本　三美印刷 (株)

《検印省略》

本書の内容を無断で複写複製することは，著作者および
出版者の権利を侵害することがありますので，その場合
にはあらかじめ小社あて許諾をお求め下さい．

ISBN978–4–7819–1618–7

PRINTED IN JAPAN

サイエンス社のホームページのご案内
https://www.saiensu.co.jp
ご意見・ご要望は
sk@saiensu.co.jp　まで.

SGC ライブラリ-192: for Senior & Graduate Courses

組合せ最適化への招待

モデルとアルゴリズム

垣村　尚徳　著

定価 2640 円

組合せ最適化は，ルート探索やスケジューリングなど実社会に現れる課題を解決するために有用であるが，そこでは適切な定式化（モデリング）と効率的な計算方法（アルゴリズム）の設計が求められる．本書では，組合せ最適化の理論的な基礎に焦点を当て，特に，組合せ最適化問題の解きやすさ・解きにくさの背後にある理論的な性質を知ることを目指した．

第 I 部　組合せ最適化の基礎
第 1 章　組合せ最適化
第 2 章　線形最適化の基礎
第 3 章　組合せ最適化モデル
第 II 部　効率的に解ける組合せ最適化問題
第 4 章　二部グラフのマッチング
第 5 章　二部グラフの最小コストの完全マッチング
第 6 章　整数多面体と完全単模行列
第 7 章　完全単模行列の組合せ最適化への応用
第 8 章　完全双対整数性と一般のグラフのマッチング
第 9 章　全域木とマトロイド
第 10 章　最小カットと対称劣モジュラ関数
第 11 章　線形代数を利用したアルゴリズム
第III部　解きにくい組合せ最適化問題に対するアプローチ
第 12 章　近似アルゴリズム
第 13 章　集合被覆問題に対する近似アルゴリズム
第 14 章　固定パラメータアルゴリズム
第 15 章　オンラインマッチング
付 録 A　アルゴリズムの基礎
文献ノート

サイエンス社

SGC ライブラリ- 190 : for Senior & Graduate Courses

スペクトル グラフ理論
線形代数からの理解を目指して

吉田　悠一　著

定価 2420 円

スペクトルグラフ理論は，グラフという組合せ的対象を線形代数という代数的道具を用いて考察する，応用分野でも広く使われる重要な理論である．本書では，スペクトルグラフ理論の数学的な側面に注目し，理論計算機科学においてよく知られていることや，最近得られた結果を中心に解説する．また必要に応じて理論的成果がいかに応用分野で使われているかについても言及している．

第 1 章　線形代数の基礎

第 2 章　グラフのスペクトル

第 3 章　全域木

第 4 章　電気回路

第 5 章　チーガー不等式とその周辺

第 6 章　ランダムウォーク

第 7 章　頂点膨張率と最速混合問題

第 8 章　疎化

第 9 章　ラプラス方程式の高速解法

第10章　ハイパーグラフと有向グラフ

サイエンス社

SGCライブラリ-184：for Senior & Graduate Courses

物性物理と
トポロジー

非可換幾何学の視点から

窪田　陽介　著

定価 2750 円

本書は，物性物理学における物質のトポロジカル相（topological phase）の理論の一部について，特に数学的な立場からまとめたものである．とりわけ，トポロジカル相の分類，バルク・境界対応の数学的証明の 2 つを軸として，分野の全体像をなるべく俯瞰することを目指した．

第1章　導入

第2章　関数解析からの準備

第3章　フレドホルム作用素の指数理論

第4章　作用素環の K 理論

第5章　複素トポロジカル絶縁体

第6章　ランダム作用素の非可換幾何学

第7章　粗幾何学とトポロジカル相

第8章　トポロジカル絶縁体と実 K 理論

第9章　スペクトル局在子

第10章　捻れ同変 K 理論

第11章　トポロジカル結晶絶縁体

第12章　関連する話題

付録A　補遺

サイエンス社